U0187480

服务端开发

技术、方法与实用解决方案

郭进 著

SERVER
DEVELOPMENT

TECHNIQUE,
METHOD AND SOLUTION

机械工业出版社
CHINA MACHINE PRESS

图书在版编目（CIP）数据

服务端开发：技术、方法与实用解决方案 / 郭进著 . —北京：机械工业出版社，2023.6（2024.6
重印）

ISBN 978-7-111-73289-1

I. ①服… II. ①郭… III. ①程序开发工具 IV. ① TP311.561

中国国家版本馆 CIP 数据核字（2023）第 101966 号

机械工业出版社（北京市百万庄大街 22 号　邮政编码 100037）
策划编辑：杨福川　　　　　　责任编辑：杨福川　陈　洁
责任校对：牟丽英　张　薇　　责任印制：常天培
北京机工印刷厂有限公司印刷
2024 年 6 月第 1 版第 2 次印刷
186mm×240mm·24.5 印张·527 千字
标准书号：ISBN 978-7-111-73289-1
定价：109.00 元

电话服务　　　　　　　　网络服务

客服电话：010-88361066　机　工　官　网：www.cmpbook.com
　　　　　010-88379833　机　工　官　博：weibo.com/cmp1952
　　　　　010-68326294　金　书　网：www.golden-book.com
封底无防伪标均为盗版　机工教育服务网：www.cmpedu.com

在筹备"系分训练营"课程时，郭进曾向我分享过他对服务端开发的思考和观点，让我深受启发。作为技术专家，他拥有丰富的实战经验和精湛的技术水平，对于如何构建高效、可靠、可扩展的服务端系统有着独到的见解。本书涵盖了服务端开发的方方面面，不仅介绍了各种开发工具和框架的使用方法，而且提供了丰富的开发案例和最佳实践，使读者能够快速掌握各种开发技巧和设计方法。此外，通过解读经典案例，让读者可以更好地理解各种概念和技术，并将其运用于实际开发中。如果你想成为一名出色的服务端开发工程师，本书是你绝不能错过的参考书！

——李瀛（晏婴） 蚂蚁资深技术专家

本书涵盖软件设计的需求分析、抽象建模、系统设计、数据设计、非功能性设计五个方面，同时对高并发、高可用、高性能等问题相关的解决方案和指导原则做了阐述，并以案例辅之。作者在互联网领域深耕多年，基于其丰富的实战经验，本书将设计模式、架构模式和策略有机融合，值得推荐。

——于君泽 公众号"技术琐话"主理人、《深入分布式缓存》联合作者

本书是一本极具实用性的服务端开发人员入门和技能提升的佳作。作者以生动丰富的案例、简洁精准的技术语言为基础，深入浅出地讲解了服务端开发相关的复杂概念和知识点，可帮助读者快速掌握服务端开发的核心技术。此外，结合对项目经验和行业案例的汇总提炼，将服务端开发中的需求分析、设计、开发等阶段的方法论、重难点和解决方案娓娓道来，诚为互联网服务端开发人员的手边书，千遍不厌，常读常新。

——高海慧 《码出高效：Java 开发手册》联合作者

本书对于服务端开发者来说是一本不可多得的好书。书中详细介绍了服务端开发的方法，涵盖诸多技术点，如分库分表、接口限流、缓存预热、幂等保护、数据一致性、负载均衡等。作者深入浅出地解读了这些技术的实现原理和应用场景，并且提供了大量的代码实例，非常适合用于实战。同时，针对实际工作中可能遇到的典型问题，书中还提供了相应的最佳实践。总之，本书内容丰富、实用性强，可作为服务端开发指南，值得每一位开发者学习和借鉴。

——曹哲睿　微软资深研发工程师

不同于传统软件行业，互联网行业服务端开发涉及的内容非常多，在高校的课堂里几乎不可能系统地学习相关的理论和技术。本书独辟蹊径，以互联网服务端开发的实际流程为主线，深入浅出地介绍了五大关键环节的实战方法论和典型问题的解决方案，对于有志于进入IT行业的高校学生而言，本书自是不应错过的。

——任肖强　上海大学教授、博士生导师，国家海外高层次人才青年项目入选者

传统教材侧重的基础知识与日新月异的互联网实践技术之间需要一座与时俱进的沟通桥梁，而本书正可以发挥这样的作用。作者作为一线的互联网技术专家，出于自身对工作的热爱，在过去数年间利用工作闲暇发表了数百篇技术博客分享心得，见证了移动互联网时代的技术发展和变迁，并将对服务端开发的独到理解系统地总结在了本书中，值得每一位IT从业者以及专业学生品读。

——尤鹏程　北京大学助理教授、博士生导师

服务端开发是互联网行业的核心岗位之一，掌握好相关的技术和方法非常重要。本书结合作者多年的工程开发经验、技术分享及课程讲授心得，辅以大量插图和案例系统地阐明了服务端开发的重难点问题，对不同层次的读者均具有较好的借鉴作用。

——余万科　中国地质大学特任教授、湖北省青年人才

互联网领域技术更新飞快，经典书籍一经面世，相应的技术可能就快要过时了，但是，技术背后的方法通常历久弥新，应重点掌握。本书以服务端开发的实际流程为主线，以关键问题为节点，全景式、体系化地介绍了相关技术、方法和解决方案，视角独特。作者是我多年的好友，具有极强的把复杂问题通过通俗语言讲解透彻的能力，我相信本书一定能帮助读者快速掌握服务端开发的方法，同时对服务端开发有一个全新的认识。

——张治坤　斯坦福大学访问助理教授，德国CISPA研究组组长、博士生导师

如果你对服务端开发抱有浓厚兴趣，那么本书将是一本不容错过的读物。作者结合多年实践经验，以生动形象的文字和体系化的总结，将服务端开发的核心理念娓娓道来。本书不仅提供了丰富的技术、方法等，还给读者带来了应对典型问题的解决方案，让读者能够更直观地体验到服务端开发的魅力。通过阅读本书，你将开启一段充满惊喜和挑战的旅程。

——胡之祺　剑桥大学博士

前　言 *Preface*

为什么要写这本书

服务端开发涉及的面非常广，特别是在阿里、腾讯、字节跳动这类动辄十亿级用户、亿级 DAU（Daily Active User，日均活跃用户数）的头部企业的核心业务场景中，服务端开发充满挑战。然而，在校园中，相关学科的编程实践课程仍多停留在开发学生管理系统的水平上，与行业的实际需要脱节；在市面上，服务端开发相关的书籍大都聚焦于解读某种编程语言、中间件、开发框架或编程思想，缺乏互联网服务端开发实践内容和对服务端开发的体系化介绍。一系列因素导致服务端开发长期以来被误解为 Java 开发、Go 开发之类的"某编程语言开发"，或者被简单地定义为"编写运行于服务器的程序"。

2020 年，我在 GitChat 和 CSDN 上原创的技术博客突破一百万字，成为博客专家。码字科技创始人谢工建议我将博客专栏整理成书出版，并将我引荐给了机械工业出版社的杨福川老师。彼时，写一本全景式介绍服务端开发书籍的想法在我心头萌芽了。当我踌躇满志地准备大干一场的时候，我意识到一个严重的问题：服务端开发涉及的内容实在太多了，纷繁复杂的知识点令人望而生畏。几经思考，自认为没有足够的时间付之于此，于是我又退缩了。

时间来到 2021 年年底，支付宝会员与公益技术部要对入职两年以内的服务端开发工程师进行技术培训，晏婴推荐我作为首门课程"大话系分设计"的讲师。接到这个任务，我不由得心头一紧。系分设计涵盖需求分析、抽象建模、系统设计、数据设计和非功能性设计等内容，实际上就是一幅服务端开发全景图。好在有将近一个月的时间准备，借此契机，我得以体系化地梳理服务端开发的知识脉络。

在之后的线下授课和交流中，我发现服务端开发工程师存在一些普遍性问题：其一，倾向于将产品文档"翻译"成代码，轻视业务，由于对业务领域全貌不了解，原本关键的抽象建模过程流于形式；其二，局限于围绕数据库开发，出手便是表结构设计，本末倒置；其三，在系统设计和开发中注重需求功能实现，对于高并发、高可用、高性能等非功能性问题考虑不足。考虑到短暂的线下培训难以将上述问题逐一讲透，我决定结合服务端开发的实际流程，编写一部开发指南。无心插柳柳成荫。随着编写工作的推进，写书的时机悄然成熟了。于是，我再次联系了杨福川老师，并在他的帮助下进一步完善了目录，最终确定了写作本书的计划。

自 2016 年起，我一直坚持通过写技术文章来分享知识，先后在 CSDN、GitChat、知乎、阿里技术公众号、阿里 ATA 等平台上发表了数百篇技术文章，其中部分文章还曾入选平台"年度最火文章合集""年度好评 TOP10"和"头条推荐"。不过，这些文章像一个个分散的点，不成体系，对读者的帮助相对有限。鉴于此，我希望通过本书，全景式、体系化地为读者呈现服务端开发的方法和实用解决方案。

读者对象

- ❑ IT 从业人员：服务端开发工程师、客户端开发工程师、产品经理、测试工程师等。
- ❑ 高校学生：计算机、自动化、电气、通信等专业的学生。

本书特色

在互联网领域，技术日新月异，以有限的精力持续学习十分困难。幸运的是，无论技术如何演进，其背后的方法论往往大同小异，经典解决方案历久弥新。因此，掌握方法论和实用解决方案尤为必要。不同于一般的技术书籍，本书不局限于任何一种具体的编程语言、框架、容器、中间件或编程思想，而是致力于全景式、体系化地解读服务端开发的流程、重点和难点。

本书分为技术与方法、解决方案两部分，理论结合实践。第一部分对需求分析、抽象建模、系统设计、数据设计和非功能性设计等服务端开发的核心环节进行了深入的解读，可以帮助读者快速、体系化地掌握服务端开发的相关知识。第二部分针对高并发、高可用、高性能、缓存、幂等、数据一致性等问题提供了行业经典解决方案，可以帮助读者夯实技术基础，提升竞争力。为了便于读者理解，本书还列举了大量案例，并绘制了 200 多张图，图文并茂。

本书主要内容

本书共 14 章，内容分为两部分。

第一部分包括第 1 ~ 6 章，主题是技术与方法。本部分首先介绍服务端开发的定义、职责、技术栈、核心流程和进阶路径，然后从需求分析、抽象建模、系统设计、数据设计、非功能性设计 5 个方面逐一展开，结合案例深入解读服务端开发的实操方法、重点和难点，为读者清晰呈现服务端开发的全景图。通过学习本部分内容，读者可以快速、体系化地掌握服务端开发的相关知识和方法。

第二部分包括第 7 ～ 14 章，主题是解决方案。本部分针对高并发、高可用、高性能、缓存、幂等、数据一致性等服务端开发的典型问题，结合业务场景进行系统性分析并给出实战方案，并就接口设计、日志打印、异常处理、代码编写、代码注释等实施细节给出行业案例和规范。本部分内容如同一本服务端开发问题手册，可帮助读者解决实践中遇到的问题。

需要特别说明的是，第一部分内容不仅适合服务端开发人员学习，还适合前端开发、测试、产品经理、运营等岗位的人员学习，对提升技能、构建用例、设计产品和梳理需求大有裨益。第二部分内容所介绍的解决方案和开发规范均为行业实践经验的总结，部分知识点具有一定难度。如果你是一名经验较为丰富的工程师，可以直接阅读这部分内容；如果你从业不久或为在校学生，建议从第一部分的基础理论知识开始学习。

勘误和支持

由于作者的水平有限，书中难免会出现一些错误或者不准确的地方，恳请读者朋友批评指正。大家可以发送邮件至邮箱 jin_guo2013@163.com，反馈错误和建议。我将尽量为读者提供满意的解答。期待能够得到你们的真挚反馈。

致谢

首先要特别感谢支付宝会员与公益技术部的桑美和晏嬰，正是他们的信任和支持为我写作本书创造了契机。感谢谢工老师的引荐促成了本书的出版。

感谢张荣华、张知临、张燎原、聂晓龙、薛维永、丁丁、王仁会、吴浩、厉科嘉、许瑞琦、汪恭正、肖剑平、马晨、费冬、陈弢、库仕杰、李会东、杨桢栋、陈亨斌、任亚荣、韩光亮、姜建剑、朱寒阳、唐烨、郑子颖、李阳、孙岩，他们的文章和建议对本书部分内容的订正和完善起到了重要作用。

Contents 目　录

技术与方法

《庄子》有言："吾生也有涯，而知也无涯。以有涯随无涯，殆已！"在互联网领域，技术日新月异，新方法层出不穷，为紧跟技术风潮而持续学习十分困难。幸运的是，无论技术如何演进，其背后的方法论往往大同小异，经典解决方案历久弥新。

本部分的主题是技术与方法，内容包括第 1～6 章。第 1 章为开篇，概述服务端开发的定义、职责、技术栈、核心流程和进阶路径；第 2～6 章分别从需求分析、抽象建模、系统设计、数据设计和非功能性设计 5 个方面展开，结合案例深入解读服务端开发的实操方法、重点和难点，为读者呈现服务端开发的全景图，帮助读者快速、体系化地掌握服务端开发的相关知识和方法。

走进服务端开发

回顾互联网的发展史，服务端开发和客户端开发的边界曾一度趋于模糊。2010 年，互联网尚处于全面爆发前夕，短、平、快，贴近用户需求进行极限开发的思潮开始萌芽，紧随其后，敏捷（Agile）开发迅速在互联网领域兴起，极限编程、结对编程随之在软件工程界得以推广。然而，一段时间后，互联网技术风向标便开始转向倡导"全栈"，对软件研发工程师的要求也越来越高。期间，具备客户端、服务端全栈开发能力成为一项基本要求，就连测试、运维也转向服务化。

2012 年前后，随着移动设备硬件性能的快速提升，移动互联网开始崛起，前端三剑客 Vue、AngularJS、React 引领大旗，将那些一度被服务端模板化渲染夺走的技术阵地一一收复。原本计划奔赴全栈的程序员们，又重新被划分为客户端开发人员和服务端开发人员，但此时两者的职责与最初已经相去甚远。服务端开发更加注重对业务的理解和抽象，致力于系统的高可用、高并发和高性能，而客户端开发则更偏向于交互和体验。

本章主要围绕"服务端开发"展开，分别介绍服务端开发的定义、职责、技术栈、核心流程及进阶路径。通过学习本章，读者可以对服务端开发有一个较为全面的理解。

1.1 服务端开发概述

在互联网领域，服务端的全称为"服务器端"，通常也被称为"后端"，与之对应的客户端则被称为"前端"。服务端和客户端既相互独立，又相辅相成。

1.1.1 服务端开发的定义

在正式介绍服务端开发的定义之前，我们先直观地感受一下服务端和客户端。如图 1-1

所示，客户端通常直接面向用户，如个人计算机的 Web 浏览器、手机 App，而服务端则通常是部署于机房的一台计算机或一个计算机集群，对用户不可见。客户端和服务端可以基于多种互联网通信协议进行通信。

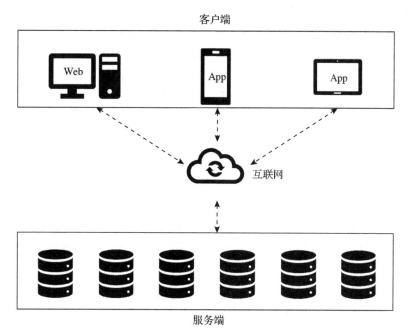

图 1-1 客户端与服务端的关系示意图

（1）什么是客户端

客户端（Client）是指运行于普通客户机（如个人计算机、手机、平板）上的程序，用于收集用户意图、为用户展现服务结果，定位是与用户交互。除了一些只在客户机本地运行的应用程序之外，其他客户端均需要与服务端互相配合运行。

（2）什么是服务端

服务端（Server）是指运行在服务器端的程序，为客户端提供 API（Application Programming Interface）服务。服务的内容包括向客户端提供资源、存储客户端数据及进行数据计算等。

（3）客户端与服务端如何协作

目前，软件客户端和服务端的协作分为 C/S（Client/Server）和 B/S（Browser/Server）两种模式。相应的，客户端程序可分为通用客户端和特定客户端两种。Web 浏览器就是一种通用客户端，其主要功能是将用户向服务端请求的资源呈现在浏览器窗口中。资源通常有 html、pdf、jpg 等格式。主流的 Web 浏览器有微软的 IE、Mozilla 的 Firefox、苹果公司的 Safari、Google 的 Chrome 及 Opera 软件公司的 Opera。手机客户端则是一种特定客户端，是指可以在手机终端上运行的软件，如现在流行的各类 App。这类客户端依赖客户端应用程序调用操作系统组件，收集用户意图，为用户展现服务结果，在用户本地处理用户提交的或服务端返回的数据。

（4）什么是服务端开发

服务端开发，简单理解，即开发运行在服务器端的程序。无论 B/S 模式还是 C/S 模式，都需要有相应的服务器端程序提供服务。在一些简单的应用场景中，服务端开发主要围绕数据库做 CRUD（Create、Retrieve、Update、Delete）的编排服务，但在头部互联网企业的应用场景中，要求则高得多，编码的同时还需要与网络、容器、中间件、数据、搜索、算法、运维、测试、安全等一系列技术体系打交道。

1.1.2 服务端开发的职责

在互联网行业，软件开发项目通常以需求为单位。如图 1-2 所示，一个完整的软件开发项目涉及需求评审、软件设计、开发、联调、测试、上线等诸多环节。参与角色一般包括产品经理、项目经理、运营、交互、视觉、算法、服务端开发、客户端开发、测试开发等人员，重点项目可能还有法务、财务、风控等相关人员。由于在大多数场景中，核心业务逻辑由服务端实现，因此在项目的整个生命周期中，服务端开发工程师通常要全程参与。

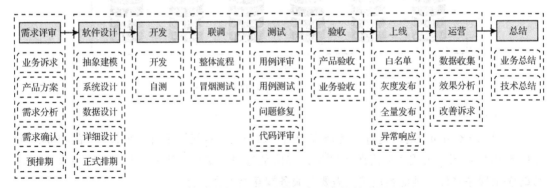

图 1-2 互联网行业软件开发项目相关流程

自 2012 年起，移动互联网高速发展，大量新奇的应用逐渐渗透到人们生活和工作的方方面面。目前，资讯、社交、游戏、消费、出行等丰富多彩的移动互联网应用发展迅猛，正深刻改变着信息时代的社会生活。通过移动互联网，人们可以使用手机、平板、智能手表等移动终端设备浏览新闻、在线聊天、玩网游、看电视、在线阅读、收听及下载音乐等。

随着移动应用的功能越来越丰富，需要服务端处理的业务逻辑的复杂度也越来越高，互联网企业对服务端开发工程师提出了更高的要求。服务端开发工程师的岗位职责远不局限于"开发运行于服务器端的程序"，而是要求工程师同时具备业务分析、产品设计、架构设计、技术攻关、团队协作、文档编写、系统维护等综合能力。事实上，这些能力正是服务端开发的不同阶段所需的。具体而言，服务端开发的阶段可分拆为需求分析、抽象建模、系统设计、数据设计、非功能性设计、编码实现及发布运维，每个阶段都需要相应的能力作为支撑。

在传统软件开发中，工程师的主要职责是根据需求文档进行系统设计和编码实现，侧重于技术而轻业务。但当今的互联网企业则要求服务端工程师"技术与业务并行"。简而言之，服务端工程师不仅要知道"怎么做"，而且要知道"为什么要做"以及"如何做得更好"。

1.2 服务端开发技术栈

正如前文提及的那样，现阶段的服务端开发早已不再是简单地围绕着数据库编排 CRUD 服务。很多时候，服务端应用的第一行代码尚未写就，工程师便需要与产品、运营、法务等人员及网络、中间件、操作系统、搜索、数据、算法、运维、安全等技术体系打交道，互联网企业对工程师的要求越来越高。

单从技术栈来看，服务端开发涉及编程语言、开发工具、开发框架、数据库与数据存储、中间件、操作系统、应用部署、运维监控等知识体系。

1.2.1 编程语言

对服务端开发来说，编程是最基本的能力。目前，全球已经投入使用的编程语言超过 50 种，其中多数可用于服务端开发，但术业有专攻，不同语言的流行度和学习成本不一样，各自的特性也有较大差异。在选择开发语言时，可以参考 TIOBE 排行榜。TIOBE 排行榜是基于业界资深软件工程师、课程和第三方厂商的数量，使用搜索引擎和第三方数据统计出的排名，每月更新一次。排名反映的是编程语言的热度。工程师可以用它来评估自身编程技能是否跟上了趋势，也可以通过它来了解世界范围内开发语言的走势。

1. 选择编程语言的一般原则

在实践中，如何选择服务端编程语言呢？易学习、功能强大、生态丰富是朴素而直接的判断要素，但与此同时也充满争议，因为这些要素缺乏具备公信力的评判标准，感性评估则往往因人而异。在软件工程师圈子里谈及编程语言时，假设笔者说一句"PHP 是世界上最好的语言"，则必然会引起工程师们的激烈讨论，众多 Java、Python、C/C++、Go 等语言的爱好者会一起"群殴"笔者的观点。那么，关于编程语言的选择难道就没有可遵循的原则吗？当然不是，通常有 4 个选择依据。

（1）编程语言须服务于系统架构

合适的编程语言应根据具体的场景来选择，而不是基于工程师自身的偏好。简而言之，即根据场景选择语言，而不是以语言去应付场景。例如引擎层是以 C/C++ 为主，而算法层则是以 Python 为主。在一些特定的领域，Lisp、Scala 等冷门语言亦有应用。

（2）尽量复用前人积累

软件工程一旦发展到比较庞大的规模，即使采用了先进的编程语言，如果不能很好地复用前人的积累，而不得不重新造轮子，也必然会导致效率降低。

（3）尽量避免冷门语言

一门编程语言的兴起通常都是从一个典型的软件产品开始的。比如日本人设计的 Ruby 语言，它的代表作是 Gitlab。商业公司如果选用它，就不得不面对冷门语言工程师招聘困难的问题，即便招聘到了资深的冷门语言专家，软件的开发、维护，以及工程师的发展也将是问题。

（4）尽量选择生态丰富的语言

微服务开始起步后，给更多小众语言提供了更好的生存环境。Service Mesh 技术让小众语言也可以通过接口或者系统调用获得更多中间件体系提供的便利，但当前尚处于前沿，还远未到完全成熟应用的阶段。在微服务之下的 SOA（Service-Oriented Architecture，面向服务的架构），大多数还是建立在传统语言之上。比如阿里坚持深耕 Java 体系多年，一个重要的原因是其他语言短期内难以比拟 Java 的生态优势。事实上，不少语言在编程效率上优于 Java，但一旦用来做大型工程，在达到一定规模时通常会陷入自洽性矛盾：要么放弃语言的灵活性，要么放弃工程的可持续性。

2. 互联网企业常用的服务端编程语言

可用于服务端开发的编程语言很多，企业在选择编程语言时会根据自身的实际情况权衡，分出主次，即以 1 种编程语言为主要开发语言，1～3 种编程语言为辅。这不难理解，选择一种编程语言为主，持续深耕，对于软件开发、维护，技术积累、传承，都是非常有利的，但同时，一种编程语言很难满足众多复杂业务场景的需要，因此需要选择几种辅助编程语言。在此，笔者列举了部分互联网企业服务端开发的主流编程语言，如表 1-1 所示，供读者参考。

表 1-1 部分互联网企业服务端开发的主流编程语言

序号	企业	服务端主流编程语言	序号	企业	服务端主流编程语言
1	阿里巴巴	Java	6	网易	C++
2	腾讯	C++、Go	7	京东	Java
3	百度	PHP、Python	8	美团	Java、Go
4	字节跳动	Go、Java、Python	9	微软	C++
5	蚂蚁集团	Java			

1.2.2 开发工具

工欲善其事，必先利其器。从事服务端开发工作，选择称手的工具很重要。常用的开发工具包括集成开发环境、代码管理工具及建模工具。

1. 集成开发环境

集成开发环境（Integrated Development Environment，IDE）是指用于提供程序开发环境的应用程序，一般包括代码编辑器、编译器、调试器和图形用户界面等工具。它是集成了代码编写功能、分析功能、编译功能、调试功能等于一体的开发软件服务套件，所有具备这一特性的软件或者软件套（组）都可以叫集成开发环境。如微软的 Visual Studio 系列、JetBrains 的 IDE 系列等。IDE 可以独立运行，也可以和其他程序并用。

IDE 众多，如何选择呢？针对服务端主流编程语言，笔者推荐两个系列的 IDE 给大家。

（1）VSCode

VSCode（Visual Studio Code）是由微软开发的一款功能强大的现代化轻量级 IDE，社区版免费。VSCode 具有强大的插件扩展能力，几乎支持所有主流语言（C++、Java、Go、Python 等）的项目开发。该 IDE 支持语法高亮、代码自动补全（又称 IntelliSense）、代码重构等功能，并且内置了命令行工具和 Git 版本控制系统。用户可以更改主题和键盘快捷方式实现个性化设置，也可以通过内置的扩展程序商店安装扩展以拓展软件功能。

（2）JetBrains 系列

JetBrains 是一家捷克的软件开发公司，该公司出品了支持 Java、C++、Python、Go 等主流编程语言的系列知名 IDE，堪称 IDE 界的集大成者。其中最具代表性的是 IntelliJIDEA，在业界被公认为最好的 JavaIDE，它在智能代码助手、代码自动提示、重构、JavaEE 支持、版本工具（Git、SVN 等）、JUnit、CVS 整合、代码分析、GUI 设计等方面表现优异，深受 Java 工程师认可。此外，JetBrains 为 Go 语言提供了 GoLand，为 Python 语言提供了 PyCharm，这两款 IDE 也广受工程师赞誉，长期位于最受欢迎的 IDE 榜单前列。

2. 代码管理工具 Git

在实践中，一个软件项目通常由多名工程师协作完成。工程师各自开发自己所负责部分的同时，还需兼顾整个项目。由几个人协同开发的小项目尚可通过人力管理来应对，但几十、几百人协作的项目呢？如果没有一个强大的工具支撑，那将无疑是人力"黑洞"。著名的版本控制软件 Git 便是在这种背景下诞生的。

Git 最初是 Linus Torvalds 为了帮助管理 Linux 内核而开发的一个开放源码的版本控制软件。它是一个开源的分布式版本控制系统，可用于敏捷、高效地处理任何或小或大的项目。通过 Git，工程师可以方便地创建代码仓、创建开发分支、合并代码、提交代码、解决冲突、查看提交记录等。

3. 建模工具 Visual Paradigm

服务端开发工程师的日常工作并不止于"编写运行于服务器端的程序"。根据笔者的经验，编程占据工作时间的比例通常不到 30%，那么，其他时间在做什么呢？主要是做设计。设计的本质其实就是"与自己的沟通""与合作伙伴的沟通"。通过沟通帮助自己厘清思路，同时让合作者理解你的思路。在实际工作中，笔者将至少 40% 的时间用在沟通上，比如业务对焦、需求评审、服务端方案评审、客户端方案评审、系统重构、风险评估等，沟通对象包括产品、运营、技术、质量、视觉、交互等。在跨团队合作、跨部门合作甚至对外合作的场景中，"文山会海"往往使得沟通更加低效。

　　为了提升设计环节的沟通效率，在较大的项目中，业界一般采用建模利器 Visual Paradigm 辅助。Visual Paradigm 是一款 UML 建模工具，可以支持多种图表类型，如类图、业务用例图、时序图、状态机图、动态图、组件图、部署图、对象图、场景交互图、领域模型图、业务框架图、组件关系图等。

　　通过 Visual Paradigm 将需求分析、抽象建模、系统设计等环节有机地链接起来，循序渐进，从具体的业务用例到抽象的领域模型，再到技术实现方案，便于不同角色理解，提升沟通效率的同时提升设计质量、减少后续维护成本。Visual Paradigm 在服务端开发生命周期中的应用如图 1-3 所示。

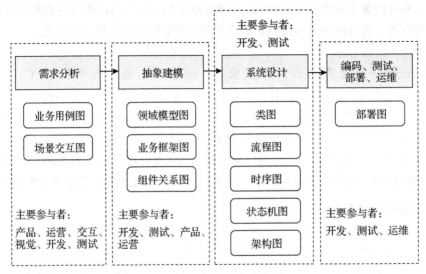

图 1-3　Visual Paradigm 在服务端开发生命周期中的应用

1.2.3　开发框架

1. 什么是框架

　　在软件工程中，框架（Framework）的定义为：整个或部分系统的可重用设计，表现为一组抽象构件及构件实例间交互的方法。一个框架是一个可复用的设计构件，它规定了应用的体系结构，阐明了整个设计、协作构件之间的依赖关系、责任分配和控制流程，为构件复用提供了上下文关系。

　　框架是实现了某应用领域通用功能的底层服务，软件开发者可以在通用功能已经实现的基础上开始具体的系统开发。框架提供了所有应用期望的默认行为的类集合，具体的应用通过重写子类或组装对象来支持应用专用的行为。通俗地说，框架是完成了某种应用的半成品，它可以提供一些常用的工具类和基础通用化的组件，基于此，软件开发者可以专注于自身业务的开发。

2. 为什么要使用框架

软件系统发展到今天已经很复杂了，特别是服务器端软件，它涉及资源、网络、中间件、离线计算、搜索引擎、实时计算、运维、测试、安全等一系列技术体系。因此，为开发出完善、健壮的软件，对工程师的要求将会非常高。如果采用成熟、稳健的框架，那么一些基础的通用工作（如事务处理、安全性、数据流控制等）就可以交给框架处理，工程师只需要专注于完成具体的业务逻辑设计，就可大大降低开发难度。从软件工程师的角度看，使用框架最明显的好处是复用，包括设计复用和分析复用。

- ❑ 设计复用：框架提供可复用的抽象算法及高层设计，并能将大系统分解成更小的构件，而且能描述构件间的内部接口。这些标准接口使得在已有构件的基础上通过组装建立各种各样的系统成为可能。只要符合接口定义，新的构件就能插入框架中，构件设计者就能复用构架的设计。
- ❑ 分析复用：框架的使用者若按照框架的思想和规范来分析、描述、设计软件工程，就可以将软件工程划分为符合一定标准的构件，那么使用同一框架的工程师之间就能进行高效的沟通。简言之，统一了语言之后，使用同一框架的工程师就可采用统一的工程语言来沟通。

一种技术的终极目标是为业务发展而服务。从业务的角度来讲，首先，框架服务于企业的业务发展和战略规划；其次，框架可提高企业的竞争力，包括降低研发成本、提高质量、缩短周期等；最后，框架实现上述目标的方式是进行有效的知识积累。软件开发是一种知识活动，因此知识的高效积累至关重要。框架能够采用一种结构化的方式对某个特定的业务领域进行描述，也就是将这个领域相关的技术以代码、文档、模型等方式固化下来。综合来看，合理地使用框架可以带来以下诸多好处。

- ❑ 显著提升代码的可复用性，从而提高软件生产效率和质量。
- ❑ 软件代码结构规范化，从而降低工程师之间的沟通成本和后期维护成本。
- ❑ 提高知识积累效率，通过设计框架和领域构件使得知识得以体系化积累。
- ❑ 降低软件研发难度，工程师可更专注于业务领域，使需求分析更充分。
- ❑ 提高协同工作效率，基于统一的规范和原型，有助于多人协同工作。
- ❑ 大粒度地复用可降低平均研发费用，缩短开发周期，减少开发人员，降低维护成本。

3. 框架的分类

框架与类库是不同的，框架强调的是软件的设计重用性和系统的可扩充性，以缩短大型应用软件系统的开发周期，提高开发质量。相较于传统的基于类库的面向对象重用技术，应用框架更注重于面向专业领域的软件重用。应用框架具有领域相关性，构件根据框架进行复合而生成可运行的系统。框架的粒度越大，其中包含的领域知识就越完整。考虑到面向的领域和编码实现，软件开发框架一般可分为如下3类。

1）基础类库。基础类库是一种最基础的框架，涵盖多数项目所需要的基础类。例如，Java集合框架主要包括两种类型的容器：一种是集合（Collection），存储一个元素集合；另一种是图（Map），存储键/值对映射。Collection 接口又分 List、Set 和 Queue 三种子类型，再下面是一些抽象类，最后是具体实现类，常用的有 ArrayList、LinkedList、HashSet、LinkedHashSet、HashMap、LinkedHashMap 等。

2）基础框架。基础框架一般是针对于某特定领域，实现特定领域所需要的常用功能。例如 Hibernate，它是一个对象关系映射框架，支持几乎所有主流的关系型数据库，如MySQL、Oracle、SQL Server 和 DB2 等，开发者只须在配置文件中指定好当前使用的数据库，而不必关注不同数据库之间的差异。Hibernate 提供了一系列数据访问接口，工程师可以通过这些接口轻松地使用面向对象思想对数据库进行操作。

3）平台框架。平台框架一般需整合或实现某种编程语言开发所需要的常用功能。例如Spring，它是一个综合型框架，致力于 J2EE 应用的各层的解决方案，而不是仅仅专注于某一层的解决方案。一些场景下，Spring 可以作为应用开发的"一站式"选择，并贯穿表现层、业务层及持久层。Spring 功能强大，可提供 IOC、AOP 及 Web MVC 等功能。Spring 可以单独应用于构建应用程序，也可以和 Struts、Webwork、Tapestry 等众多 Web 框架组合使用。

4. 常用框架举例

针对部分主流服务端编程语言，笔者列举了对应的常用框架，如表 1-2 所示。

表 1-2　部分编程语言的常用框架举例

序号	编程语言	常用框架
1	Java	Spring、Spring MVC、Spring Boot、MyBatis、Hibernate、Struts、Log4j
2	C++	ASL、Boost、ffead-cpp、JUCE、Loki、Ultimate++、Dlib、Folly、libPhenom
3	Go	Iris、Beego、Buffalo、Echo、Gin、GoFrame
4	Python	Django、Flask、Web2py、Bottle、Tornado、Webpy

1.2.4　数据库与数据存储

信息时代，数据已悄然成为企业的核心资产。由于数据库是数据唯一的持久层，几乎所有的业务流程最终都依赖数据库中的数据，因此作为服务端开发工程师，掌握数据库及数据存储技术尤为重要。本节将着重介绍数据与数据库的基本概念、分类以及常用数据库的特点和选型指标等。关于数据库及数据存储实战，笔者将在后文中专门介绍。

1. 数据与数据库

数据是数据库中存储的基本对象，是按一定顺序排列组合的物理符号。数据有多种表现形式，可以是数字、文字、图像，甚至是音频或视频，它们都可以经过数字化后存入计算机。数据库是数据的集合，具有统一的结构形式并存放于统一的存储介质内，是多种应用数据的集成，并可被各个应用程序所共享。

数据库是数据管理的有效技术，是由一批数据构成的有序集合，被存放在结构化的数据表里。数据表之间相互关联，反映客观事物间的本质联系。数据库能有效地帮助一个组织或企业科学地管理各类信息资源。

2. 数据分类

对于用户而言，在通过个人计算机、手机等设备使用软件应用时，接触到的都是图形化界面，无法直接接触到数据库。信息时代，数据库无处不在，生活的诸多方面都是建立在数据库的基础上的。例如，登录 App 时，用户的账号和密码都存储在服务器的数据库中；购买火车票、机票时，余票信息、个人购票记录也存储在数据库中；网上购物、订外卖、订酒店、订电影票等信息也都存储在数据库中。

数据库是存储数据的，没有数据的数据库，就不能称为数据库，个性推荐、运营分析等也需要大量的数据。那么数据从哪里来呢？在互联网领域，数据按来源大致可以分为以下两类。不同类型的数据，收集方式也存在差异。

（1）用户必要数据

比如电商平台的用户购物记录、收藏记录，这些数据需要存储到服务端的数据库中，当用户查看记录时，前端发起请求，经由服务端从数据库中获取对应数据，并显示出来。

（2）运营、分析数据

这类数据通常对用户不可见，而是企业为了实现个性推荐、运营分析所使用的数据。获取这类数据的方式主要是埋点，即在产品流程（用户与软件客户端交互流程）的关键环节植入相关统计代码，用来追踪用户的行为，并上传到服务器，通过数据库存储起来。比如，为了实现个性化推荐，电商平台会统计用户的浏览时间、点击商品等关键信息，基于这些数据来实现。

3. 客户端、服务端和数据库

软件客户端和服务端的协作都需要有相应的服务器端程序提供服务。在简单的应用场景中，服务端主要围绕数据库编排 CRUD 服务。客户端、服务端和数据库的关系如图 1-4 所示。

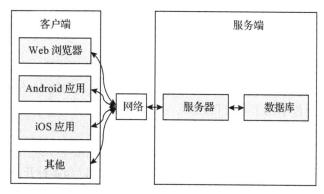

图 1-4　客户端、服务端和数据库的关系

4. 数据库分类

数据库大致可以分为两大类，即 SQL 数据库和 NoSQL 数据库。SQL（Structured Query Language）数据库指关系型数据库，主要代表有 SQL Server、Oracle、MySQL、PostgreSQL、SQLite。NoSQL（Not Only SQL）泛指非关系型数据库，主要代表有 MongoDB、Redis、HBase、Memcached。SQL、NoSQL 数据库在存储数据类型和存储方式上差异较大。

关系型数据库适合存储结构化数据，如用户的账号、积分、等级、注册时间等。这些数据通常需要做结构化查询，比如过滤出积分大于 1000 的所有用户，使用 SQL 查询就非常方便。在这类场景下，关系型数据库就略胜一筹。

随着互联网的发展，海量数据场景越来越多，如发微博、发微信、发评论等。一方面，这些数据规模大，增长速度难以预计；另一方面，这些数据类型比较复杂，可能同时包括文字、图片、音频、视频等，使用关系型数据库无法直接存储。关系型数据库在应对这些场景时显得有些力不从心，逐渐暴露出许多难以克服的难题，因此出现了针对大规模数据场景，以性能卓越和应用便捷为目标的数据库产品——NoSQL 数据库。NoSQL 数据库是"非关系实体模型"的数据库，NoSQL 的意思是"不只是 SQL"（Not only SQL），而不是"不是 SQL"（No SQL）。显然，NoSQL 数据库的出现并不是要完全否认或替代关系型数据库，而是作为传统关系型数据库的一个合理补充。

5. 服务端常用数据库

（1）常用关系型数据库

1）Oracle。甲骨文公司开发的商业数据库，不开源，支持所有主流平台，性能好，功能强，稳定性好，安全性好，支持大数据量。在很长的一段时期，甲骨文凭借其在服务器、数据库软件、存储设备上的优势，几乎垄断了全球商用数据库系统的市场。但是，Oracle 数据库非常复杂，收费高，以至于在互联网飞速发展、数据量爆炸式增长的背景下，这种昂贵、扩展性不足的商业数据库已不再是企业的优选方案。2009 年年底，阿里开始"去 IOE"，其中"O"指的便是 Oracle 数据库，即用 MySQL 和自研数据库替代 Oracle。目前，头部互联网企业已经很少大规模使用 Oracle。

2）SQL Server。SQL Server 最初由 Microsoft、Sybase 和 Ashton-Tate 三家公司共同研发，后来由 Microsoft 独立研发。作为一款商业数据库，SQL Server 具有易用性、可伸缩性，以及优秀的数据管理、分析功能，是一款高性价比的商业数据库。但是，它开放性较差，仅支持 Windows 平台。

3）MySQL。MySQL 最初由瑞典的 DataKonsultAB 公司研发，该公司被 Sun 公司收购，后来 Sun 公司又被 Oracle 公司收购，因此 MySQL 目前属于 Oracle 旗下产品。MySQL 软件采用了双授权政策，分为社区版和商业版。由于体积小、速度快、总体拥有成本低，MySQL 通常是中小型网站的数据库首选。

4）PostgreSQL。PostgreSQL 使用 BSD 协议的完全开源的、免费的关系型数据库管理系统，支持多种操作系统，功能强大，可以和多种开源工具配合。PostgreSQL 不仅仅是关系型数据库，还同时支持 JSON 数据、全文检索以及其他扩展。

（2）常用非关系型数据库

1）Redis。Redis 是现在最受欢迎的 NoSQL 数据库之一，具备如下特性：基于内存运行，性能高；支持分布式，理论上可以无限扩展；是键值对存储系统；使用 ANSI C 语言编写，遵守 BSD 协议，支持网络，是可持久化的日志型数据库，提供多种语言的 API。

相比于其他数据库类型，Redis 具备的优势是：读写速度极快、支持丰富的数据类型、操作具有原子性等。由于 Redis 性能出色，已被 Twitter、阿里、百度等公司在开源版本的基础上继续深度开发与定制。

2）HBase。HBase（Hadoop Database）是一个高可靠性、高性能、面向列、可伸缩的分布式存储系统，它本质上是一个数据模型，可以提供快速随机访问海量结构化数据的能力。HBase 的适用场景如下：

第一，写密集型应用。HBase 支持每天写入量巨大，而读数量相对较小的应用，比如 IM 的历史消息、游戏的日志等。

第二，不需要复杂查询条件来查询数据的应用。HBase 只支持基于 rowkey 的查询。对于 HBase 来说，单条记录或者小范围的查询是可以接受的，大范围的查询由于分布式的原因，在性能上可能有点影响，而对于像 SQL 的 join 等查询，HBase 无法支持。

第三，对性能和可靠性要求非常高的应用。由于 HBase 本身没有单点故障，因此可用性非常高。

6. 数据库特点及选型指标

前文已经提及不同数据库的特点和适用场景，此外简要概括一下关系型数据库和非关系型数据库的特点。

（1）关系型数据库的主要特点

- 表结构较严格，支持行列式存储结构化数据。
- 需要预定义数据类型。
- 部分支持事务特性，可保证较强的数据一致性。
- 支持 SQL 语言，增删改查功能强大，大都支持多表 join 操作。
- 较为通用，技术较成熟。
- 不适合处理大数据，当数据读写量较大时，通常需要分库分表。
- 高并发性能不足，扩展较为复杂。

（2）非关系型数据库的主要特点

- 表结构较灵活，如列存储、键值对存储、文档存储、图形存储；支持非结构化数据。
- 部分不需要预定义数据类型，甚至不需要预定义表。
- 不支持事务特性，数据一致性能力弱。
- 非 SQL 查询语言或类 SQL 查询语言，但功能都比较弱；通常不支持多表 join 操作，或有限支持。
- 支持大数据量，且多数支持分布式。
- 高并发性能较强，易扩展。

数据库选型一般需要考虑的指标有数据量、并发量、实时性、一致性要求、读写分布、读写类型、安全性、运维成本。当然，不同的应用场景需要关注的指标不同，例如"双 11"

大促活动，数据量和并发量是最重要的两个指标；而对于银行转账等金融业务，一致性要求是最关键的指标。

1.2.5 中间件

中间件（Middleware）是一种应用于分布式系统的基础软件。从纵向层次来看，中间件位于各类应用、服务与操作系统、数据库系统以及其他系统软件之间，主要解决分布式环境下数据传输、数据访问、应用调度、系统构建、系统集成和流程管理等问题。目前，中间件并没有很严格的定义，但业界普遍接受 IDC 的定义：中间件是一种独立的系统软件服务程序，管理计算资源和网络通信，帮助分布式应用软件在不同的技术之间共享资源。从这个意义上可以用一个等式来表示中间件：中间件＝平台＋通信。这也就限定了只有用于分布式系统中才能叫中间件，同时也把它与支撑软件和实用软件区分开来。

为了让读者直观地感受中间件与应用软件、支撑软件（如操作系统）的关系，我们来看一个例子，如图 1-5 所示：客户端请求传递到服务端，不是直接由应用承接，而是要经过负载均衡中间件（如 Nginx）进行处理后，才由具体的应用进一步处理，而应用之间的协作一般也需要借助中间件；当然，中间件和应用都需要服务器的操作系统和硬件支撑。

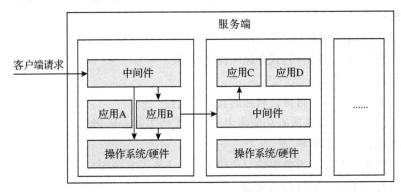

图 1-5　中间件与应用软件、支撑软件（如操作系统）的关系

中间件在过去的十年间大放异彩，庞大的中间件群体带来了巨大的效率提升。如果说开发框架使软件研发工程师能够通过代码掌控一切，那么，中间件则通过集中式服务来降低工程师的编程工作量。常用的中间件有消息中间件、事务中间件、数据中间件等。

1. 消息中间件

消息中间件也称消息队列，是分布式系统中重要的组件，主要解决应用耦合、异步消息、流量削峰等问题。它可以实现高性能、高可用、可伸缩和最终一致性架构，是大型分布式系统不可缺少的中间件。消息队列在电商系统、消息通信、日志收集等应用中发挥着关键作用。以阿里为例，它研发的消息队列（RocketMQ）在历次天猫"双十一"活动中支撑了万亿级的数据洪峰，为大规模交易提供了有力保障。

作为提升应用性能的重要手段，分布式消息队列技术在互联网领域得到了越来越广泛的关注。常用的分布式消息队列开源软件有 Kafka、ActiveMQ、RabbitMQ 及 RocketMQ。

为了便于读者理解消息中间件，我们以简化版电商架构为例进行具体介绍。如图 1-6 所示，在传统强耦合订单场景中，客户在电商网站下订单，订单系统接收到请求后，立即调用库存系统接口扣减库存。

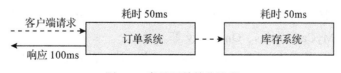

图 1-6　商品下单简化流程

上述模式存在如下巨大风险：

❑ 假如库存系统无法访问（升级、业务变更、故障等），则订单减库存将失败，从而导致订单失败；

❑ 短时间内大量的请求、频繁查询库存、修改库存等，库存系统负载极大。

我们引入消息中间件，解除强耦合性，处理流程又会怎样呢？如图 1-7 所示，订单系统中，用户下单后，订单系统完成持久化处理，将消息写入消息中间件，返回用户订单，此时客户可以认为下单成功。消息中间件提供异步的通信协议，消息的发送者将消息发送到消息中间件后可以立即返回，不用等待接收者的响应。消息会被保存在队列中，直到被接收者取出。库存系统中，从消息中间件中获取下单信息，库存系统根据下单信息进行操作。

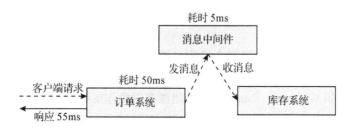

图 1-7　引入消息中间件后的商品下单简化流程

2. 事务中间件

事务中间件又称事务处理管理程序，是当前用得最广泛的中间件之一，主要用于解决分布式环境下的事务一致性问题。在单机数据库下，维持事务的 ACID（Atomicity、Consistency、Isolation、Durability）特性很容易，但在分布式系统中并不容易，而分布式事务中间件可以保证分布式系统中的分布式事务的 ACID 特性。

通常，分布式事务中间件可支持 DRDS、RDS、MySQL 等多种数据源，并兼容消息队列实现事务消息。通过各种组合，可以轻松实现分布式数据库事务、多库事务、消息事务、服务链路级事务等多种业务需求。常用的分布式事务中间件有 GTS、TXC、Seata 等。

3. 数据中间件

数据中间件处于底层数据库和应用系统之间，主要用于屏蔽异构数据库的底层细节，是客户端与后台的数据库之间进行通信的桥梁。数据中间件一般用于解决海量请求下数据访问瓶颈及数据库的容灾问题，具备分布式数据库全生命周期的运维管控能力，支持分库、分表、平滑扩容、结果集合并、SQL 解析、数据库容灾和分布式事务等特性。开源的数据中间件有 Vitess、MyCat、Atlas、OneProxy 等。

总体来看，目前开源的数据中间件比较少，广受认可的更是寥寥无几，大型互联网企业几乎都自研数据中间件，如阿里的 DRDS、蚂蚁的 Zdal、京东数科的 CDS、美团点评的 Zebra 等。

1.2.6 操作系统

操作系统是管理计算机硬件与软件资源的计算机程序。操作系统需要管理和配置内存、决定系统资源供需的优先次序、控制输入设备与输出设备、操作网络与管理文件系统等基本事务。操作系统也提供一个让用户与系统交互的操作界面。在计算机中，操作系统是最基本，也是最重要的基础性系统软件。

1.Linux 系统的优势

对于服务端开发工程师，学习并掌握操作系统知识极为重要。通常，服务端程序几乎都是部署在 Linux 操作系统的服务器上的。为什么是 Linux 而不是常见的 Windows 或其他操作系统呢？主要有以下因素。

（1）开源

源代码开放使得企业可以获取整个操作系统的源码，并根据自己的需求对操作系统进行二次开发，甚至打造"定制"的操作系统。同时，源码开放使企业可以洞悉操作系统的实际运转情况，而诸如 Windows、MacOS 这种闭源商用操作系统，则很难掌控。

（2）免费

Linux 开源意味着企业不用为操作系统支付任何费用，而 Windows 是商用操作系统，大规模使用成本高昂。很多时候，成本是企业考量的最重要的因素之一。毕竟企业要生存、发展，在满足需要的前提下节约成本，何乐不为呢？

（3）稳定

Linux 系统以其稳定性而闻名，这也是企业非常注重的一个因素。企业里有很多服务器要求 7×24 小时不间断稳定运行，而这更是 Linux 最擅长的地方。Linux 更新升级或者配置某一项操作的时候，只须重新启动对应的服务即可，无须重启服务器。

（4）生态

在 Linux 开源之后，一批技术专家迅速聚集起来，他们不求回报地为 Linux 提供代码、

修复 bug，提出新的想法，帮助 Linux 成长，直到如今形成了一个庞大的开源社区。现在
开发者想要学习或者获取 Linux 的最新版本，都可以在开源社区上找到自己所需要的资料，
在开发过程中遇到的问题也可以上社区和同行交流并寻求帮助。

2. Linux 常用命令和操作

Linux 系统相关的知识点非常多，市面上介绍 Linux 系统的书籍基本都是"大部头"，
通篇学习实属不易，效果也很难保证。对于服务端开发工程师来说，可重点学习一些常用
的命令和操作。

（1）Linux 基础

如图 1-8 所示，Linux 基础知识包括 Linux 版本和基础概念两个部分。Red Hat、Ubuntu、
CentOS 都是 Linux 的常见版本。

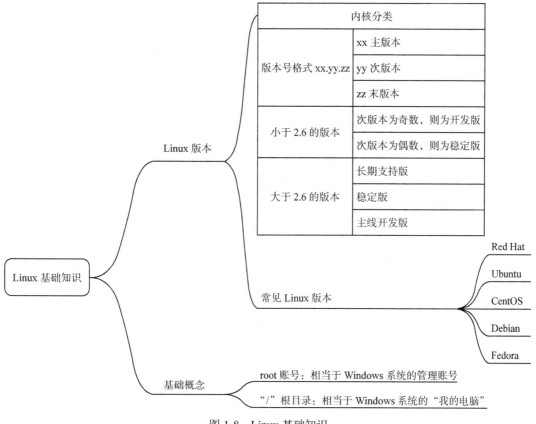

图 1-8　Linux 基础知识

（2）常用帮助命令

Linux 系统的命令数量有上千个，每个命令又有若干个甚至数十个适配不同情景的参
数，单纯通过记忆掌握这些命令是非常困难的。因此，Linux 系统为使用者提供了帮助命令，

只需要正确使用 Linux 的帮助命令，就能够快速地定位到自己想要的命令和参数。Linux 系统常用的帮助命令有 3 个，即 man、help、info，基础用法如表 1-3 所示。

表 1-3　Linux 系统常用帮助命令

命令	基础用法
man	man xxx：获取 xxx 命令的帮助信息 man 1 man：查看 man 命令自身的帮助信息
help	help xxx：获取内部命令 xxx 的帮助信息 xxx --help：获取外部命令 xxx 的帮助信息
info	info xxx：获取命令 xxx 的帮助信息，比 man 命令获取的信息更丰富

（3）文件和目录管理

文件和目录管理命令是最基础的 Linux 命令，基于这两类命令，用户可以在 Linux 系统下创建文件和目录，也可以对已有文件和目录进行查看、删除、复制等操作。如表 1-4 所示，笔者列举了几个常用的文件和目录管理命令。

表 1-4　Linux 系统常用的文件和目录管理命令

操作类型	命令及解释
文件与目录查看	ls -l，显示文件的详细信息；ls -a，显示隐藏文件；ls -r，逆序显示；ls -t，按时间排序；ls -R，递归显示
路径操作	cd，进入指定路径；pwd，显示当前路径
创建与删除目录	mkdir，新建目录；rmdir，删除目录
通配符	*，匹配任意符号；？，匹配单个字符；[xyz]，匹配 xyz 任意一个字符；[a-z]，匹配字符范围；[!xyz] 或 [^xyz]，匹配不在 xyz 中的任意字符
复制文件	cp -r，复制目录；cp -a，尽可能保留原始文件，归档复制，常用于备份
删除文件	rm -r，递归删除；rm -f，强制删除，无提示

（4）Vim 文本编辑

与 Windows 操作系统不同，在安装 Linux 系统的服务器上，为了节省内存、提高效率等，通常不会安装图形界面，而只能通过命令行来进行各种操作。因此，当我们在命令行下新增文件、更改文件、编写脚本时，不可避免地要用到文本编辑器。目前，可供选择的文本编辑器有很多，如 Vim、emacs、pico、nano 等，作为服务端开发工程师，应熟悉至少一款 Linux 文本编辑器的用法。

就受工程师欢迎的程度来看，Vim 可以说是无出其右。Vim 是一个高效、功能强大、可扩展的编辑器。Vim 有自己的脚本语言，称为 Vim 脚本（也称为 VimScript 或 VimL），用户可以通过多种方式使用它来增强 Vim，例如为其他编程语言启用语法高亮、自动化语法检查等。此外，Vim 还具有高度可配置性，包含 Vim 核心全局设置（称为 vimrc）的文件可以在各个 Vim 安装之间共享。

（5）文件系统与文件查找

作为服务端开发工程师，在日常定位问题时，最常用的手段是日志，因此掌握搜索、查看服务端运行日志的技能十分重要。在 Linux 系统上进行文件查找的命令主要有两个：grep 和 find。这两个命令的用法非常多，在此，笔者仅列举几个基础用法，如表 1-5 所示。

表 1-5　grep 和 find 命令的基础用法

命令	基础用法
grep	grep 命令主要用于文本搜索，是通过关键词搜索日志的首选命令，格式为 "grep [选项] [文件]" 1）grep xxx ./*：搜索并显示当前目录下所有包含 xxx 的行 2）grep xxx /usr/src：搜索并显示 /usr/src 目录下所有文件（不含子目录）包含 xxx 的行 3）grep -r xxx /usr/src：搜索并显示 /usr/src 目录下所有文件（包含子目录）包含 xxx 的行
find	find 命令用于查找文件，格式为 "find [查找路径] 寻找条件 操作" 1）find /etc -name xxx：在 /etc 目录下查找文件名为 xxx 的文件 2）find /etc -name '*sre*'：在 /etc 目录下查找文件名含有 sre 的文件 3）find / -amin -10：查找系统最后十分钟访问的文件 4）find / -user lisi：查找系统中属于用户 lisi 的文件

除了上面列举的知识点外，系统管理、磁盘分区、逻辑卷、shell、文本操作等也有必要学习掌握。

1.2.7　应用部署

工程师开发的代码需要经过编译、打包等流程，并最终部署到服务器上，才能运行并对外提供服务。在 2014 年前，生产环境应用部署一般是通过工程师编写脚本实现的，而开发环境则基本是手动部署，效率普遍较低。经过多年的发展，目前一些头部互联网企业的研发平台和流程已经非常完善，不仅可以支持不同研发环境下自动编译、部署，而且能提供场景化分析、定制化质量和风险控制能力。研发平台化、流程标准化虽然使研发更加简单、高效、可靠，但对工程师屏蔽了背后的技术细节，某种程度上对初入职场的服务端开发工程师是不利的，应用部署不应该成为一个"黑盒"。鉴于此，在本节中，笔者将着重介绍一下互联网企业生产环境的应用部署。应用部署的发展历程大致可分为物理机部署、虚拟机部署和容器化部署 3 个阶段。

1. 物理机部署

物理机部署，顾名思义，就是将应用直接部署在物理机器上，如图 1-9 所示。

在早期，物理机部署几乎是部署应用的唯一方式，这种部署方式存在一些弊端。

（1）硬件资源浪费

当时服务器普遍采用高性能计算机，造价高昂。如果一台物理机只部

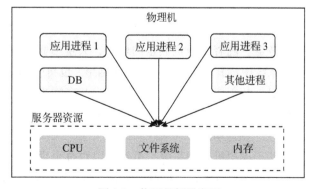

图 1-9　物理机部署应用

署一个应用，则硬件资源难以被充分利用，造成资源浪费。此外，在部署异构系统（不同架构的两个或多个系统之间通常无法直接通信，也不能部署在同类服务器上）时须重新采购物理资源。

（2）进程间资源抢占

为了充分利用服务器资源，一种方案是将多个应用进程、数据库、缓存进程等都部署在同一台物理机上。这种部署方案固然能高效地利用昂贵的物理机，但有一个显著的缺点是进程间资源抢占。例如，如果某个进程占用了 100% 的 CPU 资源，那么其他进程将无法提供服务。

2. 虚拟机部署

物理机部署存在进程间资源抢占问题，其根本解决方案是实现进程间硬件资源隔离。虚拟机技术的出现使得这一问题得到了很好的解决。虚拟机技术的本质是硬件虚拟化，即每台虚拟机事先从物理机分配好 CPU 核数、内存、磁盘等资源，每台虚拟机通常只部署一个应用，不同的进程在不同的虚拟机上运行，从而解决了进程间资源隔离的问题。如图 1-10 所示，一台物理机会部署多个虚拟机，物理机上的所有虚拟机则依靠虚拟机管理系统进行管理。

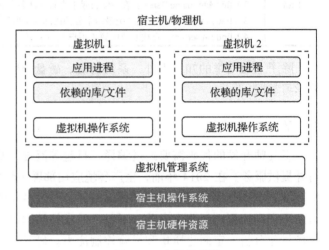

图 1-10　虚拟机部署

虚拟机的出现使得用户在一台物理机上能够独立运行多个相互隔离的系统，通过对资源的抽象化使得主机资源能够被有效复用，这对于企业降低成本十分有益。然而，虚拟机也会带来一些问题。

（1）额外开销

虚拟机部署的主要目的之一是减少物理服务器的数量，但它通常会导致采用更多的虚拟服务器。随着虚拟机数量的增加，大量独立系统开始运行，从而带来许多额外开销。IT生态系统中的其他组件（如存储和网络）也将受到新增容量的影响。此外，每当运行新的虚拟机时，都需要重新配置一遍环境，与在物理机上的情况基本无差异。重复的环境配置操作则会消耗开发和运维人员的工作时间。

（2）资源争用

基于虚拟机管理系统，虽然可以对每个虚拟服务器进行资源分配调整，但如果其中一个虚拟机负担过重，则仍然会影响运行在同一物理服务器上的其他虚拟机。例如对 CPU 周期、内存和带宽等资源的争用可能会严重影响系统响应。即使有足够的资源，某些工作负载在虚拟机上的性能也可能不如在专用硬件服务器上运行时那么好。

（3）版本冲突

大应用集群的虚拟机第一次安装时基本可以保障软件的版本和库依赖统一。但随着时间的推移，开源软件需要逐步升级，这个过程中，批量升级可能出现遗漏或升级失败。此外，工程师可能会登录服务器修改软件的版本或配置，以满足特定的需求。一段时间后，一个应用集群的虚拟机的软件版本和配置就可能出现差异，导致线上故障。

3. 容器化部署

为了解决虚拟机部署的不足，容器技术应运而生。容器化部署的本质是构建一个完整、独立的运行环境，包含 3 个关键因素：环境隔离、资源控制和文件系统。2013 年发布的 Docker 便是容器化部署的佼佼者，目前已成为首屈一指的容器平台。它能提供轻量的虚拟化和一致性环境，允许将应用及其依赖的运行环境打包在一起，打包好的"集装箱"（镜像）能够被分发到任何节点上执行，无须再进行配置环境的部署。如此一来就解决了开发和部署应用时环境配置的问题，规范了应用交付和部署，降低了部署测试的复杂度以及开发运维的耦合度，极大提升了容器移植的便利性，便于构建自动化的部署交付流程。

容器和虚拟机都是资源虚拟化发展的产物，但二者在架构上又有区别。虚拟机通过虚拟机管理系统（如Hypervisor）虚拟化主机硬件资源，然后构建客户机操作系统，由宿主机进行程序管理。容器则直接运行于主机内核中，如图 1-11 所示，应用在主操作系统的用户空间上执行独立任务，不需要从操作系统开始构建环境，赋予了应用从交付到部署再到运维的独立性。

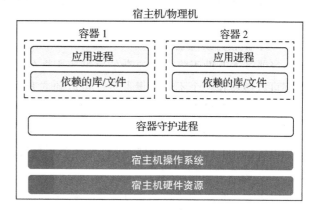

图 1-11　容器化部署

相较于虚拟机部署，容器化部署有以下优点。

（1）资源隔离

容器的本质是宿主机上的一个进程。Docker 通过 namespace 实现了资源隔离，通过 cgroups 实现了资源限制。其中 cgroups 是 Control Groups 的缩写，是 Linux 内核提供的一种可以限制、记录、隔离进程组所使用的物理资源（如 CPU、内存、I/O 等）的机制。通过对资源进行隔离与限制，容器可以精确地为应用分配 CPU、内存等资源，保证了应用间不会相互影响。

（2）高资源利用

相比于虚拟机，Docker 不但启动速度更快，所需的计算开销更小，显著提高了服务器的效率，而且迁移时更加轻量，得益于分层文件系统，开发者共享代码更方便、快捷。容器没有管理程序的额外开销，它与底层共享操作系统，性能更加优异，系统资源负载更低，相比于传统虚拟机，在同等条件下可以运行更多的应用实例，而且可以更充分地利用系统资源。

（3）高研发效率

容器化部署将应用相关的代码与运行所需的全部环境、配置文件、依赖关系和库等打包在一起。基于容器提供的环境一致性和标准化，一旦出现故障，系统可以快速回滚。相比于虚拟机镜像，容器的压缩和备份速度更快，镜像可像普通进程一样快速启动。此外，工程师可以在一台机器上启动数百个相互隔离的容器，模拟现实场景进行测试。同时使用容器化部署，可以很方便地针对同一个项目生成多套不同的构建环境。

（4）版本控制

在应用集群部署时，每台机器首先会拉取指定版本的镜像文件，由于所有机器的镜像文件一样，因此容器的软件版本相同。即使开发或运维中途修改了容器的软件版本，但当容器销毁时，软件的改动也会随容器的销毁一起湮灭。当应用用已有的镜像文件重新部署时，生成的容器与修改之前的容器完全一样。容器如果要升级软件版本，那就修改镜像文件，这样部署时集群内所有的机器重新拉取新的镜像，软件也跟着一起升级。软件版本混乱的问题就得到了完美的解决。

（5）微服务架构基石

容器技术有助于将一个复杂的巨型应用拆分成一系列可以组合的松耦合服务。每个容器都可以被看作一个不同的微服务，可以独立升级，而不需要考虑它们的同步。基于微服务架构，工程师可专注于其所负责的微服务，而无须关注整个项目，降低了复杂度。与此同时，拆分开来的服务可重用，有助于提升研发效率，降低成本。此外，Docker 支持多种编程语言，技术栈灵活，相对独立的微服务还可按需扩缩容、多节点部署。

（6）可移植与易管理

由于镜像不依赖主机的操作系统，因此具备良好的可移植性和跨平台运行能力。在迁移的时候，无须重复安装环境依赖。目前，越来越多的云平台开始支持容器，使得应用程序在公有云 、私有云中进行混合部署成为可能。借助于容器编排平台如 Kubernetes，容器化工作负载和服务的安装、更新、调试、扩展、监控与日志等流程都可以实现自动化。

1.2.8 运维监控

运维监控对应用稳定运行、业务效果感知十分重要。日常运维监控一方面有助于预警、定位问题，从而令问题得以快速解决，避免影响扩大化，另一方面还可以帮助研发人员洞悉业务效果和发展趋势，实现业务决策。

在互联网企业，对于一个上线运行的产品，运维监控在其整个生命周期将一直存在。当产品用户规模较小或业务场景较少时，运维监控通常由产品和研发兼任，甚至完全由研发负责；当产品的用户量增长到一定规模或业务场景增加时，运维监控通常会逐步独立出来，由专职人员负责。这类专职人员通常称为 SRE（Site Reliability Engineer，网站可靠性工程师）。对于服务端开发工程师，在运维监控方面，一般需要关注以下几个方面。

（1）基础监控

基础监控即监控服务端应用部署的机器（通常是服务器集群）的系统指标，如 CPU、负载、硬盘、内存、网络等。监控这些指标并设置预警阈值，可以帮助工程师直观地了解所负责应用系统的运行状态，及时发现瓶颈并解决。

（2）服务监控

服务监控即对核心服务进行监控，重点指标包括平均耗时、成功率、调用来源、错误码、调用量等。有了这些指标，一旦出现问题（如成功率下跌、耗时上涨等），工程师可以快速将问题排查范围缩小到服务（接口）维度，此外还可以指导技术优化方向（如减少耗时、提高成功率等）。

（3）业务监控

业务监控即监控业务相关流程的关键节点（如商品查看、下单、退单等）和指标（如下单成功率、订单总量等）。这类指标既有利于我们跟踪业务发展趋势，也有助于我们对业务进行相关分析并做出决策。

在实践中，如何开展运维监控呢？基础监控（CPU、负载、硬盘、内存、网络等）一般可借助专业的监控工具（如 Anturis、SeaLion、Icinga、Munin 等），并非服务端开发工程师专长。事实上，对于服务端开发，最重要的依托是日志，如图 1-12 所示。基于规范的日志可以快速构建、感知常用服务指标。站在业务角度，合理打印日志不仅能辅助定位问题原因，还可以多维度聚合分析各类场景。某种程度上，排查问题的过程，其本质就是日志结构化还原的过程。如果日志能结构化还原特定场景，那么该场景就能快速被定位。

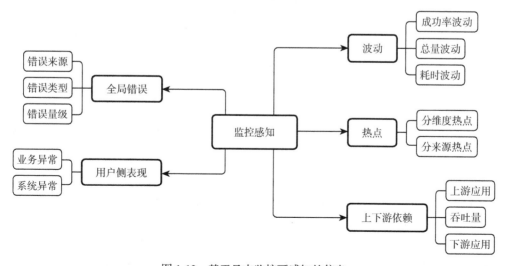

图 1-12　基于日志监控可感知的信息

1.3 服务端开发核心流程

软件开发一般是以项目为单位进行的。从技术的视角看，一个软件项目从提出需求到落地，通常要经历需求评审、系统设计、开发、联调、测试、验收、上线等诸多环节，如图 1-13 所示。

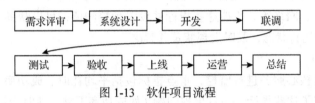

图 1-13 软件项目流程

服务端开发是核心岗位，仅仅具备"开发运行于服务器端的程序"的能力是远远不足以胜任的。在头部互联网企业对该岗位的职责定义中，普遍要求服务端开发工程师需要具备业务分析、产品设计、架构设计、技术攻关、团队协作、文档编写、系统维护等综合能力。读者可能会认为如此高要求完全是"内卷"的结果，但从笔者的工作经验来看，这些能力其实是服务端开发的不同阶段所需的，具体而言，服务端开发可分为需求分析、抽象建模、系统设计、数据设计、非功能性设计、编码实现及发布运维等阶段，每个阶段都需要相应的能力作为支撑，核心流程如图 1-14 所示。

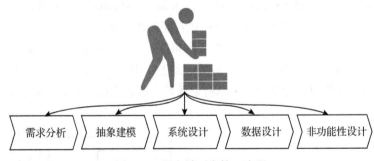

图 1-14 服务端开发核心流程

1.3.1 需求分析

在实践中，根据业务复杂度的不同，有时候可能只需要画个简单的流程图便可梳理清楚系统，但是复杂系统的设计则困难得多。以 12306 为例，2020 年春运期间高峰日点击量达 1495 亿次 / 天，约 170 万次 / 秒，单从点击量数据看，项目的设计、实现就不容易，在此，读者不妨设想一下，如果你是 12306 项目的设计师，你准备如何设计这个系统呢？你的设计方法是怎样的？

在笔者看来，不论采用何种设计方案，首先需要明确一个问题：你了解铁路票务吗？如果根本不了解铁路票务，那又怎么可能设计出满足铁路票务业务需求的系统呢？在实践中，设计并开发一个软件系统并不单纯是技术层面的问题，首要任务是深入了解其业务。而要了解业务，则必须要经过需求分析。

（1）需求分析的定义

需求分析也称为软件需求分析、系统需求分析或需求分析工程，是软件工程师经过深入细致的调研和分析，准确理解业务方和产品经理的具体要求，将非形式化的需求表述转化为完整的需求定义，从而确定软件系统必须做什么的过程。

需求分析是软件计划阶段的重要活动，也是软件生存周期中的一个重要环节。该阶段是分析系统在功能上需要实现什么，而不是考虑如何去实现。需求分析的目标是把业务方和产品经理对待开发软件提出的"要求"或"需要"进行分析与整理，确认后形成描述完整、清晰、规范的文档，确定软件需要实现哪些功能、完成哪些工作。

（2）需求和业务的关系

很多工程师认为理解需求就是理解业务，这是一种误解。需求其实是业务经过产品经理消化后的产物，通常已经经过产品经理的演绎和拆解，因此并不是业务本身。当然，了解的需求越多，对业务的全貌就越清楚。那么，什么是业务呢？业界对"业务"有多种定义，但其主要思想基本一致：业务是指商业（或非商业）组织及其运作的活动流程。直白点说，业务就是一系列人通过一系列活动完成某一任务的过程，业务可大、可小、可拆分，比如支付宝的支付业务，往下可拆分为花呗、余额宝、银行卡等。

（3）为什么要进行需求分析

在互联网行业，一个完整的需求通常参与者众多，包括业务方（如运营）、产品经理、服务端开发、客户端开发、测试、交互、视觉、项目管理等人员。正如上文所述，需求的本质是业务方原始诉求经过产品经理演绎、拆解的产物，一些问题由此而生：需求文档所述与业务方的核心诉求可能不一致；产品设计难免存在遗漏和缺陷。因此，作为工程师，拿到需求后并不是立即投入研发，而是进一步分析需求。

（4）需求分析阶段需要厘清的内容

❑ 业务背景：即业务当前状况及对业务发展、变化起重要作用的客观因素。例如，某
    虚拟电商平台用户数量达 2 亿，客单价约 140 元。

❑ 业务问题：即结合业务当前状况和客观因素，分析与业务预期之间的差距。接续上
    面的例子，用户规模、客单价都是当前的状况，而经过调研发现，竞争对手的客单
    价已达 200 元。为什么差距这么大呢？业务分析认为，关键因素是自身平台营销活
    动数量少于竞争对手，这就是业务面临的问题。

❑ 业务诉求：即业务想到达到的目标。接续上面的例子，诉求是丰富营销活动模式，
    增加活动频次，比如每月开展一次"满减活动"（如"每消费满 50 元减 5 元"），促
    使用户凑单，从而提升客单价。

❑ 业务价值：即预期可以产生的收益。接续上面的例子，营销活动促进客单价提升，
    由 GMV（Gross Merchandise Volume）= 成交用户数 × 客单价可知，客单价提升，

GMV 增长，进而实现利润增加。

❑ 产品方案：即基于业务诉求形成的产品方案。接续上面的例子，支持如"满 50 减 5"的营销策略，需要一个运营后台，支持运营灵活地配置营销活动（满减门槛、优惠额度、预算控制等），同时须支持将活动定向投放给指定的人群（精细化运营，针对不同的人群投放不同的活动）。

❑ 评估指标：即评估产品落地后实际效果的客观指标。接续上面的例子，评估指标如 GMV、客单价、满减活动参与用户数等。

❑ 技术现状：结合上述内容，站在技术角度初步评估当前技术架构、系统容量、风控能力等是否可支持业务诉求落地和未来发展。

需求分析要义：作为工程师，不要急于给出"解决方案"，而应带着问题分析需求，大胆假设，小心求证。例如，需求所述的问题是问题吗？对于问题根因，业务方或产品经理能分析准确吗？产品方案能解决问题吗？产品方案落地成本可接受吗？解决问题的效果可评估吗？

1.3.2 抽象建模

这一阶段需要基于需求分析阶段的知识储备，进一步提炼、建立可以刻画业务本质特征的模型。抽象建模实际上包含抽象和建模两个部分，由于两者通常同步进行，因此归纳为抽象建模。

1. 抽象

抽象在中文里可作为动词，也可作为名词。作为动词的抽象是指一种行为，这种行为的结果，就是作为名词的抽象。百度百科上是这么定义抽象的：人们在实践的基础上，对于丰富的感性材料通过去粗取精、去伪存真、由此及彼、由表及里地加工制作，形成概念、判断、推理等思维形式，以反映事物的本质和规

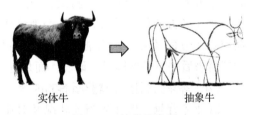

实体牛   抽象牛

图 1-15 抽象示意图

律的方法。如图 1-15 所示，对现实中的公牛进行抽象，用简单的线条勾勒出公牛的本质特征（如牛尾、牛角、牛鞭等），抽象牛具备更好的泛化能力，不再局限于具体品种的公牛，而是可以实例化为几乎所有品种的公牛。

事实上，日常生活中抽象无处不在。例如数字，人类初期并没有数字这一概念，原始人或许能够理解 3 个苹果和 3 只鸭子，但他们的脑海里不存在数字"3"这个概念，在他们的意识里，3 个苹果和 3 只鸭子是没有任何联系的。人类进化到一定阶段后发现了这两者之间存在的一种共性，即是数字"3"，于是数字这个概念就逐渐形成了。此后，人们就开始用数字对各类事物进行计数。

软件开发本身就是一个不断抽象的过程。软件工程师把业务需求抽象成数据模型、模块、服务和系统，面向对象开发时抽象出类和对象，面向过程开发时抽象出方法和函数。换言之，上面提到的模型、模块、服务、系统、类、对象、方法、函数等，都是一种抽象。由此可见，抽象对软件开发非常重要。

2. 建模

业务需求大都是以具象的现实世界事物概念来描述的，依附于自然语言体系，距离软件工程非常"远"。为了将需求落地，工程师需要开展一系列的工作，其中建模尤为重要。建模的过程实际上就是从业务领域里找出反映业务本质的事物、规则和结构，并将其抽象化，进而描述业务运行的基本原理、交互机制及用户的首要利益。从某种意义上说，建模的过程就是系统地实施抽象的过程。

目前，服务端开发常用的建模方法主要有 3 种，即用例建模法、服务建模法和事件建模法，在实践中需要根据业务场景的特点和复杂度选型。关于建模方法详见第 3 章。

1.3.3 系统设计

系统设计又称为系统架构。在系统设计阶段，需要将抽象建模的成果有条不紊地映射到具体的技术实现中，要通盘考虑、权衡取舍。工程师须具备一定的技术深度、技术视野，同时充分理解业务。如果在抽象建模阶段做得足够好，建模方法选型与业务特点匹配，且抽象出的模型可以准确刻画业务的本质特征，那么系统设计将是一件相对轻松的事情。

1. 设计和划分功能域

在互联网领域，一些业务的复杂度是非常高的。图 1-16 所示为阿里的电商业务摘要架构图。该架构自顶向下划分为前台、移动中台、业务中台、PaaS、IaaS，而业务中台又可细分为会员中心、商品中心、交易中心、支付中心、评价中心和订单中心，这其实就是一种高层次的功能域设计和划分。

对于复杂的业务，首先应设计和划分功能域，以降低复杂度。具体而言，在完成抽象建模后，可基于模型将系统拆分为不同的功能域，各个功能域相互协作，共同实现业务需求。需要特别注意的是，不同功能域之间必须有清晰的职责边界，同时单个功能域的复杂度不能过高。我们可以将业务中台的会员中心进一步拆解，划分为积分、权益、淘气值等功能域，如图 1-17 所示。

2. 设计功能域之间的协作

经过多年的发展，互联网领域的"高增长"时代已经过去，正大步迈入"存量"时代。由于大多数业务已经相当成熟，通用基础能力亦趋于完善，因此业务需求的复杂度通常不会高到需要步骤 1 中的设计和功能域划分。

设计功能域之间的协作，可视为一种"粗粒度"的服务编排。具体而言，借助已有功能能域提供的服务，目标功能域（新建或者在已有功能域的基础上扩展）可以快速实现新的功能，满足业务需要。在实践中，功能域之间协作的关键在于充分、合理地利用已有公共基础服务。如图 1-18 所示，会员中心的权益投放通常有个性化推荐（算法推荐）和运营定向投放（运营针对特定人群，如新用户，定向投放特殊权益）两种策略。这两种投放策略可以通过不同的功能域协作实现。

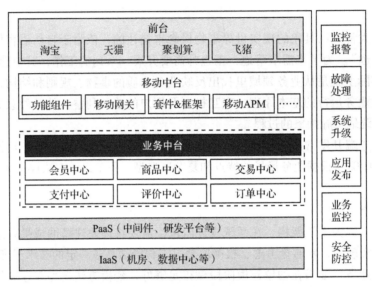

图 1-16　阿里的电商业务摘要架构图

图 1-17　会员中心功能域

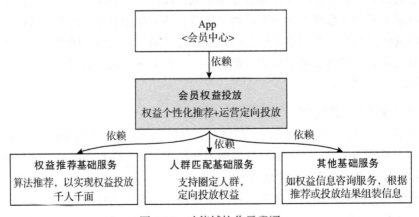

图 1-18　功能域协作示意图

3. 确定功能域之间的数据边界

功能域之间的协作设计完成后，整个系统的上下游依赖也就清楚了，接下来我们需要进一步明确功能域之间的数据边界。以微服务架构为例，一个功能域可作为一个应用，不同功能域之间通过服务调用来协作，对于服务，通常用请求（服务调用方发起请求）和响应（服务提供方响应请求返回结果）的数据模型来描述边界。

如果有多名服务端工程师（甚至团队）参与产品需求的开发，在确定数据边界之后，不同功能域的职责也就进一步明确了，工程师可以专注于其所负责功能域的内部设计和开发。

4. 功能域内部设计

通过步骤 3，功能域的技术目标得以明确，接下来便是通过设计去实现这些技术目标。在功能域内部，为了降低问题的规模和复杂度，同时增强系统的可扩展性和可维护性，一般采用如图 1-19 所示的"分层架构"。

在分层的同时，很自然会产生一些模块。需要注意的是，在本步骤中虽然通过分层将功能域进一步细化到了"模块粒度"，但并不涉及模块实现细节，这是下一个阶段要做的事情。

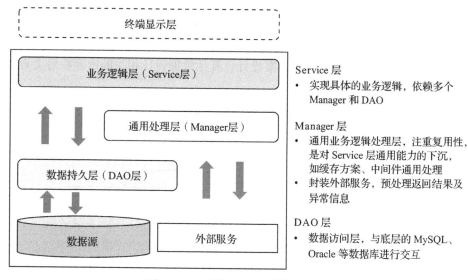

图 1-19　功能域内部分层设计示意图

5. 详细设计

详细设计是系统设计的最后一个环节，对大多数服务端开发工程师而言，这个环节应该是最为熟悉和擅长的，毕竟在一名工程师的职业生涯中，大多数时间都在从事子系统 / 模块的设计和开发。子系统 / 模块的设计是一种详细设计，需要从细节层面考量问题，所做的设计用于直接指导开发。在这一步中，设计结果一般包括以下内容。

❑ 相关模型：如领域模型图、类图、实体关系图、数据表清单等。其中领域模型图一般在抽象建模阶段完成,而数据表清单则属于数据设计范畴。

- □ 上下游交互:大多数业务场景或多或少存在上下游交互,交互一般通过数据库、接口、消息等方式。如果选择通过接口交互,须写明类名、方法名、入参、出参、结果码等;如果选择通过消息交互,须写明消息 Topic、Group、消息体结构等;如果选择通过数据库交互,须写明表名、索引、QPS 等。

- □ 方案描述:当业务较为复杂的时候,文字描述难以直观地反映设计方案的细节,也不便于后续评审和实施,因此,一般通过流程图、时序图来描述。

需要注意的是,详细设计环节通常是包含数据设计的,但考虑到数据设计的重要性和复杂性,笔者会进行详细介绍。

1.3.4 数据设计

谈及数据设计,大多数 IT 从业者的第一反应是数据库设计。这其实是片面的。事实上,数据设计的内涵非常丰富,数据库选型、表结构设计、字段设计、索引设计、缓存设计、数据核对、数据监控等都属于数据设计的范畴。

如图 1-20 所示,完整的数据设计一般包含 3 个环节:领域概念模型设计、逻辑数据模型设计和物理存储模型设计。不过,落实到具体的业务需求,这 3 个环节并不是必需的。例如在一些相对简单的业务场景中,根本不涉及领域概念模型,也无须领域概念模型设计。本节重点介绍一下数据库选型和存储方案设计,其他数据设计相关的内容在后文再展开详细介绍。

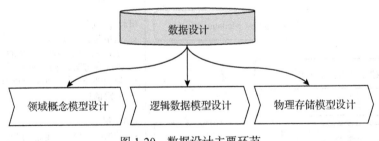

图 1-20 数据设计主要环节

1. 数据库选型

目前,常见的数据库类型如表 1-6 所示,数据库类型不同,其特性和适用的场景也存在较大差异。服务端开发工程师需要根据业务场景自身的特点,结合数据库的性能、存储成本、容量、一致性、读写偏好、稳定性等指标综合评估选型。

表 1-6 常见的数据库类型

存储类型	特性和适用场景	业界常用产品
关系型数据库	支持索引、事务机制的结构化关系模型数据,SQL 查询,适用于单表数据量较小的场景(单表过千万行须配合拆表拆库分布式路由)	MySQL、Oracle、PostgreSQL

（续）

存储类型	特性和适用场景	业界常用产品
KV 内存型数据库	基于 Key 存取数据，$O(1)$ 级高效查询，一般用于数据查询缓存	Redis、Memcached
列式存储型数据库	面向列族组织的半结构化数据，基于 RowKey 读写，方便横向水平扩展，成本低廉。缺点是无索引、无跨行事务支持。适用于分布式海量数据存储（单表 TB&PB 级）和数据分析场景	HBase
文档型数据库	面向文档类数据，无需 schema 来定义，如配合 CDN 机制高效存储和加载图片	MongoDB
搜索型数据库	基于倒排索引解决数据的全文搜索问题，用于搜索引擎和海量数据分析领域	Elasticsearch
图数据库	基于图论存储海量的数据实体和丰富的关系信息，提供图模式的查询搜索能力。适用于社交网络、知识图谱等复杂关系数据	Neo4j

2. 存储方案设计

数据库选型确定后，接下来需要根据数据库进一步设计存储方案。为了便于读者理解，笔者以 MySQL 和 HBase 为例介绍存储方案设计。如图 1-21 所示，对于 MySQL 数据库，存储方案的核心是字段设计和索引设计；而对于 HBase，核心则是 RowKey 设计。

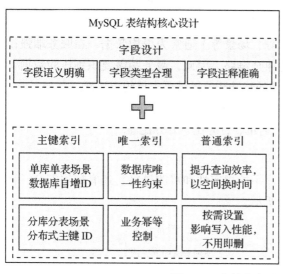
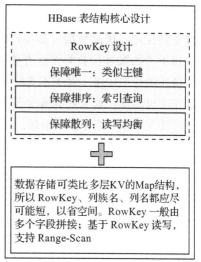

图 1-21　存储方案设计示例

1.3.5　非功能性设计

业务方提出的需求和产品经理设计的产品方案大都聚焦于业务功能描述，在验收时，通常也只是验证要求实现的功能是否符合预期，极少考虑稳定性、兼容性、安全性、异常补偿等非功能性问题。然而，很多时候，非功能性问题往往事关项目成败，因此必须根据业务场景谨慎评估非功能性问题并设计相应的解决方案。

1. 稳定性设计

在互联网领域，稳定性设计是最重要的非功能性设计。根据阿里官方公布的数据，在 2020 年的"双 11"大促活动中，天猫平台订单创建峰值达 58.3 万笔／秒。如此巨大的流量，若没有稳定、可靠系统和服务，业务便是空中楼阁，随时有崩塌的可能。那么，在互联网企业，可以通过哪些具体的措施来保障稳定性呢？如图 1-22 所示，在稳定性保障的流程中，容量评估、压测验证、限流／预案等环节都是需要服务端工程师来保障的。

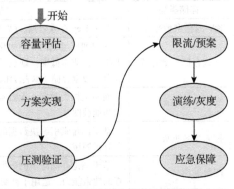

图 1-22　保障稳定性的一般流程

2. 可测试性设计

与客户端不同，服务端对用户来说是不可见的，测试工程师无法直接通过 UI（User Interface）界面来验证服务端的复杂逻辑，因此，服务端开发工程师在进行非功能性设计时，需要充分考虑可测试性。

- ❑ 功能可测试：对于客户端不直接可见的功能（如异步处理、定时任务补偿等），服务端可采用在关键链路打印摘要日志等方式来帮助测试人员识别不可见逻辑是否正确执行。
- ❑ 支持压测：压测数据（如用户账号、场景等）通常为虚构数据，在服务端强校验逻辑下（如账号校验）无法直接跑通全链路。因此，服务端需要识别压测数据，并支持压测标识传递，对于不支持压测的特殊环节还需要支持约束跳跃。
- ❑ 灰度可测试：重大变更通常需经过充分灰度测试才能对外切流。在灰度环节，服务端需要支持多种流量控制策略，如白名单、百分比、万分比等。

3. 其他非功能性设计

非功能性设计涉及面广，除了前面介绍的稳定性和可测试性，还有应用安全、异常处理、扩展性、兼容性等方面，如图 1-23 所示。

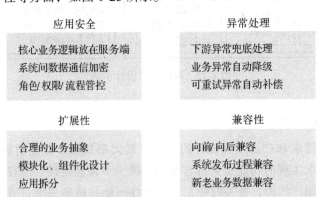

图 1-23　部分非功能性设计内容

1.4　服务端开发进阶路径

在互联网行业，很多时候加班对工程师来说是家常便饭，同时互联网领域技术又日新月异，要求工程师有很强的学习能力。如何在繁忙的工作中做好积累，构建个人核心竞争力，相信是很多工程师都在思考的问题。

近些年，中年危机几乎是绕不开的话题，为何会有中年危机呢？其根源在于职业本身的特点。事实上，不只是互联网领域，在其他领域，具有以下特点的职业，同样不可避免地会面临中年危机：

❑ 能力习得速度快的行业，后辈更容易挑战前辈，形成中年危机。

❑ 技能演进速度快的行业，手里的秘籍容易成为废纸，形成中年危机。

互联网领域的技术演进日新月异，很多时候，先入行者不但没有先发优势，反而可能还有巨大的劣势：或许你是一位中年 JavaScript "艺术家"，老一套已经信手拈来，可新来的工程师直接上 React 秒杀你；或许你花了十年时间把 C++ 玩得滚瓜烂熟，可面对现代大型分布式项目，年轻人用 Scala 处理得又快又好。现实就是如此残酷，你会的技术，别人一学也会；你掌握的利器，过两天可能就成了钝铁。如此种种，让互联网行业呈现出一边倒的年轻化特征，在大多数非创新岗位上也不存在老专家这么一说。因此，某种意义上，软件工程师的中年危机是由其职业属性决定的，不可避免。

当然，不可否认的是，互联网领域也有像 Jeff Dean 那样的一群人，对所谓的中年危机完全"免疫"。但不要忘了，这样的大牛毕竟是少数派。既然危机将不可避免地到来，对于软件工程师来说，最好的应对方式就是想办法解决，规划一条进阶路径，进而构筑自己的能力护城河，最大限度降低危机的影响和冲击。

1.4.1　构建能力模型

在进阶之路上，为提升自身的核心竞争力、构建能力护城河，首先需要打造具有竞争力的能力模型。如图 1-24 所示，处于中心的是行为处事的准则，也就是正确的思想观念。其中最核心的观念就是要把职业生涯当作自己的事业，为自己而工作，把提升自身能力作为事业的目标。围绕着这一核心的还包括主动承担责任、团队协作等。为了达成这些能力，需要养成良好的习惯并掌握相关技能。习惯和技能相辅相成，影响着平时的一言一行，通过规范言行来帮助将这些观念深化为本能。而为了保证上述的方案能够落地执行，需要执行详细的规划并反复实践，并通过复盘等手段总结得失，查漏补缺。

此外，大厦需要有坚实的基础，否则只能是空中楼阁。改变现状的勇气、优秀的执行力和健康的身体便是这一切的基础。

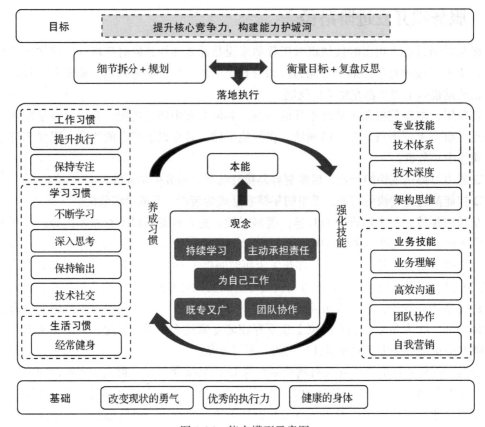

图 1-24 能力模型示意图

1.4.2 专业知识体系化

本节所述的知识特指技术知识和业务知识，基于这两者，形成服务端开发工程师的专业技能和业务技能。在互联网领域，技术和业务相辅相成，技术服务于业务，业务促进技术更迭，两者并行，因此一般将技术知识和业务知识统称为领域知识。

从事服务端开发，领域知识是最基础却又最重要的能力。但是，只有当领域知识形成体系时，才可以成为真正的核心竞争力。当遇到问题时，如果连相关的知识储备都没有，将很难解决问题；而如果你有相应的知识储备，则可以将知识迁移到问题场景中，辅以推理寻找解决问题的方法。为了让领域知识和逻辑推理更好地结合，我们要系统地学习知识，专注于某些技术方向的同时，有意识地向周边拓展。对于服务端开发工程师，除了掌握服务端开发技术栈和相关业务知识，也应了解一些客户端的原理，知道服务端和客户端之间如何联系。

那么，如何才能使自己的领域知识系统化呢？很多时候，领域知识点本身是可以相互联系起来的，但前提是你对这些点都理解透彻。在工作中学习，最常陷入的困境就是学习时间过于碎片化，学了后面的，就忘了前面的，不得要领。出现这种情况的一个很重要的原因在于：领域知识宏观层面的整体大图没有形成，关键知识点理解深度不够、不透彻。这些关键点就是这个领域的骨架、支点。缺了骨架，自然难以体系化；缺了宏观大图，容易误入歧途。

读者是否曾有过这样的体验：在某个领域学习知识特别快，但换个领域就总是不得要领。想象一下，为什么你对家所在的小区周边特别了解，不会迷路？本质上就是因为你脑中已经对小区周边形成了整体大图，并对关键节点了然于胸。把你放到陌生的小区，你可能就迷路了，关键节点、整体大图均没有，胡乱摸索，即便你把摸索路上所见到的每一个小餐馆的情况都了解了，也没什么意义，再过几条街你就忘了。

鉴于上面抛出的问题，在学习领域知识的时候，特别是进入一个新领域时，首先要厘清整体大图和关键知识点，然后循着大图和关键点通过实践进一步强化。

1.4.3　掌握学习方法

知识通常是抽象的，离开校园后，静下心来看书或研究源码是一件比较困难的事情，因此需要掌握正确的学习方法。

1. 场景式学习

场景式学习有助于克服"学习困难症"。具体而言，就是带着问题去学习，在学习某方面知识的时候，先列一个问题表，带着这些问题逐一寻解。举个例子，在入门 Spring 框架的时候，我最初是看书，看到四十多页就犯困了，似懂非懂；后来我换了一种方式，列了一系列问题：Bean 到底是什么？ Bean 会被垃圾回收（Garbage Collection，GC）吗？等等。基于这些问题，我逐一去查资料、跑 demo，比直接看文献轻松很多。

当然，再好的方法也需要执行力支撑。在学习的过程中，我们会遇到很多问题，而解决这些问题通常需要你去做很多事，比如下载源代码（找不到网址，放弃）、编译（还要去学习那些编译参数，放弃）、搭建环境（太麻烦，放弃）。这中间九九八十一难，放弃任何一难都取不了真经。这也是为什么同样的学习、同样的问题，优秀的人能学会、能解决，有些人却不可以。

2. 站在"巨人"的肩膀上

古人云："三人行，必有我师焉。"在学习的道路上，要善于向身边优秀的人学习。很多时候，大牛的指点可以让你事半功倍。举个例子，笔者曾遇到过这样一个问题：在应用刚启动时，连接数据库特别慢（非慢查询）。百思不得其解，于是向一位经验丰富的同事请教，他仅凭我的描述便给出了原因和解法：创建连接时，MySQL 会进行反向域名解析，这一过程比较耗时，通过配置参数 skip-name-resolve 跳过即可解决。

大型企业通常都有较为完善的技术传承体系，以帮助员工成长，提升研发效率。以蚂蚁集团为例，不仅有针对新员工的"精武门""青年近卫军"等内部培训，还有"般若堂""奇点学堂"等形式多样的内部技术分享。把握住这些向大牛学习的机会，定会有所收获。

1.4.4 技术与业务同行

在互联网行业，工程师大都在技术领域很有追求，但部分工程师却轻视业务，甚至嗤之以鼻。这种现象多与工程师的职场经历相关。通常工程师是和产品经理沟通需求的，而不是直接与真正的业务方沟通，导致很多工程师不了解业务全貌。同时，工程师专注于技术，为各种需求所累，业务意识不足，更不会主动去思考业务痛点和了解业务策略。笔者初入职场时，做的是比较偏中台技术的工作，对业务感知比较少，也不感兴趣，那时候比较崇拜技术大牛，根本没有意识去了解业务相关的信息。

在互联网领域，特别是在阿里、腾讯这类商业科技公司里，一个不理解业务的工程师与流水线的工人是没有很大区别的。在阿里，工程师评价指标分为三大板块：业务理解、项目管理和专业技术。其中业务理解是非常重要的，层级越高，业务理解的占比越大。一个不懂业务、不了解业务的工程师，很难设计出好的系统。比如 12306 这样的系统，如果不了解它的业务，何谈设计？它的业务有多复杂呢？此处就其 SKU（Stock Keeping Unit）来进行分析。

1）SKU 总数多。对于普通商品，一个 SKU 对应一种商品，每卖出一件，库存减 1。而列车票则是一种动态 SKU，以上海到成都的 G1974 次列车为例，共有 20 站、3 种座位，粗略一看似乎只有 3 种 SKU（商务座、一等座、二等座），实际上 G1974 有 570 个 SKU，始发站上海与后面的 19 站便有 19×3 个 SKU，以此类推共计 $(19+18+17+\cdots+1) \times 3=570$ 个 SKU。

2）SKU 计算复杂。G1974 总共有 570 个 SKU，但是 SKU 的数量和库存却都是动态的，库存不仅会减少，还会增加。比如列车驶出上海站，SKU 会减少 19×3 个，对应的库存也会清零；与此同时，上海与第三站及其后面的站对应的 18×3 个 SKU 可能未卖完，这些座位自然不会浪费，因此，第二站苏州北到后面各站的 SKU 库存则可能会增加。如果再考虑座位存在位置差异（A、B、C、D、F），计算量会更大。

铁路交通领域的票务系统非常复杂，在系统设计之前，首先需要对铁路交通领域的业务进行充分调研，深刻理解业务场景和运作模式，在此前提下再谈设计。

通过上面的例子，相信读者对于业务的重要性已经有所感悟。事实上，一个公司通常也是先有业务模式，然后才去招兵买马，组建研发团队的，皮之不存毛将焉附。业务发展的好坏往往决定了公司的营收和前途，也决定了研发的效益和去留。

根据工程师对业务的影响程度，可划分 6 个阶段，如图 1-25 所示，层层递进，越往上对业务的影响越大。在具体的业务中，不论做前端开发、服务端开发，还是质量保障，最终目标都是促进业务发展，只是担当的角色不同，影响程度不同。工程师在打磨技术的同时应关注业务，促进业务发展，这样可以让技术的价值得以更好地体现。

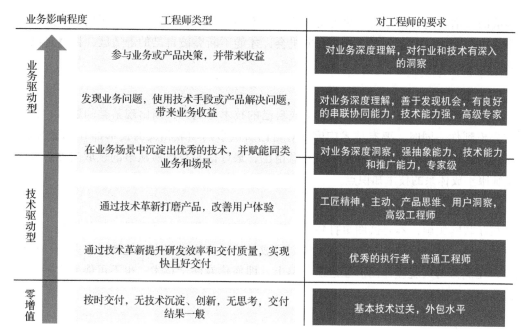

图 1-25　工程师对业务的影响程度示意图

1.4.5　树立正确的观念

不要随心所欲地生活，也不要随遇而安地行走在职业生涯的漫漫长路上。没有明确的方向，你走的每一步可能都是徒劳的。对工程师来说，没有以不变应万变的方法，唯一不变的就是改变，树立长远的目标，持之以恒，踏实前行，方能达到最终的目标。

1. 关于工作

你不是为老板工作，也不是为公司工作，而是为自己工作。工作是属于公司的，而职业生涯却是属于你自己的。当把这件事情想明白的时候，你的职业发展将会焕发新的青春。在这个过程中，你应学习如何像公司一样思考，如何提升自己的技能，从而让公司持续地购买你的服务。

在工作中，切忌无意义的抱怨、愤怒，这些不成熟的行为可能会让你痛快一时，但更多的是证明你的无能，于现状而言没有任何帮助。吐槽、抱怨、愤怒很容易，而提出解决方案才有价值，应争取成为后者。

2. 关于责任

责任与重要性成正比。当你的责任越大，承担的事情越多时，公司对你的依赖也就越重，也更容易让你脱颖而出，得到更好的资源和机会。所以，需要主动地承担更多的责任，不要退缩，敢于顶上去，做出引人注目的成绩，成为问题的解决者，并不断提升自己。

人都是有惰性的，倾向于在自己熟悉的领域行动，心理学上称之为"安全区间"，对于有挑战的事情，内心往往因"缺乏安全感"而不愿意尝试。但是，你要明白，挑战所在常常也是机会所在，敢于承担责任，赢取机会，才能不断突破自己的舒适区，拓宽自己的能力域，使自己更有价值。

3. 关于技术

要揽瓷器活，得有金刚钻。只有形成自己的技术影响力，当出现某类问题时，公司才会首先想到你。同时，要有技术广度，对自己所从事的领域相关的技术都有一定的了解，具备较为完善的技术栈。扩展广度要注意范围，最好沿着自己所从事的领域向外扩展，而不是征服不成体系的技术知识点。

4. 关于协作

在互联网领域，不要试图单打独斗，要注重团队协作。人多力量大的前提是：创建一个好的环境，制订合理的激励措施，规划好成长路线，让每个人都能被激发并释放自己的能量，让优秀的人脱颖而出。在进阶的路上，即便你专注于技术，也不可能事必躬亲，团队协作的力量不可或缺。

需求分析

不同于传统软件行业，为了支持业务层面快速摸索、试错，互联网行业普遍采用"小步快跑，快速迭代"的渐进式研发策略。不过，在实践中贯彻执行好这一策略并非易事。一方面，业务方的原始诉求在经过产品经理的演绎、拆解和加工后，产出的结果与业务方的预期可能不符，甚至存在冲突；另一方面，产品设计本身难免存在遗漏和错误。这些不足往往会导致开发出来的软件无法达到既定目标，浪费资源。鉴于此，作为需求的核心参与者，需求分析是服务端开发工程师必须掌握的技能。

产品需求分析一般从业务背景、业务问题、业务诉求、产品方案等方面入手，分析业务问题是否准确、业务诉求是否合理、产品方案是否可以满足业务诉求等一系列问题。为了高效地进行产品需求分析，掌握方法十分必要。

2.1 需求分类

从技术视角看，产品需求是指由产品经理进行产品化设计后的需求，需求的原始来源可能是用户、运营、产品经理、法务或其他业务相关方；而技术需求则是指完全由技术侧发起的需求，如包升级、中间件升级、平台迁移、数据库优化等。不同类别的需求，参与角色、关注点、项目流程通常也不同。

在互联网行业，需求以产品需求为主，除了一些基础设施（如操作系统、网关等）研发部门，纯技术需求非常少，且纯技术需求的分析相对简单，因此本书中需求分析相关的内容，特指产品需求分析。

2.1.1 产品需求

前面提到，产品需求的本质是业务方的原始诉求经过产品经理演绎、拆解后的产物，那么产品需求具体应该包含哪些内容呢？主要有两个方面：产品定义和产品设计。

1. 产品定义

产品经理对业务方的原始需求进行加工，确定产品需要做哪些事情，通常采用产品需求文档（PRD）来进行描述，一般应包含以下信息：需求背景或愿景、目标市场和用户、价值分析、竞对分析、产品功能的详细描述、产品功能的优先级、产品用例。

2. 产品设计

产品设计是指确定产品的外观，包括用户界面设计（User Interface，UI）、用户交互设计（User Interaction）等所有涉及用户体验的内容。在大型互联网企业中，产品经理通常需协同 UI 设计师和交互设计师一起完成产品设计。

产品定义和产品设计是产品经理的核心职能。在互联网公司中，产品经理处于核心位置，需要非常强的沟通能力、协调能力、市场洞察力和商业敏感度。不但要了解用户、了解市场，还要能与各种风格迥异的团队进行默契配合。很多时候，产品经理关乎一个互联网产品的成败，比如知名产品经理张小龙，正是他成就了微信和 QQ 音乐。

2.1.2 技术需求

技术需求的来源通常有两个方面：一方面，随着业务的发展，技术层面可能因容量、性能、可用性、安全等问题不足以支撑业务；另一方面，随着技术的进步，现有技术体系的隐藏问题暴露，新的技术解法诞生。为了应对以上问题，技术层面必须进行技术改进。

相较于产品需求，技术需求则"单纯"得多，参与者通常只涉及服务端开发、客户端开发、测试等技术角色，没有产品需求文档，无需产品经理、项目经理、运营、财务等非技术角色参与。为了便于技术需求信息在各个参与者之间准确传递、保障项目顺利推进，技术需求也需要文档来描述，涉及内容有技术问题或瓶颈、技术目标、技术方案、业务影响分析、上下游影响分析、可操作性分析、技术风险分析。

其中，业务影响分析、上下游影响分析和技术风险分析尤为重要，一旦有疏漏，极有可能导致线上故障（如 2021 年 10 月，微信因技术升级引发线上故障，影响亿级用户）。

2.2 需求分析的流程

对于需求，工程师需要明确两个最基本的问题，即做什么（What）和怎么做（How）。"做什么"描述的是目标，而"怎么做"描述的是达成目标的方法，准确地理解"做什么"是软件开发工程师的首要任务。需求分析的过程，本质上就是通过收集、梳理、抽象需求信息，进而回答"做什么"的过程。具体而言，首先学习需求相关业务的领域知识，了解业务全局；然后明确业务目标、场景及用例，自顶向下理解业务；接着构建业务模型，将业务可视化表达；最后梳理业务规则，确定需求细节。通过需求分析，我们可以将产品需求组织成如图 2-1 所示的金字塔结构，金字塔的顶端是需求概要信息，包括目标用户、业务问题和应对方案；中间为场景、用例和业务模型；底部为详细业务规则、细节和条款，三个层次，自顶向下，逐渐细化。

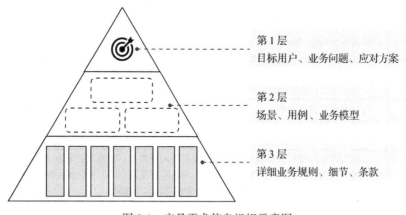

图 2-1 产品需求信息组织示意图

第1层
目标用户、业务问题、应对方案

第2层
场景、用例、业务模型

第3层
详细业务规则、细节、条款

2.2.1 学习领域知识

拿到需求后，对于不了解的业务领域，可以通过阅读、交流、思考和实践快速形成业务知识框架。在阅读学习中，养成做笔记的习惯，整理业务领域知识、行业解决方案、竞品等相关信息，同时记录自己对业务的理解和不清楚的问题。新的认知往往来自交流和实践，在阅读学习的基础上，带着阅读时积攒的问题，与产品经理、运营、BI（Business Intelligence，商业智能）等交流，了解业务的主要参与者及其关联；与业务相关团队交流业务经验和技术规划；之后，体验竞品进一步熟悉业务领域。当然，在具体的场景中可能缺乏交流、学习的资源，需要我们灵活应对。

罗马不是一天建成的，业务的发展也不是。每个业务都有其发展周期，不管是高速发展中的业务，还是处于瓶颈期的业务，都是由于过去客观的市场因素加主观的策略而走到了当下。欲深刻理解业务，还需了解业务的过去，不管是爆发式增长还是萎靡不前，一定有其背后的原因，可以作为未来前进的参考。了解过去，看到未来，才能做好当下。在学习领域知识时，可以从以下方面着手。

❑ 业务概念：现实世界中对业务相关事物的描述。以电商平台为例，商品、商家、SKU、库存就是最基本的业务概念。

❑ 业务背景：业务当前状况，以及对业务发展、变化起重要作用的客观因素。

❑ 业务问题：业务当前状况与业务预期（或发展规划）之间的差距。

❏ 业务诉求：当下或接下来一段时期内业务想到达到的目标（解决业务问题）。

❏ 业务价值：预期可以产生的收益，即解决业务问题可带来的业务状况的积极转变。

为了便于读者理解，笔者在下文中将以一个虚拟的"房贷审核系统"为例来解读需求分析的实施步骤。虚拟的房贷政策如表 2-1 所示。

表 2-1 虚拟的房贷政策示例

审查项目	内容描述
首付和利率	首套房政策：首付比例不低于 30%，贷款利率不低于同期贷款市场利率报价减 20 个基点，即最低利率为 LPR−20BP 二套房政策：首付比例不低于 60%，贷款利率不低于同期贷款市场利率报价加 60 个基点，即最低利率为 LPR+60BP 三套房政策：暂停发放居民家庭购买第三套及以上住房贷款
征信	银行在审核贷款人的房贷资格时，必须查询贷款人的征信报告。如果贷款人的征信中有不良信用记录，如最近 24 个月内存在连续逾期 3 个月或者累计逾期 6 个月的记录，则无法获得贷款。此外，如果没有查询到征信报告，贷款人也不能获得贷款
收入	贷款人需要向银行提供收入证明。如果有共同贷款人，要求共同贷款人必须为主贷款人的直系亲属（限配偶、父母、子女）。主贷款人和共同贷款人的月收入相加必须为月供的两倍及以上。如果贷款人还有其他未还清的贷款，则还应在总收入中扣除
贷款年限	主贷款人的年龄加上住房贷款的年限，男性不能超过 60，女性不能超过 55。贷款年限与房龄之和不能超过 40 年。此外，住房贷款的期限最长为 30 年

2.2.2 明确业务目标

没有目标的前行，犹如黑暗中的远征。拿到一个产品需求，若不了解其真正的目标，甚至都搞不清楚为何而做、做了能怎样，则很难保证后续投入的效率和效果。基于产品需求，围绕业务目标，通常我们需要弄清楚如下几个问题：

❏ 目标用户是谁？

❏ 要解决目标用户的什么问题？

❏ 产品解决方案是什么？

❏ 如何评估解决问题的效果？

在"房贷审核系统"这个虚拟的产品需求中，通过分析可以得出如下信息：

❏ 目标用户：房产信贷客户经理。

❏ 用户问题：贷款人房贷资格审核、贷款方案计算依靠人工，效率低；房贷政策变动需人工确认，效率低。

❏ 产品方案：开发一个"房贷审核系统"，通过系统可快速确定贷款人的住房贷款资格，并计算出可选的贷款方案；当房贷政策发生变化时，信贷客户经理能够在系统中统一配置，避免政策不一致。

❏ 评估指标：贷款资格审核平均耗时、贷款方案计算平均耗时。

2.2.3 明确业务用例

在明确业务目标后，我们可以用业务用例来进一步具象化业务目标。业务用例描绘的是贡献于业务目标的特定主体在特定条件（前置条件、后置条件）下执行特定动作，从而达成预期目标。业务用例倾向于描述真实世界，它利用情景、参与者之间的交互、事件随时间的演化等方式来叙述性地描述系统的使用。

在实践中，明确业务用例的切入点是业务的参与者（可以是用户、系统及外部系统等），列出业务的参与者，并将它们之间的关系用相对简单的模型进行呈现。在"房贷审核系统"这个例子中，主要参与者为信贷客户经理、房贷审核系统（为实现产品需求而需要开发的系统）、房管系统、征信中心，它们之间的关系如图 2-2 所示。

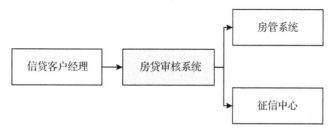

图 2-2　房贷审核业务主要参与者关系示意图

确定参与者后，我们进一步列出相关主要业务用例。从业务视角来看，用户（如信贷客户经理）的关注点在于系统能够提供哪些服务（功能），基于这些服务能够解决什么问题，至于系统的内部结构和设计，他们并不关心。在"房贷审核系统"这个例子中，虽然房贷资格审查需要房管系统和征信中心的参与，但是作为用户的信贷客户经理并不关心这些系统内部的交互，这些系统内部的交互对信贷客户经理本身也是不可见的。因此在明确业务用例时，不应涉及技术细节，细化到业务服务层次即可。如图 2-3 所示，房贷审核系统相关的主要业务用例有 3 个：客户资格审查、贷款方案计算和房贷政策配置。

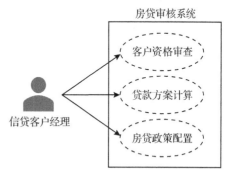

图 2-3　房贷审核系统相关的主要业务用例

- ❑ **客户资格审查**：即信贷客户经理通过房贷审核系统审查贷款人是否具备住房贷款资格，这个用例的参与者是最多的，有信贷客户经理、房贷审核系统、征信中心、房管系统等。
- ❑ **贷款方案计算**：资格审查通过后，信贷客户经理通过房贷审核系统为贷款人计算贷款方案。
- ❑ **房贷政策配置**：当房贷政策发生变化时，信贷客户经理可通过房贷审核系统及时更新政策配置。

2.2.4 梳理用例场景

主要业务用例是站在业务全局视角对业务进行描述的，粒度比较粗。接下来，我们需要进一步缩小边界、降低抽象层次、细化粒度。最常用的方法之一是场景梳理，场景的一般定义为：对参与者的交互中所执行的行为序列的描述，包括各种不同的正常序列和错误序列，它们能够联合提供一种有价值的服务。每一个行为序列都是一个场景，系列场景可承载业务用例相关的成功和失败。

为了便于读者理解业务用例、场景以及它们之间的差异，以上文中提到的"客户资格审查"这一主要业务用例为例，对其进行分解，如表 2-2 所示。

表 2-2 业务用例和场景示例

业务用例	业务场景
业务用例：客户资格审查 正常流程： ① 信贷经理输入贷款人基础信息（如身份证号等） ② 系统查询贷款人房产信息 ③ 系统校验房产信息符合贷款购房条件 ④ 系统查询贷款人征信 ⑤ 系统校验征信符合贷款购房条件 ⑥ 系统审核共同贷款人资格通过（细节略） ⑦ 系统提示审核通过 异常流程： ① 贷款人房产信息不满足贷款购房条件，系统提示审核不通过 + 原因 ② 贷款人征信不满足贷款购房条件，系统提示审核不通过 + 原因 ③ 共同贷款人不满足贷款购房条件，系统提示审核不通过 + 原因	场景很多，这里仅列举部分简化场景 **场景 1：审核通过** ① 信贷经理输入贷款人基础信息（如身份证号） ② 系统查询贷款人房产信息 ③ 系统校验房产信息符合贷款购房条件 ④ 系统查询贷款人征信 ⑤ 系统校验征信符合贷款购房条件 ⑥ 系统审核共同贷款人资格通过（细节略） ⑦ 系统提示审核通过 **场景 2：贷款人房产不满足条件，审核不通过** ① 信贷经理输入贷款人基础信息（如身份证号） ② 系统查询贷款人房产信息 ③ 系统判定贷款人属于贷款购买第三套房，不满足贷款购房资格 ④ 系统提示审核不通过 + 原因 **场景 3：贷款人征信不满足条件，审核不通过** ① 信贷经理输入贷款人基础信息（如身份证号） ② 系统查询贷款人房产信息 ③ 系统校验房产信息符合贷款购房条件 ④ 系统查询贷款人征信 ⑤ 系统判定贷款人征信不达标 ⑥ 系统提示审核不通过 + 原因 **场景 4：共同贷款人不满足条件，审核不通过** ① 信贷经理输入贷款人基础信息（如身份证号） ② 系统查询贷款人房产信息 ③ 系统校验房产信息符合贷款购房条件 ④ 系统查询贷款人征信 ⑤ 系统判定贷款人征信符合贷款购房条件 ⑥ 系统判定共同贷款人资格不通过（细节略） ⑦ 系统提示审核不通过 + 原因

通过明确业务用例使我们可以从全局视角分解业务，而通过梳理用例场景则使我们透过具体的现实描述洞悉了业务的细节。至此，虽然我们已经掌握了大量的信息，但是这些

信息还比较零散、不成体系、重点不清晰，因此我们需要通过适当的方法将它们串联起来，形成更加严谨的业务流程（包括用户操作流程和系统交互过程），具体方法如下。

- 从用户操作角度来说，基于系列用例，理清用户有哪些操作、用户如何与系统交互。
- 从系统交互角度来说，基于系列用例，理清系统是否与其他外部系统存在交互、交互过程是怎样的。

结合"房贷审核系统"这个例子，我们将"客户资格审查"系列场景中相关的用户操作和系统交互进行流程化，如图 2-4 所示，至此，"客户资格审查"这一业务用例的流程也就清晰了。通过类似的方法可以将其他用例（如方案计算和政策配置）的流程也梳理出来。

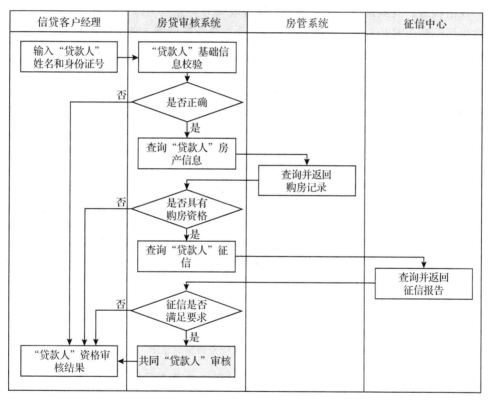

图 2-4 房贷客户资格审查概要流程示意图

随着业务用例的细节逐渐清晰，我们通常会有新的发现。例如在"客户资格审查"这一业务用例中，经过梳理场景和流程，新的参与者（如征信中心、房管系统等）、新的对象（如共同贷款人等）被发现，基于这些新发现的内容，我们可以对其做更深入的细化，理清更多的细节，从而推动相关业务模型的演进。

2.2.5 构建业务模型

每个业务都有一个对应的业务模型（也被称为业务概念模型、领域模型）。在构建业务模型的时候,完全不需要考虑任何软件设计的思想,比如对象的抽象、继承、存储等,而是应该从业务本身出发,分析业务边界范围内的各种业务概念,以及业务概念之间的关系。为了直观地呈现,通常可以用业务模型图来表达。

需要注意的是,我们在这个环节不必执着于追求一个完美的业务模型,业务模型的演进过程本身就是一个不断假设和验证假设的过程。构建业务模型的主要作用是为所有参与需求分析及后续研发的参与者提供一个可视、可编辑的术语表,从而提高分析、沟通和研发的效率,否则单凭"空对空"的口头交流或冗长的文字交流,很容易陷入无休止的争论中。

对于"房贷审核系统"这个例子,我们通过分析场景用例,可以进一步挖掘出如房贷方案、征信报告、贷款记录、收入证明、房贷政策等业务概念以及它们之间的关系。在补充属性后可得到如图 2-5 所示的业务模型,3 个主要业务用例(客户资格审查、贷款方案计算、房贷政策配置)相关的业务概念及业务概念之间的关系得到了直观地呈现。

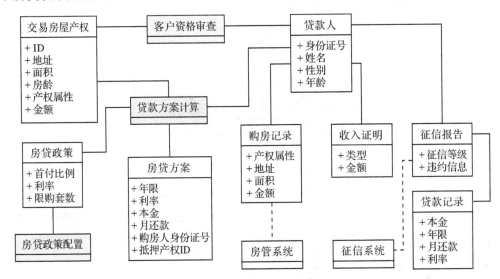

图 2-5　房贷审核系统业务模型示意图

在实践中,基于业务用例抽象业务模型的过程通常需要反复多次才能完成,其中,用例至关重要,用例描述业务的准确程度决定了业务模型的准确程度,用例的精细化程度则决定了模型属性的完善程度。

业务模型属于问题空间模型,它是对业务相关的现实世界中的对象的可视化表达。它专注于分析业务问题,发掘重要的业务概念,并建立业务概念之间的关系。需要特别强调的是,业务模型是用来描述业务的,而不是用来描述解决方案的,即使没有软件解决方案,业务模型依然存在。关于业务模型的构建方法,目前最常用是领域建模。领域建模过程主要包括用例分析、概念和属性抽象、关联关系抽象、模型验证 4 个环节,笔者将在第 3 章中进行详细介绍。

2.2.6　确认业务规则

通过以上步骤，产品需求相关的业务大图已经相当清晰，但可能还有隐藏的细节没有被发掘，而遗漏这些细节往往可能导致严重的后果，因此接下来要做的就是对业务相关的细节进行确认。在此，继续以"客户资格审查"来说明，资格审查中涉及征信校验规则（如最近 24 个月内存在连续逾期 3 个月或者累计逾期 6 个月的记录，则审核不通过）、购房贷款记录校验规则、共同贷款人校验规则等。

在梳理业务规则的同时，需对规则的内容进行准确的描述，例如直系亲属可以作为共同贷款人，但是直系亲属这个定义还比较模糊，在不同的上下文中可能存在歧义，因此应会同业务方、产品经理、法务等角色进一步明确。在本例中可以将直系亲属的定义明确为"配偶、父母或子女"。针对"客户资格审查"，经过业务规则梳理可以列举出如图 2-6 所示的规则。

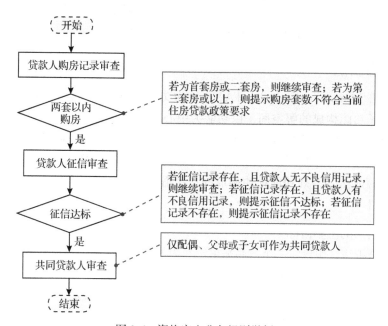

图 2-6　资格审查业务规则举例

2.2.7　确认需求

至此，我们已经基本完成对一个产品需求从整体到局部、从概要到细节的分解，但是相关内容很可能与产品经理和业务方的理解存在不一致（在笔者的职业生涯中，所对接的产品需求中超过半数存在目标不清、流程错误、细节缺失、逻辑不通等问题，因此在需求分析环节不得不与产品经理和业务方反复沟通，即便如此，也很难保证各方的理解完全一致），鉴于此，我们还需要与他们进一步沟通，充分确认需求。

确认需求的过程实际上是对业务流程、流程节点、参与者、参与者及系统之间的交互等内容进行反复推演，直至达成一致的过程。若需求无法充分确认，研发结果很可能偏离预期，浪费资源却无法满足业务诉求。作为服务端开发工程师，在需求确认前，不应急于给出技术层面的解决方案，某种意义上，需求未确定前提下设计技术方案是一种用自身擅长的技术曲意逢迎需求的行为，妥当的做法是应根据需求相关的业务场景来选择合适的技术方案。

2.3 需求分析的常用方法

在上节中，笔者以"房贷审核系统"这个虚拟的产品需求为例介绍了需求分析的流程，虽是介绍流程，但其中也渗透了需求分析的方法。目前，关于需求分析，软件领域专家已经提出了很多方法，有的大同小异，有的相差甚远，归结起来，这些方法大致可分为功能分析法、数据流分析法、信息建模分析法和面向对象分析法。

2.3.1 功能分析法

功能分析法（Function Analysis，FA）也称为功能分解法，其基本策略是将问题空间映射到由功能和子功能构成的解空间，以功能为中心来分析需求。与其他分析方法相比，功能分析法具有直观、门槛低、可操作性强等特点，深受产品经理、运营等非技术职能的需求分析参与者欢迎。在互联网公司，一些产品经理甚至直接基于功能分析法的思想来收集用户需求并整理成由一系列功能描述构成的产品需求文档。关于功能分析法，下面将从3个方面展开介绍。

1. 功能分析法的主要目标

基于功能分析法，假设将一个产品需求定义为 S，它包含的功能通常有多个，根据功能的业务内涵，我们可将这些功能划分为不同的功能域（Domain），用 D1、D2、…、Dn 表示，那么产品需求可以描述为：S = {D1，D2，D3，…，Dn}。功能域是一个粒度比较粗的概念，它还可以进一步拆分为若干子功能（P1、P2、P3、…、Pm)，那么，功能域 Di 就可以描述为：Di = {P1，P2，P3，…，Pm}。更进一步，子功能通常还可以被拆分为若干行为序列（A1、A2、A3、…、Ak)，那么，子功能 Pj 就可以被描述为：Pj = {A1，A2，A3，…，Ak}。

在功能分析法的框架下，一个产品需求可以被视为一组功能的集合，需求分析是根据产品需求文档识别需求功能，并进行分析、消化与综合，形成可以准确描述用户功能需求的文档。功能分析法的主要目标如下：

❑ 对需求功能做全面的描述，协同产品经理、运营、客户端开发、UI 等角色判断功能的正确性、一致性和完整性，促使产品经理和业务方在软件设计启动之前周密地、全面地思考软件需求。

❑ 深入分析需求实现所需的全部信息，为后续软件系统设计、开发、测试、验收和运维提供一个基准，从而减少在后续开发、测试、验收等环节中与产品经理和业务方的沟通成本。

2. 功能分析法的主要内容

功能分析法将需求分析的主要内容归纳为两个方面，即软件的功能需求分析和软件的非功能性需求分析。其中，软件的功能需求分析是整个需求分析最主要、最关键和最复杂的部分。

（1）软件的功能需求分析

功能需求分析的关键在于完整性、一致性、无歧义、规范化。具体而言，对功能的描述应包含功能相关的信息，并具有内在一致性，同时描述必须使用结构化的语言，避免歧义。注意事项如下：

❑ 明确触发功能的前置条件（如用户进入指定页面、点击图片等）。
❑ 明确触发功能的所有可能输入，包括合法的输入和非法的输入。
❑ 明确各个功能间的关系（如各个功能间的数据流、信息流，以及功能运行关系：顺序、选择、并发、同步等）。
❑ 明确功能的完整流程，清晰地描述功能的输入、输出，以及输入、输出相关的数据流、控制流。
❑ 尽量采用结构化语言、图、表来描述功能，力求直观、准确。
❑ 功能分析应注意与程序设计的区别。功能分析的核心是明确要做的内容，而不是如何做，因此功能分析不应涉及实现层面的细节问题，以避免给后续设计带来不必要的约束。

（2）软件的非功能性需求分析

从广义层面看，功能需求以外的所有需求均可称为非功能性需求，具体而言，一般包括稳定性、安全性、兼容性、异常补偿、设计约束等内容。既然是非功能性需求，那么产品需求文档中通常是不会有相关描述的，因此非功能性需求需要软件开发工程师自行挖掘，主要关注点如下：

❑ 稳定性：如容量、限流、应急预案、异常补偿等。以限流为例，它不仅是技术关注点，也是业务强相关的，当软件系统因请求量过大而触发限流时，应对用户展示友好的提示文案，而这个文案在需求分析阶段就应与产品经理、业务方等商定。
❑ 安全性：如流程管控、角色权限管控、反作弊等。
❑ 兼容性：如发布兼容、新旧数据兼容等。以发布兼容为例，新功能发布可能存在不兼容的问题，特殊情况下需要业务层面予以配合，采取向用户发通知等方式提前告知用户。
❑ 异常补偿：如超时、运行异常、业务异常等。以用户抽奖超时为例，用户实际已经中奖，但由于超时，客户端没有及时拿到中奖结果，这时应该如何处理呢？是展示未中奖，还是展示其他提示呢？这都是在分析阶段应该明确的。
- ❑ 设计约束：是指实现软件系统时必须要遵守的一些约束，包括编程语言、操作系统、数据库等。一些书籍中将设计约束列于功能需求和非功能性需求之外，逻辑上是存在问题的，功能需求、非功能性需求是非常明确的二分法，非此即彼，不应存在第三种。设计约束在传统软件行业十分重要，比如甲方客户可能要求数据库只能采用 Oracle，软件运行系统只能是 Windows 等。在互联网软件行业，需求分析阶段一般不涉及设计约束，而是放在系统设计环节考虑。

3. 功能分析法的局限性

功能分析法分析软件需求的基本策略是从功能的角度审视问题域。它将软件产品需求视为一组特定任务，将软件系统视为实现这一系列特定任务的功能模块组。随着互联网行业的发展，业务的复杂度爆发式增长，功能分析法的局限性逐渐暴露。

（1）审视问题域的视角局限

在现实世界中存在的客体（客观存在的对象实体和主观抽象的概念）是问题域中的主角，也是人们观察问题和解决问题的主要目标。例如，对于一个学生管理系统来说，无论是简单还是复杂，始终是围绕学生和教师这两个客体来实施的。在自然界，每个客体都具有一些属性和行为，例如学生有学号、姓名、性别、年龄、班级等属性，以及上课、考试等行为。因此，每个客体都可以用属性和行为来描述。

通常人们观察问题的视角是这些客体，客体的属性反映客体在某一时刻的状态，客体的行为反映客体可进行的操作。这些操作附于客体上并能用来设置、改变和获取客体的状态。任何问题域都有一系列的客体，因此解决问题的基本策略是让这些客体相互作用，最终使每个客体按照软件系统设计者的意愿改变其属性。

功能分析法所采用的思路不是将客体作为一个整体，而是将原本依附于客体之上的行为抽取出来，以功能为核心来分解软件需求，如此一来，虽将客体所构成的现实世界映射到由功能模块组成的解空间中，但这种变换过程背离了人们观察问题和解决问题的基本思路。功能分析法将审视问题的视角定位于不稳定的操作之上，面对问题规模的日趋扩大、环境的日趋复杂、需求变化的日趋频繁，显得越发力不从心。

（2）抽象级别局限

抽象是软件系统能够刻画真实世界的基础支撑。良好的抽象策略可以控制问题的复杂程度，增强软件系统的通用性和可扩展性。抽象主要包括过程抽象和数据抽象。功能分析法采用的是过程抽象，即把问题域中具有明确功能定义的操作提取出来，并作为一个实体看待。对于软件系统来说，这种抽象级别不足以刻画问题的本质，稳定性往往非常差，当业务场景较为复杂时，很难将每一个操作都准确地提取并实现。相较于过程抽象，数据抽象的级别更高，它将描述客体的属性和行为聚合，统一抽象，从而实现对真实世界客体的准确刻画。

从需求分析的流程来看，功能分析法适用于业务目标确定、业务场景分析和业务流程梳理这3个环节。同时，需求分析的参与者通常包括产品经理、运营等非技术人员，若考量沟通效率，功能分析法也是不错的选择。然而，受限于其审视问题的视角和抽象级别，它不适合用来构建业务模型，难以应对业务较为复杂的需求，因此一般只用于分析侧重功能的软件需求（如 To B 的需求）。

2.3.2 数据流分析法

数据流分析（Data Flow Analysis，DFA）法是一种结构化分析（Structured Analysis，SA）方法，由 Yourdon 等在 20 世纪 70 年代提出，经过多年发展，目前在软件需求分析领域仍有应用，可谓经久不衰。它的基本原理为：分析软件需求问题空间中数据如何流动以及在各个环节上进行何种处理，将问题空间映射为由数据流、加工、端点等成分构成的数据流图（Data Flow Diagram，DFD），自顶向下逐层分解，描绘出软件需求。本节将介绍数据流图的基本符号、绘制方法、分类、常见错误等方面的内容。

1. 数据流图的基本符号

数据流图是描述软件系统中数据流程的图形工具，它标识了一个系统的逻辑输入和逻辑输出，以及把逻辑输入转换为逻辑输出所需的加工处理。数据流图有 4 种基本图形符号，如图 2-7 所示。

符号	名称	含义	备注
 □ 或 ⬛	外部实体	负责给系统输入数据，或接收系统的输出数据	正方形/体符号内部要标识实体名
 □ 或 ○	数据处理	表示用某种算法将输入数据转换为输出数据，并改变了数据的形态	数据处理要有编号和名称；编号不表示处理的顺序，仅仅是一个唯一的标识符
 ▭ 或 ▭	数据存储	表示保存数据的数据文件，可以是数据库文件或其他形式的存储数据的组织	数据存储必须标明名称
 →	数据流	它是一个动态数据，可以从数据流程图中的一个处理到另一个处理，也可以输入或流出外部实体和数据存储	可以是一个单独的变量，也可以是一个数据结构；数据流上要有名字

图 2-7　数据流图基本图形符号

1）数据流：指数据在系统内传播的路径，由一组固定的数据项组成。除数据存储之间的数据流外，其他数据流均须命名。数据流的流向有：从数据处理流向数据处理，从数据处理流向数据存储，从数据存储流向数据处理，从外部实体流向数据处理，从数据处理流向外部实体。

2）数据处理：又称为数据加工，负责接收输入的数据，并产生具有不同内容或形式的输出数据。数据处理可能非常简单，例如将接收的数据保存到数据存储；也可能比较复杂，例如将数据加以分析并生成报表。数据处理需要命名，从而简明地描述处理的内容。在分层的数据流图中，通常还需要对数据处理进行编号，以体现层次性。由于每个数据处理都将数据从一种形态转换为另一种形态，因此每个数据处理必须至少有一个输入数据流和一个输出数据流。

3）数据存储：即用于保存数据的文件，可以是数据库等任何形式的存储数据的组织。流向数据存储的数据可理解为写数据或查询数据，从数据存储流出的数据可理解为读数据或查询结果。

4）外部实体：外部实体是向系统提供数据或从系统接收输出的人、部门、外部组织或其他信息系统。外部实体是系统边界之外的组件，它们代表了系统如何与外界交互。

2. 数据流图的绘制方法

绘制数据流图的过程实际上也是需求分析的过程，通过数据流图，我们可以将软件需求从整体到局部、从概要到细节描述清楚。在绘制数据流图的时候，特别要注意的是：数据流图不是流程图，数据流也不是控制流。数据流图是从数据的角度来描述一个软件需求（软件系统），数据流图中的箭头是数据流，而流程图中的箭头则是控制流，控制流表达的是程序执行的次序。数据流图的绘制一般包括3个步骤，即绘制背景图、绘制第一层数据流图、绘制第二层数据流图。

（1）绘制背景图（顶层数据流图）

背景图用于表达一个软件系统的概览，它是数据流图中级别最高的，也称为顶层数据流图。背景图只包含一个代表整个系统的数据处理，这个数据处理可被分解为包含更多细节的数据处理。绘制背景图的注意事项如下：

❑ 背景图需显示所有的外部实体，以及来自它们的主要数据流。

❑ 背景图不包含任何数据存储。

❑ 背景图中的数据处理名称须为系统的名称。

❑ 背景图的数据处理可以被分解为下一级数据流图中的主要数据处理。

绘制背景图与需求分析的关系是怎样的呢？背景图相关的外部实体和数据处理（系统）是产品需求业务的主要参与者（用户、系统及其他系统）；数据流则是参与者之间交互场景的媒介。在实践中，要绘制背景图，首先应从全局视角来分析业务目标和场景。下面以12306购票系统为例进行介绍。

❑ 核心目标是为用户提供一个购买列车票的移动网络平台。

❑ 主要参与者是用户和网络购票系统。

❑ 主要场景有车票查询、车票下单、订单支付、订单查询等。

结合业务场景和目标，可以很容易地确定构成背景图的主要元素：

❑ 外部实体主要是用户；

❑ 数据处理为 12306 购票系统；

❑ 输入数据包括车票查询请求信息、订票请求信息、订单支付请求信息和订单查询请求信息等；输出数据包括车票查询结果信息、订票结果信息、订单支付结果信息和订单查询结果信息等。

基于上面罗列的绘制背景图的要素，可以粗略地绘制出如图 2-8 所示的顶层数据流图。

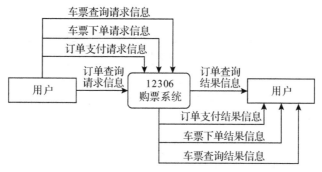

图 2-8　顶层数据流图示例

（2）绘制第一层数据流图

数据流图的绘制过程本质上是一个自顶向下逐层分解，绘出分层数据流图的过程。在绘制第一层数据流图时，需将背景图中的数据处理进一步分解，以明确数据处理的细节。需要注意的是：相较于背景图，第一层数据流图要复杂得多，通常包括多个数据处理，这些数据处理又涉及若干数据的输入和输出，从而可能导致交叉线的出现。为了避免这种情况，我们可以在数据流图中使用多重视角，让同一元件（如数据处理、外部实体、数据存储等）重复出现在图中的不同位置。

仍以 12306 购票系统为例，将其中的"车票下单"场景绘制成第一层数据流图，如图 2-9 所示，背景图中的一个数据处理（12306 购票系统）被分解为了 12306 客户端和 12306 服务端两个数据处理。

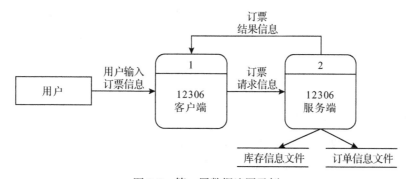

图 2-9　第一层数据流图示例

（3）绘制第二层数据流图

当产品需求规模较大，用户与系统、系统与系统间的数据交互较多时，相应的数据流通常也会非常复杂。仅凭第一层数据流图的刻画粒度不足以描述业务细节，因此我们需要对第一层数据流图中的数据处理进一步分解，从而得到粒度更精细的第二层数据流图。

以 12306 购票系统为例，针对"车票下单"场景，将第一层数据流图中的"12306 服务端"进一步分解为 3 个数据处理，绘制出如图 2-10 所示的数据流图。

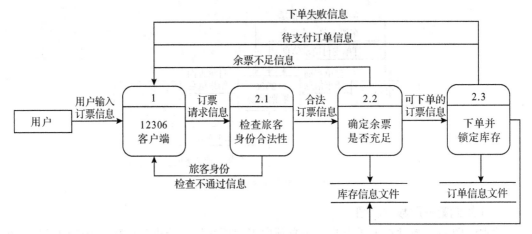

图 2-10　第二层数据流图示例

经过上面的步骤，通常已经足以理清产品需求。接下来，我们可以对数据流图进行精炼，将一些在需求分析阶段无须关注的细节（数据处理、数据流等）移除，使数据流图着重表达业务主要场景及核心业务逻辑。

3. 数据流图的分类

数据流图可分为逻辑数据流图和物理数据流图。逻辑数据流图主要用于表达业务和业务运作，而不关心软件系统将如何构建。绘制逻辑数据流图须忽略实现细节，如计算机配置、数据存储技术、数据或消息传递方法，而集中表达系统所执行的功能（业务服务），如数据收集、数据转换和信息报告。物理数据流图可显示系统将如何被建设起来，包括系统中的硬件、软件、文件和人员，它使逻辑数据流图中描述的数据处理正确地实现以达到业务目标。

在产品需求分析环节，参与者通常包括产品经理、运营、视觉、交互、测试等，一方面，这些参与者大都不关心、也无法很好地理解技术并实现细节；另一方面，技术实现是需求分析的后置环节，在需求分析阶段不必关注。因此，为了便于沟通和理解，采用逻辑数据流图开展需求分析更为合适。归纳起来，使用逻辑数据流图的好处如下：

❑ 逻辑数据流图主要呈现业务信息，以业务活动为中心，有助于需求分析参与者之间的交流和沟通。

- ❑ 逻辑数据流图基于业务事件而绘制，它独立于特定的技术或物理布局，从而使后续设计、开发更加灵活。
- ❑ 逻辑数据流图有助于软件工程师研究业务，并理解业务决策背后的原因，以及业务目标、场景等信息。
- ❑ 基于逻辑数据流图而实现的软件系统更容易维护，因为业务功能的变化频率通常低于技术变化。
- ❑ 大多数场景中，逻辑数据流图不包含文件或数据库以外的数据存储，比物理数据流图更易于绘制。
- ❑ 通过修改逻辑数据流图可以很容易地产出物理数据流图。

4. 绘制数据流图常见错误

数据流图的一个基本原则是，数据不能从一种形态自行转换成另一形态，数据必须经过数据处理才可被分发至系统的某个部分。常见错误如表 2-3 所示。

表 2-3 绘制数据流图常见错误举例

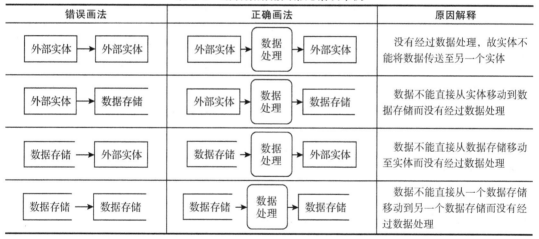

错误画法	正确画法	原因解释
外部实体 → 外部实体	外部实体 → 数据处理 → 外部实体	没有经过数据处理，故实体不能将数据传送至另一个实体
外部实体 → 数据存储	外部实体 → 数据处理 → 数据存储	数据不能直接从实体移动到数据存储而没有经过数据处理
数据存储 → 外部实体	数据存储 → 数据处理 → 外部实体	数据不能直接从数据存储移动至实体而没有经过数据处理
数据存储 → 数据存储	数据存储 → 数据处理 → 数据存储	数据不能直接从一个数据存储移动到另一个数据存储而没有经过数据处理

在互联网软件行业的产品需求分析过程中，数据流分析法主要用业务场景分析和业务流程图梳理，数据流图以数据来呈现业务信息，以数据处理来刻画业务场景，以数据流动来表达业务活动，有助于需求分析参与者之间的交流和沟通。但是，与功能分析法一样，数据流分析法也无法覆盖产品需求分析的全过程，因此，在实践中通常作为分析工具的一种，根据业务的特点在需求分析的部分环节选用。

2.3.3 面向对象分析法

面向对象分析（Object- Oriented Analysis，OOA）法是一种基于面向对象思想的软件需求分析方法。它要求软件开发工程师在获取产品需求的基础上，站在业务的角度，以面向对象的思想来分析业务。具体而言，即运用面向对象方法，对需求相关问题域和系统责任进行分析和理解，找出描述问题和系统责任所需要的对象，定义对象的属性、操作以及对象之间的关系，建立一个符合问题域、满足用户功能需求的模型。

面向对象分析法的基础是面向对象的思想，面向对象是一种对现实世界理解和抽象的方法，是计算机编程技术发展到一定阶段后的产物。相较于面向过程，面向对象是从更高的层次来分析现实世界，更贴近事物的自然运行模式。发展至今，面向对象的理念和应用已超越了程序设计和软件开发，扩展到如数据库系统、交互式界面、应用结构、应用平台、分布式系统、网络管理结构、CAD 技术、人工智能等领域。目前，面向对象分析法是互联网行业软件开发工程师最常用的产品需求分析方法。

在 2.2 节介绍了需求分析的流程，其中采用的分析方法就是面向对象分析法，因此，这里不再展开介绍面向对象分析法的具体步骤。关于面向对象分析法，需要注意以下一些问题。

- ❑ 面向对象分析和面向对象设计（Object- Oriented Design，OOD）是两个完全不同的概念，切勿混淆，前者强调的是在业务领域（问题空间）内发现和描述对象的概念，而后者强调的是定义软件对象以及它们如何协作以实现需求。

- ❑ 面向对象分析法的要义在于采用面向对象的思想来分析产品需求，相较于功能分析法和数据流分析法，它的抽象级别更高，因而在刻画业务概念、划分业务领域及确定领域边界方面优势明显。但由于惯性使然，一些软件工程师误将类、继承等软件实现层面的概念提前引入需求分析中，从而加重了产品经理、运营等非技术背景的需求分析参与者的理解成本，无形中抵消了方法本身的优势。

2.4　需求分析的重点和难点

从信息传递的角度来看，业务方的原始诉求是需求内容的来源，经过产品经理演绎、加工形成产品需求文档，再经过评审最终交由开发工程师落地。整个过程涉及多个环节，每个环节的参与者的职能和专业背景又存在差异，即便经过反复沟通、对齐，也难免错漏。某种意义上，进行需求分析的目的并非完全消除错漏，而是避免低级错漏，对于实在难以避免的，尽量将它们的影响降到最低。那么，关于需求分析，在实践中有哪些重点、难点及具体的应对措施呢？这便是本节内容将要回答的问题。

2.4.1　统一语言

职能不同、专业背景不同，看待事物的角度、描述事物的方式通常也不同。这些不同在平时并没有什么问题，但在沟通交流中却是一大障碍，各个角色在各自的世界里自说自话，如同使用的是不同的语言。犹记得初入职场的时候，每每阅读产品需求文档都倍感无奈，明明每个字都认识，每句话都会读，但就是不解其中意，以至于在需求评审之时，还需要一个"翻译"的过程。即使后来笔者对业务已经非常熟悉，也未能完全消除这个过程，也因它的存在，不仅降低了沟通效率，而且经常引发分歧和不必要的误解。

鉴于此，为了使参与产品需求的各个角色之间可以顺畅地沟通，在需求沟通、评审、分析时，我们首先应着力统一语言。那么，什么是统一语言呢？它应具备以下几个特征。

（1）通用

统一语言不是编程语言，也不是 UML（Unified Modeling Language）之类的建模语言，它是一种接近自然语言的用于业务方、产品经理、开发工程师等角色沟通业务需求的共同语言。统一语言应照顾非技术背景的需求参与者，因此，尽量采用业务的概念和表述方式。

（2）严格

统一语言中使用的概念、术语应当是严格的、明确的，这样才能避免歧义。比如"会员权益"一词，就应当明确定义什么是会员权益，会员如何获得权益，以及如何使用权益等。为此，通常需要维护一个术语表，将需求沟通、评审、分析过程中涉及的概念和术语记录到这个表中。

（3）模型

就业务而言，不抽象就难以深入思考，不还原就看不到本来面目，好在业务模型可以很好地在两者之间平衡。业务模型是一种从业务本身出发，分析业务边界范围内的各种业务概念，以及业务概念之间的关系的模型。虽然业务模型是对现实世界业务的抽象，但它与技术实现并无关联，同时它还可以直观地呈现业务概念和业务逻辑，因此，很适合作为需求的各个参与者之间沟通的媒介。

（4）动态

随着业务的变化和对业务理解的深入，统一语言也会更新。如果业务人员和技术人员都坚持使用统一语言来讨论和分析问题，那么统一语言会进化得更快，也会有更多稳定的部分固定下来。如此，对一些需要持续迭代的业务将大有裨益。

2.4.2　识别问题

严谨的产品定义和完整的产品设计本应是产品需求的基本组成元素，而现实却往往大相径庭，产品需求退化为一个个功能点的简单罗列乃常事。更有甚者，在一些互联网企业存在着为数不少的"工单总结型"产品经理，他们基于企业成熟的客户反馈系统，将客户投诉、咨询或建议等归类排序，而后整理成需求，这样的需求往往缺乏对业务的整体思考，更遑论产品定义和设计。限于产品需求的质量，开发工程师很难从产品需求中准确地洞悉业务所面临的问题。问题模糊，则目标不清，所设计的软件系统也只是"头痛医头，脚痛医脚"罢了。

面对上述问题，作为服务端开发工程师，该如何应对呢？抱怨、责备、抵制都是下策，毕竟我们的目标是更好地识别业务问题，然后解决它，最终用技术赋能业务。那么，我们首先思考一下，产品需求退化的根本原因是什么呢？是缺乏抽象，通过抽象可以理清业务的核心问题并设计体系化的方案予以解决，而缺乏抽象则只能通过具体的、复杂的描述来反映事物的表面特征。明白了这一点，应对方法也就明显了，作为服务端开发工程师，对于需要长期深耕的业务领域，我们不妨多走一步。举个例子，笔者曾经遇到过一个需求，描述如下："优惠立减"活动上线后，在 App 主页，如果用户是在活动开始后首次进入，则弹出一个提示窗口，展示"优惠立减"活动信息，吸引用户参与；如果用户点击弹窗信息，则跳转进入到对应的活动页面，之后在 App 主页不再弹窗提示，避免打扰用户；如果用户不点击弹窗信息，则弹窗 5s 后自动关闭，之后用户若再进入 App 主页，则以每周弹窗 3 次的频率提醒用户，直到用户点击弹窗信息为止。

需求描述的功能很具体，简单分析一下："优惠立减"活动提示信息，需要用户点击才能不再出现，而不点击也需遵循一定规则（如每周 3 次）出现。如果这个功能由服务端配合客户端来实现，服务端需要支持两个基本能力：一是记录用户是否点击，二是记录每周已弹窗的次数。已点击或超出弹窗次数的情况，服务端均告之前端无须弹窗。从技术层面看，并无难点。

如果我们深入思考、抽象一下，业务到底要解决什么问题？表象之下，本质是一个"控制疲劳度"（控制频次）的问题，即"业务场景 S 对应 F 次 / 周期 Q"，场景 S 可以是任何一个业务场景，周期 Q 可以是日、周、月、年、终身等，F 为正整数。显然，控制疲劳度的诉求并非"优惠立减"活动专属，以后可能还有"520 活动""618 活动"等。分析到这个层面，我们已较为准确地识别了问题，后续不仅可以帮助产品经理完善需求，而且在系统设计时也可以避免定制化地开发一个功能，保证通用性。由此，识别问题的重要性显而易见。

注意：很多时候，我们不缺乏解决问题的办法、能力和资源，而缺乏的是对问题的理解、识别和定义。当一个问题被明确定义并拆解到软件项目维度的时候，面对确定的任务、清晰的目标，可以解决问题的人就非常多了。某种程度上，解决问题的能力是重要的基础，但若仅仅是解决问题还不足以称为核心竞争力。爱因斯坦曾经说过："提出一个问题往往比解决一个问题更重要，因为解决一个问题也许仅是一个科学上的实验技能而已。而提出新的问题、新的可能性，以及从新的角度看旧的问题，却需要有创造性的想象力，而且标志着科学的真正进步。"

2.4.3 数据分析

数据分析是为了提取有用信息和形成结论而对数据进行详细研究和概括总结的过程。在互联网行业，数据分析与业务关系密切，业务是最主要的分析对象，数据是业务现状（或业务问题）的度量。通过数据来量化具体的业务状况，可使业务显得更加立体、直观。同时，相较于个人主观意识，数据更为客观，可以帮助我们发现业务存在的实际问题，并为构建解决方案提供数据支撑。数据分析作为一种以数据为载体的思考工具与手段，在进行数据分析时，需要注意以下几点。

（1）分析目标

对非确定性问题进行数据分析，需要先提出假设，再验证假设，不要做无目标的数据分析，否则事倍功半。举个例子：某电商平台，有商家反馈其经营店铺一款商品的曝光量近 90 天一直呈下跌趋势，考虑到影响曝光的关键因素为商品排序，假设是服务端排序算法存在问题，但若仅是算法存在问题，为何只影响了一款商品呢？因此，假设商品本身也存在问题。假设有了，进一步验证假设，发现算法排序模型有一个关键因子是商品的更新时间（新上架的商品排序优先），同时发现出现曝光量下跌的商品近 90 天从未更新过。更进一步，可统计更多商品更新时间和曝光量之间的关系，佐证假设。

（2）指标选取

分析指标的选取应遵循一些原则：科学性，指标能较为客观、真实地反映所分析业务的状态；系统性，指标要有结构、层次；简单性，指标不可太复杂，要易于理解，尽可能简化；动态性，指标是动态变化的，发生变化能够及时体现出来。

（3）背景信息

业务是数据分析的主要对象，抛开业务背景，数据只是一堆形同鸡肋的数字而已。进行数据分析时，要关注业务背景信息，它不仅有助于理解业务，洞悉业务整体情况，还有助于把握技术风险。比如，大多数时候，产品需求中不会有诸如 QPS（Queries Per Second，每秒查询率）、RT（Response Time，响应时间）这样的技术指标，但它们实际上就潜藏在产品需求相关的业务场景、数据等背景信息中。

2.4.4 细节陷阱

常言道，细节决定成败，对于软件工程师尤其适用，细微之处稍有不慎，便有可能引发线上故障，波及海量用户。但是，这个世界的细节是无限的，若寄望于以有限的人力去改造无限的细节，则必然分散对核心目标的专注力，最终导致失败。事实上，真正决定成败的不是细节而是关键。细节和关键的最大区别在于任何事物所包含的细节几乎都是无限的，但是其中只有部分重要的细节足以支撑起事物的主要属性，这几个重要的细节就是关键，也是所谓的细节陷阱所在。

产品需求越复杂，相关细节就越多，在进行需求分析时就越容易遗漏，而问题往往就隐藏在被遗漏的关键细节里。细节是魔鬼，产品需求中的关键细节，足以摧毁一切看似有序的计划。比如"支持二手商品交易中提供货物担保"，这个需求看似简单，实则背后隐藏着大量关键细节：

❑ 需要有什么样的担保服务？

❑ 谁可以提供担保服务，服务商的资质需要审核吗？

❑ 什么品类的商品可以提供担保服务？

❑ 非标品如何提供担保服务？

❑ 担保服务的服务费用如何结算？

如是等等，一旦需求的关键细节没有及时得到澄清，就很可能会演变为软件交付的问题和风险。因此，为了尽可能地明确需求关键细节，在分析需求时应重点关注以下内容。

（1）业务概念

业务相关的概念均须明确定义，并确保各方理解一致。对于英文缩写或简称，应特别注意，比如 SKU，原意为库存进出计量的单位，但目前已引申为商品统一编号的简称，每种商品均对应唯一的 SKU 号，"华为 P50 雪域白 8G+128G"和"华为 P50 雪域白 8G+256G"就对应两个不同的 SKU 号。

（2）交互细节

若用户与系统之间存在交互，那么，除了正常流程的细节，还须明确异常流程、补偿机制、逆向链路相关的细节。比如发生异常时，是否需要给用户提示，提示内容如何制定、内容从哪里获取、内容如何展示给用户等。又比如在用户没有登录的情况下，客户端展示的内容是否需要差异化，在什么情况下触发登录提示等。

（3）数据口径

涉及数据的需求，必须严格定义数据口径。比如"低活跃度用户"，某产品将其定义为最近 100 天访问 App 主页的次数少于 10 次，且最近 100 天未在 App 内购物。这个口径看似明确，但"最近 100 天"的定义遗漏了关键细节——"最近 100 天"是否按自然天计算？若按自然天则 T+1 更新数据即可，反之则需准实时更新，两者差距甚远。

（4）内容限制

内容是指事物所包含的实质性元素，是一个比较宽泛的概念，互联网软件为用户提供的绝大多数服务都需要内容来承载，如音乐、新闻、视频、文章、信息等。在某些场景中，需要对内容进行合规性校验。比如，入驻电商平台的商家可以自助配置店铺的商品信息，为避免非法信息上线传播，服务端需要对这些信息进行强校验。

第 3 章 Chapter 3

抽象建模

在互联网行业，软件工程师面对的产品需求大都是以具象的现实世界事物概念来描述的，遵循的是人类世界的自然语言，而软件世界里通行的则是机器语言，两者间跨度太大，需要一座桥梁来连通，抽象建模便是打造这座桥梁的关键。基于抽象建模，不断地去粗取精，从现实世界到业务模型，从业务模型到设计模型，最终完成现实世界到软件世界的转换。

事实上，软件工程师在大部分工作时间里并不是在写代码，而是在抽象建模。工程师需要对业务需求进行分析、归纳、综合、演绎，进而以模型、模块、服务、方法、函数等形式来刻画业务需求的本质特征。某种意义上，软件的本质就是抽象，建模则是系统地实施抽象的过程。关于抽象建模，本章将从服务端开发的视角展开介绍，内容包括抽象思维、领域模型、用例建模法等。

3.1 抽象思维

抽象是一种高级思维形式。通过抽象，我们可以透过事物纷繁复杂的表象抽取其本质和共性，形成概念、判断、推理等思维形式。抽象思维不仅是科学理论和科学研究的基础，而且与日常生活密切相关。

3.1.1 软件世界中的抽象

软件的本质就是抽象，在软件世界里，抽象无处不在。本节从命名、分层、原则这 3 个方面来介绍软件世界中的抽象。

1. 命名抽象

作为一名软件工程师，你最头疼的事情是什么呢？是写代码、看别人的代码、需求评审，还是修 Bug？ Quora 和 Ubuntu Forum 曾经针对这个问题进行过广泛的调研，结果显示，最令软件工程师头疼的事情是命名。没错，就是命名！应用名、包名、类名、方法名、字段名、变量名等。如果你不曾为命名苦思冥想、反复权衡，也许你还不能算是真正的软件工程师。

关于命名，Stack Overflow 的创始人 Joel Spolsky 曾说过："起一个好名字很难，但这是理所应当的，因为一个好名字需要把要义浓缩为一到两个词。"其实，这个浓缩的过程便是抽象的过程。

很多时候，业务代码的复杂，并非业务本身复杂，而是人为因素造成的，命名混乱就是最常见的因素。虽然不合理的命名并不影响需求的实现，但却加重了认知负荷，随着时间的推移，理解代码的成本会越来越高。同时，命名不合理本质上是抽象不合理，往往影响可复用性。

2. 分层抽象

在软件开发中，经常会用到各种分层架构，如经典的三层模型（表示层、业务逻辑层、数据访问层）和 MVC（Model、View、Controller）模型。图 3-1 所示为 Spring MVC 的运行原理图，通过分层将数据访问、业务逻辑、终端展示三者解耦。View 层负责面向用户渲染视图；Controller 层负责控制程序的流程，实现具体的业务逻辑；Model 层负责实体封装和数据访问。分层架构的核心其实就是抽象的分层，每一层的抽象只需要且只能关注本层相关的信息，从而简化整个系统的设计。

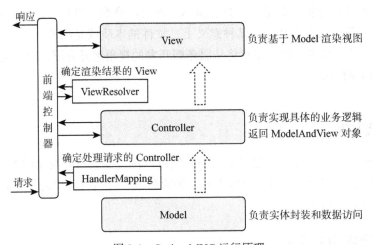

图 3-1　Spring MVC 运行原理

3. 原则抽象

在面向对象设计和面向对象编程领域，有一个著名的 SOLID（单一功能、开闭原则、里氏替换、接口隔离以及依赖反转）原则，它是由 Robert Martin 在 21 世纪早期提出的。在软件设计和开发中，正确地遵循这些设计原则，有助于提升系统的可维护性和可扩展性。

以依赖倒置原则（Dependency Inversion Principle，DIP）为例，其含义为：抽象不应该依赖于细节，细节应该依赖于抽象。换言之，要针对抽象（接口）编程，而不是针对实现细节编程。这样做有什么好处呢？一个软件系统通常可划分为多个层次，上层调用下层，上层依赖于下层，如果上层依赖的是下层的具体实现，那么，当下层实现细节发生变化时，上层往往也需要同步修改，这就加重了不同层之间的耦合度。但是，如果上层依赖的只是下层的抽象而不是细节，就完全不同了，抽象变化的频率极低，让上层依赖于抽象，实现细节也依赖于抽象，即使实现细节不断变动，只要抽象不变，上层就不需要变化，如此一来大大降低了耦合度。

Java 的 JDBC 是依赖倒置原则的一个典型应用场景。如图 3-2 所示，如果没有 JDBC 这一层抽象，软件系统将直接依赖具体的数据库（如 MySQL、Oracle 等），与实现细节耦合，当需要切换到另一种数据库时，就需要修改大量代码来适应细节的变化。若系统依赖的是抽象的 JDBC 接口，那么通过调用 JDBC 即可完成数据库操作，而无须再关注 JDBC 背后的数据库，因为所有关系型数据库的连接库都实现了 JDBC 接口，当需要换数据库时，作为抽象的 JDBC 并不会变化，系统也就无须感知变化。

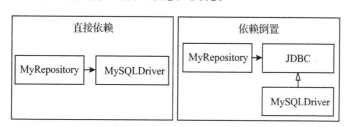

图 3-2　依赖倒置原则典型应用场景

3.1.2　提升抽象思维的方法

抽象是从众多的事物中抽取出共同的、本质的特性，而舍弃其非本质的特性的过程。抽象的过程必然有比较，没有比较就无法找到事物在本质上共同的部分。共同特性是指那些能把一类事物与其他类事物区分开来的特性，这些具有区分作用的特性又称本质特性。因此抽取事物的共同特性就是抽取事物的本质特性，舍弃非本质的特性。

例如铅笔、毛笔、钢笔、鹅毛笔、彩笔等，它们在材质、形态、使用场景等方面差距非常大，但它们有一个显著的共同特性，即作为书写工具，据此我们可以抽象出书写工具这个概念。另一个例子，网易严选为"Pro 会员"提供了一些特别的"实惠"，如每天一次免邮、每月一次 0 元领取商品、专属积分兑换、每月专享优惠券等，这些"实惠"涉及实物商品、虚拟卡券、虚拟资格（如每月一次免邮）等，从类型来看差别明显，那它们的共同特性是什么呢？结合会员这个场景，它们实际上是"Pro 会员"体系的价值支撑，即会员享有的权利和利益,因此我们把它们抽象为会员权益。

基于上面两个例子,我们可以发现,在不同场景下,抽象的角度、方法是不一样的。在"书写工具"这个例子中,没有具体的业务背景,我们通过挖掘不同笔的共同特性,很容易地抽象出了"书写工具"这一概念。而在另一个例子中,则具有网易严选"Pro 会员"这样明确的业务背景,我们从业务视角去审视那些形式多样的"实惠",基于它们的业务意义("Pro 会员"体系的价值支撑),我们抽象出了"会员权益"这一概念。试想,如果没有网易严选"Pro 会员"这一业务背景,那些"实惠"的共同特性就很难抽取了。

对于抽象,同样的条件下,不同人抽象的结果往往也是不同的,同与不同,关键在于从什么角度来抽象,而抽象的角度本质上是思考问题的角度,即抽象思维。抽象优良与否,取决于抽象思维的强弱。在实践中,我们可以通过掌握一些思考方法来提升抽象思维。

1. 自顶向下思考与自底向上思考结合

关于需求分析,我们的思考方式其实就是自顶向下思考,先明确目标用户、业务诉求和产品方案,从而建立"大局观",形成整体大图,而后再逐层分解,一直到具体的业务规则和细节。自底向上思考则是先收集细节,从局部着眼进行归纳、演绎,最终洞见宏观层面。这两种思考方式各有优势,在实践中可结合使用。例如业务建模和系统建模,所采用的思考方式就是有差异的。

- ❑ 业务建模一般是从场景用例着手,从小到大,从局部到整体,自底向上地归纳、演绎的抽象过程。
- ❑ 系统建模一般是从系统架构着手,从大到小,从整体到局部,自顶向下地拆解、切分的抽象过程。

2. 水平思考与垂直思考结合

在日常生活和工作中,我们经常不由自主地遵循着一种处理事情的方式,即"先从大处着眼,再从小处入手"。从大处着眼,能够确保努力方向的正确性;从小处入手,立足当下做好每件事情,则能够使我们一步一步向目标靠近。这其实就是一种"水平思考"与"垂直思考"相结合的场景。

(1)水平思考

水平思考是一种从全局视角思考问题的方法,要义在于:思考问题时不局限于已有知识和过去经验,发散思维,从多角度、多侧面去观察和思考,充分延展,避免信息遗漏。如图 3-3 所示,基于水平思考,我们可以将事物整体和局部之间的关系明确化,将每一个局部都视为一个要素,所有要素共同构成整体。在抽象建模时,水平思考有助于我们摆脱产品需求的"信息囚笼"。例如在上文提到的"网易严选 Pro 会员"这个例子中,如果我们局限于形式多样的"实惠",而忽视"会员"这一关键业务要素,就很难从一系列杂乱的"实惠"中找到本质特性。

(2)垂直思考

如图 3-4 所示,垂直思考是在水平思考的基础上,对事物的特定部分(关键部分)进行深度分析的方法。垂直思考注重细节，同时兼顾水平思考，整体把握，不因局部忽视整体。两种思考方式相结合，可扩大视野、提高分析能力。在"网易严选 Pro 会员"这个例子中，如果我们对"会员"这一要素进行深入分析，就可以发现，在会员体系中，积分和等级都无法直接给用户带来价值，它们都需要价值支撑，同时这个支撑须与积分和等级挂钩，而那一系列"实惠"正是价值支撑的具象体现，它们的抽象本质就是会员可享有的权利和利益。

图 3-3　水平思考

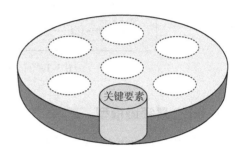
图 3-4　垂直思考

3.2　建模方法

建模是一种将事物形象化的有效手段，它可将现实世界中的事物及事物之间的关系准确地表达出来。建模本质上就是系统地实施抽象的过程。很多时候，工程师面对的需求都是以具象的现实世界事物概念来描述的，遵循的是人类世界的自然语言。关于建模，百度百科定义为：建模就是建立模型，是为了理解事物而对事物做出的一种抽象，是对事物的一种无歧义的书面描述。

具体而言，建模是通过对客观事物建立一种抽象的方法用以表征事物并获得对事物本身的理解，同时把这种理解概念化，将这些逻辑概念组织起来，构成一种对所观察的对象的内部结构和工作原理的便于理解的表达。建模的实质就是对业务或现实世界的抽象。

3.2.1　问题空间和解决方案空间

在理解领域模型之前，我们先思考一下软件开发的本质是什么。从本质上来说，软件开发过程就是问题空间（Problem Space）到解决方案空间（Solution Space）的一个映射转化，如图 3-5 所示。

在问题空间中，我们的关注点在于业务面临的问题，通过识别问题、挖掘并分析相关场景用例，最终构建抽象模型，将业务领域关键事物及其关系进行可视化呈现。而在解决方案空间中，关注点则是通过具体的软件技术手段来进行系统设计和实现。

就软件系统来说，问题空间可简单地理解为系统要解决的领域问题，一个领域就对应一个问题空间，是一个特定范围边界内的业务需求的总和。解决方案空间是针对特定领域里的业务功能场景在软件系统里的映射转化，其目标是为软件系统构建统一的认知。

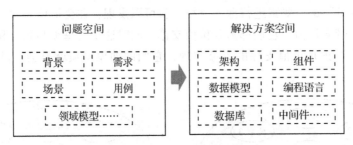

图 3-5　问题空间与解决方案空间

3.2.2　什么是领域模型

领域模型（Domain Model）是对业务领域内的概念或现实世界中对象的可视化表示，又称概念模型、领域对象模型、问题域模型、业务模型等。它专注于分析问题领域本身，发掘重要的业务领域概念，并建立业务领域概念之间的关系。维基百科（Wikipedia）对领域模型的定义是："A conceptual model of all the topics related to a specific problem"，可简译为："领域模型是针对某个特定问题的所有相关方面的抽象模型"。这个定义有两个要点：其一，领域模型是针对某个问题域而言的，属于问题空间模型，不能脱离特定问题而凭空存在；其二，领域模型是一个抽象模型，不是对某个问题的各个相关方面的一个简单映射，也不是软件系统解决方案的构建。

关于领域模型的定义，存在诸多误区。很多软件工程师将其与领域驱动设计（Domain Driven Design，DDD）中的领域模型、数据设计中的逻辑数据模型（Logical Data Model）或物理数据模型（Physical Data Model）混为一谈。为了便于读者理解，笔者在此对这些误区分别进行澄清。

1. DDD 中的领域模型

DDD 是 Eric Evans 在《领域驱动设计：软件核心复杂性应对之道》一书中提出的具有划时代意义的软件设计方法论。在该方法论中，Eric Evans 也提到了领域模型这一概念，但是它与我们通常理解的领域模型是很不一样的。它是 OOD（面向对象设计）产出的软件设计模型（Design Model）中的一部分，而不是 OOA（面向对象分析）产出的分析模型（Analysis Model）。换言之，Eric Evans 所指的领域模型与代码实现紧密相关，属于软件开发中的解决方案空间，而非问题空间。

关于其中区别，Eric Evans 在《领域驱动设计》一书的第 3 章中进行了重点论述。他首先分析了采用分析模型的优缺点："分析模型是业界推崇的设计技术之一，它与代码是分离的，并且通常由不同的人员来完成。分析模型是业务领域分析的结果，因此分析模型并不考虑软件实现。换言之，分析模型是用来理解业务领域相关知识的，关注点在于建立一定水平的业务知识，统一认知。在这一阶段，引入软件实现往往会造成困惑，因此，通常不考虑软件实现。当分析模型交付给软件开发人员进行落地实施时，由于模型本身没有考虑软件设计原则，因此可能无法很好地达成预期目标。很多时候，开发人员不得不对分析模型进行调整，或者创建一个单独的设计。如此一来，模型和代码之间不再存在映射，在编码开始后，分析模型很快就被放弃了。"

然后，他给出了认为更好的领域建模的方法："更好的方法是将领域建模和软件设计紧密联系起来。在构建模型时，应考虑软件设计因素，建模过程应有开发人员参与。核心思想是选择一个可以在软件中适当表达的模型，使设计过程简单明了且以模型为基础，最终将代码与模型紧密地联系起来，赋予模型代码意义，增强模型与软件的相关性。"

从 Eric Evans 的论述中不难看出，他认为采用 OOA 建立的领域模型与具体的软件设计和代码实现脱离，目标导向性差，不利于后续研发。为此，他建议在建立领域模型时应尽可能地考虑软件实现，这其实就是 OOD 的思想。关于领域模型，Eric Evans 在书中还提供了架构图，如图 3-6 所示。

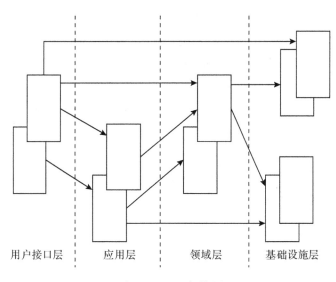

图 3-6 DDD 架构图

从图 3-6 中的分层架构可以看出，Eric Evans 所强调的领域模型是软件层面的设计模型，而非业务层面的抽象模型。在 DDD 中，领域模型上承应用层和用户接口层，下接基础设施层，由业务分析抽象而来的业务领域概念到这里已经演化成了软件中的对象，它们与程序代码紧密相关。

2. 数据模型不是领域模型

关于领域模型，另一个常见的误区是把逻辑数据模型或物理数据模型理解为领域模型，更有甚者，一些软件工程师将数据表结构抽取出来作为领域模型。数据模型实质上是一种解决方案空间模型，是对某个问题域的解决方案的一个描述。

领域模型是业务领域的核心实体，关注点是问题域的关键概念以及概念之间的联系。领域模型建模的关键是看模型能否直观、清晰地表达业务语义。相较之下，数据模型关注的则是数据存储，几乎所有的业务都离不开数据，都离不开对数据的 CRUD，数据模型建模的决定因素主要是扩展性、性能等非功能属性，而无须过分考虑业务语义的表征能力。

3. 小结

本章介绍的领域模型属于问题空间（问题域），是为了准确定义需要解决问题而构建的抽象模型，它与软件实现没有直接关系，即使没有软件系统，它也客观存在。特别值得强调的是，领域模型最主要的功能是统一认知，对要解决的问题有一个完整、规范、一致的认识。DDD 中的领域模型，其本质是解决方案空间（结果域）模型，旨在解决近年来敏捷开发模式中所普遍存在的对领域认知不完整而导致设计不合理的问题。

3.2.3　为什么要建立领域模型

在互联网行业，"技术服务于业务、业务驱动技术"已是普遍共识。业务与技术的边界趋于模糊，而领域模型作为业务与技术之间的桥梁，有助于统一业务参与者的认知。此外，领域模型还可为技术团队分工协作提供指导、反映业务变化和作为开发约束。

1. 统一认知

解决问题的前提是明确要解决什么问题，否则做得越多错得越多。在互联网行业，一个产品需求通常涉及产品经理、运营、服务端研发、客户端研发、视觉、交互等众多参与角色。只有统一认知，无歧义地将要解决的问题直观、清晰地呈现，各个角色才能高效地投入到解决这个问题的实践中去。而领域模型作为一种问题空间模型，对于统一项目中各个相关方对问题的认识，尤为适合。

2. 概念完整

"概念完整性"一词来源于软件工程领域经典著作《人月神话》。在书中，Brooks 将维护软件的概念完整性作为软件开发的核心问题。他认为软件之所以很复杂、难以维护，根本原因就在于软件的概念完整性遭到了破坏。若开发团队的成员自行其是，每个人都按照自己的想法去实现部分功能，最后往往导致系统割裂，质量失控。而领域模型非常适合维护软件项目的概念完整性，特别是在复杂的项目中，它能够为开发团队提供统一的指导和开发约束。

3. 分工协作

一个完善的领域模型可以较为准确地定义待解决问题的各个方面，这些方面可以作为团队分工的基础。领域模型中的实体，例如电商平台中的商品、店铺、库存、销量等，它们作为核心数据，通常与数据存储和数据分析关系密切，围绕存储和分析，可以划分出两个问题子域，由不同团队或小组负责。与从组织结构出发定义并解决问题的策略不同，基于领域模型对问题域的准确定义有助于发现组织结构中的弱点，进而帮助我们建立更合适的组织结构。例如，电商平台领域模型中的卖家、买家，虽然同属一个业务领域，但其关注的问题相去甚远，一般就是由两个不同的部门分别负责的。

4. 反映变化

任何一个业务领域，本身都处于不断的发展和变化中。随着时间的推移，需要解决的核心问题不断变化，领域模型也随之演进。还是以电商平台为例，最初的领域模型中主要包含买家、卖家、商品、订单、库存等概念，当时没有将店铺作为一个概念单独列出，因为在 C2C（Consumer to Consumer）的时代，一个卖家对应一个店铺，卖家和店铺被简单地等同看待。随着业务的发展，企业级卖家逐渐引入，一个企业通常具有开设多个店铺的诉求，此外，区域库存、虚拟商品等概念也在发展中产生。领域模型作为一种工具，能够直观、准确地反映这一系列变化。

3.2.4　典型的建模方法

就服务端开发而言，常用的建模方法一般有 3 种：用例建模法、事件建模法和服务建模法。3 种建模方法各有千秋，在实践中应根据业务场景的特点和复杂度选型。在 3 种建模方法中，用例建模法和事件建模法是建立领域模型最常用的方法。

1. 用例建模法

用例建模法（Use Case Modeling）是一种相对传统的建模方法。用例建模法的核心是用例，每个用例提供一个或多个场景，场景描述了软件系统与最终用户或其他系统互动的方式。某种意义上，一个用例描述的就是一个子需求，众多用例合并起来以描述一个完整需求需要实现的所有功能。除了作为建立领域模型的前置步骤，用例还可以作为业务方和开发工程师之间的契约，贯穿整个项目开发。用例建模法的一般步骤如下：

1）整理用例。从参与者出发，将业务相关的成功和失败场景整理成用例。

2）分析用例。提取用例中的名词和概念作为实体候选，并明确实体的含义和范围。

3）建立模型。基于实体建立模型，模型应包含需要达成业务目标的主要属性。

4）梳理关系。通过提取用例中的动词和形容词来确定实体之间的关联关系。

5）验证模型。通过反推用例、交叉验证等方法验证模型并完善。

用例建模法是一种探索型建模方法，通过挖掘、梳理一系列的业务用例，理清业务概念和概念之间的关系，经过反复推演最终抽象出领域模型。这个探索的过程符合我们认知事物的一般规律，可操作性强，尤其适用于缺乏业务领域知识的场景。梳理用例时要避免使用技术术语，应该用自然语言描述。

2. 事件建模法

事件建模法也被称为事件风暴（Event Storming），源自领域驱动设计社区，由 Alberto Brandolini 于 2012 年首次提出。该方法最初被命名为 Event-Based Modeling，即基于事件的建模，正如其名，事件风暴是一种以"事件"为核心的建模方法。通过事件捕捉系统中信息的改变，再发掘触发这些改变的源头，然后通过这些源头发现背后参与的实体与操作，最终完成对系统的建模。事件风暴建模的一般步骤如下：

1）识别事件。组织事件风暴（需要准备场地、物料，邀请技术和业务相关参与者等），找出领域关键事件。

2）识别要素。围绕领域事件展开，识别该领域事件相关的要素，如用户、命令、读模型和业务规则等。

3）识别实体。从事件和要素中提取产生相关业务行为的实体，实体通常是以业务概念名词的形式存在。

4）构建模型。基于实体构建模型，并明确模型之间的关系。

5）验证模型。结合业务事件流验证模型并完善。

在一些书籍和文章中，事件风暴常与 DDD 一起出现，以至于很多人误以为事件风暴等同于 DDD 的建模方法。在实践中，事件风暴更多是作为一种业务分析工具使用。事件是一个非常独特视角，能带来有价值的洞察。越来越多的实践者将事件风暴应用在需求分析中，特别是粗粒度的业务流程分析，并取得了不错的效果。需要说明的是，在介绍事件建模法的一般步骤中，笔者并没有提及聚合（Aggregate）、界限上下文（Bounded Context）等 DDD 相关的概念，目的就是希望读者不要将领域模型和领域驱动设计混淆。

3. 服务建模法

服务建模法（Service Oriented Modeling）是一种以业务敏捷为目标、可复用服务为核心的建模方法。面向服务建模的关键是服务的业务内涵，而不仅仅是接口的设计和实现。对服务端开发工程师而言，单纯构建一个服务是很容易的，挑战在于如何构建具有高业务价值和完整业务语义的服务集合。面向服务建模正是为应对这种挑战而生的，它致力于将业务属性一致的服务（系统服务、应用服务等）作为设计、构建和编排业务流程及解决方案的基本单元。一般步骤如下：

1）梳理业务主流程，即梳理典型业务事件流。

2）提取主业务服务，基于业务事件流，将其中主要节点提取出来作为服务备选。

3）构建服务模型，从服务备选项中分别提取具备完整业务语义的服务分组，并初步构建服务模型。

4）完善服务模型，将一组服务汇聚于一个具有明确业务概念的实体下，抽象出这个实体并完善其属性。

面向服务建模的价值体现是：可重用的服务被灵活地组合、编排在一起来构建敏捷的、灵活的业务流程，其中敏捷体现在服务可以快速调整、独立演化；灵活性体现在业务功能定义明确，边界清晰且功能内聚性强，同时服务具备各自独立完整生命周期，可被灵活组装。服务建模法适用于业务逻辑相对简单、服务属性较强的业务。比如积分，从业务层面来看，涉及发放积分、扣减积分、退还积分、查询积分等业务场景，这些场景可共同构成一组具有完整业务语义的服务，业务逻辑简单且具备一定通用性，同时，这些服务可汇聚于积分这一实体下，这个实体包含用户 ID、场景、流水号、积分数、操作类型（如扣减、发放、退还）等属性。

4. 小结

关于用例建模法和事件建模法，从建模步骤来看，两者有很多相似点。首先，梳理业务的方式相似，用例和事件都是来描述典型业务场景的，虽然描述形式有差异，但要素相同，都包含如参与者（用户、外部系统等）、主事件流（命令、事件、策略等）、前置条件（业务规则）等。其次，提取实体的方法相似，从用例或事件的描述中获取具有业务语意的名词，基于这些名词进一步提炼模型和属性。在实践中，从难度来看，用例建模法的实操性更强一些，一个关键点在于用例的表示方法更贴近自然语言描述，业务人员很容易理解和掌握。

服务建模法适用于业务逻辑相对简单、服务属性较强的业务，对于这类业务，没有必要生硬地套用事件建模法或用例建模法。从服务建模法的核心思想和建模步骤可以看出，服务建模法产出的模型虽然属于问题空间，但它和解决方案空间的边界比较模糊。在实践中，开发工程师容易陷入误区，即在一开始便错误地把服务视为实现层面的接口来对待，很多时候，由于业务逻辑本身比较简单，因此这种不规范的建模操作并不会导致最终结果明显恶化，但却是应该避免的。

3.2.5 建模应遵循的 3 个原则

在软件领域，技术发展通常是从实践提升到理论，再由理论指导实践，循环往复，不断进步的。最早的软件诞生于 20 世纪 50 年代，1969 年，E.W.Dijkstra 提出了第一代软件开发理论——结构化分析和设计（Structured Analysis and Design）。之后，面向对象分析和设计（Object-oriented Analysis and Design）、基于构件的软件开发（Component Based Software Development）、面向服务的架构（Service-oriented Architecture）相继问世。进入 21 世纪后，领域驱动设计、六边形架构（Hexagonal Architecture）等软件思想也曾一度引领潮流。

随着软件技术的发展，建模方法亦层出不穷，在特定的场景下，这些方法都能体现出各自的优势，但没有哪一种方法足以应对所有的场景。例如领域驱动设计和事件建模法，虽然颇受关注，相关出版物、培训课多到令人眼花缭乱，但是，在国内头部互联网企业中真正落地的项目非常少。Eric Evans 提出领域驱动设计思想至今已 20 年，虽然布道者众多，但公认的落地标准仍尚未形成，究其原因，可操作性不强当列其一。在笔者看来，任何方法都只应作为参考，须根据实际业务场景灵活对待，具体有以下原则。

1. 简单，杀鸡无须牛刀

在互联网企业，大多数软件需求是对现有产品（如微信、淘宝、钉钉、抖音等）进行持续、快速迭代，如增加一个新功能、优化某个页面、推出一个新营销活动等。这类需求的规模一般都比较小，复杂度也相对较低，没有必要采用过于复杂的建模方法。

比如有这样一个需求：在微信 App 中新增通过手机号搜索微信好友的功能（这个功能已经存在）。这个需求非常简单，无需丰富的领域知识积累就可以理解，通过几个简单用例就可以清楚地描述典型成功场景和失败场景。因此，就上面介绍的 3 种建模方法而言，服务建模法就足以应对。

在开发实践中，由人为因素增加的无意义的复杂度是最应该避免的。这就好比令狐冲掌握独孤九剑后，面对一个手无缚鸡之力的客栈打杂店小二，也毫不客气地使出"荡剑式"这样的大招，即便店小二被揍得落花流水，令狐少侠也未必能赢得掌声，在场高手为之错愕，普通围观群众逃之夭夭，这种场面恐怕只剩下尴尬了。

2. 借力，切忌闭门造车

当面对复杂的业务场景时，用例建模法和事件建模法是两种比较合适的建模方法。用例建模法是一种探索型建模方法，即在我们缺乏业务领域知识积累的情况下，采用自下而上、先招式后内功的建模路径。通过挖掘、梳理一系列的业务用例，逐步掌握业务概念及概念之间的关系，并从中抽象出模型，然后再经过反复推演得出最终的模型。这个探索的过程符合人们认知事物的一般规律，类似阅读理解，反复通读全文后，再提炼段落大意和中心思想。但是，这个过程也充满不确定性，受限于参与建模人员的分析能力和认知水平。

与用例建模法不同，事件建模法则是采用自上而下、先内功后招式的建模路径。采用这种建模方法有一个重要前提，即团队中有业务专家。借助专家的支持，通过事件风暴梳理业务、抽象模型会事半功倍。鉴于此，如果团队可以获取领域专家的支持，就应充分借力，而不是打着"摸着石头过河"探索的旗号行闭门造车之实。

3. 变通，不落方法窠臼

关于前面介绍的几种建模法，在实践中大可不必完全遵循，重在借鉴其核心思想，结合实际业务场景灵活应用。比如事件风暴，若严格按照"规范"的步骤开展，需要提前准备好场地（一个较大的工作空间，具备可书写的玻璃墙或白板）、物料（不同颜色的贴纸，笔），邀请业务专家、产品、运营、交互、架构师等参与者，并安排一个主持人（Facilitator，推动者）；再由主持人带领参与者熟悉事件风暴相关概念、业务流程；最后通过提问、讨论等形式达成共识。整个过程环节多、参与者多，较难把控结果。

阿里有很多资深的工程师热衷于 DDD，内部技术分享课程几乎言必谈领域模型，但很少有人完全套用。他们更倾向于借鉴 DDD 的思想，将其作为一种业务分析方法，用来梳理业务、划分领域和构建业务模型，在软件设计层面则仍然采用"四层设计（终端显示层、业务逻辑层、通用处理层、数据持久层）"的分层设计模式，而不会纠结于值对象、聚合、工厂、资源库等 DDD 的"战术设计"概念。

3.3 用例建模法知识储备

用例建模法是由"UML（Unified Modeling Language）三友"之一的 Ivar Jacobson 博士总结并提出的一种软件分析、建模方法，该方法通过定义用例为软件需求规格化提供了一个基本的元素。用例建模法遵循两个基本原则：一是站在用户的角度看待系统、定义系统；二是以用户容易理解的语言表达。当我们对一个业务没有足够的领域知识积累、也没有领域专家协助时，作为一种探索型建模方法，用例建模法尤为适用。本节将重点介绍用例建模法相关的基础知识，包括用例的定义、获取用例的方法以及用例图绘制方法。

3.3.1 建模基础

既然模型是对现实世界抽象的结果，那么，现实世界又该如何描述呢？产品需求可视为一种对现实世界（业务）的描述，但这种描述通常存在目标不清、流程错误、细节缺失、逻辑混乱等问题，不适合直接作为建模的基础。因此，在建立模型之前，首先需要对产品需求进行全面的梳理，以清晰、准确、规范的表达形式来描述业务相关的现实世界，针对这一诉求，前人做了大量工作，并总结出了 3 种优秀实践。

1. 用例
用例（Use Case）是由 Ivar Jacobson 提出的一种描述需求的方法。通常表示为 <Actor> <Step> <Scenario>，即"角色"通过一系列"步骤"实现"场景"。

2. 用户故事
用户故事（User Story）是 Kent Beck 在极限编程（Extreme Programming，XP）方法论中推荐的最佳实践之一。用户故事是从用户的角度来描述用户期望得到的功能。通常表示为 <Role> <Activity> <Business Value>，即"角色"通过完成"活动"实现"价值"。

3. 特征
特征（Feature）是特征驱动开发（Feature Driven Development，FDD）方法论的核心实践之一。一个特征代表一个小的、具有客户价值的功能，通常表示为：<Action> <Result> <Object>，即"实体"通过完成"动作"得到"结果"。

从上面的定义可以看出，这 3 种现代软件工程实践无一例外地遵循两个基本原则：一是站在用户的角度看待系统、定义系统；二是以用户易理解的语言表达。在实践中，相较于用户故事和特征，用例更加形式化、易掌握，因此目前使用最为广泛。

通过定义用例，可以为产品需求规格化提供一个基本的元素，而且该元素是可验证、可度量的。用例可以作为项目计划、需求评审、抽象建模、测试验收等环节的基础，同时用例还可以使开发工程师与业务人员之间的交流更加顺畅。有了用例，还需要建模方法论的指导才能建立出优良的模型，用例、建模方法论和领域模型三者之间的关系如图 3-7 所示。用例是建模的基础，优秀的方法论则可以提升建模的效率。下面将就用例展开介绍，然后再介绍用例建模法的实施步骤。

图 3-7　建模方法示意图

3.3.2　什么是用例

用例是建模的基础。理解用例的定义，并掌握用例的表示方法和编写原则是学习基于用例建立领域模型的前提。

1. 用例的定义

通俗地讲，用例就是一组业务相关的成功和失败场景的集合，用来描述参与者如何使用系统来实现其目标。这个定义中涉及两个重要概念，即参与者和场景。

参与者指的是系统以外的，在使用系统时或与系统交互中所扮演的角色。它可以是人，可以是事物，也可以是时间或其他系统等。需要注意的是，参与者不是指人或事物本身，而是表示人或事物当时所扮演的角色。比如小明是图书馆的管理员，他参与图书馆管理系统的交互，这时他既可以作为管理员这个角色参与管理，也可以作为借书者向图书馆借书，在这里小明扮演了两个角色，是两个不同的参与者。

场景指的是参与者和系统之间的一系列特定的活动和交互，它是使用系统的一个特定情节或用例的一条执行路径。比如，"使用银行卡成功购买商品"和"银行卡余额不足未能成功购买商品"就是两个不同的场景。

2. 用例的两种表示方法

若按粒度划分，常用的用例表示方式有两种，即摘要形式和详述形式，这两种方式有不同的形式化程度和格式。

（1）摘要形式

摘要形式即以一段简洁的概要文本表示用例，通常用于描述主成功场景。在需求分析早期，为了快速了解业务，避免陷入细节，会采用这种形式来表示用例。

（2）详述形式

详述形式即详细编写用例的所有步骤和各种变化，同时具有补充部分，如前置条件、限制与注释等。一般在需求分析的中后期，在确定并以摘要形式编写了大量用例之后，采用这种形式详细地编写其中少量具有高价值和重要架构意义的用例。对于详述类型的用例需要描述的内容，并没有严格的规定，但一些重要的内容还是必须要写进用例描述里面的，如表 3-1 所示。

表 3-1 详述用例的组成

序号	组成部分	注释
1	用例名称	需清楚地描述用例的用途
2	标识符	编号唯一标识一个用例，如 UC202205001
3	参与者	与此用例相关的参与者列表
4	简要说明	对该用例进行说明，描述用例作用，注意语言简洁明了
5	前置条件	执行用例之前系统必须要处于的状态，或者要满足的条件
6	主事件流	也称主成功场景，指满足参与者关注点的典型成功路径，即每个流程都"正常"运作时所发生的事情，通常不包含任何条件和异常分支
7	其他事件流	包含扩展事件流、异常事件流等，用于描述一些特殊过程。比如密码输入错误要做什么、当用户是 VIP 时做什么等
8	限制与注释	即在应用中可能出现的任何限制，或其他重要的附加信息
9	后置条件	后置条件在用例成功完成后得到满足，它提供了系统的部分描述。用例结束后，系统处于什么状态。例如借阅图书用例后置条件：借书成功，则返回该学生借阅信息；借书失败，则返回失败的原因

3. 用例的编写原则

编写用例应从参与者的角度，分析和考查待开发系统的行为，并通过参与者与系统之间的交互关系描述系统对外提供的功能特性。具体操作时，一般遵循以下原则：

❑ 从参与者及其目标出发，分析参与者的目标和典型情况，以及参与者所关注的有价值的结果。

❑ 聚焦于用户的真实用途，舍弃用户界面等无关的因素。

❑ 用例描述应尽量简洁，突出重点，删除噪声词汇。例如"这个系统认证……"改为"系统认证……"。

❑ 用例尽量"黑盒"，不对系统内部工作、内部构件和内部设计进行描述。

❑ 充分识别用例，用来表达所有的业务需求。

❑ 系统的任何一个特性都可以找到对应的用例。

❑ 所有的用例可以追溯到系统的功能性需求作为验证。

❑ 将分散的 CRUD 合并成一个 CRUD 用例，通常命名为"系统管理 X"。例如"系统管理员增加用户"和"系统管理员删除用户"可以合并成"系统管理员管理用户"一个用例。

3.3.3 挖掘用例的 5 个步骤

从用例的定义、表示方法和编写原则来看，用例非常适合用来结构化地描述软件需求。目前市面上有很多书籍、文章，也强调编写用例应作为产品经理的职能之一。但是，即便是在一些知名互联网公司，也有很多产品经理并未掌握以用例描述需求的方法，需求文档中零散存在的用例往往是不规范、不完整的。

用例作为建模的基础，其质量可直接影响模型的质量，鉴于此，在实践中我们通常需要基于产品需求文档进一步挖掘、完善用例。具体到操作层面，挖掘用例可以细化为如下 5 个步骤。

1. 确定系统边界

所谓确定系统边界，即确定待开发的系统和外部环境之间的界限，也就是要区分系统本身和它的外部环境。其中，外部环境可能包括用户、其他系统、软硬件条件等。简单理解就是把待开发的系统视为一个"黑盒"，边界即"黑盒"内外，"黑盒"内的部分是后续将要投入大量精力分析、设计、开发的部分；"黑盒"外的部分则不需要开发，但是必须考虑它们甚至以它们为中心来分析系统内部该做些什么。

2. 识别参与者

所谓的参与者是指所有存在于系统外部并与系统进行交互的人或其他系统。通俗地讲，参与者就是我们所要定义系统的使用者。识别参与者可以从以下问题入手：

❑ 系统开发完成之后，有哪些人会使用这个系统？
❑ 系统需要从哪些人或其他系统中获得数据？
❑ 系统会为哪些人或其他系统提供数据？
❑ 系统会与哪些其他系统相关联？
❑ 系统是由谁来维护和管理的？

3. 识别用例

识别出参与者之后，我们就可以根据参与者来确定系统的用例，主要关注各参与者需要系统提供什么样的服务，或者说参与者是如何使用系统的，过程中可能会发现新的参与者。识别用例可以从以下问题入手：

❑ 参与者希望系统提供什么功能？
❑ 参与者是否会在系统中创建、修改、删除、访问、存储数据？若是，参与者又是如何完成这些操作的？
❑ 是否存在影响系统的外部事件，是哪个参与者通知系统这些外部事件？
❑ 系统是否会将内部的某些事件通知该参与者？
❑ 系统需要哪些输入输出？谁从系统获取信息？

需要注意的是，在识别用例时不应考虑它的实现细节。同时，用例必须是由某一个参与者触发而产生的活动，如果存在与参与者不进行交互的用例，则可以考虑并入其他用例，或者检查是否缺少参与者。此外，每个参与者必须至少涉及一个用例。

4. 识别用例之间的关系

用例之间的关系有 3 种，即包含（Include）、扩展（Extend）和泛化（Generalization），应用这些关系的目的是从系统中抽取出公共行为及其变体。3 种关系具体描述如下。

（1）包含关系

包含关系是指用例可以简单地包含其他用例具有的行为，并把它所包含的用例行为作为自身行为的一部分。包含关系中的基本用例（Base）的执行依赖于包含用例（Inclusion）的执行，如果没有包含用例，则基本用例的执行是不完整的。包含用例是可重用的用例（多个用例的公共行为），该用例本身具有独立的业务逻辑，同时也可能被其他用例所引用，或者这个用例需要独立封装。

比如在"酒店预订系统"中，"预订酒店"这个用例还包含"选择酒店""选择房间类型""确认预定"3 个包含用例。

（2）扩展关系

扩展关系是指从扩展用例（Extension）到基础用例的关系，即在一定条件下，把新的行为加入到已有的用例中，获得的新用例叫做扩展用例，原有的用例叫做基础用例。关于扩展关系，在实践中应注意以下事项：

❑ 一个基础用例可以拥有一个或多个扩展用例，这些扩展用例可以一起使用。

❑ 基础用例不必知道扩展用例的任何细节，它仅为其提供扩展点。基础用例没有扩展用例也是完整的。

❑ 扩展用例的行为是否被执行取决于主事件流中的判定点。如果特定条件发生，扩展用例的行为才被执行。

❑ 扩展用例的事件流往往也可以抽象为基础用例的备选流。

❑ 扩展用例是以隐含形式插入基础用例的，它并不在基础用例中显示。

比如在"购物系统"中，"取消订单""申请退款""修改订单""催单"就是"查询订单状态"的扩展用例。"查询订单状态"已经是一个完整的用例，但在此基础上可以增加一些行为，如"取消""催单"等，成为新用例。

（3）泛化关系

一个父用例可以被特化形成多个子用例，而父用例和子用例之间的关系就是泛化关系。在用例的泛化关系中，子用例继承了父用例所有的结构、行为和关系，子用例是父用例的一种特殊形式。关于泛化关系，可以从以下两个方面进行识别：

❑ 当多个用例共同拥有一种类似的结构和行为的时候，我们可以将它们的共性抽象成为父用例，其他的用例作为泛化关系中的子用例。

❑ 泛化关系对父用例具有一定的强依赖关系，子用例表示父用例的特殊形式，可以继承父用例的行为和属性，还可以添加自己的行为和属性。

比如对于"预订列车票"这个用例，它的子用例就有"12306 App 订票""12306 网站订票"。

5. 编写用例描述

这一步需通过文档或图形来对用例进行较为清晰的描述，描述应避免使用技术用语，而应采用便于理解的业务用语。用例文本描述通常包括用例名称、标识符、参与者、前置条件、后置条件、基本事件流、其他事件流等内容，此外，还可以通过流程图和用例图来描述用例。

3.3.4 绘制用例图的 6 个要素

前面介绍了如何挖掘用例，以及用例的文本表示方法。作为一种记录形式，文本表示法以其规范、翔实的特点，非常适合描述用例。但若从沟通交流的角度看，依靠纯文字性描述的效率就比较低了。在实践中，除了用例文本描述，通常还需辅以用例图形描述，即用例图。

用例图的主要作用是描述参与者、用例以及它们之间的关系，有助于人们可视化地了解系统的功能。借助用例图，产品经理、运营、开发工程师、领域专家等项目成员能够以可视化的方式对问题进行探讨，减少交流障碍，便于对问题达成共识。用例图的构成要素包括参与者、系统边界、用例和它们之间的关联等，下面将详细介绍。

1. 参与者

每个参与者可以参与一个或多个用例，每个用例也可以有一个或多个参与者。在用例图中使用一个人形图标来表示参与者，参与者的名字写在人形图标下面。

2. 参与者间的关系

参与者之间主要是泛化关系。泛化关系的含义是把某些参与者的共同行为提取出来表示成通用行为，并描述成超类。在用例图中，使用带空心三角箭头的实线表示泛化关系。

3. 系统边界

系统是相对的，一个系统本身又可以是另一个更大系统的组成部分，因此，系统与系统之间需要使用系统边界进行区分。在用例图中，用一个方框表示系统边界。

4. 用例

在用例图中，用椭圆表示用例，用例的名称放在椭圆的中心或椭圆下面的中间位置。

5. 参与者与用例的关系

参与者与用例之间的关系使用带箭头或不带箭头的线段来描述，箭头表示在这一关系中哪一方是主动发起者，箭头所指方是被动接受者。

6. 用例之间的关系

包含关系是通过带箭头的虚线段加 " <<include>>" 字样来表示，箭头由基础用例指向被包含用例。扩展关系通过带箭头的虚线段加 " <<extend>>" 字样来表示，箭头指向基础用例。泛化关系通过一个三角箭头从子用例指向父用例来表示。

图 3-8 所示为采用 UML 绘制的示意图，示意图中呈现了用例图的主要元素及元素之间的关系。用例图作为一种沟通的工具，它能够清晰地展示系统边界、边界之外的事物以及

系统如何被使用。

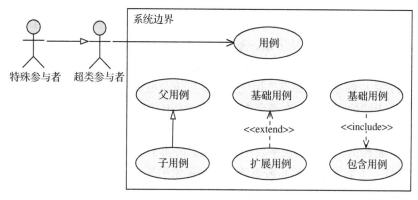

图 3-8 用例图主要元素

为了便于读者理解，笔者以在 12306 网站预订列车票为例绘制出了如图 3-9 所示的用例图。在 12306 网站订票，首先需要注册，填写信息并通过实名认证后方可登录列车票查询系统；查询列车票需要选择起始站、终点站、乘车日期、车票类型；若余票充足，可进一步选择支付工具（如支付宝、银行卡）完成支付；若使用支付宝付款，还可以享受一些增值服务（如积分奖励、抽奖机会）。需要说明的是，本例中对订票相关用例进行了简化，实际用例要更多一些。

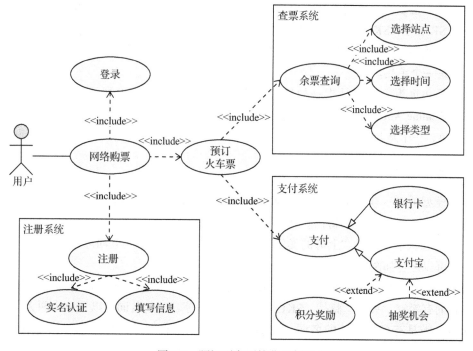

图 3-9 预订列车票简化用例图

3.4 用例建模法的 4 个实施步骤

在 3.3.1 节中介绍了一个公式："用例 + 建模方法论 = 领域模型"。经过上面的步骤，我们可以得到业务相关的用例，接下来，基于这些用例，我们将进一步结合建模方法论抽象出领域模型。在此，笔者以电商平台为例介绍如何基于用例抽象领域模型，需要注意的是，本节着重介绍方法论的应用，而不是用例本身。以下是电商平台相关的部分摘要用例：

❑ 用例 1：上海的卖家可以在平台中上架名称为电动牙刷的商品。

前置条件：卖家已经在平台完成注册。

❑ 用例 2：杭州的买家可以在平台中搜索到上海卖家发布的商品。

前置条件：上海卖家的商品需要建索引到搜索引擎中。

❑ 用例 3：杭州买家可以对平台中的商品下订单。

前置条件：商品库存充足且可售卖。

❑ 用例 4：上海卖家可以为商品的不同 SKU 分别设置库存。

前置条件：商品真实存在且其他信息已经审核通过。

❑ 用例 5：上海卖家可以参与平台营销活动（如"百亿补贴"），并为参与该营销活动的商品设置库存。

前置条件：卖家符合平台营销活动的要求。

关于 SKU 这个概念，前文已经出现，这里再简单解释一下，SKU 是产品入库后一种编码归类方法，也是库存控制的最小单位。SKU 可以以件、盒、条等为单位，每种产品均对应唯一的 SKU 号，SKU 号包含一种产品的品牌、型号、配置、等级、包装容量、单位、生产日期、保质期、用途、价格、产地等属性，一件产品的属性与其他产品都不一样，这样的商品就是一个单品。

从货品角度看，SKU 是指一种属性确定的单品，如果属性有所不同，那就是不同的 SKU，如 Realme X30 与 X50 是不同的 SKU，同是 X50，墨绿和铁锈红是不同的 SKU，而相同的墨绿色，一个是 8GB+128GB 内存，另一个是 8GB+256GB 内存，就又分属不同的 SKU。

3.4.1 提取模型

提取模型的第一步是分析用例，从中找出名词，这些名词通常就是业务相关的实体，模型则是由实体进一步抽象得出。在用例文本描述中，名词一般作为主语和宾语，也可能存在于定语和状语中。以"上海的卖家可以在平台中上架名称为电动牙刷的商品"这个用例为例，可以进行如图 3-10 所示的语法分析。

采用上面的分析方法，继续对其他几个电商平台相关的摘要用例进行分析，我们可以抽取的名词有卖家、买家、商品、SKU、库存、订单等。这些名词可以划分为两大类：

❑ 第一类是有多个属性的名词，比如买家、卖家，它们都具有属性（如姓名、昵称、身份 ID、籍贯等），当然，这些属性在上面的摘要用例中并没有出现。

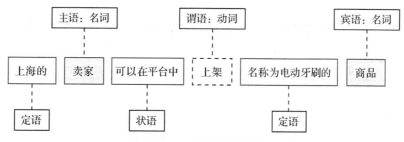

图 3-10　用例语法分析

- 第二类是仅具备单一值（即不具备属性，无法进一步细分）的名词，比如说商品名，它的值就是文本（如电动牙刷、扫地机器人等）。

对于第一类名词，我们将其抽象为领域模型；第二类名词则通常抽象为某个领域模型的属性。比如"商品"可以抽象为领域模型，"商品名"则应抽象为商品的属性。基于上述方法，我们可以初步抽象出如图 3-11 所示的模型，当然，这些模型还很粗糙，甚至连基本的属性都尚未确定。不过，读者不必担心，毕竟作为举例仅仅用到了几个摘要用例而已，在实践中，用例要充分、完善得多。

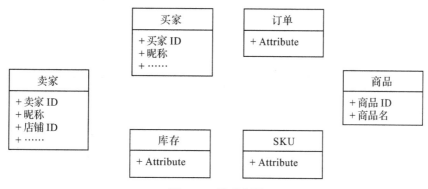

图 3-11　模型草图

3.4.2　补充属性

领域模型的属性也可以从用例文本描述中提取，即上面介绍的第二类名词。在详述用例中，我们可以发现更多的模型属性，在如表 3-2 所示的用例中，属于第二类名词的有原价、渠道价，这两个名词都是商品定价模型的属性。

表 3-2　详述用例示例

用例名称	卖家为商品 SKU 设置渠道价
参与者	卖家
简要说明	卖家为报名参加平台的营销活动（如"双 11 大促"等），通常需要提供低于原价（即日常价格）的价格，比如某款商品 SKU 日常价格为 10 元，在"双 11 大促"活动会场降低至 8.99 元，这个"活动价"一般称为渠道价。这两个价格同时展示，以便用户直观地感受到优惠

（续）

前置条件	卖家已注册，店铺运营正常，商品真实存在且合法
主事件流	卖家编辑商品信息，投放渠道选项增加"双 11 活动"，并为该活动设置价格，保存并重新上架
其他事件流	异常事件流：渠道价格高于日常价格，系统报错，提示"双 11 活动渠道价格不能高于原价"
限制与注释	商品价格单位默认为元，币种默认为人民币
后置条件	活动会场可以搜索到该商品，渠道价格生效

通过对摘要用例、详述用例进行充分分析，找出其中的名词，再将其归类，我们最终可以得到领域模型及其主要属性，如图 3-12 所示。由此不难看出，业务名词的定义非常关键。在实践中，为了提升沟通效率、避免歧义，在需求分析阶段就必须统一语言，严格、明确地定义业务相关的名词，如商品、渠道、权益等。在定义名词时，如果有业务领域专家可以提供指导或者有前人留下的文档，要充分借力，往往可事半功倍。

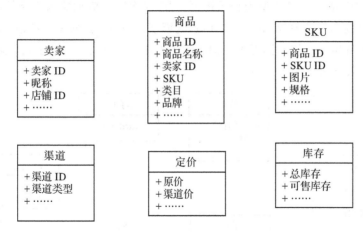

图 3-12　补充主要属性后的部分模型

3.4.3　关系抽象

经过上面的步骤，模型及其主要属性已经基本确定，但是尚未确定模型之间的关系。因此，接下来我们要做的就是基于用例描述，找出模型之间的关系。在用例文本描述中，模型之间的关系通常以动词和形容词（存在于谓语、状语、定语中）来体现，如图 3-13 所示。

除了动词和形容词分析，在实践中，我们还可以通过对摘要用例的细化来推导业务流程，并根据业务流程来更好地判断模型之间的关系。为了便于读者理解，就动词和形容词分析，笔者举两个例子。如表 3-3 所示，对两个电商平台业务相关的摘要用例分别进行词性

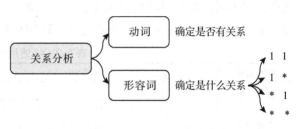

图 3-13　模型关系分析

分析，并得出模型之间的关系。

表 3-3　基于用例分析模型关系示例

用例 1	用例描述	同一个卖家可以在平台中上架多个商品
	词性分析	上架：动词，在用例描述中做谓语 同一个：形容词，在用例描述中作为定语 多个：形容词，在用例描述中作为定语
	关系分析	基于动词"上架"，可以确定卖家和商品存在关联关系；基于"同一个"和"多个"两个形容词，可以确定卖家和商品是"一对多"的关系
用例 2	用例描述	上海卖家可以为商品的不同 SKU 分别设置库存
	词性分析	设置：动词，在用例描述中作为谓语 不同：形容词，在用例描述中作为定语
	关系分析	基于动词"设置"，可以确定商品和 SKU 存在关联关系；基于形容词"不同"并结合上下文，可以确定商品和 SKU 是"一对多"的关系

按照上面的方法，我们继续对其他用例进行分析，最终可以得出如图 3-14 所示的模型。

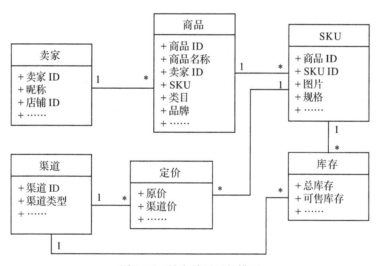

图 3-14　补充关系后的模型

通过对用例进行名词分析，我们可以得到模型和模型属性；通过对用例进行动词和形容词分析，我们可以理清模型之间的关系。这一方法论是经过实践考验的，但是，有电商平台业务相关经验的读者应该会发现问题：上面推导出来的模型和自己所知的模型存在不一致，甚至差别显著。这是什么原因导致的呢？难道方法论本身有问题吗？并非如此，根本原因在于业务用例的完整性、规范性。

诸如京东、淘宝这类电商平台，发展至今已经非常复杂，几个、几十个甚至几百个用例都远远不足以描述清楚相关的业务，真实的领域模型极其复杂。但我们必须明白，电商平台的发展并非一蹴而就，它们是十数年不断迭代的结果，相关的领域模型也一直在不断演进。本节仅仅列举了几个摘要用例，重点在于为读者介绍基于用例分析抽象领域模型的方法，而非电商平台业务本身。

3.4.4 模型验证

经过提取模型、补充属性和关系抽象，我们可以初步抽象出领域模型。不过，这个模型很可能是存在缺陷的，通常需要进一步对模型进行验证，以便完善模型。常用的模型验证方法有如下 3 种。

1. 反推用例法

简而言之，反推用例法即基于抽象得到的领域模型反向推演用例，验证模型是否可以推演出用例。这种验证方法通常用于验证模型之间的关联关系（即一对一、一对多、多对多等），因为这种关联关系很少在用例中直接体现，甚至非常隐蔽。如图 3-15 所示，基于用例 A、B、C 分析抽象出了模型。正常情况下，利用反推用例法应该可以反推出 A、B、C，但在实践中，反推出来的结果可能与原用例存在出入，如果出现这种情况就要重新审视一下。

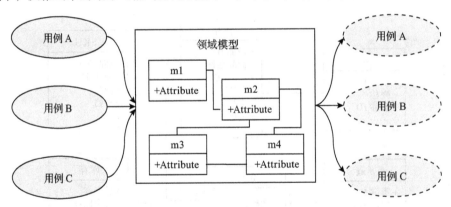

图 3-15　反推用例法

2. 留出验证法

在业务用例集中，由于部分用例描述相似或者内涵相似，因此在抽象领域模型的时候，我们很可能不会用到全部用例。那么，剩下的用例是不是就没有用处了呢？当然不是，剩下的用例可以作为验证模型的输入，这就是所谓的留出验证法。如图 3-16 所示，假设基于用例 A、B、C 分析推导出了模型，之后，我们再将其他相关的用例 D、E、F 代入模型，验证一下模型与用例是否存在冲突。若冲突存在，则说明之前推导出来的模型可能是不完善的，需要进一步优化。

3. 流程验证法

流程验证法即结合业务流程来验证模型。通过详述用例，我们可以梳理出核心业务场景的流程图，将模型与流程图对照，分析模型是否与流程冲突。比如表 3-2 介绍的用例：卖家编辑商品 SKU 信息，投放渠道选项增加"双 11 活动"，并为该活动设置价格，保存并重新上架。根据用例描述，可以为投放渠道设置价格，不同渠道入驻的要求可能存在差异，那么，SKU 与定价的关系是怎样的呢？从流程上看，一个 SKU 有多个投放渠道可供选择，每个渠道的价格可能存在差异，是"一对多"的关系。

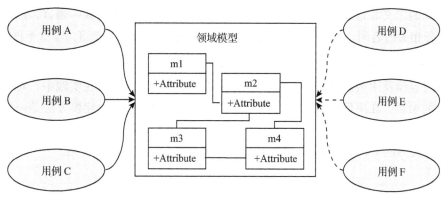

图 3-16　留出验证法

3.5　建模小结

以用例为基础，建立领域模型的方法可以归纳为如下 6 个步骤：

❑ 充分、规范、翔实地收集业务用例。
❑ 从用例集中找出名词。
❑ 基于名词初步确定领域模型及其主要属性。
❑ 基于名词的定义验证并完善模型。
❑ 从用例集中找出动词和形容词。
❑ 基于动词和形容词分析领域模型之间的关联关系。

在实践中，用例建模法还需要注意以下 3 点。

1. 用例尽量完整

用例不完整可能会影响领域模型的准确性。笔者曾经参与过一个"会员体系"项目的建设，会员体系需要会员权益作为价值支撑，在初期，权益类型比较简单，只有一些红包和优惠券（如满 100 元减 20 元），会员通过积分可以兑换这些权益。红包和优惠券这类权益有一个显著的特点，就是一个权益背后只有一个虚拟 SKU，比如"1 元红包"权益，会员兑换的时候，不需要像兑换实物权益那样再选择规格、尺寸、颜色（实物权益本质上是实物商品，一个商品往往关联多个 SKU）。在当时，我们梳理用例的时候，没有考虑实物权益的场景，以至于我们将权益模型和定价模型直接关联，形成"一对一"的关系，而遗漏了 SKU。随着业务的发展，后来我们引进了实物权益，问题顷刻显现：一个实物权益下的多个 SKU 的积分兑换价格（积分数）通常是不一样的，而我们的权益模型直接关联了兑换价格，无法区分不同的 SKU 定价。为了应对，我们不得不大规模重构。

2. 语言必须统一

在用例建模法中，我们主要根据用例中的业务名词来提取领域模型及其主要属性，因此业务名词的定义非常关键。为了提升沟通效率、避免歧义，必须统一语言，严格、明确地定义业务相关的名词。关于统一语言，笔者在上一章中已经详细介绍，本章不再赘述。

3. 坚持"守、破、离"

本章内容涉及用例建模法的部分，预设背景是复杂项目建模。在实践中，对于一些复杂度较低的项目，在用例获取、分析方面，可以灵活选用。同时，建模方法是一种指导思想，而非"通吃"套路，实际项目往往受制于诸多因素，工程师需要权衡利弊，即便抽象出了一个完美的模型，也可能因时间、资源、KPI 等因素屈从于临时方案。

第 4 章 *Chapter 4*

系统设计

在前文中，我们聚焦于问题空间，着重介绍了需求分析和抽象建模。通过分析产品需求、识别业务问题、挖掘并分析相关场景，最终抽象出了领域模型。领域模型可将业务领域的关键事物及其关系进行可视化呈现，从而使需求的各个参与方对要解决的问题形成完整、规范、一致的认识。

从本章开始，我们将关注点转移到解决方案空间中来，致力于通过软件技术手段来进行系统设计和实现。为了便于读者理解，本章将首先介绍一些软件系统设计和开发中常见的问题，使读者对系统设计及其必要性的认识更为立体，然后依次介绍系统总体架构、内部分层和详细设计。需要特别说明的是，系统设计一般分为 3 个部分，即业务功能相关的设计、非功能性设计和数据设计，本章内容聚焦于业务功能相关的设计，非功能性设计和数据设计将在接下来的两章中进一步展开介绍。

4.1 大话系统设计

系统设计是一个非常大的话题，涉及架构、组件、原则、模式、规范、稳定性、兼容性等内容。关于系统设计，读者或许会有很多疑问：系统确有必要设计吗？系统设计可以解决什么问题？好的设计与差的设计有何区别？如是等等。在正式介绍系统设计之前，笔者先分享一些软件系统设计和开发中常见的问题，以帮助读者对系统设计及其必要性的认识更为立体。

4.1.1 战术编程腐蚀系统

在很多"经验丰富"的服务端工程师看来，实现产品需求的功能非常简单，无非是一系列接口和服务，通过不断地堆代码即可实现，这是一种典型的"战术编程"思维。John Ousterhout 在 *A Philosophy of Software Design* 一书中提到：几乎每个软件开发组织都至少有一个将战术编程发挥到极致的开发人员，可称之为战术龙卷风（Almost every software development organization has at least one developer who takes tactical programming to the extreme: a tactical tornado）。战术龙卷风有以下几个特点。

- ❑ 快速。他们常以腐化系统为代价换取当前最快速的解决方案，几乎没有人能比他们更快地完成任务。
- ❑ 高产。他们是高产的程序员，代码量极高，堪称"卷王"。
- ❑ 坑多。他们往往倾向于简单地进行功能堆积，忽视原则和规范，将成本放到未来，由后来人买单。

从以上战术龙卷风的特点可以看出，战术编程是缺乏或者说忽视设计的，聚焦于快速交付，系统能用就行，注重短期收益而非长期价值。当然，这并非完全是软件工程师的问题，不合理的评价体系和行业特点亦难辞其咎。

1. 不合理的评价体系

在一些企业中，不合理的评价体系也变相鼓励了战术编程，甚至将战术龙卷风奉为标兵，从而使之蔓延开来。一个典型的例子是按照代码行数评价工作量，而工作量又直接影响绩效。工程师为了争取好的绩效，主动或被动地堆积代码，有意将简单的事情复杂化，不利于产生好的设计。

2. 短暂的生命周期

在互联网行业，存在着大量处于试错中的业务，它们的生命周期往往很短。也许就在某个旭日初升的清晨，公司战略调整，整个业务线就被砍掉了。这种背景下，即便软件系统非常糟糕，在变得不可维护之前多半就下线了，如此，匠心让位于速度，精心的设计成了奢侈。

4.1.2 系统复杂化的 3 个特征

在工作中，我们经常会听到一类说法：这个系统很复杂，这个架构很复杂，这个组件很复杂，如是等等。那么，软件系统的复杂性有哪些具体的表现形式呢？关于软件系统的复杂性，John Ousterhout 在 *A Philosophy of Software Design* 一书中提到了一个非常感性的见解：复杂性就是使得软件难于理解和修改的因素。

复杂的系统通常有一些非常明显的特征，John Ousterhout 将它总结为变更放大（Change Amplification）、认知负荷（Cognitive Load）和未知的未知（Unknown Unknowns）3 大类。当我们的系统出现这 3 个特征时，说明系统已经开始变得复杂了。

1. 变更放大

变更放大是指看似简单的变更却需要在许多不同地方进行代码修改。

举个例子，笔者曾经参与过一个"会员体系"项目的后期建设，在这之前，作为会员体系价值支撑的会员权益比较简单，每个权益在配置时只能选择一种定价模式，要么"积分＋钱"，要么"纯积分"。当时，业务要求一个权益可以同时配置多种定价模式，看上去很简单，但由于模型扩展性差且链路涉及环节众多，需要对运营配置后台、数据模型、缓存模型、摘要模型、详情模型以及众多的业务逻辑进行修改，为了兼容存量采用单一定价模式的权益，还不得不到处增加分支。

2. 认知负荷

认知负荷是指开发人员需要多少知识才能完成一项任务。较高的认知负荷意味着开发人员必须花更多的时间来学习所需的知识，同时，由于错过重要信息而导致错误的风险也更大。

在开发中，很多工程师倾向于采用熟悉的编程语言、框架、数据库等技术，其实就是在降低一项任务所需的认知负荷。举个例子，DDD 虽好，但对于构建一个运营配置后台则完全没有必要，MVC 就足以应对，盲目地追求新技术，人为增加复杂度，是一种本末倒置。当然，认知负荷不仅仅是新技术带来的，不恰当的接口设计、混乱的命名、模棱两可的注释等都会增加认知负荷。

3. 未知的未知

未知的未知是指必须修改哪些代码才能完成任务，或者说开发人员必须获得哪些信息才能成功地执行任务，这些都是不明显的。

在复杂性的三种表现形式中，未知的未知是最糟糕的。一个未知的未知意味着你需要知道一些事情，但是你却没有办法找到它，甚至无法感知它是否存在，直到错误出现。

变更放大虽然令人头疼，但只要理清哪些代码需要修改，一旦变更完成，系统就可按预期工作。与之类似，较高的认知负荷虽然会增加开发的成本，但有相对明确的学习路线作为指引，最终仍然可能产出正确的结果。然而，对于未知的未知，工程师往往不清楚该做什么，或者提出的解决方案是否有效。唯一确定的方法是阅读并分析系统中的每一行代码，这对于规模较大的系统几乎是不可能的。

当你维护一个"历史悠久"的项目时，文档缺失是一种常态，如果代码本身也没有明显表现出它们应该要阐述的内容，"未知的未知"便会出现，无法确定需要改动哪些代码才能让程序正常运转，也不知道改动是否会引发新的问题。

4.1.3 系统复杂化的 3 个诱因

UML 之父 Grady Booch 在《面向对象分析与设计》一书中提出了一个观点：软件的复杂性是一个固有属性，而不是偶然属性。他从问题域的复杂性、管理开发过程的困难性、软件实现的灵活性等方面进行了分析，得出的结论是：软件的发展一定伴随着复杂性。系统复杂化的诱因有以下 3 个。

1. 模糊性

模糊性是引起复杂性的主要因素之一。模糊性产生了最直接的复杂度,它让我们难以读懂代码真正想表达的含义,进而导致我们更难去改变它。

关于模糊性,最常见的例子是命名模糊。软件中的 API、方法、变量的命名对理解代码的逻辑、范围非常重要,也是清晰表达设计意图的关键。然而,很多工程师对命名没有足够的重视,随意命名比比皆是,比如 TridentService(三叉戟服务)、KaleidoscopeService(万花筒服务),看上去颇有内涵,但几乎无法直接理解服务的内容。

2. 依赖性

模糊性产生了复杂性,而依赖性则导致了复杂性的不断传递。不断外溢的复杂性将最终导致系统无限腐化,质量失控,修复成本呈指数级增长。

与模糊性不同,依赖性是软件的基本组成部分,无法完全消除。实际上,在软件设计过程中,有些依赖性是有意引入的,如方法、接口的复用,类的扩展等。当然,为了避免依赖泛滥,我们应尽量减少依赖关系的数量,并使其尽可能简单和明确。

3. 递增性

无论一个软件系统最终有多么复杂,都是从第一行代码开始,逐渐"生长"起来的。最初通常只是一个简单的、少量工程师就可以维护的系统。随着业务的发展,需求不断产生,功能逐渐丰富,软件系统随之演进,同时废弃而未被及时清除的代码日益膨胀,最终形成一个复杂的系统。

在这个过程中,单个依赖项或模糊项本身不至于显著影响软件系统的可维护性,但随着时间的推移,成千上万的小依赖项和模糊项逐渐汇集,系统从最初的集中、有序的状态,趋向于分散、混乱和无序,可维护性变差,复杂度增加。

4.1.4 复杂化应对之道

模糊性、依赖性和递增性使得系统变得复杂。那么,面对日益增长的系统复杂度,我们该如何应对呢?或者说采取哪些措施可以使软件系统变得简单一点?根据熵增原理,世间万物都需要额外的能量和秩序来维持自身,所有的事物都在缓慢地分崩离析,若无外部力量的注入,事物就会逐渐崩溃。

就软件系统而言,大到软件架构、设计原则、编程规范,小到我们优化的每一行代码、修复的每一个缺陷都是在为软件系统注入外力。我们强调系统设计,最重要的作用就是识别和控制复杂度,系统规模越大,识别和控制复杂度的收益越显著。以软件架构为例,从早期的单体架构到后来的分布式架构、SOA、微服务、FaaS、Service Mesh 等,无一例外,都在致力于控制软件的复杂度。

为了控制软件系统的复杂度,前人已经为我们积累了非常多的优秀实践,自顶向下,可以归纳为如下几个方面。

（1）合适的架构

软件架构的实质是规划如何将系统切分成组件，并安排好它们之间的协作关系，以及互相通信的方式。软件架构的终极目标是用最小的人力成本满足构建和维护该系统的需求。

（2）遵循设计原则

在组件层面，设计原则主要有复用/发布等同原则、共同闭包原则、共同复用原则、无依赖环原则、稳定依赖原则和稳定抽象原则。

在代码层面，设计原则主要有单一职责原则、开放封闭原则、里氏替换原则、接口隔离原则、依赖倒置原则、迪米特法则和组合复用原则。

（3）采用设计模式

设计原则是纲领性的指导思想，设计模式则是具体的实现手段。设计模式共有 23 种，常用的设计模式有单例模式、工厂模式、建造模式、观察者模式、适配器模式、装饰者模式、代理模式、原型模式、模板方法模式和策略模式。

（4）避免破窗效应

在软件系统演进的过程中，只有在我们修复历史遗留的问题时，才是真正对其进行了维护；而当我们使用一些极端的手段来保持古老而陈腐的代码继续工作时，这其实是一种苟且。一旦系统有了设计缺陷，就应当及时进行优化，否则会形成不好的示范，更多的后来者将倾向于作出类似的设计，从而加速整个系统的腐化。

4.2　总体架构

上一节介绍了软件系统所面临的问题和系统设计的必要性。从本节开始，笔者将基于案例展开介绍系统设计的详细步骤。在实践中，系统设计一般可分为 3 个阶段：总体架构、内部分层、详细设计。这 3 个阶段本质上属于不同的抽象层次，它们的关注点、颗粒度具有显著差异。

总体架构需从全局层面规划系统，将其划分为一系列职责边界清晰的功能域，并明确功能域之间的协作关系，以及功能域之间相互通信的方式。总体架构是系统设计的第一步，也是最为关键的一步。

4.2.1　什么是架构

架构（Architecture）一词对于软件行业的从业者来说并不陌生，作为系统设计的一部分，多数工程师会从直觉上来认识它，但要给出准确的定义则非常困难。在很多书籍和文章中，对架构的定义也往往莫衷一是。那么，到底什么是架构呢？在此，笔者引用 ISO/IEC 42010:20072 中对架构的定义来回答这个问题："架构是一个系统的核心组织，用于阐明模块或组件的职责，以及相应的约束设计和演化原则。"根据定义，可以概括出如图 4-1 所示的公式。

图 4-1 架构的定义

这个定义非常精炼，是对架构内涵的高度抽象，我们从中可以得出架构的一些要素：

❑ 一个系统的核心组织

❑ 职责明确的模块或组件

❑ 约束设计和演化的原则

当然，这是对架构一词的广义定义。在软件系统研发的不同阶段，架构通常有更加精细化的分类，如产品架构、业务架构、逻辑架构、物理架构、数据架构等。就系统设计而言，涉及的架构有业务架构、逻辑架构和物理架构。

1. 业务架构

业务架构，也被称为业务概念架构，属于问题空间，是基于需求分析和抽象建模结果进一步推导的产物。作为一种业务视图，业务架构可以直观地呈现产品具有哪些业务模块、各个模块提供什么能力及业务模块之间的关系。业务架构有助于参与产品需求的各方提升沟通效率和确认共识。

2. 逻辑架构

逻辑架构属于解决方案空间，是业务架构进一步推演的结果，用于指导软件开发。逻辑架构的关注点在于系统功能或职责的划分，需要解决的问题有：系统本身包括哪些子系统或模块？它们之间的关系是怎样的？系统对外上下游服务（系统）有哪些？边界是怎样的？关键业务流程是如何实现的？

3. 物理架构

物理架构是逻辑架构进一步推演的结果，着重考虑系统软件的安装和部署，关注点在于目标程序及其依赖的运行库和系统软件最终如何安装或部署到物理机器，以及如何部署机器和网络来配合软件系统的可靠性、可伸缩性、持续可用性、性能和安全性等要求。

4.2.2 架构推演

在介绍架构推演之前，我们先来看一下软件研发过程中不同层次的模型之间的关系。如图 4-2 所示，在软件领域，我们可以将模型分为 4 个层次，它们之间是自上而下的关系。

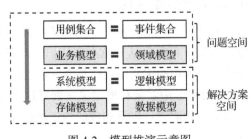

1. 场景层

采用格式化的语言描述核心业务场景或事件，主要用于需求分析，如用例模型、事件模

图 4-2 模型推演示意图

型、特征模型等。这一层的模型是从用户的视角分析和考查待开发系统的行为，并通过用户、外部系统等参与者与待开发系统之间的交互关系描述待开发系统对外提供的功能特性。

2. 领域层

领域层由场景层模型抽象得到，称为领域模型。领域模型是对业务领域内的概念或现实世界中的对象的可视化表示，它专注于分析问题领域本身，发掘重要的业务领域概念，并建立业务领域概念之间的关系。它与软件实现没有直接关系，即使没有软件系统，它仍然客观存在。

3. 系统层

系统层由领域层模型转换得到，称为系统模型或逻辑模型。在这一层的上面，模型都属于问题空间，而从本层开始，模型切换到解决方案空间，与软件开发关系紧密。本质上，系统模型是对领域模型的"实例化"，即采用具体的软件技术实现领域模型描述的内容。

4. 存储层

存储层用于存储系统层模型相关的数据，因此称为存储模型、数据模型或物理模型。与其他三层模型不同，存储模型主要关注数据存储成本、性能、扩展性等非功能属性，通常无须考虑业务语义的表征能力。

与模型的推演过程相似，架构也是经过严密的逻辑路径推演产出，而并非凭空得到。如图 4-3 所示，自顶向下，每一层的关键输入都源自上一层的输出。其中，逻辑架构的推导基础包括业务架构、系统模型、数据模型和架构约束；物理架构的推导基础包括数据模型、逻辑架构和架构约束。不难看出，业务架构和架构约束在系统设计和落地的过程中极为关键。

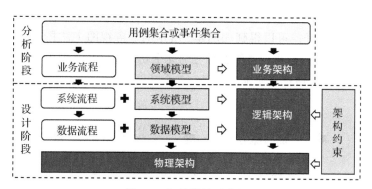

图 4-3 架构推演示意图

- ❑ 业务架构是问题空间的高度抽象，作为推导逻辑架构的关键输入，如果我们对业务分析有误、创建的领域模型不足以刻画业务的本质特征，那么在设计阶段几乎不可能得到正确、合理的应用逻辑架构。
- ❑ 架构约束是解决方案空间的指导原则，作为业务功能需求之外的硬性约束，通常涉及系统的性能、安全性、稳定性、可用性、兼容性等方面,关乎软件开发的最终成败,笔者将在后面的章节中详细介绍。

4.2.3 设计功能域

在互联网领域,一些业务的复杂度是非常高的。对于复杂的业务,首先应设计、划分功能域,以降低复杂度。具体而言,即根据抽象建模阶段的成果,将业务划分为不同的功能域,每个功能域可视为一个微服务应用(或者模块、组件),这些功能域相互协作以实现业务。在设计功能域的时候,主要关注职责、复杂度和性能,功能域之间应具备明确的职责边界,对于复杂度较高的功能域,应考虑进一步拆分。

下面以"会员体系"为例具体介绍。如图 4-4 所示,一个会员体系通常包含 3 大要素:积分、等级、权益,它们被称为会员体系的"三驾马车"。其中,积分作为即时激励,当用户完成约定任务(如签到、购物、充值、转账等)时,给予其奖励,从而鼓励用户完成更多任务;等级则主要是一种荣誉感,当用户完成一定数量的任务时(以招商银行为例,当用户在招行的资产达到 50 万,就可以成为 M6 会员),给予

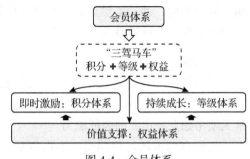

图 4-4 会员体系

其更高的会员等级,并享有一些特权,从而鼓励用户持续成长。

当然,无论是积分还是等级,最终都需要价值支撑,为会员带来切实的利益,才能维持体系的稳固。在会员体系中,作为价值支撑的是权益(以招商银行为例,会员积分可以兑换各种商品,M6 会员还可享有每月一张 10 元代金券)。

将会员权益体系展开,可以得到如图 4-5 所示的业务视图(需求分析和抽象建模的产物)。从业务视角来看,可以将权益体系划分为 4 个功能域:权益供给、权益管理、权益投放和权益触达,每个功能域都有明确的职责,各个功能相互协作共同实现权益业务。

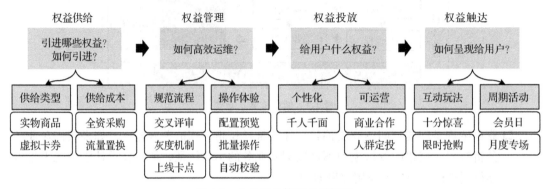

图 4-5 会员权益体系业务视图

4.2.4 设计功能域协作

值得一提的是，在互联网企业，大多数产品需求是对已有产品进行持续、快速迭代，如增加一个新功能、优化某个页面、推出一个新营销活动等。这类需求的规模一般都比较小，复杂度也相对较低，因此一般不需要设计和划分功能域。

经过多年发展，很多企业的业务都已相对成熟，基于业务形成了大量可以提供通用基础能力的应用。这些通用能力不仅有助于提升研发效率，而且可以大幅降低新业务系统设计的难度。设计功能域之间的协作，实际上是将已有基础能力作为"功能域"，这些已有功能域与新建功能域一起协作实现业务功能。因此，在进行系统设计时，服务端开发工程师需要充分调研现有基础能力，避免重复造轮子。

结合上面介绍的会员体系案例，如果将"权益投放"这个功能域拆分出来，我们应该如何设计呢？首先，我们要分析这个功能域的核心要素。

- ❑ 个性化：需要根据用户的年龄、性别、居住城市、购物偏好等基础特征，结合用户的积分余额、会员等级、权益点击、权益兑换等会员体系内特征，推荐适合用户的权益，一般由推荐算法实现。
- ❑ 可运营：需要根据运营需求，支持商业投放（如将合作商家提供的权益置顶）和人群投放（如针对都市白领，定坑投放星巴克代金券），一般基于业务规则实现。

从个性化和可运营的描述和实现方式来看，它们本质上属于两个不同的功能域，可以通过服务的形式与"权益投放"域协作，图 4-6 所示为功能域协作示意图。

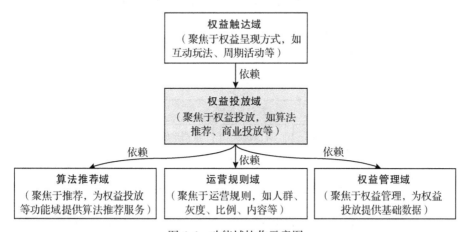

图 4-6 功能域协作示意图

值得一提的是，图 4-6 的功能域协作图采用了 C4 模型来描述。C4 模型由 Simon Brown 于 2017 年提出，是一种简洁的系统架构图绘制方法，C4 指 Context、Container、Component、Code 四个层次。功能域协作图等价于系统 Context 图，它显示了正在构建的软件系统，以及系统与用户及其他软件系统之间的关系。系统上下文图简洁、清晰，几乎无须解释，就可以很好地将待建设的系统本身、系统的客户以及与系统有交互的周边系统展现出来。

4.2.5 明确数据边界

功能域（应用）之间的协作通常是以服务的形式，既然是服务，则必然存在数据交互。例如：功能域 A 调用功能域 B 提供的服务 S，如何准确描述服务 S 呢？简单来看，服务就是"请求 + 响应"，服务调用方发起请求，服务提供方响应请求返回结果，那么，服务的数据边界也就很清楚了，即请求（request）的数据模型和响应（response）的数据模型。

在"权益投放"这个例子中，权益投放域和权益触达域的协作中，权益投放域是服务的提供方，那么，这些服务该如何描述呢？一般应包括表 4-1 所示的几个方面。

表 4-1　服务形式化描述举例

接口	举例：com.xxx.yyy.member.biz.rpc.BenefitFlowFacade
方法	举例：queryBenefitFlow()
功能	会员权益分页查询，根据请求中的场景码确定分流规则，根据分流结果确定投放策略，根据投放策略确定返回的权益和排序
请求	举例：com.xxx.yyy.member.biz.rpc.request.BenefitFlowQueryRequest
响应	举例：com.xxx.yyy.member.biz.rpc.request.BenefitFlowQueryResult
结果码	举例：SUCCESS- 成功；SYSTEM_ERROR- 系统异常

在确定数据边界之后，不同功能域的职责也就进一步明确了。按照上面介绍的步骤，分别对权益供给、权益管理和权益触达 3 个功能域进行分析和设计，最终可以得到如图 4-7 所示的逻辑架构图。如果一个需求是由多名软件工程师（甚至团队）协作开发的，在确定边界后，工程师通常就可以专注于自身所负责功能域的内部设计和开发了。

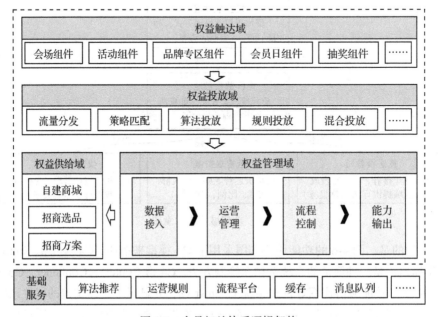

图 4-7　会员权益体系逻辑架构

4.2.6 架构约束考量

在前面几小节中，我们划分了功能域，设计了功能域间的协作关系，明确了功能域间的数据边界。在本节中，我们将视线转移到设计约束上来。设计约束一般分为3大类：基本约束、业务约束、非功能性约束。

- ❑ 基本约束：指软件工程领域常见的各种约束，如设计原则、设计模式、编码规范等。
- ❑ 业务约束：指业务层面的约束，如政策法规、研发周期、研发成本等。
- ❑ 非功能性约束：指业务需求功能以外的硬性约束，如性能、安全性、稳定性、可用性、兼容性、可维护性、扩展性等。

业务约束不是本章内容的重点，因此不做过多论述。基本约束主要是一些软件实现层面的指导思想（如设计原则）和优秀实践（如设计模式和编码规范），对于整个系统的架构影响较小，笔者将在后面章节中详细介绍。

相较于基本约束和业务约束，非功能性约束在大多数场景中对系统架构能起到决定性的作用，是系统设计需要重点关注的内容。以系统性能和容量为例，常见评估指标有每秒事务数（Transactions Per Second，TPS）、每秒请求数（Query Per Second，QPS）、并发数（Concurrency）、响应时间（Response Time，RT）、吞吐量（Throughput）等。当协作功能域（如外部系统）对本功能域提供的服务有性能和容量要求时，我们需要谨慎评估并设计相应的解决方案，比如"会员日"活动场景中，权益触达域要求权益投放域的分页咨询服务支持2万QPS，直接请求数据库显然是不友好的，那么就可考虑采用分布式缓存。

关于非功能性约束，笔者在第6章中将详细介绍。本节提及架构约束的目的在于强调系统逻辑架构的推演需要综合考量各方面的因素。如图4-8所示，在引入性能、安全性、稳定性等架构约束之后，我们可以进一步完善系统的逻辑架构。

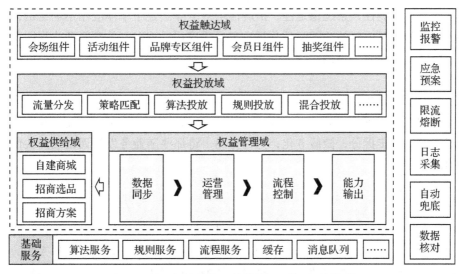

图 4-8　引入架构约束后的会员权益体系逻辑架构

4.2.7 逻辑架构粒度

业务的复杂度不同，对应逻辑架构的粒度也会存在差异。如图 4-9 所示，根据功能域粒度的粗细，向上可能复杂到需要一个独立的应用来承载，向下可简化至一个普通的类。

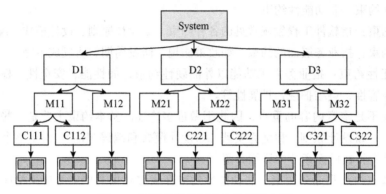

图 4-9 逻辑架构的层次和粒度示意图

逻辑架构中的功能域一般需要遵循以下两条原则：

❑ 纵向上，每一层的功能域的职责都必须是下一层职责的概括。

❑ 横向上，同一层的功能域的职责应属于同一范畴，且边界清晰。

在业务比较简单时，逻辑架构中的功能域通常只是"包"级别的，逻辑架构落地的结果也局限于单体应用，这种情况在互联网发展早期比比皆是。一个典型的单体应用就是将所有业务场景的表示层、业务逻辑层和数据访问层放在一个工程中，最终经过编译、打包，部署在一台服务器上。

随着业务越来越复杂，应用需要增加的功能越来越多，单体应用的代码规模越来越大，代码可读性、可维护性，系统稳定性、扩展性均会下降。鉴于单体应用不堪重负，需要架构升级，将那些相对成熟的功能组件分拆出来成为应用。这时，从逻辑架构视图来看，其中的功能域已演进为应用级别。以电商平台为例，商品管理模块、交易模块都可以独立为应用。

再后来，业务复杂度进一步增加，原来的功能域逐渐膨胀，与此同时，在不同的功能域开始出现相似的流程、服务、计算等，重复建设问题凸显。为了应对此类问题，一方面对功能域实施进一步拆分，微服务化；另一方面，将那些随业务发展而出现的共性需求整合为基础设施。

4.2.8 小结

本节所介绍的总体架构的实质是规划如何将系统拆分成功能域，并安排好功能域之间的协作关系，以及功能域之间相互通信的方式。架构的主要目标是支撑软件系统的全生命周期，设计良好的系统架构应使开发人员对系统的运行过程一目了然，同时明确、显式地反映设计意图。

总体架构的首要任务是划分边界。在软件架构设计中，划分边界堪称一门艺术，边界的作用是将软件分割成各种功能域，以约束边界两侧之间的依赖关系。边界线应存在于那些相对独立的功能域之间，例如，用户交互界面与服务端相对独立，所以两者之间应该有一条边界线；而在服务端内部，数据库操作与业务逻辑又相对独立，所以两者之间也应该有一条边界线；更进一步，业务逻辑可以划分为两部分，其中一部分是系统的核心业务逻辑，另一部分则是与核心业务逻辑无关但负责提供必要通用能力的功能域。

4.3　内部分层

在上一节中，我们经过推演得出了功能域粒度的逻辑架构。若从直接指导开发的角度来看，这个粒度显然粗糙了一点，需要进一步细化。本节将对功能域进行展开，聚焦于其内部的设计。

功能域内部设计一般采用"分层架构"思想，将功能域划分为不同的层次，每一层都有各自的职责，同一层的模块（也可称组件）处于同一抽象层次。分层架构的依赖是自顶向下传递的，从抽象层次看，层次越处于下端，就会变得越通用、越公共，与具体的业务隔离得越远。在进行分层时，应遵循一些设计原则，如依赖倒置、接口隔离、单一职责等。

4.3.1　什么是分层

在软件领域，分层是一种极为常见的设计方法，最广为人知的分层设计当属如图 4-10 所示的经典三层架构：表示层（Presentation/User Interface）、业务逻辑层（Business Logic）、数据访问层（Data Access）。在相关书籍和文章中，谈及分层，也几乎都会以经典的三个层次来阐述。

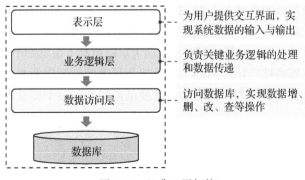

图 4-10　经典三层架构

1. 分层的好处
分层架构应用如此广泛，那么，分层到底可以带来什么好处呢？这个问题或许可以用

David Wheeler 的名言来回答："计算机科学中的所有问题都可以通过增加一个间接层来解决，但不合理地引入过多间接层往往会有副作用。"简言之，几乎所有计算机科学中的问题都可以通过增加一个间接层来解决，但分层不宜过多。现实世界是非常复杂的，分层则可以有效地将复杂的问题分解和简化，同时带来可测试性、可维护性、可扩展性等方面的好处，具体如下。

（1）降低复杂度

分层架构将系统划分为若干层，每一层只解决问题的一部分，通过各层的协作实现整体解决方案。通过分层，将复杂的问题分解为一系列相对独立的子问题，局部化到每一层中，如此一来，得以分而治之，有效地降低了单个问题的规模和复杂度。

（2）提高开发效率

一个合理的分层架构可使得开发人员的分工更加明确。在定义好各层次之间的接口后，不同层的开发人员可以专注于所负责层的设计和开发，齐头并进。

（3）高内聚、低耦合

每一层只负责一类职责，职责边界清晰，内聚度高，如数据访问层只负责数据查询和存储，业务逻辑层只负责处理业务逻辑。同时，不同层次间依赖关系简单，上层只能依赖于下层，没有循环依赖。这些特点也使得系统具有良好的扩展性和复用性。

2. 工程骨架分层

上面介绍的三层架构本质上是一种工程骨架分层，类似的分层方式还有 DDD 中的四层架构（User Interface、Application、Domain、Infrastructure）、阿里的四层架构（View、Service、Manager、DAO）。这类工程骨架分层主要是从技术视角来划分的，其核心作用之一是对代码做一个高层次的组织和管理，从而减轻代码层面的混乱。试想一下，如果没有分层，动辄百万行代码的工程将会混乱到什么程度。

同时，工程骨架分层也可以带来复杂度降低、复用性改善、内聚度提高等额外好处。通过分层，每个分层都接收其下层所提供的服务，并且负责为自己的上层提供服务，上下层之间进行交互时，遵循接口约定。在这种组织方式下，上层使用了下层定义的各种服务，而下层对上层一无所知。另外，每一层对自己的上层隐藏其下层的细节。

在潜移默化中，那些被广泛使用的工程骨架分层模型已经逐渐成为开发者共同遵守的约定。由于它与业务无关，即便开发者因工作变动而加入另一个团队或公司，也会发现相似的工程架构。

3. 逻辑架构分层

逻辑架构源于业务架构，它保留了业务架构中大多数的业务功能模块，但由于经过技术的提炼，并加入了技术要素（如稳定性、性能、依赖等），从而使得它比业务架构更加复杂。

逻辑架构可以清晰地呈现功能域划分的结果和功能域之间的协作关系，从而明确职责边界，并作为后续功能域内部详细设计的职责约束，它与具体的代码工程骨架没有直接联系。例如权益投放域的职责是权益分发投放，它依赖于权益管理域、算法推荐域和运营规则域，服务于权益触达域，这些功能域的颗粒度非常粗，实际开发时可能分属于不同的应用，自然也不限于同一个代码工程。

经过上面的分析，细心的读者应该已经注意到，按照实际的研发流程，工程骨架分层其实是逻辑架构分层的后续。在做系统逻辑架构时，应聚焦于顶层功能域，而不必考虑诸如 Service、Manager、Repository 之类的工程细节。当然，有的读者可能会用 DDD 来反驳，因为 DDD 倡导在业务分析和建模时充分考虑工程骨架分层，从而避免领域模型和软件实现脱离。在这种理念下，逻辑架构分层与工程骨架分层几乎是同步进行的，这与我们习惯的（或者说符合我们认知规律的）先整体后局部、先概要后细节的设计路线存在冲突，实际操作相当困难。

4.3.2 功能域内部分层

阿里广泛采用的四层架构如图 4-11 所示，它包括 View、Service、Manager、DAO 四部分，通过分层将数据持久、通用处理、业务逻辑、终端显示四者解耦，各司其职。View 与用户交互；Service 依赖多个 Manager 和 DAO 实现具体的业务逻辑；Manager 负责通用业务逻辑处理和封装外部服务，它是对 Service 通用能力的下沉，注重复用性；DAO 负责与底层数据库进行数据交互。分层架构的核心其实就是抽象的分层，每一层的抽象只需要且只能关注本层相关的信息，从而简化整个系统的设计。

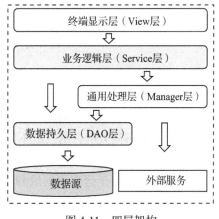

图 4-11 四层架构

无论是三层架构还是四层架构，提供的都是划分层次的标准，颗粒度仍是比较粗的。在实践中，我们首先需要结合实际业务，分析功能域对外服务实现的流程，并将其拆解为不同的模块或组件；然后参照分层架构中不同层次的职责、内涵，将模块或组件映射到不同层次中。

还是结合"权益投放域"这个例子来看，前面我们已经介绍过，为了实现个性化和可运营，需要依赖算法推荐域、运营规则域和权益管理域。但是，这 3 个协作功能域提供的都是基础服务，如何将这些基础服务合理地组织起来，最终实现个性化和可运营是权益投放域内部需要解决的问题。

严格意义上，个性化和可运营是存在冲突的：个性化意味着千人千面，需根据用户的偏好来推荐权益；而可运营则要求提供定向投放能力，对特定人群（或者全量用户）定向投放指定权益，本质上就是千人一面，无论单独采用哪一种方式，都是极端的。事实上，两者虽然存在矛盾，但还是可以调和的，比如将个性化和可运营结合起来，基于"算法推荐 +

运营规则"混合推荐，在用户所见的权益中，一部分由算法推荐，另一部分由规则控制。

基于上述分析，我们可以设计出如图 4-12 所示的权益投放域内部功能分层，这个分层的粒度比四层模型（View、Service、Manager、DAO）更细。

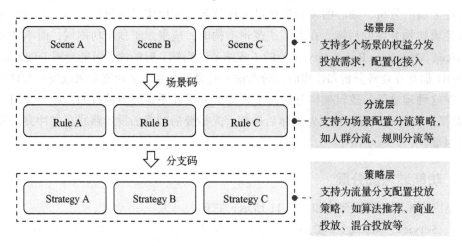

图 4-12　权益投放域内部功能分层示意图

- ❑ 场景层：应对权益触达域的不同活动和玩法，比如"中秋专场"和"会员日"的投放诉求可能就是不一样的，它们实际分属两个不同的场景。
- ❑ 分流层：基于运营规则域提供的服务实现场景流量精准控制，比如同一个场景下需要针对不同人群分别投放不同的权益，那么首先就需要根据用户所属人群切分流量，不同流量分支再对应不同的投放策略。
- ❑ 策略层：基于运营规则域和算法推荐域提供的服务来决策投放内容，比如，对分流层的分支 A 采用算法推荐，对分支 B 采用运营规则推荐，对分支 C 采用"算法 + 规则"混合推荐。

需要注意的是，图 4-12 所示的权益投放域内部功能分层，与上面提到的三层架构和四层架构是完全不一样的，前者的分层致力于功能模块拆解；后者的分层则着眼于工程骨架。例如场景层，在实际系统中是不存在的，我们为不同的场景分配不同的场景码，配置化接入，在对外提供的服务中增加一个类似 sceneCode 的请求参数就可以实现场景区分。

将图 4-12 所示的分层设计映射到四层架构模型中，可以得到如图 4-13 所示的分层效果。其中，流量分发和投放策略相对通用，将其置于 Manager 层；权益投放域以权益咨询服务的形式对外，它与业务关系密切，因此置于 Service 层；而依赖其他域的服务则以 Client 的形式与 Manager 层协作。注意，无论是算法推荐还是运营规则，策略中包含的内容一般都只是一组权益 ID，在最终投放之前需要根据 ID 组装对应的详细信息，因此，在图 4-13 中还有一个分布式缓存管理器（省略了涉及缓存中间件的部分），通过它可直接从缓存中获取权益信息。

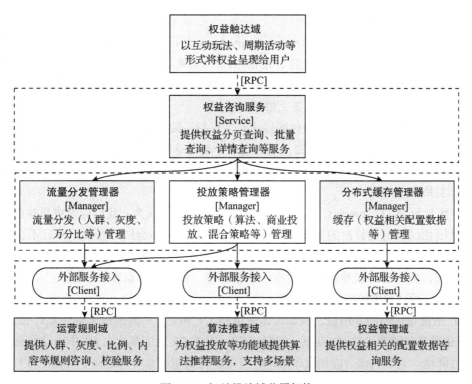

图 4-13 权益投放域分层架构

4.3.3 分层原则

分层模型选定后，我们需要参照分层模型中不同层次的职责、内涵，将功能域分解得到的模块、组件映射到不同层次中。在这个过程中，我们需要特别关注组件化。组件是指软件系统中功能相对独立、接口规范、依赖环境明确的软件单元。

在实践中，我们需要以功能域职责为约束，不局限于当前的产品需求，横向挖掘那些重复的、普遍的、有相似性的问题，并对其进行分析、抽象，在避免过度设计的前提下，将其设计成组件。仍以上一节中的"权益投放域"为例，基于人群、灰度、万分比等进行流量分发，这一功能的业务属性是非常弱的，很多业务场景都会用到，因此可将其作为"流量分发管理器"置于沉淀通用能力的 Manager 层。

就功能域内部分层设计而言，主要遵循组件设计原则。组件设计原则包括组件聚合和组件耦合两个方面，Robert C. Martin 在《架构整洁之道》一书中针对这两个方面提出了 6条原则。

1. 组件聚合原则

组件聚合关注点在于组件内的关系，指导我们将哪些类组合成一个组件，需要考虑 3个原则：复用 / 发布等同原则、共同闭包原则、共同复用原则。

（1）复用 / 发布等同原则

复用 / 发布等同原则（Reuse/Release Equivalence Principle，REP）的含义为：软件复用的最小粒度等同于其发布的最小粒度。根据 REP，如果要复用一段代码，就可以尝试将其他抽象成组件，可复用的组件中必须包含可复用的类，这些可复用的类以组件的形式发布。一个组件中的类要么都可以重用，要么都不可重用。

REP 要求组件的重用粒度和组件的发布粒度保持一致。例如，两个组件 C1、C2，如果其他组件总是一起使用组件 C1、C2，而且这两个组件总是一起发布，那么应考虑将这两个组件整合为一个组件。组件中的类与模块必须是彼此紧密相关的。

（2）共同闭包原则

共同闭包原则（Common Closure Principle，CCP）的含义为：我们应该将那些会同时修改，并且因相同目的而修改的类放到同一个组件中，而将不会同时修改，并且不会因相同目的而修改的类放到不同的组件中。根据 CCP，如果一个应用中的某些代码需要同时为同一目的的修改，应尽量让这种修改集中在一个组件中，而不是分散在多个组件中，否则将增加软件开发、验证和维护的工作量。

CCP 不重视代码的复用性，例如，如果组件 C1 和 C2 共同依赖于组件 C3，而且组件 C1 的变化经常伴随着组件 C3 变更，按照 CCP，组件 C3 应该要放入 C1 中，这将会导致代码复用性降低。对于大部分应用程序来说，可维护性的重要性要远远高于可复用性！

（3）共同复用原则

共同复用原则（Common Reuse Principle，CRP）的含义为：不要强迫一个组件依赖它们不需要的东西。CRP 是接口分离原则（Interface Segregation Principle，ISP）在组件层面的描述。根据 CRP，应将经常共同复用的类和模块放在同一个组件中，而非紧密相关的类和模块不应该放在同一个组件中。一个组件中的类应该一起被复用，不用的类则应从组件中移除。

换言之，在一个组件中不应该包含太多不同类型的类，不要把一些完全不相干的类放在一个组件中，这样会导致组件的职责过重，从而增加修改和发布的频率。

很明显，上述 3 个原则是相互竞争的，如图 4-14 所示。REP 和 CCP 是粘合性原则，告诉我们哪些类要放在一起，这会让组件变得更大。CRP 是排除性原则，它会使组件变小。

如果遵守 REP、CCP 而忽略 CRP，就会导致过多依赖实际无用的组件和类，而这些组件和类的变化会导致自身组件进行不必要的修改、发布；如果遵守 REP、CRP 而忽略 CCP，则会导致组件拆分过细，一个需求变更可能要修改多个组件，造成维护成本上升。

对于这 3 个原则，在实践中，我们需根据实际情况权衡遵循。具体而言，在上述三角区域中定位一个最适合目前研发团队状态的位置，同时不停调整。在项目早

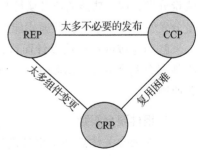

图 4-14　3 大原则张力图

期，快速上线通常是最重要的，复用性须让位于开发速度，因此 CCP 原则比 REP 原则更重要。随着业务的发展，一些功能趋于成熟，组件间的依赖变得复杂，这时就可以将重心逐渐向三角区域的左侧滑动，更加重视复用性。

2. 组件耦合原则

组件耦合关注点在于组件间的关系，指导我们确定组件之间的相互依赖关系，需要考虑 3 个原则：无依赖环原则、稳定依赖原则、稳定抽象原则。

（1）无依赖环原则

无依赖环原则（Acyclic Dependencies Principle，ADP）的含义为：组件依赖关系图中不应该出现环。环形依赖关系将导致一个组件修改之后的影响范围变得非常大，环中任何一个组件发生变更，都会对环上所有的组件产生影响，进而导致对环上组件依赖的其他组件产生影响，导致系统难以升级和维护。

（2）稳定依赖原则

稳定依赖原则（Stable Dependencies Principle，SDP）的含义为：依赖关系必须指向更稳定的方向。关于组件稳定性的衡量，一般公式为：不稳定性 = 出依赖数量 /（入依赖数量 + 出依赖数量）。其中，入依赖是指有多少组件依赖本组件，出依赖指本组件依赖多少其他组件。入依赖越多，修改越困难（修改的影响越大），即越稳定。

稳定的组件并不是不修改，而是修改的工作量大。影响组件的变更成本的因素有很多，比如组件的代码规模、复杂度、清晰度等，但最重要的因素是依赖它的组件数量。

（3）稳定抽象原则

稳定抽象原则（Stable Abstractions Principle，SAP）的含义为：一个组件的抽象化程度应该与其稳定性保持一致。组件抽象化程度的衡量公式为：抽象化程度 =（组件中抽象类 + 接口的数量）/ 组件中具体类的数量。根据 SAP，稳定的组件应该是抽象的，应该由接口和抽象类组成，一个不稳定的组件应该包含具体的实现代码，依赖关系应该指向更加抽象的方向。

在实践中，为了防止高阶架构设计和高阶策略难以修改，通常抽象出稳定的接口、抽象类为单独的组件，让具体实现的组件依赖于接口组件，这样它的稳定性就不会影响它的扩展性。

4.3.4 小结

从系统设计的进程来看，在总体架构（系统逻辑架构）环节，我们将整个系统拆分成了不同的功能域，并明确了功能域之间的协作关系，以及功能域之间相互通信的方式。功能域的粒度是比较粗的，但上限不能超过应用级别，通常是模块、组件级别。

在内部分层环节，我们将关注点转移到功能域的设计上来，相较于整个系统，功能域的复杂度要低很多，职责也更加聚焦。在功能域的设计过程中，除了分层模型的约束，还应遵循组件设计原则。

4.4 详细设计

在上节中，我们把功能域分解为了模块和组件，本节将对模块和组件进一步展开，进行详细设计。对大多数软件工程师而言，这个环节应该是最为熟悉的，毕竟在一名工程师的职业生涯中，所参与设计和开发的大多数项目都是模块、组件级别的。模块、组件的设计是一种详细设计，需要从实施细节层面考量问题，设计的结果应无限接近于代码。

4.4.1 设计内容

在详细设计时，必须以实现模块或组件的职责为基础，同时严格遵循设计约束和原则。例如，组件 A 要实现用户人群校验，首先需要明确接口、方法、入参、出参、结果码、流程等；同时还应关注容量、异常、稳定性、扩展性、兼容性等非功能性约束和设计原则。通常，详细设计涵盖以下内容。

1. 类图设计

在抽象建模阶段，我们得到了领域模型，但它只是一个业务概念模型，并非软件实施层面的模型。本节需要将领域模型、模块、组件等以类图的形式来呈现。UML 图是表达模型的最佳工具之一，UML 图可以清晰地表达软件设计中的类及类之间的关系，如类、属性、继承、实现、依赖、关联、聚合、组合等。

2. 数据设计

数据设计并非特指数据库设计，从广义层面看，所有以数据为核心设计的结构模型、存储、读写和操作方案都属于数据设计。在实践中，缓存设计、分库分表、日志埋点、表结构设计、字段设计、索引设计、唯一键设计、数据核对、数据监控、离线数据等都可划归数据设计的范畴。在互联网领域，几乎所有业务都离不开数据。数据设计的详细内容将在第 5 章介绍。

3. 依赖设计

大多数业务场景，或多或少会存在上下游交互，而交互就会衍生出"依赖"问题。例如系统 A 依赖系统 B 的服务，如果系统 B 因故障而无法正常提供服务，按系统 A 受影响的程度评估依赖性强弱。对于关乎用户体验的关键业务，一般要求弱依赖，即具备自动降级并兜底的能力。例如权益投放对算法推荐服务的依赖就应设计成弱依赖，即使推荐服务不可用，也可通过默认排序等方式返回权益数据给客户端，而不至于整个页面空白。

4. 方案描述

当业务较为复杂时，文字描述难以直观地反映设计方案的细节，也不便于后续方案评审和实施，因此，一般需通过流程图、时序图等图表来描述。在图中应清晰地呈现核心处理逻辑，如幂等处理、异常处理、异步处理、加锁机制、事务处理等。对于图中不便描述的内容，如接口、消息等，需辅以文本或表格将接口名、方法名、入参、出参、结果码、消息 Topic、消息体等描述清楚。

5. 非功能性设计

非功能性设计泛指除业务需求功能以外的所有设计，包括稳定性设计、可测试性设计、资金安全设计、应用安全设计、兼容性设计、异常补偿设计、应急预案设计等。例如，为了确定系统的最大吞吐量、并发请求数等性能指标，有时需要在真实环境中进行全链路压力测试，而服务端为支持压测通常需要做特殊设计，如压测流量识别、压测标记透传、压测数据隔离等。非功能性设计的详细内容将在第 6 章介绍。

4.4.2 设计原则

代码设计原则是一类最基础的设计原则，其中最为著名的是 SOLID（单一职责原则、开放 / 封闭原则、里氏替换原则、接口隔离原则和依赖倒置原则），它是美国软件工程师 Robert C. Martin 提倡的众多设计原则中的一部分，在他 2000 年发表的论文《设计原则和设计模式》中首次提出。除了 SOLID，还有两个著名的设计原则，即迪米特法则和组合 / 聚合复用原则。

1. 单一职责原则

单一职责原则（Single Responsibility Principle）的含义为：不要存在多于一个导致类变更的原因，通俗地说就是一个类只负责一类职责。遵循单一职责原则，可以降低类的复杂度，提高类的可读性，改善系统的可维护性。此外，还能降低变更引起的风险，变更是必然的，如果遵循单一职责，当修改一个功能时，可以显著降低对其他功能的影响。

单一职责原则是实现高内聚、低耦合的指导方针，它本质上是一种"职责粒度"控制原则。所谓"单一"，是指单一类别的职责，在实践中，这个类别的粒度可大可小，要结合实际场景来确定职责的粒度。例如前面提到的功能域、模块、组件、类、接口，它们都聚合了一类职责，但粒度相差甚远。

2. 开放 / 封闭原则

开放 / 封闭原则（Open/Closed Principle）的含义为：软件实体（如模块、组件、类、方法等）应该是可扩展而不可修改的，即对扩展开放，而对修改封闭。一个软件产品在其生命周期内几乎必然会发生变化。因此，我们在设计时就应充分考虑这些潜在的变化，通过恰当的抽象、封装来提高软件的稳定性和灵活性。

根据开放 / 封闭原则，我们应尽量通过扩展软件实体的行为来应对变化，满足新的需求，而不是通过修改现有代码来实现变化。它是为软件实体的未来事件而制定的对现行开发设计进行约束的一个原则。

开放 / 封闭原则的背后遵循的是"确定性"的哲学，即在设计软件实体时应充分考虑它的业务范围和功能，我们可以修改代码的缺陷，但不要随意调整业务范围、增加功能或减少功能。

3. 里氏替换原则

里氏替换原则（Liskov Substitution Principle）的含义为：子类对象（object of subtype/derived class）能够替换程序中任何地方出现的父类对象（object of base/parent class），并保证原来程序的行为（behavior）不变且正确性不被破坏。通俗地说就是子类可以扩展父类的功能，但不能改变父类原有的功能。也就是说，子类继承父类时，除添加新的方法完成新增功能外，尽量不要重写父类的方法。

如果通过重写父类的方法来实现新的功能，虽然操作起来很简单，但是整个继承体系的可复用性会变差，因为子类和父类的行为已经不一致了。

4. 接口隔离原则

接口隔离原则（Interface Segregation Principle）的含义为：客户端不应该依赖它不需要的接口。简言之，就是一个类所依赖的接口中不应该包含该类不需要的方法，这些方法对该类而言是没有意义的，却必须要重写。

接口隔离原则是从接口使用者的角度考虑问题的。试想一下，一个接口中包含了使用者不需要的方法，但是在实现这个接口时却不得不增加实现它们的冗余代码。虽然这种实现只是"空重写"，几乎没有工作量，但却埋下了隐患——当接口发生变更（如增加、减少、修改方法）时，即便使用者并不需要这些变化的方法，也会受到影响，而这本来是可以避免的。

根据该原则，我们在设计接口时应充分评估接口抽象的颗粒度，不要建立臃肿的接口，在保证接口业务语义完整性的前提下，接口中的方法应尽可能地少。当然，凡事不能极端，如果接口粒度过小，则会造成接口数量过多，使设计复杂化。

5. 依赖倒置原则

依赖倒置原则（Dependency Inversion）的含义为：高层模块不应该依赖于低层模块，二者都应该依赖于抽象；抽象不应该依赖具体实现，具体实现应该依赖抽象。

问题场景：假设类 A 是高层模块，负责实现复杂的业务逻辑；类 B 和类 C 是低层模块，负责基本的原子操作。之前类 A 直接依赖类 B，现在需要变更为类 A 直接依赖类 C，为了实现就必须修改类 A 的代码，如此一来将会给程序带来不必要的风险。

上述问题场景，采用依赖倒置原则就可以很好地解决。让类 A 依赖接口 I，类 B 和类 C 各自实现接口 I，类 A 通过接口 I 间接与类 B 或类 C 发生联系。如果类 A 依赖的实现需要由类 B 调整为类 C，只需调整类 A 中接口 I 的引用即可，而无须关注类 C 的实现细节。

依赖倒置原则立足于一个基本事实：相较于细节的多变性，抽象更加稳定。以抽象为基础搭建起来的架构比以细节为基础搭建起来的架构要稳定得多。在实践中，我们用接口或抽象类来制定规范和契约，而将实现细节下放到它们的实现类中，这本身就是在遵循依赖倒置原则。

6. 迪米特法则

迪米特法则（The Law of Demeter），也被称为最少知识原则（The Least Knowledge

Principle），由美国东北大学（Northeastern University）的 Ian Holland 于 1987 年提出，因经典著作 *The Pragmatic Programmer* 而广为人知。它的含义为：一个对象应该对其他对象保持最少的了解。

迪米特法则的初衷是降低类之间的耦合度，它制定了类之间交互的准则，具体表现在两个方面，即调用方和被调用方。调用方应尽可能小范围地去访问被调用方的成员，以减少依赖。对于被调用方，无论逻辑多么复杂，都应尽量将逻辑封装在类的内部，对外除了提供 public 方法，不泄漏任何细节。

关于迪米特法则有一个很形象的比喻：如果你去商店里买东西，你是把钱交给店员，还是把钱包交给店员让他自己拿？

7. 组合 / 聚合复用原则

组合 / 聚合复用原则（Composite/Aggregation Reuse Principle）的含义为：尽量使用组合 / 聚合而非继承来达到复用目的。简单理解，即在一个新的对象中使用一些已有的对象，使之成为新对象的一部分，新的对象通过向这些对象委派任务（如调用对象的接口）达到复用这些对象的目的。

在面向对象的设计中，通常有两种方式可以实现对已有对象复用的目的，一种是通过组合 / 聚合，另一种是通过继承。继承复用存在一些缺点：继承会将父类的实现细节暴露给子类，破坏封装；同时，如果父类发生改变，那么子类的实现也须同步改变；此外，从父类继承而来的实现是静态的，灵活性差。

组合复用克服了继承复用的缺点，但也有不足，组合复用构建的系统会有较多的对象需要管理。相较之下，在复用场景中，组合复用更为适合。

这 7 种设计原则是软件设计应尽量遵循的指导性原则，它可以帮助工程师设计出更加优雅的代码。在实际开发过程中，并不要求所有代码都严格遵循这些原则，而是需要综合考虑项目特征、人力、时间、质量等因素平衡取舍。

需要说明的是，这些原则都是纲领性的，抽象程度比较高。对于经验不够丰富的工程师而言，实际操作会比较困难，鉴于此，前人在这些设计原则的基础上，结合具体场景下的特定问题总结出了更加实用的套路，也就是下面将要介绍的设计模式。

4.4.3 设计模式

设计模式（Design Pattern）是软件开发中一系列最佳实践的归纳总结，是解决特定问题的一系列套路。它不是语法规定，而是一套用来提高代码可复用性、可维护性、可读性、稳健性及安全性的解决方案。设计模式遵循 7 大设计原则，是设计原则的具体实现。

1995 年，Erich Gamma、Richard Helm、Ralph Johnson、John Vlissides 四人合作出版了 *Design Patterns: Elements of Reusable Object-Oriented Software* 一书，该书共收录了 23 种设计模式，从此树立了软件设计模式领域的里程碑。

这 23 种设计模式的本质是面向对象设计原则的实际运用，是对类的封装性、继承性和多态性，以及类的关联关系和组合关系的充分理解。需要注意的是，软件设计模式只是一个引导，在实际的软件开发中，必须根据具体的需求来选择。对于简单的程序，可能写一个简单的算法要比引入某种设计模式更加容易，但对于大型项目开发或者框架设计，用设计模式来组织代码效果更好。

根据关注点的差异，可将 23 种设计模式划分为创建型设计模式、结构型设计模式、行为型设计模式 3 大类。

（1）创建型设计模式

创建型设计模式关注对象创建，用于解耦对象的实例化过程。它包括工厂模式（Factory Pattern）、单例模式（Singleton Pattern）、原型模式（Prototype Pattern）、建造者模式（Builder Pattern）。

（2）结构型设计模式

结构型设计模式关注类和对象的组合，可分为类结构型模式和对象结构型模式，前者采用继承机制来组织接口和类，后者采用组合或聚合来组合对象。结构型设计模式包括代理模式（Proxy Pattern）、外观模式（Facade Pattern）、装饰器模式（Decorator Pattern）、享元模式（Flyweight Pattern）、组合模式（Composite Pattern）、适配器模式（Adapter Pattern）、桥接模式（Bridge Pattern）。

（3）行为型设计模式

行为型设计模式关注类和对象之间的通信，可分为类行为模式和对象行为模式，前者采用继承机制来在类间分配行为，后者采用组合或聚合在对象间分配行为。由于组合关系或聚合关系比继承关系耦合度低，满足组合复用原则，因此对象行为模式比类行为模式具有更大的灵活性。行为型设计模式包括模板模式（Template Pattern）、策略模式（Strategy Pattern）、责任链模式（Chain of Responsibility Pattern）、迭代器模式（Iterator Pattern）、命令模式（Command Pattern）、状态模式（State Pattern）、备忘录模式（Memento Pattern）、中介者模式（Mediator Pattern）、解释器模式（Interpreter Pattern）、观察者模式（Observer Pattern）、访问者模式（Visitor Pattern）、委派模式（Delegate Pattern）。

4.4.4 小结

系统设计采用的是自顶向下、从整体到局部、从概要到细节的设计方法。首先进行总体架构，划分功能域；然后对各功能域进行分层设计，划分模块或组件；最后对模块或组件进一步展开，进行相关的算法设计、处理流程设计、数据结构设计、非功能性设计等。

详细设计是系统设计的最后一个环节，关注点需转移到实现细节上来，以便后续实施。一般地，我们要求详细设计的结果符合以下要求。

1. 完备性

需求类型不同，完备标准也不同。一般情况下，模块或组件的详细设计应包含功能描述、性能描述、流程逻辑、接口设计（包含输入、输出等）、存储设计、算法设计、限制条件、异常处理等内容。

2. 易理解

特殊名词应辅以注解；解决方案描述简洁、准确；复杂逻辑应辅以流程图、时序图、架构图、类图等说明。当你作为项目（或功能域）的主设计师（架构师）时，这一点就更为重要，因为在你设计完成后，很可能是由团队的其他工程师协作开发落地，如果设计难以理解，后续的开发质量、沟通成本都可能失控。

3. 灵活性

遵循设计模式可以带来诸多好处，但是套用太多设计模式只会陷入模式套路陷阱，导致设计凌乱不堪。在实际工作中，不能为了使用设计模式而去过度设计，而应结合业务的特点，分析发现它符合某一类设计模式的结构，再将两者结合。无论采用哪种设计模式或原则，最终目的是让程序低耦合、高复用、高内聚、易扩展、易维护。

4.5 一图胜千言

在进行系统设计时，为了具象地呈现软件系统的整体轮廓、各个部分之间的关系和职责边界，以及工作流程等内容，通常需要产出逻辑架构图、模块图、组件图、流程图、时序图、类图等设计图。软件设计图是一种非常好的表达方式，一图胜千言，在设计评审、内部交流、方案归档及晋升答辩中，高质量的设计图都大有裨益。

4.5.1 绘图工具

如何才能快速地绘制出高质量的设计图呢？首先需要有一款称手的绘图工具。目前市面上的绘图工具琳琅满目，从使用方法来看主要分为拖拽式绘图和代码式绘图两种。其中，拖拽式绘图操作简单、易上手、样式丰富，但存在难以修改和比较耗时的缺点；代码式绘图有一定学习门槛，修改比较方便，绘图快速，但通常不具备丰富的样式。

表 4-2 为目前市面上最火爆的 3 款拖拉拽式绘图软件和 3 款代码式绘图软件的基础信息。

表 4-2　软件设计常用绘图工具

软件	绘图方式	功能	付费或开源
Visual Paradigm	拖拽式	功能强大，支持多种图表绘制	付费
Draw.io	拖拽式	功能强大，支持多种图表绘制	开源
PowerPoint	拖拽式	提供基础图形	付费
PlantUML	代码式	支持多种图表绘制	开源
Mermaid	代码式	支持多种图表绘制	开源
Flowchart	代码式	支持流程图绘制	开源

Visual Paradigm 是一款功能强大、跨平台、易使用的专业绘图软件。作为 UML 建模和 CASE（Computer Assisted Software Engineerin，计算机辅助软件工程）工具，它可以整合到其他 CASE 工具或 IDE 工具中。Draw.io 是一款近年来非常流行的开源绘图工具，它无须注册登录，且基于浏览器，免安装。作为可免费使用的工具，其功能丰富程度几乎无可挑剔。在代码绘图领域，PlantUML 支持的图表类型是最丰富的，其次为 Mermaid。绘图工具的选择因人而异，熟练掌握任何一款，都能满足大多数场景的绘图需要。

4.5.2 "4+1"模型

1995 年，Philippe Kruchten 在 IEEE Software 上发表了题为"The 4+1 View Model of Architecture"的论文，引起了业界的极大关注，并最终被 RUP 采纳。根据"4+1"视图，系统架构图可以分为场景视图、逻辑视图、物理视图、处理流程视图和开发视图，如图 4-15 所示。

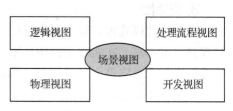

图 4-15　传统"4+1"视图模型

1）场景视图，用于描述系统的参与者与功能用例之间的关系，反映系统的最终需求和交互设计，通常由用例图组成。

2）逻辑视图，用于描述系统软件功能拆解后的组件关系、组件约束和边界，反映系统的整体组成及系统的如何构建的过程，通常由组件图和类图来表示。

3）物理视图，用于描述系统软件到物理硬件的映射关系，反映系统的组件是如何部署到一组可计算的机器节点上，用于指导软件系统的部署实施过程。

4）处理流程视图，用于描述系统软件组件之间的通信时序和数据的输入输出，反映系统的功能流程与数据流程，通常由时序图和流程图来表示。

5）开发视图，用于描述系统的模块划分和组成，以及细化到内部包的组成设计，反映系统的开发实施过程。

4.5.3　C4 模型

在"4+1"模型中，系统设计图的分类很细致，但是，互联网领域业务迭代频繁，为每一个软件系统绘制并维护 5 种不同的视图缺乏实践意义，更是一种负担。鉴于此，Simon Brown 于 2017 年提出了一种更简洁的系统设计图绘制方法，即"C4 模型"画图法，C4 代表上下文（Context）、容器（Container）、组件（Component）和代码（Code）。如图 4-16 所示，这 4 种图分属不同的抽象层次（上下文是软件系统层次），可以用来描述不同缩放级别的软件设计。

1. 上下文图

上下文图用于描述正在构建的软件系统，以及系统与用户及其他软件系统之间的关系。

这一层级重点关注系统的上下游依赖，而不涉及任何技术细节。

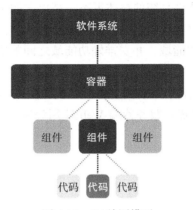

图4-16 C4绘图模型

图4-17所示为一个互联网银行系统的上下文图。在图4-17中，互联网银行系统使用外部的大型机银行系统存取客户账户、交易信息，通过外部的电邮系统给客户发邮件。

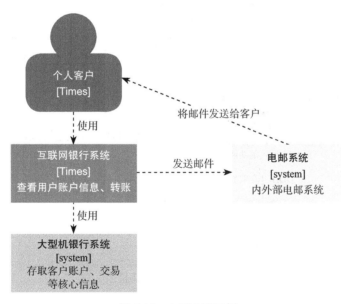

图4-17 上下文图示例

系统上下文图简洁、清晰，几乎无须解释，可以很好地将待建设的系统本身、系统的客户以及与系统有交互的周边系统展现出来。

2. 容器图

容器图是将上下文图中待建设的软件系统展开，显示组成该系统的容器。容器的概念包括但不限于应用程序、数据库、微服务、客户端应用等。容器之间可通过 SOAP Web

Service、RESTful Interface、Java RMI、Microsoft WCF 等进行通信。

容器图可以清晰地呈现软件系统的整体形态、高层次职责分布及容器之间如何相互协作。容器图中的元素的颗粒度是比较粗的，与前面介绍的功能域基本一致，它们的关注点都是规划如何将系统拆分成功能域，并安排好功能域之间的协作关系，以及功能域之间相互通信的方式。

接续上面的例子，互联网银行系统的容器图示例如图 4-18 所示，互联网银行系统（虚线框中的部分）由 4 个容器组成：服务器端 Web 应用程序、手机应用程序、服务器端 API 应用程序和数据库。

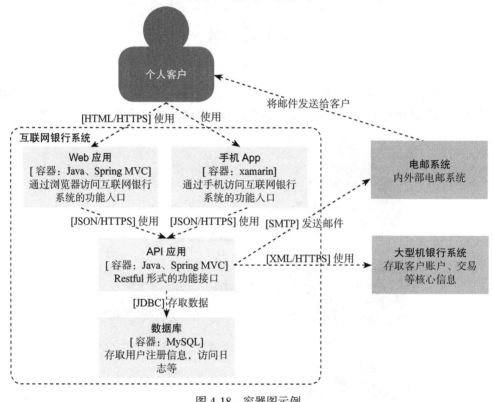

图 4-18 容器图示例

3. 组件图

在容器图的基础上将单个容器展开，以显示其中的组件，这些组件是可以映射到代码库中的真实抽象。一个组件可以认为是由一个或多个类组成的逻辑组。组件图可以清晰地显示容器由哪些组件组成，组件之间如何协作，以及各个组件的职责和技术实现。接续上面互联网银行的例子，我们将 API 应用程序展开，可绘制出如图 4-19 所示的组件图。

组件图是细化到功能模块层面的设计图，是给开发人员看的，用于指导开发人员进行代码组织和构建。组件图的主要用途如下：

❑ 描述容器（功能域）由哪些组件和服务构成。

❑ 明确组件之间的关系和依赖。

❑ 为软件开发及交付提供框架。

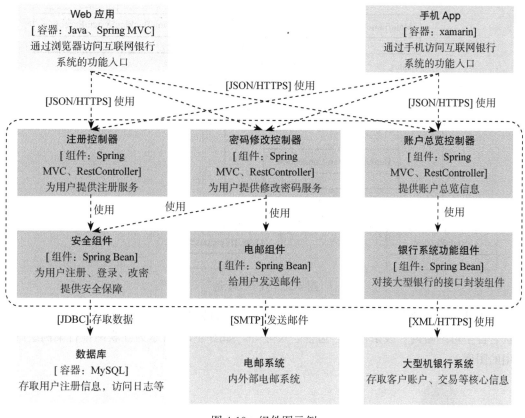

图 4-19 组件图示例

4. 代码图

代码图是对组件图中所示组件的进一步展开，是 C4 模型的最后一层，属于开发实施层面，可以显示组件的具体实现方式。在实践中，可根据实际需要确定是否绘制代码图。接续上面互联网银行的例子，将银行系统功能接口组件展开，可绘制如图 4-20 所示的组件代码元素（接口和类）。

5. 绘图符号

C4 模型没有预定义任何特定的绘图符号，只给出了供参考的规范：无论使用哪种符号，都应尽量保证每个元素都包含名称、元素类型（即"人""软件系统""容器"或"组件"）、技术选型，并附带一些描述性文字。遵循上述规范，绘制的图中会包含较多的文本，这些文本有助于消除软件架构图中通常出现的不明确的表示，让架构图具备良好的自解释性。

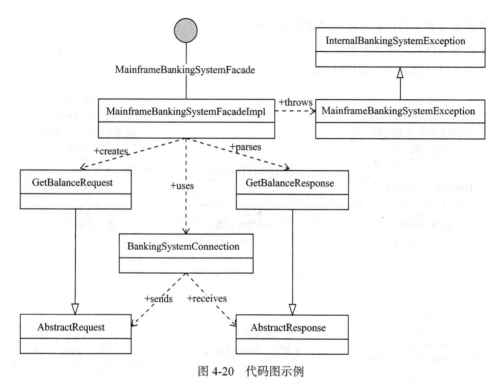

图 4-20 代码图示例

为了使设计图能够更好地被理解，凡是图中出现的符号，都应提供图例，包括颜色、形状、首字母缩略词、线条样式、边框、尺寸等。如图 4-21 所示为互联网银行案例绘图所采用的图例。

图 4-21 绘图符号示例

第 5 章 *Chapter 5*

数 据 设 计

数据设计是系统设计的一部分，由于相对独立且涉及内容较多，因此专门用一章来介绍。在一些简单的业务场景中，服务端开发主要是围绕数据库做 CRUD 编排，例如常见的人事管理系统、考勤系统、病例管理系统、学生信息管理系统等。在这类系统中，数据是绝对的核心，需求分析、抽象建模、系统设计都是围绕数据在进行的，数据设计主要包括数据库选型和表结构设计。

随着互联网行业的快速发展和大数据时代的到来，数据设计不再局限于数据存储设计。从广义层面上看，所有以数据为核心的结构模型、存储、读写和操作方案都属于数据设计。在实践中，缓存设计、分库分表、日志埋点、表结构设计、字段设计、索引设计、数据核对、数据监控等都可划归数据设计的范畴。本章将介绍数据设计的步骤、数据库分类、存储架构、物理数据表设计等内容。

5.1 数据设计概述

当业务场景比较简单时，即使不遵循严格的设计步骤，单凭经验通常也能保证数据设计的质量。在互联网行业，面对动辄亿级用户、复杂度极高且数据规模庞大的业务，"刀耕火种"式的设计方法将举步维艰，因此，有必要通过规范的设计步骤来保障数据设计的质量。本节将介绍数据设计的步骤，以及数据设计过程中相关的数据模型。

5.1.1 数据设计的步骤

从严格意义上划分，数据设计可以分为业务分析、概念数据建模、逻辑数据建模、物理数据建模 4 个步骤,如图 5-1 所示。

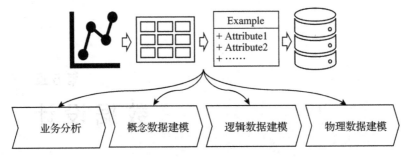

图 5-1　数据设计的步骤

1)业务分析,即需求分析,充分了解业务相关的数据需求。

2)概念数据建模,通过抽象,构建概念数据模型(领域模型)以描述现实世界中的概念化结构。

3)逻辑数据建模,对概念数据模型中的实体、关系进行扩展和细化,形成解决方案视角的模型,如类图。

4)物理数据建模,主要解决逻辑数据模型针对不同类型数据库的物理化以及性能等具体的技术问题。

上述 4 个步骤中,业务分析、概念数据建模和逻辑数据建模已经在前面章节介绍的需求分析、抽象建模和系统设计 3 个阶段完成。读者可能会有疑问:在前面章节中似乎并没有特别地强调概念数据建模和逻辑数据建模,怎么能说已经完成了呢?这个问题产生的根本原因在于视角的差异,即业务全局视角与数据设计视角的差异,例如前面提到的商品、权益、订单,它们对应的领域模型实际上就是概念数据模型,而它们对应的逻辑模型(如类图)则是逻辑数据模型,更进一步,将它们存储到数据库等物理存储介质中,相应的组织结构就是物理数据模型。

为了便于读者理解,笔者以经过简化的会员权益相关模型为例,通过图形直观地呈现概念数据模型、逻辑数据模型和物理数据模型之间的关系。如图 5-2 所示,其中,会员权益概念数据模型的定价模型包括定价类型、积分定价、现金定价等属性。

5.1.2　概念数据模型

概念数据模型(Conceptual Data Model)是概念数据建模阶段的产物,是一种面向用户、面向客观世界的模型,主要用来描述现实世界的概念化结构。在数据设计的初始阶段,设计人员无须考虑计算机系统及 DBMS(Database Management System,数据管理系统)等具体技术问题,而是集中精力将现实世界中的客观对象抽象为实体(Entity)和联系(Relationship)。概念数据模型必须换成逻辑数据模型,才能在 DBMS 中实现。

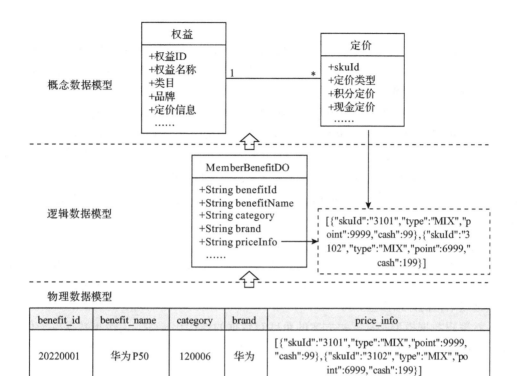

图 5-2　数据模型示意图

概念数据模型的表示方法很多，其中最常用的是由 P.P.S. Chen 于 1976 年提出的实体 – 联系方法（Entity Relationship Approach），简称 E-R 方法或 E-R 模型。E-R 模型用 E-R 图来抽象表示现实世界中客观事物及其关联的数据特征，是一种语义表达能力强、易于理解的概念数据模型。

概念数据模型的定义与领域模型的定义十分相似。领域模型是对业务领域内的概念或现实世界中对象的可视化表示，又称概念模型、领域对象模型、分析对象模型。从本质上看，领域模型和概念数据模型是相同的，但它们在抽象视角方面存在差异，领域模型侧重于业务，而概念数据模型侧重于数据。

5.1.3　逻辑数据模型

逻辑数据模型（Logical Data Model）是在概念数据模型的基础上扩展和细化形成的解决方案视角的模型。逻辑数据模型重在设计，而概念数据模型重在分析。根据数据结构的不同，逻辑数据模型一般分为 3 种类型。

❑ 层次模型：将数据组织成"一对多"关系的结构，用树形结构表示实体及实体间的联系。

❑ 网状模型：用连接指令或指针来确定数据间的网状连接关系，是"多对多"类型的数据组织方式。

❑ 关系模型：以记录组或数据表的形式组织数据，以便利用各种实体与属性之间的关系进行存储和变换，不分层也无指针，是建立空间数据和属性数据之间关系的一种非常有效的数据组织方法。

在大多数业务场景中，逻辑数据模型可以用关系模型来表达，它与关系型数据库天然匹配。关于逻辑数据模型的描述形式，很多书籍和文章推荐采用表格，这种描述形式非常传统，读者切勿拘泥。在实践中，我们完全可以采用类图（UML 图）或其他形式来描述逻辑数据模型。作为系统详细设计的交付结果之一，逻辑数据模型通常对应 DO（Data Object）模型，该模型与持久层的数据结构形成一一对应的映射关系，如果持久层是关系型数据库，那么数据表中的每个字段就对应 DO 的一个属性。

逻辑数据模型的目标是尽可能详细地描述数据，但无须考虑数据在物理层面如何来实现。逻辑数据模型的内容包括所有的实体和关系，其中每个实体的属性、主键及外键都须明确定义。此外，在逻辑数据模型设计过程中，还应进行范式化处理，消除冗余数据，最终形成理想结构的详细模型。

虽然逻辑数据模型是从解决方案的角度对数据的结构化描述，但逻辑数据模型仍然是技术中立的模型，它可以用于指导系统建设，但并不涉及物理存储层面的技术细节。

5.1.4 物理数据模型

物理数据模型（Physical Data Model）是一种面向计算机物理表示的模型，描述了数据在物理存储介质上的组织结构，它不仅与具体的 DBMS 有关，还与操作系统和硬件有关。每一种逻辑数据模型在实现时都有与其对应的物理数据模型。DBMS 为了保证其独立性与可移植性，大部分物理数据模型的实现工作可由系统自动完成，而设计者只需设计表、字段、索引等特殊结构。

物理数据模型设计是在逻辑数据模型的基础上，综合考虑各种因素（如 DBMS、系统可实现性、系统性能、存储成本等）的限制，进行数据库的设计，从而真正实现数据在数据库中的存储。其主要的工作是将逻辑数据模型中的实体、属性、联系转换成对应的物理模型中的元素，包括定义所有的表和列、定义外键以维持表之间的联系等。

物理数据模型设计通常包括数据库选型、存储架构设计、物理表设计等内容，其中，物理表设计又可细分为表设计、字段设计、索引设计、语句设计等，在下文中将详细介绍。

5.2 数据库的分类

数据库至今已经发展了 40 余年，可以说是一个传统而又古老的领域。1980—1990 年属于商业起步阶段，Oracle、IBM DB2、Sybase 以及 SQL Server 等关系型数据库相继出现。1990—2000 年，开源数据库开始崭露头角，诞生了著名的 PostgreSQL 和 MySQL。

与此同时，随着数据量越来越大，数据分析越发受到重视，分析型（On-Line Analytical Processing，OLAP）数据库开始出现。2000—2010 年，以谷歌为代表的互联网公司相继推出 NoSQL 数据库。这一时期，为了换取高性能和高扩展能力，以应对海量数据的分析、处理需求，数据一致性需求被弱化，大量针对非结构化、半结构化的海量数据处理系统如雨后春笋般出现，如常见的 MongoDB、Redis 等。2010 年以后，AWS Aurora、Redshift、Azure SQL Database、PolarDB、AnalyticDB 等具有云原生、分布式、多模及 HTAP 特点的数据库逐渐发展起来。

据不完全统计，目前全球范围内的数据库产品超过 400 个。这些数据库可分为 3 大类：关系型数据库、NoSQL 数据库和 NewSQL 数据库。

5.2.1 关系型数据库

关系型数据库是指采用关系模型来组织数据的数据库。关系模型即二维表格模型，一个关系型数据库就是由二维表及其之间的联系所组成的一个数据组织。简言之，关系型数据库是由多张能互相连接的行列表格组成的数据库。标准数据查询语言 SQL（Structured Query Language）就是一种基于关系型数据库的语言，因此关系型数据库也被称为 SQL 数据库。

关系型数据库是应用最为广泛的数据库，也是服务端开发最常用的数据库，它的优点非常多，可以简单概括为如下几个方面：

❑ 容易理解。由二维表结构作为关系模型，相对于网状、层次等其他模型更加容易被理解。严格遵循数据格式与长度规范，数据以行为单位，一行数据表示一个实体信息，每一行数据的属性都是相同的。

❑ 操作方便。通用的 SQL 语言使得操作关系型数据库非常方便，支持 join 等复杂查询。

❑ 事务特性。支持 ACID（Atomicity、Consistency、Isolation、Durability），可以维护数据之间的一致性。

❑ 数据稳定。数据持久化到磁盘，没有丢失数据的风险，同时支持海量数据存储。

❑ 技术成熟。经过多年发展，技术已经非常成熟，绝大多数应用场景均有对应的优秀实践可供参考。

随着互联网行业的高速发展，高并发、大流量的场景越来越多，特别是一些超级应用（如淘宝、京东、微信等），动辄十亿级的用户规模，大型活动的请求量可达百万 QPS，关系型数据库的不足逐渐凸显。

❑ 高并发下瓶颈明显。由于数据按行存储，即使只需要对其中某一列进行运算，也会将整行数据从存储设备中读入内存，当数据量很大时，会导致磁盘 I/O 高，性能显著下降。此外，在写入 / 更新频繁的情况下，还会出现 CPU 飙高、SQL 执行慢、数据库连接池不够等异常情况。

❑ 维护索引成本高昂。为了提供丰富、高效的查询能力，针对热点表通常会建立多个二级索引（主键索引之外的索引）。一旦建立二级索引，数据的插入和更新必然伴随着所有二级索引的新增和更新，从而导致关系型数据库的读写能力降低，且索引越多读写能力越差。同时，索引还会占用存储空间。

□ 维护数据一致性代价大。数据一致性是关系型数据库的核心能力，为了维护数据一致性，代价是非常大的。事务的隔离级别从低到高依次是读未提交、读已提交、可重复读、串行化，隔离级别越低，并发能力越强，但出现并发异常的概率也越大。为了保证事务一致性，应对并发的核心思想是加锁，无论是乐观锁还是悲观锁，只要提供的隔离级别越高，那么读写性能必然越差。

□ 水平扩展衍生复杂度。随着业务规模的扩大，在单库无法承载数据压力的情况下，常用的手段是对数据库做分库。而分库往往会产生一些新的问题，如数据迁移、跨库 join、分布式事务处理等。尤其是分布式事务处理，目前业界还没有特别好的解决方案。

□ 表结构扩展不方便。由于数据库存储的是结构化的数据，因此表结构 Schema 是固定的，扩展不方便。如果需要修改表结构，在执行 DDL（Data Definition Language）语句修改期间会导致锁表，部分服务不可用。

5.2.2　NoSQL 数据库

NoSQL 的全称是 Not Only SQL，泛指非关系型数据库，是对关系型数据库的一种补充。NoSQL 数据库与关系型数据库并不是对立关系，二者各有优势，相互补充。在实际应用中，我们需要结合业务场景的特点来选择。根据特性和适用场景，NoSQL 数据库可以进一步细分为键值型数据库、列式数据库、文档型数据库、搜索型数据库、图数据库等类型，常见的 NoSQL 数据库如表 5-1 所示。

表 5-1　常见的 NoSQL 数据库

存储类型	适用场景	代表产品
键值型数据库	数据查询缓存	Redis、Memcached、Riak KV、Hazelcast、Ehcache
列式数据库	海量数据存储和数据分析	HBase、Cassandra、Accumulo
文档型数据库	文档类数据存储	MongoDB、Couchbase、Amazon DynamoDB、CouchDB、MarkLogic
搜索型数据库	搜索引擎和海量数据分析	Elasticsearch、Solr、Splunk、MarkLogic、Sphinx
图数据库	社交网络、知识图谱等复杂关系数据	Neo4j、OrientDB、Titan、Virtuoso、ArangoDB

针对传统关系型数据库的不足，为了更好地应对现代互联网高并发、高性能、高可用以及海量数据的挑战，NoSQL 数据库应运而生。NoSQL 放弃了传统关系型数据库的强事务保证和关系模型，将重点放在数据库的高可用性和可扩展性上。

NoSQL 的主要优势如下：

❏ 高可用性和可扩展性，自动分区，轻松扩展。

❏ 不保证强一致性，性能得以大幅提升。

❏ 没有关系模型的限制，极其灵活。

NoSQL 的主要劣势如下：

❏ 不保证强一致性，可满足普通应用场景的需要，但无法满足有强一致性诉求的场景，如金融行业。

❏ NoSQL 不支持 SQL 语句，不同的 NoSQL 数据库都有自己的 API，学习成本较高、兼容性较差。

5.2.3　NewSQL 数据库

NewSQL 一词最初是由 451 Group 的分析师 Matthew Aslett 在研究论文中提出的，后来被一些商业公司和研究项目引用来描述他们的系统。目前，NewSQL 是对各种新的可扩展、高性能数据库的简称。这类数据库可提供与 NoSQL 相同的可扩展性，支持对海量数据的存储管理能力，而且仍基于关系模型，保留了极其成熟的 SQL 作为查询语言，同时支持 ACID 事务特性。NewSQL 可简单理解为在传统关系型数据库的基础上集成了 NoSQL 强大的可扩展性。NewSQL 的主要特性如下：

❏ 支持 SQL，支持复杂查询和大数据分析。

❏ 支持 ACID 事务，支持隔离级别。

❏ 弹性伸缩，扩容缩容对于业务层完全透明。

❏ 高可用，自动容灾。

值得一提的是，NewSQL 数据库系统并不是与现有的系统架构完全不同的新物种。NewSQL 所使用的大多数技术已经存在于学术界和工业界很多年，但以前这些技术只是独立地在某些系统中得到实现，而 NewSQL 将这些技术纳入了单一平台，为此付出了巨大的工程努力，同时作出了很多创新性的工作。根据技术路线，目前市面上的 NewSQL 产品可以分为 3 大类。

（1）使用全新架构重新开始构建的数据库系统

即严格意义上的 NewSQL。相关产品有 Clustrix、Cockroach、Google Spanner、H-Store、Hyper、MemSQL、NuoDB、SAP HANA、VoltDB。

（2）采用 Sharding 中间件架构并重新实现的系统

中心化的中间件组件主要负责路由查询，协调事务，管理数据在多节点的分布、复制与分片等工作。通常，每一个 DBMS 节点上都装有一个比较轻量的软件和中间件进行通信。这个组件主要负责在本地 DBMS 上执行查询并返回结果。这些能力让中间件向应用呈现出一个逻辑数据库，但是底层 DBMS 不需要进行变化，这是一个比较保守、但容易被接受的方案。目前，这一技术在互联网头部企业已经有非常成熟的应用案例。相关产品有

AgilData Scalable Cluster、MariaDB MaxScale、ScaleArc、ScaleBase。

（3）采用新架构并且在云上提供 DBaaS 的产品

即 Database as a Service。通过云服务，用户不需要关心硬件，服务提供商负责维护所有的数据库物理机及其配置，包括数据库系统调优、复制、备份等工作，交付给用户的通常只是一个连接 DBMS 的 URL，以及一个用于监控的仪表盘页面或一组用于系统控制的 API。用户根据他们预计需要的系统资源来付费，服务提供商则会在服务期间保证这些资源的可用性。云服务的主要玩家都是巨头公司，但部分 DBaaS 仅仅提供一个传统的单节点 DBMS 实例（例如 MySQL），底层仍是从 1970 年代沿用至今的面向磁盘的存储架构，这种单实例的系统并不是真正的 NewSQL。当然，也有部分服务商基于新型架构提供 DBaaS，它们可以被认为是 NewSQL，其中典型当属 Amazon 的 Aurora for MySQL RDS。

目前，传统关系型数据库和 NoSQL 数据库仍然占主导地位，NewSQL 尚未得到广泛的认同，使用率相当低。在过去的几年中，一些 NewSQL 公司已经关闭（如 GenieDB、Xeround、Translattice 等）或者转型。

5.3 常用数据库及其适用场景

在一些传统行业，单机部署的 MySQL 数据库几乎可以满足所有数据存储需求。但在互联网企业，单一数据库打天下的时代早就过去了。在不同的应用场景下，工程师需要针对不同的数据类型和不同的数据访问特点，选择合适的数据存储系统，这也是数据库选型的核心理念——专库专用。为了适配自身业务的特点和发展的需要，头部互联网企业几乎都投入了大量资源自研数据库，例如蚂蚁集团自研的分布式关系型数据库 OceanBase、阿里自研的分析型数据库 AnalyticDB、NoSQL 数据库 Lindorm、图数据库 GDB 等。本节将介绍一些常用的关系型数据库和非关系型数据库，以及其适用场景。

5.3.1 常用的关系型数据库

关系型数据库是应用最为广泛的数据库，主流的关系型数据库有 Oracle、SQL Server、MySQL、PostgreSQL、DB2、Access、SQLite、Teradata、MariaDB、SAP 等。其中，MySQL 是目前世界上最流行的开源关系型数据库，百度、腾讯、淘宝、京东、网易、新浪、Google、Twitter、GitHub 等知名互联网企业都在使用 MySQL。OceanBase 则是由蚂蚁集团完全自主研发的国产原生分布式数据库，作为国产关系型数据库的代表，广受好评，潜力巨大。

1. MySQL

MySQL 由瑞典 MySQL AB 公司研发，该公司在 2008 年被 Sun 收购，2009 年 Sun 被 Oracle 收购，因此 MySQL 目前属于 Oracle 旗下的产品。经过多年发展，MySQL 已成长为最优秀的 RDBMS（Relational Database Management System，关系数据库管理系统）应用软件之一，其主要特点如下：

- 成本低。社区版免费，即使是需要付费的附加功能，其价格也比较便宜。相对于 Oracle、DB2、SQL Server 这些价格昂贵的商业软件，MySQL 具有绝对的价格优势。
- 支持定制。代码开源，遵守 GPL（General Public License）协议，用户可以通过修改源码来开发自己的 MySQL 系统。国内大型互联网企业大都基于 MySQL 开发了适合自身业务场景的关系型数据库。
- 跨平台。支持多种操作系统，如 Windows、Mac OS、Linux、UNIX、NovellNetware、OpenBSD、OS/2 Wrap、Solaris、AIX、FreeBSD 等。
- 功能强大。提供多种数据库存储引擎，如 InnoDB、MyISAM、CSV、Memory 等。这些引擎各有所长，用户可以根据应用场景选择最合适的引擎，默认的 InnoDB 可支持事务、行级锁、外键等高级功能。
- 门槛低。MySQL 使用标准的 SQL 语句；体积小、配置简单、易维护；技术成熟，社区非常活跃，有丰富的资料和实用案例可供学习参考。
- 为多种编程语言提供了 API，包括 C、C++、Python、Java、Perl、PHP、Ruby、Go、Rust 等。
- 可靠。MySQL 是最成熟、应用最广泛的数据库之一。在二十多年的发展历程中，经受住了各种各样的场景验证，其用户包括阿里、腾讯、YouTube、PayPal、Linkedin、等知名互联网企业。
- 可扩展。MySQL 可通过扩展来满足大流量访问需求。
- 高可用。MySQL 集成了一整套复制技术，可用于保障高可用性和容灾恢复。

MySQL 的主要应用场景如下：

1）用户数据存储。作为关系型数据库，MySQL 特别适合存储和管理结构化的用户数据。在电商、金融、社交等领域，通常用户规模较大（可达十亿级）且营销活动频繁，MySQL 性能卓越、高可用、支持事务，同时可水平扩展，因此得到广泛应用。

2）内容管理。与单用途文档数据库不同，MySQL 通过单个数据库可同时支持 SQL 和 NoSQL。MySQL 文档库支持 CRUD 操作和 SQL 查询 JSON 文档中的数据以进行展示和分析。

3）嵌入式系统。嵌入式系统的硬件资源非常有限，运行的软件必须是轻量级、低功耗的。MySQL 在资源使用方面的伸缩性非常大，且有专门针对于嵌入式环境的版本。爱立信、F5 和 IBM 都使用 MySQL 作为其嵌入式数据库，使其应用程序、硬件和设备更具竞争力。

4）Web 网站。Web 网站开发者是 MySQL 最大的客户群，也是 MySQL 发展史上最为重要的支撑力量。MySQL 能成为 Web 网站开发者们最青睐的数据库管理系统，关键在于其安装、配置简单，上手容易，运维成本低且性能出色。

2. OceanBase

随着互联网的快速发展，数据库、中间件和操作系统已经并列成为全球三大基础软件技术。而随着大数据时代的到来，各行各业对数据库的依赖程度也越来越高，尤其是银行、通信、互联网等行业。由于国产数据库发展起步较晚，数据库市场份额长期被 Oracle、Microsoft 等外企所占据，国内企业时刻面临着被"卡脖子"的风险。鉴于此，一些企业正逐步走上"去 IOE""国产替代"的道路。作为软件工程师，了解并掌握国产数据库是十分必要的，而 OceanBase 正是国产关系型数据库中的佼佼者。

OceanBase 始创于 2010 年，至今已连续 9 年稳定支撑双 11。OceanBase 创新推出了"三地五中心"城市级容灾新标准，目前是全球唯一在 TPC-C 和 TPC-H 测试上都刷新了世界纪录的国产原生分布式数据库，其主要特点如下：

❑ 分布式事务引擎。分布式事务引擎严格支持事务的 ACID 属性，并且在整个集群内严格支持数据强一致性，是全球唯一通过了标准 TPC-C 测试的原生分布式关系型数据库产品。通过 Paxos 协议将事务日志复制到多个数据副本来保证事务的可用性和持久性。

❑ 高兼容性。兼容 MySQL 和 Oracle 两种主流数据库生态，包括 SQL 语法、函数、视图以及存储过程等高级特性。提供丰富的数据库工具软件，开放 API，能够与三方工具集成，使用门槛低。

❑ 高性能。作为准内存数据库，通常只需要操作内存中的数据，并且采用了基于 LSM-Tree 结构的存储引擎，对硬件更加友好，读写性能均优于传统关系型数据库。

❑ 高可用。采用基于无共享（Shared Nothing）的多副本架构，让整个系统没有任何单点故障，保证系统的持续可用。支持单机、机房、城市级别的高可用和容灾，可以进行单机房、双机房、两地三中心、三地五中心部署。

❑ 线性扩展。自动负载均衡，水平扩展对应用透明，集群规模可达 1500 节点，数据量可达 PB 级，单表记录万亿行。

❑ 混合事务和分析处理。基于独创的分布式计算引擎，能够让系统中多个计算节点同时运行 OLTP 类型的应用和复杂的 OLAP 类型的应用，让数据库利用率最大化的同时利用多个节点的计算能力，实现对 OLTP 和 OLAP 应用的支持。

❑ 多租户。原生支持多租户构架，同一套数据库集群可以为多个独立业务提供服务，租户间数据隔离，以降低部署和运维成本。

❑ 安全性。支持完备的权限与角色体系，支持 SSL、数据透明加密、审计、Label Security、IP 白名单等功能。

❑ 国产化适配。支持全栈国产化解决方案。迄今已基于中科可控 H620 系列、华为 TaiShan 200 系列、长城擎天 DF720 等整机，完成与海光 7185/7280、鲲鹏 920、飞腾 2000+ 等 CPU 的适配互认工作，同时还支持麒麟 V4、V10 和 UOS V20 等国产操作系统。

作为国产关系型数据库的代表，OceanBase 不仅可以支持普通关系型数据库的主要应用场景，而且可支持一些特殊场景。

1）金融领域。在金融领域，特别是大型银行，数据库通常支撑着客户万亿级别的资产，需要满足 7 × 24 小时持续服务，高可用容灾要求达到 5 级。OceanBase 原生支持数据多副本，节点间通过 Paxos 协议流复制，可实现集群高可用和多地灾备能力，结合不同的副本属性组合实现"两地三中心""三地五中心"的容灾部署方案，机房级容灾可达 6 级。

2）多维度查询。多维查询场是指从多个维度查询数据，例如：通过用户的 ID 查询用户信息；通过用户的手机号码查询用户信息；以年龄作为一个维度来对用户进行分组等。OceanBase 数据库可以利用分区表特性将数据打散后分布到集群的多个节点上，从而满足一部分查询需求，之后利用强一致性全局索引功能来满足其他维度的查询和分析需求，在数据库层面实现了数据分片和水平扩展能力。

3）批处理系统。很多行业的批处理系统中通常会有大量批处理操作，涉及多张大表关联的复杂计算、大量数据更新。传统集中式数据库难以支撑，通常会出现单点瓶颈，而垂直扩容成本非常高，几乎不可接受。OceanBase 具有优秀的 SQL 执行能力和分布式计算能力，可以支撑复杂的 HTAP 应用。基于原生分布式数据库的特点，可以很好地解决传统数据库的单点性能瓶颈问题，同时节省扩容带来的成本。

5.3.2 常用的 NoSQL 数据库

本节内容涉及键值型 NoSQL、列式 NoSQL、搜索型 NoSQL 和文档型 NoSQL。针对这些类型的 NoSQL，笔者将结合对应的代表产品介绍其特性及应用场景。经过多年发展，一些 NoSQL 已不再局限于数据存储，而逐渐拓展至分布式锁、消息队列、数据分析、计数器等领域，本节聚焦于 NoSQL 的数据存储特性，对于其他应用场景不展开介绍。

1. 键值型 NoSQL

顾名思义，键值型 NoSQL 就是以键值对（Key-Value）形式存储数据的非关系型数据库。Redis、MemCache 是键值型 NoSQL 的代表，其中，Redis 是目前应用最广泛且最受欢迎的键值型 NoSQL 之一。

Redis 其实是一个缩写，全名为 Remote Dictionary Server。Redis 是一个开源的，基于内存存储亦可持久化的键值型存储系统，可用作数据库、高速缓存、锁和消息队列。它支持字符串、哈希表、列表、集合、有序集合、位图、HyperLogLogs 等数据类型。Redis 内置复制、Lua 脚本、老化逐出、事务以及不同级别磁盘持久化功能，同时，还支持 Sentinel 和 Cluster（从 3.0 开始）等高可用集群方案。Redis 的主要适用场景如下：

1）作为缓存。Redis 是纯内存数据库，其底层数据结构经过特殊优化，且使用单线程，避免了线程间上下文切换与竞争，因此 Redis 的读写效率非常高，单线程可支持 10 万 QPS，非常适合作为缓存使用。

2）秒杀购物。秒杀活动具有时间短、瞬时并发量高、读多写少等特点。大型秒杀活动通常需使用部署隔离、限流、异步化、缓存、CDN 等多种手段来应对，其中，Redis 常用于商品信息缓存和库存计数。

3）简单查询。Redis 只能根据 Key 值查询 Value 值，不支持条件查询（多条件查询一般通过数据冗余实现，但会浪费存储空间），因此，Redis 适用于查询操作简单的业务场景。

4）数据规模小。由于 Redis 基于内存存储数据，而内存通常是有限的，因此适用于数据规模较小的场景。

2. 列式 NoSQL

与关系型数据库类似，列式 NoSQL 也有主键的概念，但关系型数据库是按照行组织的数据，数据字段即使没有值（空值）也会占空间，而列式存储则是按列进行数据组织的，这种存储方式有如下优点：

❑ 查询操作时，只有指定的列会被读取，而不会读取所有列。

❑ 节约存储空间，一方面，Null 值不会被存储；另一方面，可以压缩列中的重复数据（如性别、状态等枚举数据）。行式数据库压缩率通常在 3∶1 ~ 5∶1，而列式数据库的压缩率可达 8∶1 ~ 30∶1。

❑ 列数据被组织到一起，一次磁盘 I/O 便可将一列数据读取到内存中。

❑ 自动索引，每一列本身就相当于索引，因此不需要额外的数据结构来为列创建索引。

列式 NoSQL 的代表是 HBase，它是一个键值 / 宽表型的分布式存储系统，适用于任何数据规模，高性能、高可用，尤其适合高并发的场景，可支持水平扩展到 PB 级存储和千万级 QPS。HBase 设计之初是为了满足互联网的大数据场景，几乎所有非强事务的结构化、半结构化的存储需求都可以使用 HBase 来满足。HBase 底层存储基于 HDFS 实现，集群的管理基于 ZooKeeper 实现。

HBase 的数据模型和 MySQL 等关系型数据库差异明显，其列式存储示意如图 5-3 所示。

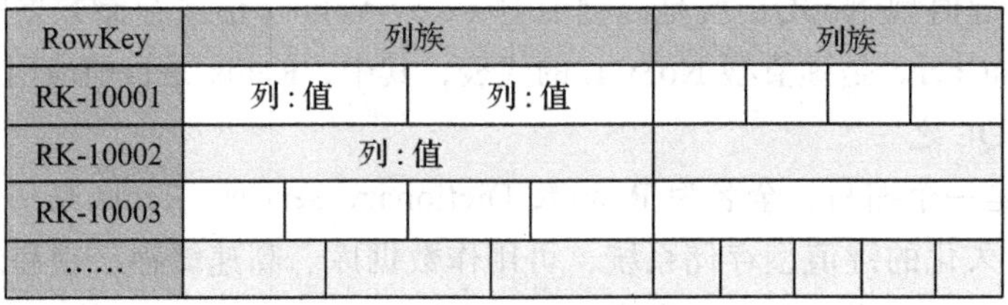

图 5-3 列式存储示意

❑ 在表的维度，其包含若干行，每一行以 RowKey 来区分。

❑ 在行的维度，其包含若干列族，列族类似列的归类，但不只是逻辑概念，底层物理存储也是以列族来区分的（一个列族对应不同 Region 中的一个 Store）。

❑ 在列族的维度，其包含若干列，列是动态的，类似一个个键值对，Key 是列名，Value 是列值。

HBase 的主要适用场景如下：

1）不需要复杂查询。HBase 原生只支持基于 RowKey 的索引，对于某些复杂查询（如模糊查询、多字段查询），HBase 可能需要全表扫描来获取结果。

2）写密集，读较少。HBase 支持 PB 级结构化 / 非结构化数据存储，与传统数仓的 B+ 树相比，HBase 支持 LSM 存储模式，专门应对高并发写入场景。

3）对事务要求不高。HBase 只支持基于 RowKey 的事务。

4）大数据。HBase 支持海量数据低成本存储、快速批量导入和实时访问，具备高效的增量及全量数据通道，可轻松与 Spark、MaxCompute 等大数据平台集成，完成数据的大规模离线分析。

5）用户画像。HBase 采用稀疏存储模式，适合用户画像（用户行为数据）高压缩存储。

6）极速小对象存储。HBase 内置 MOB（Medium Object Storage）技术，支持小对象（1KB~10MB 范围）数据，如图表、短视频、文档等高效处理（毫秒级处理时延）。

7）广告、社交数据存储。基于 HBase 高并发、低延迟、灵活可靠的特性，可用于存储广告营销中的画像特征、用户事件、点击流、广告物料等重要数据，以及社交场景中的聊天、评论、帖子、点赞等重要数据。

3. 搜索型 NoSQL

随着业务的发展，MySQL 这类关系型数据库的复杂查询性能会逐渐触及瓶颈。无论是分库分表，还是一主多从，都难以满足对响应时间敏感的业务搜索需求，当数据量较大时，一个简单的 like 查询就可能拖垮数据库。因此，通常会采用搜索型 NoSQL 来解决业务上复杂的联表或模糊搜索。

Elasticsearch 是搜索型 NoSQL 的代表，是一个建立在 Apache Lucene 基础上的分布式、可扩展、近实时的数据搜索、分析与存储引擎。Elasticsearch 支持全文搜索、结构化搜索、半结构化搜索、数据分析、地理位置和对象间关联关系搜索等功能。它的内部使用 Lucene 做索引与搜索，但对开发者隐藏了 Lucene 的复杂性，在实际应用中，可通过相应的 API 实现快速开发。

Elasticsearch 拥有丰富的生态，结合 Kibana、Logstash、Beats 等组件可提供日志采集与处理、指标分析、安全分析、可视化分析等诸多能力。Elasticsearch 的主要适用场景如下：

1）信息检索。相对于传统关系型数据库，Elasticsearch 拥有强大的全文检索能力，通常只需毫秒级耗时，即可在 PB 级结构化和非结构化的数据中找到匹配信息。Elasticsearch 支持复杂组合、条件和模糊查询，适用于各类文本、数字、日期、IP 地理数据，乃至图像、音视频数据的高性能读写。

2）日志分析与全观测。通过 Beats、Logstash 等组件可快速对接各种常见数据源，同时借助 Kibana 可高效地构建数据可视化运维看板，并在看板中灵活地配置主机名称、IP 地址、部署情况、显示颜色等信息，有助于在海量数据中快速定位和发现问题，提高解决问题的效率。

3）数据智能。Elasticsearch 支持结构化查询能力，并支持复杂过滤和聚合统计功能。不仅可以快速、高效地分析用户行为、属性、标签等各类数据，还能借助 Kibana 完成业务数据的统计分类以及大盘的搭建，从而在电子商务、移动应用、广告媒体等诸多场景下，高效统计并分析海量数据，深入挖掘业务的数据价值。

4. 文档型 NoSQL

文档型 NoSQL 是一种将半结构化数据存储为文档的非关系型数据库。通常，文档型 NoSQL 采用无模式结构存储，没有 Schema（如 JSON 或 XML 格式），可灵活地存储、读取数据。

MongoDB 是文档型 NoSQL 的代表，是由 C++ 语言编写的基于分布式文件存储的数据库。MongoDB 是非关系型数据库中功能最丰富、最像关系数型据库的，它可以支持松散的数据结构，如 JSON 的 BSON 格式，因此可以存储比较复杂的数据类型。此外，MongoDB 支持的查询语言非常强大，可以实现类似关系型数据库单表查询的绝大部分功能，而且还支持对数据建立索引。MongoDB 的主要适用场景如下：

1）No-Schema 存储。MongoDB 支持无模式结构存储，在实践中，常用于存储那些模式灵活、数据结构不确定的业务数据，结合其丰富的查询能力，实现对业务数据的高效存取。

2）游戏数据存储。将用户的游戏装备、积分等信息以内嵌文档的形式存储，方便查询与更新。

3）物流信息存储。物流订单的状态在运送过程中会不断地更新，若以 MongoDB 内嵌数组的形式存储，一次查询就可以读取订单所有的变更，快捷高效。

4）社交信息存储。MongoDB 支持完全索引，可以在任意属性（包含内部对象）上建立索引。当它用于存储用户信息以及用户发表的朋友圈信息时，可通过地理位置索引实现查找附近的人、地点距离计算等功能。

5）大数据应用。使用 MongoDB 作为大数据的云存储系统，随时进行数据提取分析，掌握行业动态。

5.3.3 存储选型

在实践中，应充分考虑业务场景的特点，以需求为导向，设计合适的数据存储方案。就关系型数据库和 NoSQL 数据库的选型而言，通常需要考虑以下几个指标：数据量、并发量、实时性、一致性要求、读写分布和类型、安全性、运维成本。

常见数据库选型参考如下：

❑ 中后台管理型系统，如运营配置系统，数据量少、并发量小，首选关系型数据库。

❑ 大流量系统，如电商平台商品列表页，后台首选关系型数据库，前台首选内存型 NoSQL。

❑ 日志型系统，原始数据存储一般选列式 NoSQL，日志搜索一般选搜索型 NoSQL。

❑ 搜索型系统，如站内搜索、非通用搜索、商品搜索，后台一般选关系型数据库，前台一般选搜索型 NoSQL。

□ 事务型系统，如库存、交易、记账，一般选关系型数据库，同时以键值型 NoSQL 作为缓存，辅以分布式事务中间件实现跨库事务。

□ 离线计算，如大量数据分析，一般选列式 NoSQL 或关系型数据库。

□ 实时计算，如实时监控，一般选内存型 NoSQL 或列式 NoSQL。

5.4　存储架构演进

数据存储架构的演进史就是一部互联网的发展史。在早期的互联网应用中，用户规模、数据量都非常小，存储架构以单机模式为主。随着互联网的发展，用户规模和数据量快速增长，存储架构需要承载的数据处理压力越来越大，为了应对此类问题，存储架构先后经历了独立主机、读写分离、垂直拆分、水平拆分等阶段。

5.4.1　单机模式

在互联网发展初期，用户量少、并发量低、数据量小，互联网应用主要是一些简易的网站。这一时期，最流行的是 LAMP 架构，即由 Linux 主机、Apache 服务器、MySQL 数据库、PHP（Perl）执行环境组成的 Web 网站，其数据架构如图 5-4 所示，一个应用服务器配一个关系型数据库。

图 5-4　单机模式数据架构

大多数开发者在学习软件开发的过程中，应该都曾搭建过类似的单机系统。单机模式可以很好地支撑一些简单的应用场景，但缺点也很明显：

□ Web 服务器和 MySQL 服务器共用一台主机，共享硬件资源，任何一方占用资源过大都会导致整个系统产生瓶颈。

□ 不支持横向扩展。

□ 容错性差，一旦主机出现问题，将影响整个应用。

5.4.2　独立主机

随着业务的发展，单一应用服务器已难以应对逐渐增长的流量，扩容势在必行。部署多台应用服务器，在流量入口使用 Nginx 等做一层负载均衡，以使流量均匀地打到应用服务器上。如图 5-5 所示，这一阶段，数据库不再与应用混合部署，而是单独部署在高性能主机上，虽然仍是单机，但足以支撑业务。在独立主机模式下，应用服务器和数据库不再共享硬件资源，增加了容错性，同时应用服务器可以做到水平扩展。

独立主机模式的主要不足如下：

□ 可用性差，数据库服务器仍为单机，一旦数据库服务器宕机，可导致服务不可用。

□ 性能一般，单台数据库服务器能够支撑的服务是比较有限的。

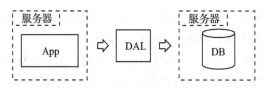

图 5-5 独立主机模式数据架构

5.4.3 读写分离

由于读写操作都在单一的数据库上，很容易出现性能瓶颈。对于大多数实时性要求不高的业务场景，最常用的解决方案是做一层读写分离，即写主库、读备库，主备库之间通过主备复制同步数据，对应数据架构如图 5-6 所示。由于读库是无状态的，因此可以做到横向扩展，而写库则仍然是单机。

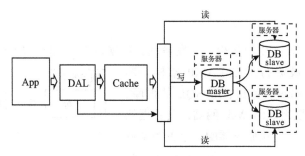

图 5-6 读写分离数据架构

在读写分离模式下，写库（主库）的数据是最新的，但同步到读库（备库）会有时延，无法保障数据强一致性。因此，采用读写分离模式的前提是业务场景必须能够容忍短暂的不一致性，这也就导致了该模式应用的局限性。此外，写库仍为单点，可用性低，一旦故障，将影响所有涉及写操作的业务。

5.4.4 垂直拆分

从严格意义上，垂直拆分可细分为垂直分库和垂直分表两种，它们分别适用于不同的场景。

1. 垂直分库

在读写分离模式下，虽然解决了读操作的性能瓶颈，但是所有业务仍旧共用一个写库。随着业务复杂度的上升，单一写库的容量、性能等问题逐渐凸显，为了应对此类问题，垂直分库是首选方案。对业务 A、B 进行垂直分库，其数据架构如图 5-7 所示。垂直分库的特点如下：

❏ 每个库的结构都不一样。

❏ 每个库的数据也不一样，没有交集。

❏ 所有库的并集是全量数据。

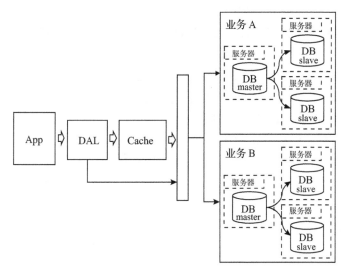

图 5-7　垂直分库数据架构

通常一个数据库包含多张表，不同的表对应不同的业务，垂直拆分的核心思想是按照业务将表进行分类，然后分布到不同的数据库上（数据库通常部署于不同的物理机上）。如此一来，也就将压力分散到了不同的库上。以电商平台为例，按照业务可拆分为交易数据库、用户数据库、商品数据库、店铺数据库等，一个数据库承载一类业务相关的表。

垂直分库的优点如下：

❏ 拆分后业务清晰，拆分规则明确。

❏ 系统之间整合、扩展容易。

❏ 数据维护简单。

垂直分库的缺点如下：

❏ 部分业务表无法执行 join 操作，需要在应用层解决，增加了系统的复杂度。

❏ 业务维度的表仍然存在单库性能瓶颈。

❏ 事务处理复杂。

2. 垂直分表

垂直分表是指以字段为依据，按照字段的活跃度（访问频率），将表中字段拆到不同的表（主表和扩展表）中。垂直分表的结果如下：

❏ 垂直拆分产生的新表的结构都不一样。

❏ 垂直拆分产生的新表的数据也不一样，但主表和扩展表至少有一列相同，一般是主键，用于关联数据。

❑ 所有拆分产生的表的并集是全量数据。

垂直分表适用的场景为：系统的绝对并发量尚未成为瓶颈；表的记录数不多，但是字段多，并且热点数据和非热点数据存储在一起；单行数据所需的存储空间较大，以至于数据库可缓存的数据行减少，查询时会去读磁盘数据，产生大量的随机读 I/O，进而导致 I/O 瓶颈。

以电商平台为例，商品列表页的访问量远大于商品详情页，列表页只需展示商品摘要信息（如商品名、主图、主 SKU 价格等），而详情页则需展示商品详细信息（数据远多于摘要信息）。如图 5-8 所示，我们可以采用垂直分表，将作为热点数据的摘要信息拆分出来构建主表，非热点数据放入扩展表，两张表通过商品 id 关联。

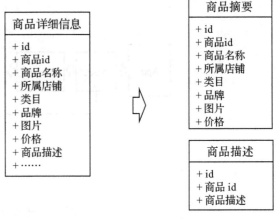

图 5-8　垂直分表示意图

垂直分表的优点如下：

❑ 缩小单条数据所占空间，使一个数据块能存放更多的数据，从而减少磁盘 I/O。

❑ 实现冷热数据分离，可以充分利用缓存，提高"热点"数据的操作效率。

垂直拆分的缺点如下：

❑ 主键存在冗余，需要管理冗余列。

❑ 拆表可能会导致不必要的 join 操作，虽然可以通过在应用层进行 join 操作来减轻数据库的压力，但提高了系统的复杂度。

❑ 仍然存在单表数据量过大的问题。

❑ 事务处理复杂。

5.4.5　水平拆分

水平拆分分为水平分库和水平分表两种，它们分别适用于不同的场景。

1. 水平分库

通过垂直分库，虽然可以将不同的业务拆分到不同的库，减轻数据库的压力，但是对于单个业务而言，仍然是单一主机。如果某一业务数据量非常大、写操作频繁，单一主机也是无法应对的，这种场景需要水平拆分。垂直分库是把不同的表拆到不同的数据库中，而水平分库是把同一个表拆到不同的数据库中。如图 5-9 所示，对订单表进行水平拆分，将原本属于同一个数据库的订单表水平拆分到 3 个数据库中，每个库各占 1/3 的数据。

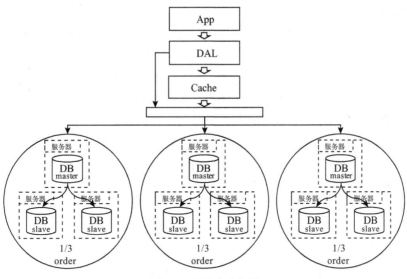

图 5-9 水平分库架构

水平分库不是将表的数据做分类，而是按照某种规则将一个表切分为多个表，并分散到多个库中，每个表中包含一部分数据。水平分库需根据业务场景来确定分表字段（sharding_key）。例如，某电商平台日均订单数约 1000 万，只支持最近 6 个月的订单查询，超过 6 个月的部分做归档处理，那么数据库就需要存储约 18 亿条订单数据，假设用 UID（User ID）作为 sharding_key，切分为 1024 张表，那么每张表的数据量就在 200 万左右。为了负载均衡，使数据均匀地分布到不同的库表内，还需要设计一个路由算法。一种简单的算法是 hash 取模，公式为 hash(UID)%1024，取模结果作为表路由依据。

为了避免分库分表逻辑侵入应用层，一般采用数据库中间件来实现路由规则匹配与计算、SQL 解释、查询结果聚合等逻辑，应用层只需要配置相应的规则即可。典型中间件有阿里的 TDDL，开源社区的 sharding-jdbc、MyCat 等。

水平分库的优点如下：

❏ 解决了单库大数据、高并发的性能瓶颈。

❏ 提高了系统的稳定性及可用性。

水平分库的缺点如下：

❏ 由于数据分散在不同的库，分页、排序等操作更加复杂。

❏ 由于表分布在不同的库，可能涉及跨库事务。

❏ 自增主键无法保证全局唯一，需要设置全局唯一键。

如果一个应用难以再进行垂直切分，或者切分后数据规模仍然巨大，以至于存在单库读写、存储性能瓶颈，那么就需要进行水平分库。经过水平切分的优化，往往能解决单库存储量及性能瓶颈。但由于同一个表被分配在不同的数据库，需要对数据操作进行额外的路由，因此大大提升了系统的复杂度。

2. 水平分表

水平分表与水平分库的思路类似，但粒度不同，水平分库是数据库粒度的，而水平分表则是数据表粒度的。如图 5-10 所示，水平分表是指将一张数据表按照一定规则拆分为多张表，拆分后的表仍存储于同一个数据库中。例如，某电商平台的商品数据超过 600 万条，受限于单表容量和性能，可将其拆分为 3 张表，每张表存储 200 万条数据。

水平分表的优点如下：

❑ 减少单表数据量，通过水平分表，拆分出来的每张表中只包含一部分数据。

❑ 改善性能，单表数据量减少，读写操作的性能均可得到显著改善。

❑ 避免 I/O 争抢并减小锁表的概率。

水平分表的缺点如下：

❑ 分表规则相对复杂，很难抽象出一个能满足整个数据库的切分规则。

❑ 后期数据的维护难度有所增加。

❑ 应用系统各模块耦合度增加，可能影响后续数据迁移和拆分。

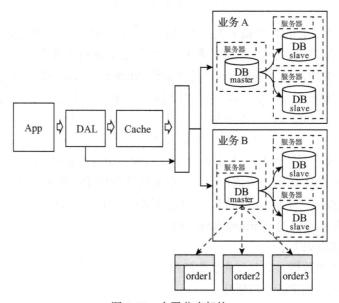

图 5-10　水平分表架构

5.4.6　复合存储方案

数据按照结构化程度可分为结构化数据、非结构化数据及半结构化数据。结构化数据也被称为行数据，是由二维表结构来逻辑表达和实现的数据，严格地遵循数据格式与长度规范，主要通过关系型数据库进行存储和管理。

非结构化数据指的是数据结构不规则或不完整，没有任何预定义的数据模型，不方便用二维逻辑表来表现的数据。例如办公文档、文本、图片、HTML、各类报表、视频音频等。介于结构化与非结构化数据之间的数据就是半结构化数据，它是结构化数据的一种形式，虽然不符合二维逻辑数据模型结构，但是包含相关标记，用来分割语义元素以及对记录和字段进行分层。常见的半结构化数据有 XML 和 JSON。

随着互联网行业的发展，一方面高并发、大流量的场景越来越多，受限于数据库的并发瓶颈、磁盘读写速度等因素，难以进一步提升性能；另一方面，数据类型越来越复杂，涉及文本、图片、HTML、各类报表、视频、音频等，单一数据库类型难以满足存储需求。鉴于此，多种存储方式结合的复合存储架构应运而生。如图 5-11 所示，复合存储架构中包含文件系统集群、关系型数据库系统集群、NoSQL 集群，以及应用服务器本地缓存。

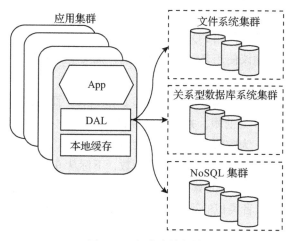

图 5-11　复合存储架构

5.5　物理数据表设计

物理数据表设计主要涉及表设计、字段设计、索引设计、语句设计 4 个方面的内容。在进行设计时，遵循成熟的设计规范和原则，可以有效地避免低级错误。本节将介绍的规范和原则，已经在大型互联网企业经过了充分的验证，尤其适用于并发量大、数据量大的业务场景。需要说明的是，本节介绍的规范和原则是以 MySQL 为基础的，其他类型的关系型数据库可作为参考。

5.5.1　表设计

本小节主要介绍表的命名、引擎选型、主键定义、存储规模相关的设计规范。表设计最基础、却又最重要的依据是业务场景，规范只应作为参考。例如，表命名应反映业务内涵，力求见名知义；引擎选型也应根据业务特点确定，虽然本书推荐选择 InnoDB，但若业务场景无需事务、外键、行级锁等高级功能，单纯追求速度，选择 MyISAM 也未尝不可。

1. 命名规范

- 表名须由小写英文字母和 0 ～ 9 的数字（通常不需要）加下划线组成。MySQL 在 Windows 下不区分大小写，但在 Linux 下默认区分大小写，因此表名英文字母一律小写，避免节外生枝。例如 benefit_category、member_exchange_order。
- 命名应简洁明确，单词之间用下划线分隔，禁止出现数字开头，禁止两个下划线中间只有数字。
- 表名禁止使用数据库关键字（保留字），如 name、time、datetime、password 等。
- 表名不应过长，一般不超过 3 个英文单词。若超过应酌情缩写，尽量不超过 32 个字符。
- 表必须填写描述信息（使用 SQL 语句建表时）。
- 表名中的英文单词建议使用名词而不是动词，词义应与业务、产品线等相关联。
- 表名禁止拼音、英文混用。
- 表名中的英文单词应采用单数形式。例如 employee，而不是 employees。
- 临时表名一般以 tmp 为前缀，并以日期为后缀。
- 备份表名一般以 bak 为前缀，并以日期为后缀。
- 用 hash 进行散表，表名后缀使用 16 进制数，下标从 0 开始。
- 使用 md5（或者类似的 hash 算法）进行散表，表名后缀使用 16 进制，比如 user_ff。
- 使用 crc32 求余（或者类似的算术算法）进行散表，表名后缀使用数字，数字必须从 0 开始并等宽，比如散 100 张表，后缀为 00 ～ 99。
- 使用时间散表，表名后缀必须使用特定格式，比如按日散表 user_20110209、按月散表 user_201102。

2. 设计规范

- 表引擎一般使用 InnoDB。MySQL 有 InnoDB 和 MyISAM 两种可选引擎，MyISAM 速度快，但不支持事务、外键和行级锁；InnoDB 速度稍逊一筹，但可支持事务、外键、行级锁等高级功能。
- 表必须定义主键，一般默认为 id，整型自增。InnoDB 是一种索引组织表，其数据存储的逻辑顺序和索引的顺序是相同的。每张表可以有多个索引，但表的存储顺序只能有一种，InnoDB 是按照主键索引的顺序来组织表的，因此不要使用更新频繁的列，如 uuid、md5、hash 和字符串列作为主键，这些列无法保证数据的顺序增长。
- 主键不允许修改。因为主键是用来唯一定位记录的，一旦修改，可能会造成一系列的影响。为了避免修改主键，一般采用与业务无关的字段作为主键。
- 表必须包含 gmt_create 和 gmt_modified 字段，用于描述记录创建时间和修改时间。
- 禁止使用外键（物理外键）。首先，使用外键影响高并发下的性能；其次，在大型项目中，通常会对数据库进行分库分表，如果使用了外键，分库分表将难以实施。即使对外键有强诉求，通常也可以在业务层实现。

❑ 慎用触发器和存储过程。触发器和存储过程有很多优点：复用性好，可减少开发量；业务逻辑封装性好，修改方便；安全，不存在 SQL 注入问题。但它同样存在诸多缺点：业务逻辑依赖数据库，可移植性极差；占用服务器资源多；触发器排错困难等。在互联网领域，用户量、访问量通常非常大，同时业务变更频繁，将业务逻辑放到应用层更为适合。因此，在互联网领域，很少使用触发器和存储过程。

❑ 单条记录大小禁止超过 8kB。首先，从索引的角度看，InnoDB 的页块大小默认为 16kB，由于 InnoDB 采用聚簇索引（即 B+ 树结构）存放数据，每个页块中至少有两行数据，否则就失去了 B+ 树的意义（若每个页中只有一条数据，整个树便成了一条双向链表）。由于每个页块中至少有两行数据，可以得出一行数据的大小限制为 8kB。其次，从硬盘扇区大小的角度看，单条记录的大小一般不应超过硬盘的扇区大小。目前硬盘的扇区大小多为 4kB（少数硬盘可以到 16kB），如果单条记录过大，查找时就需要跨越多个扇区，增加寻道时间，可能导致性能下降。

❑ 可变长度（例如 varchar）一定要按需设计，同时控制单行长度，如果过长会降低数据库 Buffer 命中率，导致更新、查询性能下降。

❑ 单表一般不超过 50 个 int 字段、20 个 char 字段、2 个 text 字段，同时单表列数一般不超过 50。

❑ 单表数据量建议控制在 500 万行以下、2GB 内。可以用历史数据归档（常应用于日志数据）、分库分表（常应用于业务数据）等手段来控制数据量大小。500 万行并不是 MySQL 数据库的限制，但数据量过大，对修改表结构、备份、恢复都会有影响。

❑ 禁止在表中建立预留字段。预留字段的命名很难做到见名知义，预留字段的数据类型与实际所需可能不符，而修改类型则会导致表锁定。

5.5.2 字段设计

字段设计的主要内容包括字段命名、字段数据类型选择两个方面。其中，数据类型选择极为重要，在满足数据存储和扩展需要的前提下，应尽量使用更小的数据类型，不仅可以节省存储空间，而且性能通常也会更好。例如，某类编号的数值范围确定在万以内，那么使用 smallint（−32768 ~ 32767）就足够了，同时，在不需要支持负数的情况下可以考虑 unsigned 类型。

1. 命名规范

❑ 表达是与否概念的字段，一般使用 is_xxx 的形式命名，数据类型采用 unsigned tinyint（1 表示是，0 表示否），例如 is_member，1 表示会员，0 表示非会员。

❑ 字段名禁止拼音、英文混用，修改字段名的代价很高，命名须慎重。

❑ 字段名禁止使用数据库关键字（保留字），如 name、time、datetime、desc、range 等。

❑ 字段名一般由小写字母加下划线组成，如 benefit_name、biz_num。

2. 设计规范

❑ 建立索引（或后续可能需要建立索引）的字段必须定义为 not null，并设置 default 值。

❑ 若字段需存储小数，尽量使用 decimal，而不是 float 和 double，因为 float 和 double 在存储时都存在精度损失的问题。如果存储的数据超过 decimal 的范围，可将数据拆成整数和小数并分开存储。

❑ 避免使用小数存储金额，一般应将其转化为对应货币的最小单位的整数倍来存储。例如人民币 19.99 元，可转化为 1999 分存储。

❑ 避免使用 blob、text 类型存储大文本、文件、图片，应使用文件系统等方式存储。

❑ 对于字符数据，一般使用 varchar 类型。如果存储的字符串长度几乎相等，可以使用 char 定长字符串类型。指定最大长度时，在满足存储需求的前提下应尽量使用更小的值。只有在普通字符串类型长度无法满足时才考虑 text 类型。

❑ varchar 长度设计需要根据业务实际需要进行长度控制，一般不超过 5000，禁止预留过长空间。例如 status 使用 varchar（128）进行存储就非常不合理。varchar 类型在存储层面是根据实际长度进行存储的，但内存分配则是根据指定长度进行的，因此，不合理的长度设计会导致内存的不合理占用。

❑ 只需要年月日信息时使用 date 类型，例如出生日期。只需要时间信息时使用 time 类型，例如列车发车时间。此外，选择时间戳类型时需要注意 datetime 和 timestamp 的区别。

❑ 可以考虑将日期时间分拆为多个数字类型进行存储，或者使用 UNIX 时间戳。但尽量不要将日期时间数据转化为字符串来存储，因为字符串无法支持数据运算，通常需要依赖应用程序进行转换和处理。

❑ 如果一个字段同时出现在多个表中，应使用相同的数据类型。例如，员工表中的部门编号（dept_id）字段与部门表中的编号（dept_id）字段应保持类型一致。

5.5.3 索引设计

索引（Index）是一种数据结构，其作用在于提高数据库的查询效率，可以类比字典、火车站的车次表、图书的目录等。索引一般以索引文件的形式存储在磁盘上。如果没有特别指明的话，索引通常就是指由 B+ 树（多路搜索树，不一定是二叉树）结构组织的索引。其中聚集索引、次要索引、覆盖索引、复合索引、前缀索引、唯一索引默认都是使用 B+ 树的索引，因此统称索引。

1. 索引的分类

（1）按存储划分

❑ 聚集索引：表记录的排列顺序和索引的排列顺序一致，因此查询速度快。只要找到第一个索引值记录，其余的连续记录在物理存储层面一样连续存放。为了使表记录和索引的排列顺序一致，在插入记录的时候，会对数据页重新排序，因此聚集索引存在修改慢的缺点。

❑ 非聚集索引：表记录和索引的排列顺序不一定一致，两种索引都采用 B+ 树的结构，非聚集索引的叶子层并不和实际数据页相重叠，而采用叶子层包含一个指向表记录的指针。非聚集索引层次多，不会造成数据重排。

（2）按逻辑划分

❑ 主键索引：一种特殊的唯一索引，不允许有空值。

❑ 普通索引：最基本的索引，无特殊限制。

❑ 唯一索引：与普通索引类似，但值必须唯一，可以有空值。使用唯一索引，可在一张表中唯一定位一条记录，通常用于幂等。

❑ 联合索引：多个字段上建立的索引，提高复合条件查询的速度。

2. 命名规范

❑ 主键索引命名格式：pk_ 字段名。

❑ 普通索引命名格式：idx_ 表名 _ 索引字段名。

❑ 唯一索引命名格式：uk_ 表名 _ 索引字段名。

❑ 索引名中的英文字母必须全部小写，对于普通索引和唯一索引，如果首个字段相同的索引有多个，则可以加上第二个字段名，太长可以考虑缩写，如 idx_uid_scene、uk_uid_bizn_type。

3. 设计规范

❑ 建立索引时，须仔细评估字段的区分度，应选择区分度高的字段作为索引项。避免在数据区分度低的字段上建立索引，例如性别只有男、女，其筛选能力差，性能与全表扫描类似，建立索引没有实际意义。

❑ 避免在更新频繁的字段上建立索引。更新会导致 B+ 树变更，更新频繁的字段建立索引会大大降低数据库的性能。

❑ 表必须有主键，并且是 auto_increment 及 not null 类型的，根据表的实际情况定义无符号的 tinyint、smallint、int 或 bigint。禁止字符串列作为主键。

❑ 索引数量要合理，并非越多越好，单表索引建议控制在 5 个以内。索引过多会增加 CPU、I/O 开销，虽然索引可以提高查询效率，但同样也会降低插入和更新的效率，有些情况下甚至会降低查询效率。

❑ 在 varchar 字段上建立索引时，必须指定索引长度，没必要对全字段建立索引，根据实际文本区分度决定索引长度即可。

❑ 合理创建联合索引，避免冗余，如 (a,b,c) 相当于 (a)、(a,b)、(a,b,c)。

❑ 根据左前缀原则，当建立一个联合索引 (a,b,c)，查询条件中只有包含 (a) 或 (a,b) 或

(a,b,c) 的时候才能走索引，(a,c) 作为条件的时候只能使用到 a 列索引，所以这个时候要确保 a 的返回列不能太多，否则语句设计就不合理；(b,c) 则不能走索引。

☐ 建立联合索引必须把区分度高的字段放在前面，比如 order_num、user_id 等，type、status 等筛选性一般的字段不应放在最前面。

☐ 能使用唯一索引的场景应尽量使用，提高查询效率。

☐ 尽量利用覆盖索引来进行查询操作，从而避免回表查询。

5.5.4 语句设计

根据实际应用场景，可以将 SQL 语句分为统计类语句、查询类语句、更新类语句等。语句设计的核心关注点是效率，即减少语句执行的耗时，同时减少对 CPU、内存、I/O 及网络带宽等资源的消耗。为了提升效率，通常采取的手段有充分利用索引、减小操作粒度、降低操作复杂度等。

1. 统计类语句

在需要统计记录行数相关的场景中，通常会用类似 "select count() from table_name" 的语句，其中 count() 函数有 count(*)、count(主键 id)、count(1)、count(字段) 等几种用法。除了 count()，sum()、group by 在统计类语句中也经常用到。

（1）count()

☐ count(*)：不会将全部字段取出来，而是专门做了优化，不取值，按行累加，不论是否包含 null。

☐ count(主键 id)：InnoDB 引擎遍历整张表，把每一行的 id 值都取出来，返回给 Server 层。Server 层拿到 id 后进行判断，由于主键不可能为空，实际按行累加。

☐ count(1)：InnoDB 引擎遍历整张表，但不取值。Server 层对于返回的每一行，会填充一个数字 1，而 1 不为空，实际按行累加。

☐ count(字段)：如果这个字段定义为 not null，从记录中读出自然不可能为 null，实际按行累加；如果这个字段定义允许为 null，那么执行的时候就需要额外判断，只累加字段非 null 的行。

☐ count(distinct col)：计算该列除 null 之外的不重复数量。如 count(distinct col1, col2)，如果其中一列全为 null，那么即使另一列有不同的值，也返回为 0。

☐ 统计表中记录数时应尽量使用 count(*)，而不是 count(列名) 或 count(常量)。count(*) 是 SQL92 定义的标准统计行数的语法，与数据库无关。

（2）sum()

sum(col)：当某一列的值全是 null 时，count(col) 的返回结果为 0，但 sum(col) 的返回结果为 null，因此使用 sum() 时需注意 NPE（Null Pointer Exception，空指针异常）问题。

（3）group by

group by 使用相对复杂，通常与 count()、order by 等联合使用。

❑ 在 select 后面所有的列中，没有使用聚合函数的列，都必须出现在 group by 子句中。例如 select point,count(id) from t_table group by point，point 列未使用聚合函数，则必须出现在 group by 子句中。

❑ group by 后面的列应尽量建立索引。如果只有一个列建立了索引，则该列应排在最左侧；如果存在多个列建立了联合索引，则这些列应根据联合索引的顺序从最左侧开始排列，否则可能无法命中索引。

❑ group by 与 order by 联合使用时，order by 要放在 group by 的后面，order by 子句中的列必须包含在聚合函数或 group by 子句中。

2. 查询类语句

❑ 最小化查询内容。避免使用 select *，只获取必要的字段，需要显式地说明列属性。按需获取可以减少对 CPU、内存、IO 及网络带宽的消耗；有效利用覆盖索引；降低表结构变更对程序的影响。

❑ 避免隐式类型转化。where 条件中必须使用合适的类型，因为 MySQL 进行隐式类型转化之后，可能会将索引字段类型转化成 "=" 右边值的类型，导致无法使用索引。例如 select uid from t_user where mobile_phone=13055556666，mobile_phone 列实际为 varchar 类型，但在 SQL 语句中的类型为数字，这样会导致索引失效，正确写法是 mobile_phone='13055556666'。

❑ 查询条件慎用函数或表达式。避免在 where 条件的列（属性）中使用函数或表达式，MySQL 无法自动解析这种表达式，从而导致无法使用索引。例如 select * from t_user where YEAR(date) < = '2022'，即使 date 建立了索引，也会全表扫描，可优化为值计算：select * from t_user where date < = CURDATE() 或者 select * from t_user where date < = '2022-01-01'。

❑ 避免负向查询，以及 % 开头的模糊查询。负向查询条件如 not、!=、<>、!<、!>、not in、not like 等，会导致全表扫描。对于以 "%" 开头的模糊查询，如果查询字段和条件字段没有建立索引，也会导致全表扫描。

❑ 避免使用子查询。子查询的结果集无法使用索引，还会产生临时表操作，如果查询数据量大，则会影响效率，消耗过多的 CPU 及 I/O 资源，可以将子查询优化为 join 操作。

❑ 避免进行多表 join 操作。首先，连接表的数量尽量不要超过 3 张，因为每增加一张表就相当于增加了一次嵌套的循环，严重影响查询的效率；其次，对 where 条件相关的列创建索引，提升数据过滤效率；最后，对用于连接的字段创建索引，并且该字段在多张表中的类型必须完全一致。

❑ 其他建议。

  ● 在代码中写分页查询逻辑时，若 count 为 0 应直接返回，避免执行后面的分页语句。

- 如果明确知道只有一条结果返回，在语句后加"limit 1"能够提高效率，相当于明确告诉了数据库查询量，让其主动停止游标移动。
- 获取大量数据时，建议分批次获取数据，每次获取数据少于 2000 条，结果集应小于 1MB。
- SQL 中使用到 or 的地方可以改写为用 in()，因为 or 的效率没有 in 的效率高。
- SQL 语句中 in 包含的值不应过多，里面数字的个数建议控制在 1000 个以内。

3. 更新类语句

☐ 数据更新接口的更新粒度要符合实际需要，避免大而全。例如需要更新 c2，但采用了粗粒度的更新接口，实际执行"update table set c1=value1, c2=value2, c3=value3, …, cn=valuen"，同时更新了其他本来无改动的字段。如此操作，一是易出错；二是效率低；三是 binlog 增加存储。

☐ 更新数据表记录时，必须同时更新记录对应的 gmt_modified 字段值为操作时间。

☐ 更新表记录的操作（update）通常伴随着事务和锁，会影响数据库的性能，因此事务应简单，整个事务的耗时不要过长。此外，使用事务的地方需要考虑各方面的回滚方案，包括缓存回滚、搜索引擎回滚、消息补偿、统计修正等。

☐ 大批量写操作（update、delete、insert）需要分批多次进行。大批量操作可能会造成严重的主从延迟，特别是主从模式下，因为 slave 需要从 master 的 binlog 中读取日志来进行数据同步，而 binlog 日志为 row 格式时会产生大量的日志。

4. 其他注意事项

☐ 应用程序必须捕获 SQL 异常，并进行相应处理。

☐ 避免在数据库中进行数学运算或函数运算，一方面 MySQL 不擅长数学运算和逻辑判断，另一方面会加重业务逻辑和数据库的耦合。

一个数据库、一套方案打天下的时代早已过去。在实践中，服务端开发工程师需要在不同的应用场景下针对不同的数据类型和不同的数据访问特点，选择合适的数据库引擎，并设计对应的存储架构、模型等内容。

第 6 章 *Chapter 6*

非功能性设计

　　什么是非功能性设计？定义很简单，除业务需求功能以外的所有设计，均可称为非功能性设计，具体而言，包括稳定性设计、预案设计、可测试性设计、资金安全设计、兼容性设计等。

　　在软件系统设计中，非功能性设计是针对非功能性约束或者非功能性需求所做的设计，在大多数场景中对系统架构能起到决定性的作用，是系统设计阶段需要重点关注的内容。

6.1　稳定性设计

　　在互联网领域，稳定性设计是最重要的非功能性设计。若没有稳定、可靠的系统和服务，业务便是空中楼阁，随时有崩塌的可能。特别是在分布式、大流量、高并发的场景下，保障系统稳定性常被视为第一要务。举个例子，在 2020 年的"双 11"大促活动中，天猫平台订单创建峰值达 58.3 万笔 / 秒，在如此巨大的流量峰值下，用户体验如丝般顺滑，其背后是上千人的稳定性保障团队的数十轮持续优化。

　　既然稳定性如此重要，那么，互联网企业一般通过哪些具体的措施来保障稳定性呢？这便是本节内容将要解答的问题。

6.1.1　什么是稳定性

　　稳定性是指系统要素在外界影响下表现出的某种稳定状态，简言之，即系统在干扰、异常等破坏性事件的影响下持续、正确地提供服务或功能的能力，或者在破坏性事件结束后重新恢复到正常状态的能力。

1. 稳定性评价指标

不同的业务，因关注点的差异，对稳定性的定义和要求也不尽相同，但基本都可以用如下指标来衡量。

❑ 平均无故障时间：系统在两相邻故障间隔期内正常工作的平均时间。
❑ 平均恢复时间：从故障发生到恢复正常平均需要的时间。
❑ 故障规模：每次发生故障的影响面。
❑ 故障频率：规定时间内发生故障的次数。
❑ 波动范围：在受到外部干扰和冲击时，平均响应时间的波动范围。

基于上述稳定性评价指标，可以得出稳定性设计的目标：使服务尽可能连续长时间地处于可用态；当服务受到干扰时，可尽快自动过渡到稳定态；干扰消失后，服务可尽快自动恢复到可用态。

2. 纵向稳定性

如图 6-1 所示，为了支撑一个场景或者一个产品，整条技术链路上一般不可能只涉及一个应用或一个模块，而会是一系列的应用、中间件、数据库等系统协同。从客户端发起请求到服务端最底层系统，整个链路的稳定性即为纵向稳定性，也称全局稳定性。

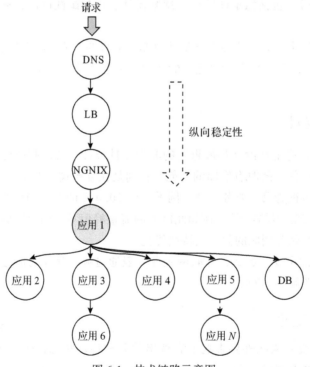

图 6-1　技术链路示意图

在纵向链路上，每个节点的粒度可大可小，一般根据业务范畴或组织架构来划分，大到中台，小到接口，都是可能的。为了保障稳定性，业务主导方需要联合整个纵向链路上的所有关键节点（强依赖节点）的负责人共同制定方案，包括技术架构、开发联调、容量准备、全链路压测、应急预案等内容。

在大型互联网公司，复杂业务的分工通常非常细，除了少数经历业务从 0 到 1 的核心人员，大多数工程师很难对整条链路有完整、清晰的认知。就稳定性而言，工程师通常只需关注个别应用、少数接口的稳定性保障和建设，从纵向来看，它们也许仅仅是整个链路中的一个很小的节点。

3. 横向稳定性

纵向链路上的每一个节点都可能是一个复杂的软件系统，纵向稳定性的关注重点在于节点之间链路的稳定性，而节点自身的稳定性保障则需要更深入、更广泛的领域知识。

如图 6-2 所示，横向稳定性保障工作贯穿软件系统的整个生命周期，包括设计阶段、开发阶段、测试阶段、部署阶段和运行阶段，不同阶段的稳定性保障工作的侧重点也不同。其中，容量评估、方案设计与实现、接口限流、应急预案、压测支持等环节是需要服务端工程师重点保障的，笔者将在下文中展开介绍。

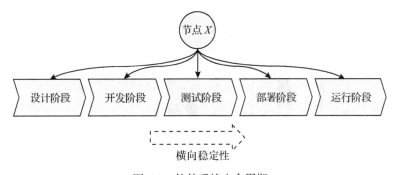

图 6-2　软件系统生命周期

6.1.2　容量评估

所谓容量，是指系统处于最大负载状态或某项指标达到所能接受的最大阈值时对请求的最大处理能力。常用的技术衡量指标有 QPS（Queries Per Second）、TPS（Transactions Per Second）等。在实践中，我们需要对应用系统的容量进行合理的规划，既保证满足业务场景的需要，又不至于浪费。

通过容量评估，我们可以梳理出应用和接口维度的容量需求。在互联网领域，特别是 To C（Custumer）的业务，最常见也最主要的稳定性风险是高并发风险，因此，明确容量需求是稳定性设计的首要任务。

1. 资源位量级预估

在互联网领域，几乎任何一个业务都有相应的流量入口。To C 的业务，流量入口通常以 App 为主；To B（Business）的业务，则以网站为主。此外，企业内部的中间件、业务中台等基础设施，它们没有直接的流量资源位（客户端入口），其流量入口由上游的调用方决定。

所谓资源位量级预估，是指对业务相关的流量入口（如 App 首页导航栏、短信链接、微博广告等）的请求量峰值进行预估。京东 App 首页如图 6-3 所示，其中导航栏、活动氛围图、金刚位等都是 To C 的资源位，其请求量峰值与 App 的用户规模、用户活跃度、营销活动等紧密相关。

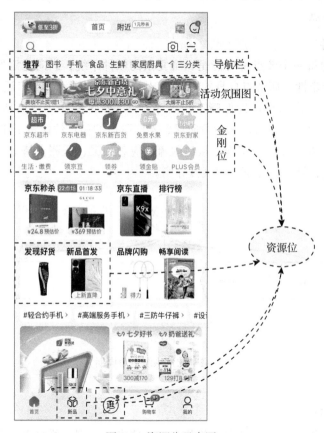

图 6-3　资源位示意图

对于那些没有直接客户端入口的业务，资源位量级预估应由上游调用方发起，自身根据上游调用方反馈的容量需求（服务调用量级）进行容量评估并扩 / 缩容即可。关于资源位请求峰值预估，一般有两种预估依据：

❑ 日常峰值，即资源位的日常请求峰值，可通过业务大盘或资源位相关接口的流量监控获取。

❑ 活动峰值，即资源位在活动（如"双 11"大促、"618"大促等）场景下的请求峰值，可基于历史数据和 BI（Business Intelligence）测算获取，一般由业务方提供，附带于需求文档中。

同一个资源位，其日常请求峰值和活动请求峰值往往相差甚远，活动场景下的请求峰值可能数倍、甚至数十倍于日常请求峰值。因此，在对业务需求进行资源位请求峰值评估时，必须充分考虑其场景和特点。如果业务需求为非活动类型，如服务端内部逻辑优化、客户端样式微调等，一般不会导致资源位流量大幅波动，则可以日常峰值为预估依据；如果业务需求为活动类型，如"限时折扣""定点秒杀""定点开奖"等，通常会造成流量瞬时暴涨，则应以活动峰值为预估依据。

2. 流量模型分析

通过资源位量级预估，我们可以得到业务流量入口的请求峰值预估值，从而明确流量入口相关的核心服务（接口）需要承载的流量峰值。基于入口核心服务的流量峰值，我们还需要结合流量模型进一步对业务全链路进行梳理、分析，推算出传递到下游的应用、中间件、数据库等节点的流量峰值。常用的流量模型有业务漏斗模型和调用链路模型两种。

（1）业务漏斗模型

每一个产品都有用户对应的核心任务和流程，而流程中的每一个环节（步骤）都可能有用户流失。如果把每一个环节及其对应的数据（如 UV、PV）串联起来，就会形成一个上大下小的漏斗形态，也就是漏斗模型。

举个例子，如图 6-4 所示，假设某 App 首页第一屏信息日常请求峰值为 2 万 QPS，现在需要在第一屏透出一个 Banner 为新开发的"夏日出行必备"会场引流，那么，在不考虑限流、人群过滤等其他因素的情况下，这个 Banner 相关的接口的容量至少应为 2 万 QPS，才能匹配第一屏的日常请求峰值；而"夏日出行必备"会场页面相关接口的最低容量则可由"2 万 $\times N\%$"进行预估，其中 $N\%$ 代表 Banner 的最大点击率；更进一步，"夏日出行必备"会场中单品详情页接口容量可由"2 万 $\times N\% \times M\%$"进行预估，其中 $M\%$ 为会场中单品的最大点击率。将上述数据进行整理，可以绘制出如图 6-5 所示的流量漏斗，基于此可以预估出每一层所涉及的接口的请求峰值。

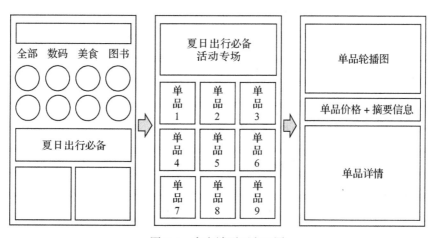

图 6-4　客户端页面交互图

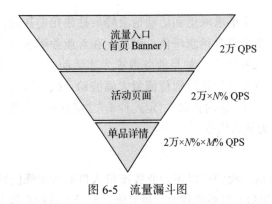

图 6-5　流量漏斗图

（2）调用链路模型

从流量入口出发，一直到最底层系统，在调用链路上，应用、中间件、数据库等系统之间的流量传递比例通常并不是 100%，可能放大，也可能缩小，这个比例不仅与业务转化率漏斗（如曝光率、点击率、下单率）有关，而且与业务逻辑和技术实现强相关。

如图 6-6 所示，应用 A 为流量入口的直接关联应用，它直接或间接地依赖应用 B、C、D、E、F，以及消息队列中间件和数据库，但是依赖程度并不都是 100%。从图中可以看出，只有条件 1 满足才会调用到应用 C，否则会执行内部逻辑 3 而调用应用 B，如果条件 1 满足的概率是 80%，那么应用 A 传递给应用 C 的流量比例就是 80%，而传递给应用 B 的流量只占 20%。更进一步，假设流量入口的请求峰值为 1 万 QPS，则应用 A 对应用 B、应用 C 的容量需求峰值分别为 2000QPS 和 8000QPS。

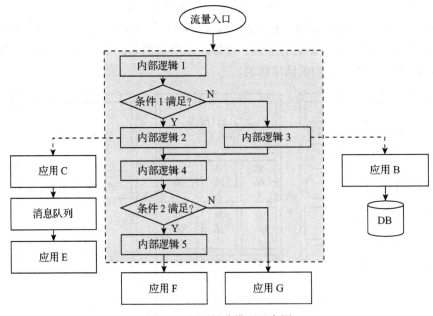

图 6-6　调用链路模型示意图

在实践中，为了充分评估业务所需系统容量，我们一般将两种流量模型结合使用。首先采用业务漏斗模型，梳理业务流程中的主要环节（如页面）的流量峰值；然后，针对每一个业务环节，基于调用链路模型深入分析对下游的依赖及流量传递比例，进而梳理出对整个系统链路的容量需求。

6.1.3 压测摸底

压测是评估系统容量（或性能）的重要手段，可以量化当前系统架构是否可承载当前至未来一段时间内的业务量。此外，压测还有助于发现系统瓶颈，从而帮助工程师明确优化目标。有效的压测及性能优化是保证业务稳定运行、系统高可用的必要条件。

1. 压测目标

就保障系统稳定性而言，压测的目标主要有以下两个。

（1）系统水位评估

所谓系统水位，是指系统资源濒临阈值（如 CPU 利用率濒临 80%，磁盘使用率濒临 80%）时，系统可承载的 QPS、TPS 及对应的 RT 数据。基于这些数据，我们可以判断当前系统架构和容量是否可满足业务需求。

（2）系统容量验证

根据业务给定的容量需求，通过压测判断系统在给定 QPS 或 TPS 下是否存在性能瓶颈，核心业务链路是否正常运行。在大型活动上线前，需要基于预估 QPS 对系统进行压测，以便找出性能瓶颈并及时优化，保障活动顺利进行。此外，在重要功能发布前，也需要对系统进行压测，辅助判断新功能对系统性能的影响。

2. 压测粒度

（1）接口压测

接口压测即对单个接口进行压测。这是一种细粒度的压测，在关键接口上线前，可通过接口压测对其性能进行评估，有助于发现性能瓶颈。同时，在接口性能优化前后进行压测，有助于判断优化方案是否有效。

（2）核心链路压测

核心链路压测即对承载核心业务功能（如支付业务、下单业务、秒杀抢购等）的系统链路进行压测。由于系统处于不断地迭代中，稳定性随之变化，通过定期压测核心业务链路，可以有效地衡量系统的真实容量和稳定性。

（3）全链路压测

在进行资源位量级评估后，可基于漏斗模型、调用链路模型等方式梳理出整个系统链路的容量需求。基于此，对于存在较多上下游依赖的复杂业务，可以采取全链路覆盖的方式对系统进行整体压测。

6.1.4 风险识别

经过容量评估和压测摸底，可以明确系统现状与业务容量需求之间的差距。接下来，我们需要进一步识别风险。就稳定性设计而言，风险主要有两大类：高并发风险、远程调用风险。

1. 高并发风险

在互联网领域，大流量、高并发场景非常多，如秒杀、抢购、开奖、热点事件等。对于服务端工程师而言，高并发风险是最主要的稳定性风险，一方面，高并发会给系统带来容量压力，应对不当会影响用户体验，使业务预期效果无法达成；另一方面，部分高并发场景存在突发性，难以预知，如微博热点事件、恶意攻击等，防御不足可能导致系统过载、服务器宕机，甚至引发"雪崩效应"。在高并发场景下，常用的提升稳定性的措施如下。

- ❑ 性能优化：减少 RT。缓存是最常用的技术手段，可提升读操作效率，保护数据库。此外，还有优化 SQL，减少 I/O 次数，降低耗时；优化代码，降低圈复杂度等。
- ❑ 异步化：即削峰策略，对于不需要实时返回最终结果的业务，可以通过异步线程、消息队列等进行异步处理，从而确保核心链路稳定。
- ❑ 降级和限流：为了防止系统过载，确保核心链路稳定，一方面可降级部分非核心业务，释放资源；另一方面设置限流以保护系统，对于超过限流阈值的流量，直接返回兜底结果或页面（如"活动太火爆啦，请稍后重试"）。

2. 远程调用风险

远程调用是指进程间（跨进程）的服务调用，这里的远程并非空间距离上的远程，而是指由于进程之间彼此隔离，跨越进程的边界即为远程。典型的远程调用如 RPC（Remote Procedure Call，远程过程调用）、数据库访问。

远程调用的主要风险在于其结果存在不确定性，导致失败的原因很多，如网络抖动、依赖的下游系统重启、代码缺陷、响应超时等。针对调用失败，我们必须进行适当的处理。

- ❑ 调用结果明确：如果远程调用返回明确的结果，处理是比较简单的，成功则继续流程，失败则根据结果中的信息进行必要处理，如打印日志、返回错误提示、执行兜底策略、定时任务重试等。
- ❑ 调用结果未知：典型场景是因响应超时而失败，由于无法确定远端执行的结果，大多数情况下，只能通过重试来进一步确认。而重试又涉及更为复杂的情形，如重试策略（如阶梯延时重试、定时调度重试）、幂等、重试顺序等，需要根据具体场景具体分析。

6.1.5 限流方案

在互联网行业，由于用户规模巨大，一旦出现突发热点事件或者遭受网络攻击，则极有可能导致大量请求集中触达服务端，形成流量"洪峰"。

为了防止预期外的流量对服务端造成冲击，保障系统稳定运行，最常用的技术手段是限流，即只处理预期内的流量，对于超出设定阈值的流量则以拒绝服务、排队等方式处理，从而在保障稳定性的前提下提供最大化的服务能力。本节将介绍单机限流、分布式限流、客户端限流、接入层限流、应用层限流及 Mesh 限流相关的内容。

1. 限流粒度

根据限流粒度，限流可分为单机限流和分布式限流两种。目前，互联网领域普遍采用分布式架构，因此分布式限流是当下主流的限流模式。

❑ 单机限流。单机限流也称单服务节点限流。单机限流是指请求进入某一个服务节点后，由该服务节点判断是否超过限流阈值并采取限流的一种保护措施。单机限流算法主要有令牌桶（Token Bucket）、漏桶（Leaky Bucket）和计数器 3 种。

❑ 分布式限流。分布式限流的核心算法思路与单机限流相近，区别在于分布式限流是将多个服务节点进行有机整合，从全局视角实现整体限流。分布式限流的本质是对客户端请求的一种管控，通常是在应用入口层对请求进行访问限制（拦截），从而控制其对服务器集群的访问。

2. 限流手段

限流手段不能盲目使用，首先必须确认业务场景是否允许被限流，以网上拍卖为例，出于公平公正考虑，竞价过程是不允许被限流的；其次，限流通常会对用户体验造成负面影响，因此，触发限流的提示文案、兜底页面也需要重点关注。在实践中，常用的限流手段有以下 3 种。

（1）客户端限流

客户端限流即通过限制客户端发出请求来限制流量。为避免单个客户端对服务的过度使用，可以在客户端进行限流，例如通过浏览器端的 JS 代码监控点击频率、统计点击次数，或者通过客户端包中的限流逻辑让访问快速失败并返回。客户端限流的效果很好，但毕竟是单点视角，对全局的流量无感知，客户端触发限流时，服务端的实际负载可能还很小，并不需要限流。

（2）接入层限流

如图 6-7 所示，从应用架构来看，来自客户端的请求首先会通过接入层（一般为 Nginx 集群）分发到服务端的应用集群上，接入层负责实现负载均衡、流量转发等能力。所谓接入层限流就是指将限流拦截点选在接入层的限流方式。接入层限流最常用的方案是 Nginx 限流，Nginx 不仅可以作为接入层负载均衡使用，而且基于漏桶算法实现了限流能力。Nginx 主要提供两种限流方式：限制访问频率和限制并发连接数。

接入层限流最显著的优点是配置简单，且能够实现全局流量管控，但是灵活度、精细度不足。服务端所提供的众多接口归属不同的业务，其性能千差万别，而接入层限流无法实现接口维度的流量管控，因此在应用层限流还是很有必要的。

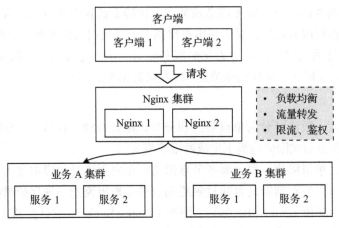

图 6-7 接入层限流

（3）应用层限流

应用层限流是指在业务代码层面实现精细控制的限流，例如阿里主导研发的开源中间件 Sentinel 就可以支持接口级的流量控制。此外，业界还有许多成熟的限流产品，如 concurrency-limits、Hystrix、resilience4j 等。

应用层限流按粒度可以分为单机限流和分布式限流。单机限流比较简单，一般是通过在应用层编写代码并调用一些类库中的 API（比如 Google Guava 类库的 RateLimiter）实现限流的。关于单机限流，相关的技术文章和书籍非常多，但是它已经不再适用于互联网的分布式架构了，因此笔者不展开介绍。

在应用层实现分布式限流是相对困难的，一方面，如果采用中心化的方式，一旦中心网关出现故障，将影响所有服务，同时由于网关链路复杂，性能会受到影响；另一方面，如果去中心化，虽然提升了稳定性，但会导致网关功能与业务进程捆绑在一起，增加开发、运维成本。那么，该如何应对呢？Service Mesh 技术的出现，为应用层限流带来了新的解决思路。

3. Mesh 限流

若论近两年最火的技术话题是什么？Service Mesh 一定不会缺席。Service Mesh 被译为"服务网格"，它是一个基础设施层，用于处理服务间通信。云原生应用有着复杂的服务拓扑，Service Mesh 保证请求可以在这些拓扑中可靠地传递。在实际应用中，Service Mesh 通常是由一系列轻量级的网络代理组成的，它们与应用程序部署在一起，但应用程序无须感知它们的存在。

如果用一句话来解释什么是 Service Mesh，可以将它比作是应用程序或者说微服务间的 TCP/IP，负责服务之间的网络调用、限流、熔断和监控。编写应用程序一般无须关心 TCP/IP 这一层，同样地，使用 Service Mesh 也无须关心服务之间的那些原本通过服务框架实现的细节。

如图 6-8 所示，Service Mesh 作为 Sidecar 运行，本质上是一个部署在本地的类似 Nginx 的代理服务器，对应用程序来说是透明的，所有应用程序间的流量都会通过它，因此对应用程序流量的控制都可以在 Service Mesh 中实现，这对于限流、熔断而言就是一个天然的流量劫持点。在 Mesh 架构下，Sidecar 对流量管理具备天然的优势，业务无需在应用中接入或升级限流组件，中间件也无需针对不同的技术栈开发或维护多个版本的限流组件。

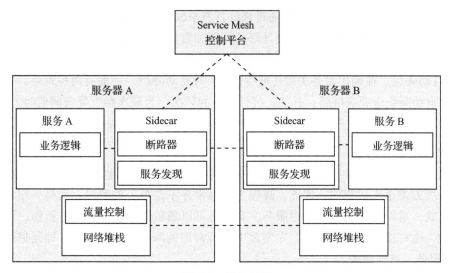

图 6-8 服务网格

目前，腾讯、阿里、蚂蚁、谷歌等互联网巨头基本都已落地 Service Mesh。基于 Service Mesh，实现应用层流量管控是一个很自然的选择，例如，蚂蚁开源的 MOSN（Modular Open Smart Network）就可以实现限流功能。MOSN 通过集成 Sentinel 并复用其底层的限流能力，从而实现单机限流（令牌桶 / 漏桶结合）、服务熔断保护（依据服务的成功率）、自适应限流（依据机器的负载），内部版本还支持集群限流等更为丰富的功能。

在大型企业，限流基本都已实现配置化。对于服务端开发工程师而言，核心工作在于业务容量评估和风险识别，而真正实现限流，则通常只需在统一的平台进行配置即可。

6.1.6 降级方案

降级，字面意思即降低服务级别。既然是降低服务级别，通常是有损用户体验的，因此在设计降级方案时应会同产品、运营、客户端开发等人员对业务功能进行梳理，明确必须保障的服务和可以降级的服务。在实践中，需要降级的场景有如下两种。

❑ 因资源不足而降级。当系统的负载超出了预设的上限阈值或即将到来的流量预计将会超过预设的阈值时，为了保证重要或基本的服务能正常运行，将一些不重要、不紧急的服务或任务进行延迟使用或暂停使用。

❑ 因链路异常而降级。当核心链路所依赖的服务出现大量异常时，为保障用户体验而对异常服务进行降级。例如电商平台商品 Feeds 算法推荐排序服务失败时，可采用默认排序兜底，虽然体验有所降低，但不至于使整个页面挂掉。

1. 执行方式

根据降级策略的执行方式，降级可分为手动降级和自动降级两类。

1）手动降级。当服务出现故障、遭受 DDoS 攻击或因流量暴增导致服务不可用时，通过手动配置（通常是一个开关变量，通过修改其值来改变执行逻辑）启动降级链路。根据业务场景的需要，降级链路都是提前设计好的，例如直接返回错误提示，或者用缓存、默认数据兜底。

2）自动降级。在调用服务失败（包括超时）时自动降级。一般有两种策略：其一，所有失败均自动降级走兜底链路；其二，统计失败的频次，当频次触发降级阈值时方才降级，例如客户端调用接口超过一定次数后，自动在请求参数上加上降级参数，调用降级服务。

2. 常用方案

降级方案必须根据业务的特点和潜在的异常场景来设计，业务特点、异常场景不同，对应的降级方案也不尽相同，因此，降级方案通常并不是单一的策略，而是一组策略。根据服务方式，可以拒绝服务、延迟服务，有时还可以随机服务；根据服务范围，可以关闭某个功能，也可以关闭某些模块。在实践中，最常用的降级方案有 3 种，即延迟服务、关闭 / 拒绝服务、有损服务。

（1）方案一：延迟服务

对于部分不能关闭或拒绝服务的非核心服务，一般采取延迟服务的策略，本质上是异步化。举个例子，使用支付宝付款能获得支付宝会员积分，正常情况下，积分可以准实时到账，但在"双 11"等大促活动中，支付链路是需要重点保障的核心链路，而奖励积分的链路则非核心，可以延迟处理。常用方案是在流量高峰期"蓄洪"，即将奖励积分的请求数据存储在消息队列或 HBase 中，待流量平稳后，通过消费消息或定时任务执行奖励积分逻辑。

（2）方案二：关闭 / 拒绝服务

为了保障核心链路有充足的资源，在流量高峰时段关闭低优先级服务的入口，或接收到请求后直接拒绝，返回服务器繁忙之类的报错提示。以电商平台为例，在"双 11""618"等大促活动峰值期间，基本都会关闭评价、确认收货、退货等与下单链路无关的服务，以保障用户下单支付链路的稳定。

（3）方案三：有损服务

降级后原服务仍然可用，但用户体验有损。例如为减轻数据库压力而直接读缓存，可能存在数据不一致的问题；电商平台商品 Feeds 排序大都依托算法推荐，实现千人千面，当算法链路出现异常时，切换成默认优先级排序，则降级为千人一面。

3. 降级设计

无论采用哪种降级方案，都应在需求分析和系统设计阶段就充分考虑。降级方案设计不仅是技术设计，同时也是业务策略设计。为了实现优雅的业务降级，需要注意如下 3 方面的问题。

（1）功能分层

为了支持精细化的业务降级能力，在系统设计时应将业务功能拆分为相对独立的代码单元，并与客户端或其他调用方约定降级方案。例如一个客户端页面由 A、B、C 三个模块组成，这三个模块的数据分别来自 S1、S2、S3 三个服务，其中 C 模块是可降级的。如果降级由客户端控制，在降级时，不调用 S3 且不展示 C 模块即可；如果降级由服务端控制，则须与客户端约定，当 S3 服务返回约定的错误码时不展示 C 模块。

（2）开关设计

若采用手动降级，通常需要在代码层面设计一个开关，代码根据开关变量的值决策执行链路。由于这个开关的值必须是可灵活控制的，在分布式部署架构下，一般可使用分布式资源管理中间件（如蚂蚁的 DRM）来加持。在开关配置发生变更后，分布式资源管理中间件可快速将变更信息通知所有应用节点，节点在收信息后更新本地缓存中的开关变量值，为了保证最终一致性，通常还需辅以定时轮询等策略。

（3）降级判断

若采用自动降级，通常需要在代码层面实现降级判断能力。降级判断的依据一般是统计规定时间窗口内服务失败的次数或频率，当超过设定的阈值时触发降级。目前，很多中间件可以辅助实现自动降级，如 Hystrix、Sentinel 等。

6.1.7　监控告警

完整、准确的监控是保障系统稳定运行的重要措施。借助监控，我们可以快速感知系统的运行状态、发现系统存在的问题、衡量问题解决的效果等。一般地，监控告警分为系统监控、应用监控和业务监控 3 类。

1. 系统监控

系统监控是指通过采集系统运行时的数据来监控系统的运行情况，常用指标如下：

❑ Load、CPU、内存、磁盘、I/O 的平均水位，机房水位，单机水位。

❑ Traffic（网卡流量）、TCP（请求量）。

2. 应用监控

应用监控包括当前应用监控、上下游应用监控，以及中间件、数据库监控，常用指标如下。

❑ 接口：调用总量、成功量、平均耗时、成功率等。

❑ 异常：应用异常数、历史异常等。

❑ JVM：内存、GC、线程等。

❑ SQL：SQL 内容、执行次数、平均耗时等。

❑ MQ：Topic、EventCode、总量、成功量、成功率、平均耗时等。

3. 业务监控

业务监控是一种为满足业务的特殊诉求而设计的监控，常用指标为业务相关接口的 QPS、RT 和成功率。业务监控最重要的依托是日志，规范的日志有助于快速构建常用服务指标监控，同时，还能辅助定位问题、多维度场景分析。

（1）监控日志

监控日志主要用于监控业务运行状况，无须打印过于详细的信息（如异常堆栈），结合监控的主要指标，日志格式如下：

时间戳 | 日志等级 | 业务点 key | RT | 是否异常 | 参数值 | 返回值

其中，业务点 key 代表业务的唯一标识，通常由应用名称和接口名称组合而成（如 itemCore.queryItemFlow），用于业务识别、数据筛选和分组统计。

（2）异常日志

通过异常日志可以打印详细的异常信息，不仅有助于排查问题，而且可作为监控补充，日志格式如下：

时间戳 | 业务点 key | traceId | 错误类型 | 参数值 | 错误信息

在定位问题时，如果基于参数值和错误信息无法完全确定根因，可进一步通过 traceId 来还原整个调用链路，深入定位。

6.2 预案设计

所谓预案，是指根据评估分析或经验，针对潜在的突发事件的类别和影响程度而事先制定的应急处置方案。预案之说，古来有之，《尚书·说命中》有言："惟事事，乃其有备，有备无患。"其大意为事先有防备便可以避免灾祸，强调了做预案的重要性。本节将围绕两个问题展开：为什么要做预案？如何做预案？

6.2.1 为什么要做预案

随着业务的发展，用户规模越来越大、系统复杂度越来越高，任何一个产品或功能的背后，风险都是客观存在的，一旦发生，则有可能导致严重后果。下面分享 2 个案例。

❑ 案例 1：2015 年 5 月 27 日，支付宝大规模宕机事故导致大量用户无法登录或支付，故障持续长达两小时。这起事故给支付宝造成了严重的负面影响，导致用户满意度降低、品牌价值下滑以及经济损失等。

❑ 案例 2：2017 年"双 11"，某电商平台大促活动预热启动后不久，App 首页第二屏出现活动楼层"开天窗"的问题，经过定位并重新发布相关接口方才解决，给合作商家带来了巨大的经济损失。

6.2.2　如何做预案

在实践中，应对风险分为事前预防、事中救援、事后处理 3 个阶段，与之对应的预案分别称为提前预案、应急预案、恢复预案。为了保障稳定性，通常需要在这 3 个阶段都有针对性地制定有效预案，但是，对于一个具体的系统，可能并不同时存在上述 3 个风险应对阶段，因此，风险处理预案的制定应结合实际情况。

预案的生命周期一般可以分为规划阶段、实施阶段、演练阶段、生效阶段及失效阶段，如图 6-9 所示。从产品需求的生命周期来看，预案设计始于系统设计阶段，工程师需识别业务场景相关的核心链路，充分分析各个环节所存在的风险，并根据风险有针对性地设计预案。系统开发完成后，还需进一步通过预案演练来验证预案的有效性，以确保风险发生时预案可以随时生效。此外，考虑到系统变更（如各种优化、迭代）可能导致预案失效，因此需定期验证预案。

1. 预案规划与实施

（1）预案规划

针对具体的业务，理清业务的核心链路，整体分析链路中潜在的风险点，如依赖下游

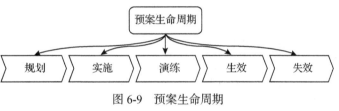

图 6-9　预案生命周期

服务、涉及数据一致性、涉及复杂数据查询逻辑、涉及性能瓶颈等，这些点便是预案的待实施点，即预案规划的重点。

（2）预案实施

1）预案策略：在充分分析风险点之后，需针对这些风险点制定应对策略。策略通常以限流、降级为主，对用户而言是有感且有损的。鉴于此，在制定策略时，应会同产品、运营、质量、客服、法务等人员共同商定，开发人员负责技术实现，产品、运营及法务人员负责拟定文案以告知用户预案执行后将导致的结果，质量人员负责测试，客服则提前准备好应对话术。

2）预案落地：针对同一个风险点，通常有多种可行的应对预案，这些预案应从落地成本、负面影响、可维护性等多个维度考量，确定最合适的预案（最好的预案未必是最合适的）。确定预案之后，下一步便是将其落地，不同的预案涉及的技术细节和要点大相径庭，这里不做展开。

2. 预案演练

预案规划并实施完成后，为了确保预案的有效性，必须进行预案演练。演练需要注意以下事项：

❏ 预案演练之前应通知上下游，知会其预案演练过程中可能对其造成的影响。

❏ 预案相关的业务应配置监控，以便实时监控预案的执行效果。

❏ 预案演练应准备对应的回滚预案，一旦预案演练出现问题，可以及时回滚止损。

❑ 演练应在线上环境进行，以确保场景真实。

❑ 对于影响用户体验的预案，演练应在流量低谷进行，如凌晨 3 点至 6 点，持续时间不宜过长。

❑ 预案演练完成后，应注意收集、记录演练数据，并充分评估预案的有效性。

❑ 如果预案演练结果不符合预期，在修复问题后应重新演练，直到符合预期为止。

3. 预案生效与失效

预案演练完成并通过有效性验证后，预案就正式生效了。在大型互联网企业，通常有专门的预案平台负责管理预案，预案可以由预设的条件触发执行，也可以由人工手动执行。

预案不是一次性工作，生效后需要定期维护和更新。在实践中，由于业务逻辑的变更、技术方案的更迭，有可能导致现有预案失效，因此我们需要替换预案或对原有预案作优化，甚至重新设计预案。

6.3　可测性设计

产品需求开发完成后，还需要测试工程师测试通过、产品验收确认方可上线。对于服务端开发工程师而言，交付测试仅仅是一个新的开始，工作还远远没有结束，整个测试阶段都需提供技术支持。为了便于测试工作的顺利开展，在进行非功能性设计时，需充分考虑可测性。具体而言，可测性包括可操作、可灰度、可压测 3 个方面。

6.3.1　可操作

可操作指测试验证操作具备实操性。以抽奖场景为例，抽奖场景通常会设置参与人群限制、参与时间限制、参与次数限制和中奖概率限制，每一条限制都可能导致测试账号无法覆盖所有测试用例。因此，在系统设计时，应充分考虑测试可操作性，常见的需要服务端支持跳跃的限制如下。

1）时间限制：对于存在时间限制的业务，应尽量支持时间可配置。以"五福开奖"活动为例，在测试阶段，开奖时间（除夕开奖）属于未来时间，如果不可配置或调整，测试将无法开展。

2）次数限制：对于存在次数限制的业务，应尽量支持次数可配置。以领取红包、优惠券、满减券之类的活动为例，通常会对参与用户进行"四同限制"（同手机号、同身份证号、同终端 ID、同用户 ID），每个用户在活动期间只能领取一定次数（通常是 1 次）。在测试阶段，测试账号的数量是有限的，若受限于领取次数，将很难进行覆盖测试。

3）概率限制：对于存在概率限制的业务，应尽量支持概率可配置。以抽奖类活动为例，通常会设置参与次数限制和中奖概率限制。由于奖品池中的奖品类型较多，如果中奖概率和参与次数不能灵活调整，在有限的测试账号下，很难覆盖多种奖品的中奖场景。

4）人群限制：对于存在人群限制的业务，应尽量支持人群白名单。很多时候，为了精细化运营，平台通常会针对特定人群（如在校大学生、信用卡用户等）展开运营活动，只有目标人群，活动才可见且可参与。对于测试账号而言，很难满足这样的限制，因此需要支持白名单能力，跳过人群校验。

5）任务限制：对于需要完成复杂任务的业务，应尽量支持任务状态可配置。以"裂变"类玩法为例，通常需要邀请新用户注册账号、实名认证、开通会员、开通信用卡等，在测试阶段，很难通过构造数据去模拟不同的任务状态，以及任务完成后触发奖励发放的场景。

6）环境限制：环境是指开发、测试、预发、灰度、生产环境。当业务较为复杂时，一般需要多个上下游应用协同，而部分应用因其特殊性，可能不支持开发环境和测试环境。如果技术链路强依赖这些应用提供的服务，则会对测试工作造成阻碍。以算法推荐服务为例，它通常是不支持开发环境和测试环境的，为了便于测试，服务端可在调用推荐服务处增加人工注入数据的功能。

6.3.2 可灰度

灰度策略是指在黑与白之间能够平滑过渡的一种方式。在上线一个新产品或新功能前，为了避免对用户体验造成大范围的负面影响，通常不会直接全量对外，而是基于白名单、百分比、万分比等灰度策略控制可见人群，让新产品或新功能先对一部分用户可见，然后根据用户的反馈调整、修改，待系统稳定后，再逐步切流直至全量对外。

此外，由于业务本身的特点或技术的局限，在开发环境和测试环境中可能无法验证全部的测试用例，而需要到生产环境中进一步测试验证，以发现潜藏的缺陷，这种情况下，服务端也必须支持灰度能力。

构建灰度能力并不复杂，主要包括两部分：灰度标识和灰度配置。如图 6-10 所示，从入口请求中提取灰度标识（如用户 ID），然后结合灰度配置（如白名单）判断用户是否属于灰度人群，进而决策后续执行链路。如果链路涉及多个系统，那么凡是与新产品或新功能有关的节点均需支持灰度能力。

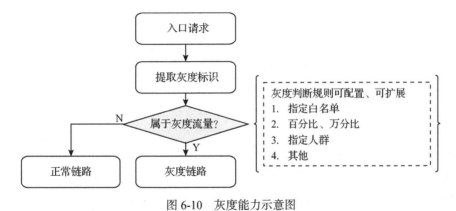

图 6-10 灰度能力示意图

6.3.3 可压测

关于压测，笔者在介绍稳定性设计时已经就压测目标和压测粒度进行了解读。作为补充，本节简要介绍服务端压测支持和压测开关。

❏ **压测支持**：进行压测的前提是系统支持压测。由于压测数据一般是人为构造的非真实数据，为了支持压测，服务端通常需要进行一些特殊处理，如识别压测流量、跳过部分强校验、透传压测标记、构建影子表等。

❏ **压测开关**：针对支持压测的接口，一般应设计开关，当开关开启时支持进行压测，若关闭，识别压测流量后则直接返回。这样设计的目的是避免因预期外的上游压测而导致系统过载，引发故障。

6.4 资金安全设计

运营活动类产品需求大都会涉及资金，如红包、满减、折扣、抽奖、免费领取商品等，稍有不慎，就可能导致资损。所谓资损，是指由于产品设计缺陷、系统运行异常、员工操作失误等，导致公司或者公司客户蒙受直接或间接的资金损失。这里的资金并不局限于现金，而是泛指一切可用现金评估价值的资产。

对于涉及资金的产品需求，我们应特别关注资金的安全问题，不局限于通过技术手段避免资损，还应结合数据核对、监控等措施，做到快速发现资损并快速止损。本节将从资损风险分析切入，分别就资损防控手段、一致性、幂等、数据核对、数据监控、应急止损等内容展开介绍，为读者呈现一幅资金安全设计全景图。

6.4.1 资损风险分析

资损风险分析是资金风险预防的手段之一。通过资损风险分析，我们可以整理出业务潜在的资损场景，进而有针对性地设计防控方案，如系统设计、核对规则、监控预警策略等。

1. 分析要素

资损分析一般从资金流、用户交互、资金规则、时效性、异常 5 个方面入手，每个方面都涉及大量细节，在分析时应充分挖掘。

1）资金流：需要分析金额、币种、账户、资金流向、额度限制、人工处理流程、后台资金操作规范等。以金额为例，包含金额在上下游系统的一致性、金额计算的正确性、逆向金额不大于正向金额等。

2）用户交互：需要分析客户端展示内容是否正确，不同渠道透出的信息是否一致，营销活动文案是否有歧义，结果信息展示是否正确等。以带小数点的金额为例，很容易出现客户端展示信息不全的问题，实际为 99.99 元，展示为 99.9 元或 9.99 元。

3）资金规则：包括所有资金相关的规则，如红包额度、活动准入人群、活动参与频次、单笔交易额、券核销门槛、积分奖励日限额、积分奖励月限额等。看似简单的规则背后，往往潜藏着巨大的风险。

4）时效性：涉及资金的业务可能存在一种特殊的场景，即时间会造成资金变化，从而引起资损。例如因还款延迟，引发逾期罚息。此外，由于技术原因导致违反 SLA（Service Level Agreement，服务等级协议），也可能造成资损。

5）异常：包括网络异常、系统异常、下游服务异常、配置错误、触发限流等。需要注意的是，在实践中应先分析资金流、用户交互、资金规则和时效性，在此基础上再分析异常场景，方可有的放矢。

2. 技术风险

基于上面的分析要素，从技术角度来看，潜在的风险场景主要有并发、幂等、分布式事务、服务超时、接口规约、数据计算精度、配置校验等。从这些风险可能导致的结果来看，主要为一致性问题。

1）并发：多个线程、进程同时对同一数据进行读写操作，可能引起一致性问题，如重复支付、积分超发等。若使用缓存，还存在缓存与数据库不一致的问题。

2）幂等：若幂等设计存在缺陷，在用户重复请求、网络重发、超时重试等情况下，可能出现请求结果与预期不一致，如重复下单、重复扣款等。

3）分布式事务：作为分布式环境下保障一致性的重要手段，事务提交、回滚设计不当会导致数据不一致。

4）服务超时：系统所依赖的服务的执行结果不确定，可能造成短时上下游数据不一致，一般通过幂等重试解决。

5）接口规约：接口设计不规范可能导致上下游理解不一致，进而误用。

6）数据计算精度：涉及货币金额计算的场景，若用浮点数（如 9.98 元）计算，容易引发一致性问题，通常应基于货币的最小单位（如人民币的分）将浮点数转换为整数进行计算。

7）配置校验：系统对运营配置校验不足，可能导致配置结果与预期不一致，例如活动配置 A 人群，活动奖品配置 B 人群，导致用户可见却不可参与。

6.4.2　资损防控三部曲

资损防控并非易事，在繁杂的系统链路上，任何一个环节出现问题都有可能导致资损。作为服务端开发人员，视野不应局限于单个系统或节点，解决方案也不能局限于系统设计层面，而应站到全局视角，从业务流程、系统设计、视觉交互、监控预警、应急止损等方面充分评估资损风险及应对措施的有效性，如此才可能做到体系化的资损防控，最大限度地保障资金安全。

如图 6-11 所示，从生命周期来看，资损防控一般可分为 3 个部分：技术规避、核对发现、应急止损。

（1）技术规避

技术规避即从技术层面规避资损风险。结合业务

图 6-11 资损防控三部曲

流程对系统进行全链路、端到端分析，挖掘潜在的可能导致资损的点，重点关注数据一致性、接口幂等、超时重试、分布式事务和异步处理。

（2）核对发现

核对发现是资损防控的重要组成部分。当技术规避措施失效时，有效的系统监控和数据核对有助于我们及时发现资损，同时也是快速止损和修复问题的必要基础。

（3）应急止损

应急止损是资损防控的最后一道屏障，贵在速度。为了能在资损出现后进行快速止损，必须在事前准备好应急预案，并通过预案演练确保预案的有效性。

6.4.3　一致性

一致性是一个很大的话题，涉及面非常广。在分布式系统中，为了提高系统的可用性，一般会使用多副本机制，而多副本则可能因网络分区、通信延迟等产生一致性问题；为了提升数据查询性能，通常会使用缓存，而缓存与数据库的一致性问题就会随之而来；在远程调用中，上下游系统因调用超时也会出现一致性问题。关于缓存与数据库的一致性问题，笔者将在第 9 章结合案例详细介绍。

本节内容聚焦于非功能性设计相关的一致性问题，包括数据一致性、单位一致性、信息表述一致性和配置一致性。

1. 数据一致性

在微服务化的大背景下，远程调用成为常态，服务端常见的数据一致性问题大都源自系统上下游的数据一致性。根据一致性强弱，数据一致性可进一步细分为强一致性（Strong Consistency）、弱一致性（Weak Consistency）和最终一致性（Eventual Consistency）。

1）强一致性：在任何时刻，所有节点中的数据保持一致，所有的用户或进程查询到的都是某操作对系统特定数据的最近一次更新（成功更新）。

2）弱一致性：当数据发生变化后，不同节点中的数据可能不一致。以缓存为例，在数据库写入一个新值后，读操作在缓存中可能读到数据，也可能读取不到。

3）最终一致性：是弱一致性的一种特例，保证用户最终能够读取到某操作对系统特定数据的更新。当数据发生变化后，不同节点中的数据可能不一致，但是随着时间的推移，不同节点的数据会最终达到一致状态。

在跨系统、跨应用、跨机房、跨地域服务调用场景中，保证强一致性非常困难，且成本高昂，主流解决方案基本都是基于分布式事务中间件实现的。目前，市面上的分布式事务中间件有阿里的 GTS、Seata，蚂蚁的 DTX，京东的 JDTX 等。

在大多数场景中，我们只需保障最终一致性即可。例如，应用 A 调用应用 B 的服务超时，应用 A 无法确定应用 B 服务执行的结果，而实际上，应用 B 的服务可能执行成功且相关数据已经更新，为了保证数据最终一致性，通常需要应用 A 发起重试。当然，重试的前提是下游服务支持重试。

2. 单位一致性

对于大多数读者来说，在过往的职业生涯中可能很少遇到单位一致性相关的问题。事实上，在电商、支付行业，单位一致性问题是比较常见的。为了便于读者理解，笔者结合"Airbnb 货币单位漏洞"这个案例来解读。

2019 年 1 月，Airbnb IOS 版出现严重 Bug，用户在支付界面更改货币种类后，实际支付金额并没有改变，如此一来，用 100 津巴布韦币就可以支付原本需要 100 美元的订单。这是一个典型的货币单位一致性问题，在系统设计时，货币金额与货币种类应强关联、强校验。在用户更改币种后，客户端应重新请求服务端获取换算结果，同时，服务端应基于商品原始定价对金额和币种进行强校验。

除了货币单位，商品包装单位（如件、箱、盒）、重量单位（如克、千克、斤、磅）、体积单位（如毫升、升）等，都可能导致单位一致性问题。为了保障一致性，在涉及单位修改、切换的场景中，须特别关注交互逻辑，保证单位与数字联动。

3. 信息表述一致性

在营销活动中，通常涉及大量信息表述，若方案设计不当，很容易导致客户端展示信息与后台配置信息不一致，进而导致资金损失。图 6-12 所示为 618 彩蛋红包活动中奖页面，其中，关键信息有金额（10 元）、使用范围（天猫实物商品）、活动参与日期（6 月 17 ～ 6 月 18）。活动开始后，出现了信息表述不一致故障，中奖用户弹窗显示 10 元消费券，但实际到账为 5 元，导致客户投诉。

究其原因，中奖页面展示的"10 元"取自服务端返回的字段 A，而该类型红包发放金额实际为字段 B，开发和运营人员均未发现该类型红包与普通奖品存在的差异，从而导致展示金额与发放金额不一致。

看上去，这似乎只是单纯的运营配置事故，但若深究，会发现技术方案设计亦存在明显缺陷。首先，金额属于高风险字段，展示金额与实际奖励金额字段应保持一致，而不是完全割裂的两个字段。其次，即便字段不同，至少也应进行数据强校验。

图 6-12 活动红包示意图

在设计系统时，须谨记人工校验是不可靠的，绝不能将保障一致性寄希望于人工，而应最大限度地支持机器校验，将潜在的低级错误消灭在萌芽状态。在实践中，为了保证信息表述一致，对于客户端展示的金额、时间、使用限制等关键信息，应由服务端统一收口，同时保证其可校验性。此外，其配置、修改、校验也应统一管控，必要时增加交叉审核流程。

4. 配置一致性

对于复杂的场景或产品，其技术链路上通常会涉及一系列的系统，不同的系统可能分属不同的部门，甚至分属不同的公司，每个系统都可能有自建的配置体系，鉴于此，保证业务关联配置在不同系统中的一致性就显得尤为重要了。下面先来看一个案例：

2021 年 5 月，麦当劳与某支付平台合作开展"0 元领"活动，在该平台上投放了一批 12 元麦乐鸡券，平台用户领券后，可以到麦当劳线下门店进行核销，实现 0 元领取麦乐鸡（当时麦乐鸡定价 12 元）。该活动进行不到一周，由于麦当劳修改了麦乐鸡的价格（上调为 12.5 元），导致优惠券与商品价格不一致，用户下单后无法核销。

究其原因，麦当劳、某支付平台本身都有自己的券配置体系，麦当劳在自身平台修改商品价格后，未同步修改某支付平台上的券配置，从而导致两个平台配置不一致。

对于这类同一业务配置分属不同系统的场景，在系统设计时，须特别关注配置一致性风险。一般有两种应对方案：其一，通过接口进行配置数据同步，当一方配置变更时，需调用其他系统接口同步变更；其二，通过签署合作协议约定配置变更责任。从技术层面看，方案一为优，很多互联网企业都有对外合作的开放平台；不过，在实践中，限于开发成本、开发周期，方案二也不失为一种选择。

6.4.4 幂等

幂等设计是保障数据一致性的基础，在涉及资金安全的领域，接口粒度的幂等设计大都是强制性的。关于幂等设计，在第 10 章有详细介绍，本节仅介绍两种典型的幂等问题。

1. 幂等设计不规范导致资损

服务内部实现了幂等逻辑，但没有严格遵循幂等规范，重复执行的结果并不相同。例如服务内部识别到重复请求后，返回错误码（如 DUPLICATE）而不是返回首次执行的结果，服务调用方必须识别该错误码才能判断服务调用的结果，不仅加重了系统之间的耦合度，而且容易导致资金损失。

2021 年 3 月，某视频会员充值代理平台出现充值成功后退款的故障，相当于用户实际未付款，但完成了充值。究其原因，代理平台在调用下游充值服务超时后进行了重试，并基于重试结果中的 success 和 retriable 两个参数判断重试是否成功及是否可继续重试，而未关注幂等错误码。在充值成功的情况下，下游充值服务针对重复请求，返回的结果中 success、retriable 均为 false，而 resultCode 为 DUPLICATE，幂等设计不规范；与此同时，代理平台未就这种不规范的设计做处理，将下游幂等结果误识别为不可重试失败，进而发起退款。

2. 幂等号设计缺陷导致资损

幂等号是实现幂等的唯一性约束，通常须保证业务维度的唯一性和重试维度的不变性，基于幂等号，服务端可以识别请求是否为重复请求，进而执行相应的处理逻辑。幂等号的唯一性和不变性通常由调用方保证，例如因调用下游服务超时而发起重试时，调用方就需要保证重试请求参数不变，否则，被调用方会将其识别为新请求，而无法实现幂等。

2019 年 5 月，某银行信用卡业务推出了一个"N 选 1"的抽奖活动，N 类奖品，当月使用信用卡支付的笔数达标的用户可以获得一次参与抽奖的机会，100% 中奖。活动开始后，部分具备抽奖资格的用户点击抽奖，报错"机会已用光"，但实际未中奖，且抽奖按钮仍可点击。

究其原因，幂等号是由客户端生成的，没有持久化。首次抽奖因下游可重试异常而发奖失败，由于未完成发奖，服务端判断用户仍具备抽奖资格，因此抽奖按钮仍可点击，由客户端发起重试。但客户端页面刷新后重试的幂等号发生了变化，服务端识别到用户存在可重试的抽奖流水，但与请求中的幂等参数不一致，因而阻断了流程，返回报错。一系列的设计缺陷，导致部分用户无法获得奖励，从而引起客户投诉。

6.4.5　数据核对

除了系统设计层面的规避措施，核对发现也是资损防控的重要组成部分。目前，资损发现最常用的手段是数据核对，也称为对账。根据时效性差异，核对可细分为离线核对和实时核对两种。

1. 离线核对

在数据规模巨大、实时性要求不高的场景中，离线核对是最常用的数据核对方式。离线核对的技术架构如图 6-13 所示，业务链路上，不同系统的不同数据源通过 ETL（Extract-Transform-Load）技术汇集到离线计算平台，然后通过离线大数据计算执行核对规则。由于离线数据与线上数据是环境隔离的，相互无干扰，因此在数据完整的前提下可以灵活地进行各类对账。

当然，离线核对也有明显的缺陷，即时效性较差。目前，大多数离线核对的时效性只能做到 $T+N$ 天、$T+N$ 小时，对快速发现资损、快速止损是不友好的。

（1）数据清洗

在业务相关的链路上，不同系统的数据存储方式、数据结构等可能存在差

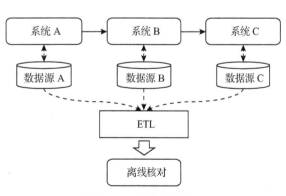

图 6-13　数据离线核对

异，难以直接用于核对，因此，在进行核对前通常需要清洗。通过数据清洗，可将资金相

关的用户、单号、金额、状态等信息清洗出来，为下一步执行核对规则奠定基础。

（2）核对脚本

同一笔业务，在不同系统中的业务时间通常是存在时间差的，在临界点容易误报，例如 A 系统业务时间为 2022-07-28 23:59:58，B 系统可能为 2022-07-29 00:00:03。因此，在编写核对脚本时，需要特别注意时间差问题。

在实践中，核对脚本一般遵循"双向核对，以小博大"策略。如图 6-14 所示，按时间排序后，在参与者 A 中选取核对时间范围后，在参与者 B 中适当扩大该范围，以保证 B 中的数据不会因临界时间而未纳入范围，造成误报。由于一致性关系具有对称性，同样要保证 B 在该时间范围内的数据在 A 中也能找到，因此要反向再做一次核对操作，相关数据核对脚本如代码清单 6-1 所示。

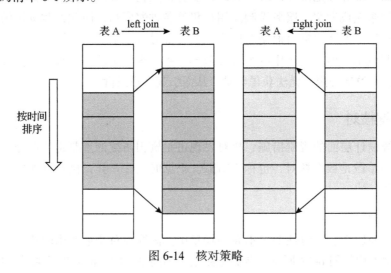

图 6-14　核对策略

代码清单 6-1　数据核对脚本

```
select * from A left join B on 关联关系 where 一致性关系 and A 时间范围
union all
select * from A right join B on 关联关系 where 一致性关系 and B 时间范围
```

2. 实时核对

相较于离线核对，实时核对要复杂得多，实时核对一般包括 3 个环节：变更数据获取、核对规则执行、核对结果处理。其中，变更数据获取最为关键，以 MySQL 为例，如图 6-15 所示，Action 事件触发 A 库和 B 库某表产生变更时，可基于高可用的 binlog 同步组件获取到对应的 binlog，再将其投递到消息队列中，作为后续执行核对规则的数据基础。在实践中，数据源通常是多样的，如数据库、日志、消息等，每个业务线都定制化开发一套核对系统既不现实，又无必要。在大型互联网公司，一般都会建立数据核对平台，作为通用基础设施。

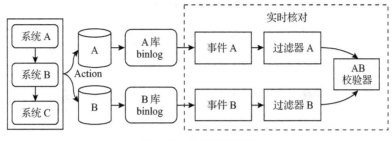

图 6-15 数据实时核对

实时核对的主要优势是时效性高，但并非严格意义上的实时，而是准实时，一般能够做到秒级到分钟级，从而确保快速发现资损问题，并及时止损。同时，考虑到大部分实时核对均基于增量数据流进行，天然适用于流水核对场景。不过，实时核对也有它的不足，如系统资源占用量大、落地成本高。在实践中，一般只针对核心链路进行实时核对，作为 $T+1$、$T+h$ 无法满足时效性要求时的一种补充手段。

6.4.6 数据监控

除了数据核对，数据监控也是发现资损问题的有效手段。就资金安全而言，监控方式包括资金异常监控、趋势监控、维度监控 3 种。

（1）资金异常监控

对于较为明显的资金异常，可在程序中进行校验，若识别到异常，则打印预警日志或发出预警消息。之后，通过日志过滤、监听消息、数据统计进行监控报警。以退款为例，一笔交易下的多次退款总和不能大于交易订单金额，若违反此规约，则可预警。

（2）趋势监控

对于运行正常的业务，其相关数据（如接口请求量、接口成功率、交易额等）大多会呈现出一定的趋势，时间维度的统计数据曲线较为平滑，而不会在短时间内大幅波动（秒杀、整点开奖类业务除外）。基于此，对于涉及资金安全的业务，我们可以进行趋势监控。以积分发放量为例，可设置 1min、5min 等时间窗口内的波动阈值限制，若超过则预警。

（3）维度监控

在大型互联网公司，数据监控基础设施大多已经非常完善，基于日志，我们可以很容易地配置各种维度的监控指标，如图 6-16 所示。

❑ 多值分组/分钟统计：通过对日志固定位置的关键字筛选，以分钟为统计频率，统计多个指标数据，例如统计某个接口被调用的总量、成功量、失败量、耗时等，并支持对不同维度进行聚合。

❑ 多值分组/秒级统计：通过对日志固定位置的关键字筛选，以秒为统计频率，统计多个指标数据，并支持对不同维度进行聚合。

图 6-16 数据监控指标

□ 单笔数据 Top：对单条日志的数值维度进行排序，查看前 N 个单笔业务，如统计耗时前 10 的单笔订单。

□ 分钟统计 Top：通过计算多维度数值在每分钟内的大小，再将数值进行排序，以展现前 N 个 key 及其数值，多用于统计分钟平均耗时排名前 N 的错误码。

□ 大盘：将已配置好的不同类型的数据源，通过灵活的配置，以报表及走势图的形式展现。只做报表展现，一般不支持预警配置。所有预警设定在配置监控项时完成。

□ 查找预警：查找日志中固定位置关键字并进行预警，可发送包含该关键字的日志内容为预警内容，也可提取部分日志内容作为预警内容。该插件只有预警功能，没有数据统计、数据查看功能。

□ 模式匹配：对日志中非固定位置的关键字进行监控统计，给出统计详情，例如统计 Error 日志中的某个错误。多用于格式不规范的日志，如不带日期的日志。

□ 归档统计：可将平台分钟级数据源按小时、天、星期归档。归档统计只作数据统计，不作预警使用。

6.4.7 应急止损

应急止损能力是资损防控的最后一道防线。在发现资损事件后，首要任务不是定位问题，而是止损，及时、有效的止损措施可最大限度地减少损失。

为了能够快速、有效地止损，需要提前准备并演练应急预案，紧急时刻直接执行预案即可。需要注意的是，应急预案可能是有损用户体验的，如下线活动入口、下线商品、暂停交易等，在准备预案时就应充分考虑，针对资损的严重程度、影响范围制定资损等级评估标准，并根据不同的资损等级准备多级预案。

6.5 其他非功能性设计

非功能性设计涵盖诸多方面，除了上面介绍的稳定性设计、预案设计、可测性设计、资金安全设计，还包括兼容性、异常 / 补偿、扩展性等方面的内容。

6.5.1　兼容性

系统兼容性是指软件应用程序在硬件、配置、数据、版本等存在差异的情况下仍然能正常工作的能力。就系统非功能性设计而言，兼容性主要包括处理逻辑兼容、数据库兼容、依赖兼容、回滚兼容 4 个方面。

1. 处理逻辑兼容

如图 6-17 所示，系统 A 发布过程中，系统新旧代码产生的业务数据不一致，这些不一致的业务数据在不同的系统或业务处理环节不能被同等消费，从而导致兼容性问题。其中，系统 B 可以是业务链路上的下游系统，也可以是系统 A 本身的业务处理环节。

为了保障发布过程中新旧代码兼容，通常的做法是增加一个切流开关，在所有需要兼容的地方通过判断开关是否开启来决策是否走新链路。由于开关默认关闭，在系统发布过程中会默认使用旧逻辑处理业务，待应用系统代码都达到一致状态之后，再打开开关逐步切流。

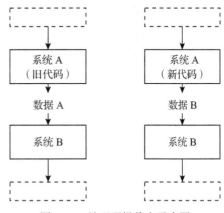

图 6-17　处理逻辑兼容示意图

2. 数据库兼容

如果系统设计方案包括数据库表结构、索引变更，为了兼容，需要注意以下事项：
- 查询语句避免使用 "select * from x_table"，否则，当数据表新增字段时，未发布新代码的服务器将查询结果映射到 Result Map 时会失败。
- 发布期间避免执行数据变更，否则，对于数据表中新增字段，未发布新代码的服务器在执行更新、插入语句时会丢失新增属性。
- 数据表新增字段，默认值允许为空，否则，未发布新代码的服务器在执行更新、插入语句时会失败。
- 修改索引，应先新增，待生效后再清理旧索引。
- 使用新索引的业务，要确认索引生效后再引流。

3. 依赖兼容

依赖兼容主要涉及以下内容：
- 模型（如 RPC 服务请求、消息 DTO、缓存模型等）中新增相关属性后，须保证系统发布期间无依赖新增属性的业务流量，一般可通过控制发布顺序进行兼容。
- 模型（如 RPC 服务请求、消息 DTO、缓存模型等）中新增相关属性后，须保证新增属性的默认值不会影响原有代码的逻辑。

- ❑ 模型（RPC 服务请求、消息 DTO）中不要使用枚举类型，避免反序列化失败。
- ❑ 对删除模型中已有属性的变更需要谨慎评估，原则上禁止删除属性。
- ❑ 若接口请求新增属性，应用内部不能进行必填强校验，以兼容未升级的接口调用方。
- ❑ 以 Java 为例，升级 JAR 包时，须确定当前 JAR 包版本号和待升级包版本号，明确这两个 JAR 包版本的差别。特别注意，新版 JAR 包是否新增了对第三方 JAR 的依赖，否则可能会因新版 JAR 包删除了相关类或方法，导致运行时发生 ClassNotFound、NoSuchMethod 等异常。

4. 回滚兼容

在系统发布过程中，可能因线上故障、产品策略变化等因素导致回滚。线上故障导致的回滚大都是临时性的，解决故障之后仍然会正常发布，一般无需特殊处理。但是，产品策略变化引起的回滚则可能是永久性的，即该产品需求废弃，整体回滚到上一版本。

考虑到两种回滚类型的巨大差异，在需求分析阶段就必须与产品经理和业务方就是否需要支持产品回滚达成一致。若需支持产品回滚能力，则应重点关注以下两个方面。

（1）发布过程中新代码产生的数据，在回滚后是否能被正确地处理

在系统设计时，一般可通过增加开关来控制执行逻辑，一旦回滚，则切换为旧链路。旧链路与新代码产生的数据之间的冲突一般是可控的，兼容处理相对容易，但存在一种极端情况，即新代码产生的数据涉及资金（如中奖、红包等），不能因产品回滚而清除或失效，这就需要针对那些已经具有新代码产生的数据的用户进行定制兼容，成本往往是非常高的。

（2）当系统回滚时，链路上是否存在强依赖该系统的其他系统要同步回滚

如果该系统的依赖方均为服务端系统，回滚兼容是相对容易的，各个依赖系统同步修改代码，然后根据依赖关系制定回滚顺序即可。如果该系统的依赖方涉及客户端，回滚兼容则会复杂很多。因为客户端版本的更新并不完全受控，回滚通常是一个漫长的过程，在这个过程中，服务端新代码相关的接口是不能直接下线的，而需要继续维持，直到接口的调用量下降到一定程度。

6.5.2 异常 / 补偿

在生产环境中，异常几乎是不可避免的。一些看上去比较简单的产品功能，如商品浏览、下单、付款过程等，其背后却是极为复杂的技术链路，可能涉及数个系统、数十次服务调用。在这些跨系统的服务调用过程中，由于网络抖动、下游限流、服务超时、数据库链接池满等，都会导致异常。既然异常不可避免，我们在设计系统时就必须针对异常情况设计补偿方案，常用的补偿方案有两种，即重试和回滚。

1. 重试

在调用下游服务发生异常时，可以根据异常的类型酌情进行重试。可重试的异常包括超时异常、服务限流异常及其他调用结果明确可重试的异常。根据重试是否同步进行，可

分为同步重试和异步重试两种模式。

（1）同步重试

在调用下游服务失败时，若确定为可重试异常导致，则在当前线程中直接发起重试，直到重试成功或者达到重试次数阈值为止。这种重试模式即为同步重试。

同步重试模式适用于短时故障场景，即下游故障是暂时性的，不会持续较长时间，如网络抖动、服务超时。在这类场景中，可以立即重试，但重试次数一般不应超过 1 次，如果重试失败且仍可重试，一般可通过异步重试策略继续重试。

（2）异步重试

在调用下游服务失败时，若确定为可重试异常导致，则通过数据库、消息队列等可持久化数据的设施记录可重试信息，当前线程直接返回对应失败结果（如充值中、奖品发放中），然后通过定时任务、异步线程等方式基于可重试信息进行重试。

采用异步重试模式，需要特别注意重试时间间隔，一般有 5 种间隔策略。

❑ 固定间隔：重试的间隔相同，如每 3s 重试一次。

❑ 递增间隔：提供一个初始值和步长，间隔随重试次数增加而增加，如第一次 0s、第二次 3s、第三次 6s、第 n 次 $3 \times (n-1)$s。

❑ 随机间隔：提供一个最小和最大时长，间隔时长为区间内的随机值。

❑ 指数间隔：重试间隔呈指数级增加。与递增间隔类似，核心思想都是让失败次数越多的重试请求优先级越低，但指数间隔的增长幅度更大一些。

❑ 随机指数间隔：在指数间隔和随机间隔之间寻求一个中庸的方案，引入随机乘数。

可能读者会疑惑，不同的重试间隔策略背后的考量是什么呢？以随机间隔为例，它可将某一时刻集中产生的大量重试请求进行分散，防止对下游造成冲击，特别是当下游系统处于重启或故障恢复中时，密集的重试可能导致次生故障。其实，无论采用哪种重试策略，目标都是最大限度地保证业务成功，但在分布式、高并发场景下，重试间隔需要谨慎选择。

2. 回滚

回滚（Rollback）是指当程序或数据处理错误时，将程序或数据恢复到上一次正确状态的行为。回滚包括程序回滚、数据回滚等类型，这里主要介绍数据回滚。数据回滚可细分为显式回滚和隐式回滚两种模式。显式回滚需要发起方调用逆向接口，而隐式回滚则无须调用逆向接口。在实践中，显式回滚更为常用。

（1）显式回滚

当失败发生时，可通过调用接口实施显式回滚。显式回滚的前提是明确失败的步骤和状态，进而确定需要回滚的范围，对于系统的设计者来说是相对容易的。需要注意的是，一个业务的处理过程往往涉及多个服务，但并不是每个服务都具备回滚接口（当然也不是每个服务都需要回滚）。这种情况下，我们应遵循服务编排的一般原则，即尽量将具备回滚接口的服务放在前面，如此一来，当后面调用的服务发生错误时才有机会回滚。

显式回滚一般是通过类似 try-catch 的方式捕获服务调用异常，然后根据异常类型在 catch 语句中调用对应服务的回滚接口。

（2）隐式回滚

隐式回滚意味着回滚动作不需要工程师进行额外处理。典型场景是数据库事务回滚，以 MySQL InnoDB 为例，当插入、更新、删除操作因意外而失败时，数据库可自动回滚。

此外，还有一种逻辑上的隐式回滚，一般通过定时任务实现。例如订单自动关闭的场景，电商平台一般要求用户在下单后 5min 内完成支付，否则自动关闭订单，从而释放库存。

6.5.3 扩展性

扩展性是一个比较宽泛的概念，在很多领域都有应用。在软件工程领域，扩展性常用于描述软件系统、架构、接口、数据模型等应对变化的能力，是软件系统设计的核心考量指标之一。

人类对事物的认知是随着时间的推移而不断进化和完善的，不可能一蹴而就。扩展性之所以重要，是因为在特定的时间、空间下，我们对客观世界的认知往往不够全面和真切，无法判断当前的抽象建模是否可以准确地刻画事物的本质。或许，我们可以自信地说，当下的设计足以满足未来 1～3 年业务发展的需要，但再往后呢？我们无法判断，因此，扩展性设计就成了应对潜在变化的绝佳选择。

从技术角度来看，扩展性设计并不是孤立存在的，它渗透在系统设计的方方面面，如分层架构、模块化、接口、元数据等，本节不再展开介绍。

第二部分 *Part 2*

解决方案

信息时代，资讯、社交、游戏、消费、出行等丰富多彩的互联网应用已经渗透到了人们生活和工作的方方面面。随着用户规模的增长和应用复杂度的上升，服务端面临的技术挑战越来越严峻。在实践中，我们几乎不可避免地会遇到"既要、又要、还要"的需求。然而"鱼与熊掌"往往难以兼得，因此，权衡利弊亦是服务端开发的重要内容。服务端开发工程师必须清楚系统的所有利益相关者，充分挖掘各方的主要诉求，据此在设计解决方案时予以平衡。切忌完美主义，须知：没有最好的解决方案，只有最适合的解决方案。

作为本书的下篇，第二部分的主题是解决方案，内容包括第 7 ~ 14 章。其中，第 7 ~ 13 章分别就高并发、缓存、数据一致性、幂等、秒杀、高性能和高可用问题展开讨论，在给出解决方案的同时结合案例深入分析不同解决方案的优缺点；第 14 章则介绍 API 设计、日志、异常处理、代码编写、注释等落地实施层面的行业案例和开发规范。本篇内容可以帮助读者夯实技术基础、提升竞争力。

高并发问题及解决方案

随着移动互联网的崛起，网民数量快速增长，互联网深度融入人们的日常生活。截至 2022 年 6 月，移动社交、移动购物、系统工具、金融理财、出行服务及移动视频六大行业用户规模均在 10 亿以上。腾讯、阿里、京东、字节、美团、Meta、Twitter 等大型互联网企业的用户规模都达到了亿级甚至 10 亿级。巨大的用户规模意味着巨大的流量，而诸如"双 11""618""五福开奖"等营销活动，又使得本就巨大的流量在短时汇集，形成流量洪峰，大量操作请求以排山倒海之势涌向服务端，高并发场景由此而生。

作为服务端开发工程师，如果支持的是 To C 业务，那么高并发几乎是绕不开的问题。因此，掌握高并发应对方案十分必要。本章将体系化地解读高并发应对策略，包括资源扩展、流量削峰、数据缓存、服务降级、限流等内容。

7.1 高并发概述

"高并发"一词虽不新鲜，但若细究其含义，很多人就语焉不详了。鉴于此，在正式介绍高并发应对策略之前，笔者先对并发、CPU 密集型、I/O 密集型、高并发的含义和相关指标进行介绍。

7.1.1 并发

并发（Concurrency）原本是操作系统领域的一个概念，指的是一段时间内多任务流交替执行的现象。具体而言，当多个线程需要同时运行时，如果操作系统只有一个单核 CPU，那么它根本不可能真正同时运行一个以上的线程。它只能把 CPU 运行时间划分成若干个时间片，再将时间片分配给各个线程，在任何一个时间片内都只有一个线程运行，其他线程均处于挂起状态。由于 CPU 时间片非常短（通常仅为几十毫秒），实际交替执行的线程给人的感觉是同时进行的。

关于并发，举个简单的例子。如果有 N（N 大于 1）个任务需要你去完成，同时必须按天汇报每个任务的进展，那么你就需要合理地规划。可将每天的工作时间划分为 N 份，每份时间内专注于推进一个任务，如此一来，宏观层面（按天衡量）N 个任务都在同时推进。对你而言，按天推进 N 个任务就是并发；你对于这 N 个任务而言则是共享资源。可见，并发有一个暗含的前提，即竞争共享资源。在操作系统领域，共享资源除了 CPU，还有内存、网络 I/O、磁盘 I/O 等。

7.1.2 CPU 密集型与 I/O 密集型

在实际应用中，计算机程序一般都是 CPU 计算和 I/O 操作交叉执行的。由于 I/O 设备的速度相对于 CPU 来说是极慢的，因此大多数情况下，I/O 操作所需的时间相对于 CPU 计算来说都非常长，这种场景被称为 I/O 密集型计算。与 I/O 密集型计算相对的是 CPU 密集型计算，即大部分场景下都是纯 CPU 计算，I/O 操作极少。

对于 CPU 密集型计算，如果是纯 CPU 计算，无任何 I/O 操作，理论上最佳线程数计算公式为：线程数 =CPU 核数。当运行的线程数超过 CPU 核数后，不仅无法提升 CPU 利用率，而且还会增加线程切换的成本。当然，完全不涉及 I/O 操作的场景是非常少的。

对于 I/O 密集型计算，理论上最佳线程数计算公式为：CPU 核数 * [1+(I/O 耗时 /CPU 耗时)]。举个例子，对于一个单核 CPU，如果 CPU 计算和 I/O 操作的耗时之比是 1∶2，则理论上最合适的线程数为 3，如图 7-1 所示。CPU 在 A、B、C 三个线程之间切换，对于线程 A，当 CPU 从线程 B、C 切换回来时，线程 A 正好执行完 I/O 操作，这样 CPU 和 I/O 设备的利用率都可达到 100%。

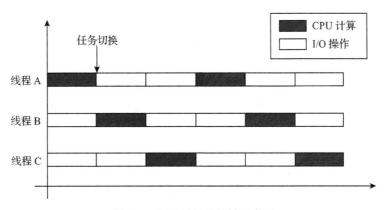

图 7-1 CPU 时间片轮转示意图

通过上面这个例子可以发现，对于 I/O 密集型计算场景，合理地增加线程数是非常有意义的，可以显著提高 CPU 的利用率。基于此，增加并发数的意义也就不言自明了，线程总不能空转吧？适当地增加并发数可以让线程充分运转，极致利用服务器资源。

需要说明的是，上面的最佳线程数仅仅是理论值，在实际应用中，一台物理机上通常运行着多个应用，每个应用都有自身的特点，且在不断地变化，几乎不可能通过统计 CPU 计算耗时和 I/O 操作耗时来规划线程数。最佳线程数即便存在，也应是动态变化的，在实践中，一般只能通过真实场景下的测试来逐步靠近这个最佳值。同时，当线程数达到一个临界值后，由于线程切换开销增加，性能可能会下降。

7.1.3　高并发

1. 基本概念

理解了并发，我们再来看高并发（High Concurrency）。高并发是并发这一概念被泛化的结果，在互联网领域常被用来指大流量、高并发请求量的业务情景，比如春运抢票、"双 11"大促、秒杀抢购等。

在互联网领域，并发是指系统能够同时处理多个请求。这里的系统并不局限于单机操作系统，它的粒度可以非常粗，如服务器集群。同时，在微服务时代，一个请求大都需要多个服务端应用协作处理，而这些应用本身可能部署在不同的物理机上，因此一次请求可能会跨越多个机房、操作系统、进程和线程。

那么，到底什么是高并发呢？目前业界并没有统一的标准。所谓高，本质上是一种比较，通常是与业界同类产品比，或者与自身比。以电商行业为例，平台 A 的用户规模为 50 万，平台 B 的用户规模为 5000 万，表面上是用户规模的差距，但背后的技术相差甚远。平台 A 采用单机架构就足以支撑，而平台 B 则要复杂得多，可能涉及负载均衡、数据库分库分表、数据缓存、异步化、限流熔断、分布式事务等一系列技术。为什么平台 B 要采用相对复杂的技术架构呢？主要就是为了应对高并发。5000 万的用户规模，一次限时抢购活动就可能导致请求量峰值达到数万 QPS。对于电商行业而言，这个量级完全可以称为高并发。

需要强调的是，高并发的核心不是浮于表面的吞吐量，而是为了应对并发场景从系统架构、编码等方面所做的设计。接续上面的例子，虽然平台 A 用户规模小，单机架构看似比较简单，但可以通过提升服务器配置、多线程、读写分离、缓存、SQL 优化等措施来对并发性能瓶颈进行针对性优化，从而提升并发能力。与普通单机架构相比，优化后的平台 A 也具备高并发能力。

2. 相关指标

高并发相关的常用指标如下。

❏ 响应时间：指系统处理一次请求所需要的平均处理时间。例如系统处理一个请求平均需要 200ms，这个 200ms 就是系统的响应时间。

❏ 吞吐量：单位时间内处理的请求数量。

- QPS：指每秒响应请求数。在互联网领域，QPS 与吞吐量没有明确区分，常用于衡量单个接口的处理能力。
- TPS：指每秒处理完的事务次数。通常，TPS 是对整个系统而言的，一个事务的处理过程可能会对应多个请求。
- 并发量：指系统能同时处理的请求数。计算公式为：QPS × 平均响应时间。

7.2　资源扩展策略

对于服务端而言，高并发场景下，最直接的影响是服务器的 CPU、内存、磁盘等资源紧张，高负载运行，响应变慢。为了应对，最朴素的解法就是提升服务器硬件配置，增加服务器的数量，即垂直扩展（Scale Up）和水平扩展（Scale Out）。

7.2.1　垂直扩展

垂直扩展即提升单机处理能力。广义的垂直扩展包括两种方式：提高单机硬件配置和提升单机架构性能。本节主要从资源层面考量。垂直扩展指提高单机硬件配置，主要涉及以下内容。

1. CPU

要快速提升服务器本身的处理能力，最简单也最容易的一种方式就是增加服务器 CPU 的核数。不同于单核心，多核分工可加快程序执行的速度，进而提高服务器本身的处理效能。

对于普通核数较少的 CPU，若要增加核数，只能增加 CPU 颗数。例如在一台服务器内提供 2 颗、4 颗甚至 8 颗 CPU 的设计配置，以组成一个拥有更多 CPU 核心的运算丛集。

采用高性能 CPU，目前 Intel 的 Xeon 系列已经可以在单颗 CPU 上集成 56 核，AMD 的 Threadripper 系列则可以做到单颗 CPU 集成 64 核。在核心数相同的前提下，采用高性能 CPU 通常比堆叠普通 CPU 成本更低。

2. 内存

内存也称随机存取存储器（RAM），是服务器的短期存储器。它临时存储服务器上运行的所有应用程序和进程的数据。相较于直接从硬盘访问数据，内存要快得多，有助于充分发挥 CPU 的处理能力。

内存不足会导致性能下降、不稳定甚至服务器中断。当服务器没有足够的物理 RAM 时，系统将转向使用虚拟内存或交换内存。这种内存比物理内存慢得多，因为它使用的是 HDD（Hard Disk Drive）或 SSD（Solid State Disk），会导致应用程序运行变慢。

服务器内存一般 4GB 起步，目前单根内存条最大容量为 128GB。通过内存扩展插槽，高性能服务器的内存可扩展至 2TB。

3. 硬盘

硬盘是服务器的主要数据存储设备，足够的存储空间可以有效地防止硬盘打满导致的服务挂掉。目前主流的硬盘容量已经上升到 14TB，随着磁记录技术的发展，未来会演进到 16TB、18TB、24TB 等大容量。

从硬盘的种类来看，主要有 SSD 和 HDD 两种。从读写速度来看，SSD 更快，但从可靠性来看，SSD 一旦损坏，数据很难找回，而 HDD 损坏后大都还可以通过修复找回数据。在实际应用中，可以根据数据存储安全和读写速度的需要灵活选择，一般采用 SSD 作为系统盘，HDD 作为数据盘。

4. 带宽

带宽即网络带宽，是指在单位时间内能传输的数据量。网络和高速公路类似，带宽越大，相当于高速公路的车道越多，其通行能力就越强。带宽描述数据传输速率，但带宽和网速并不等同，带宽如车道数，网速类似车速。带宽越大，可容纳同一时间访问的数据量就越大，就能够支持更多的用户同时访问。

带宽的大小与业务类型紧密相关，例如资源下载类网站对带宽的要求就特别高，大都选择独享带宽。对于一般的视频网站，人均须占用约 70～120KB 的带宽，而一般的音乐网站，人均 30KB 就很流畅了。在实践中，可以通过网络测量工具来确定需要的带宽，若需要的带宽较大，则应采用独享带宽。

在业务发展早期，通过垂直扩展（增强单机硬件性能）来提升系统的并发能力通常是最佳选择。在这个阶段，公司的战略往往聚焦于业务，追求快度迭代，技术架构演进暂缓，而垂直扩展则是最快的方法。

当然，无论提升单机硬件性能，还是提升单机架构性能，都有一个致命的不足：单机性能总是有极限的。因此，在互联网行业，高并发场景的终极解决方案还是水平扩展。

7.2.2 水平扩展

水平扩展是指通过增加更多的服务器或者程序实例来分散负载，从而提升存储能力和计算能力，简单理解就是"堆机器"，以数量优势来弥补质量的不足。与垂直扩展不同，水平扩展对服务器本身的硬件性能要求较低，大都采用 4 核、8GB 这样的普通配置，通过服务器集群来满足高并发场景下的容量需求。

水平扩展理论上是没有上限的，在做好层次和服务划分的前提下，增加机器能满足任何容量需求，但实施起来往往困难重重。分布式会增加系统的复杂度，集群规模上去后，还会引入运维、服务发现、服务治理等一系列的新问题。水平扩展主要包括两个方面：服务层水平扩展和数据层水平扩展。

1. 服务层水平扩展

服务层水平扩展即服务端应用系统水平扩展，增加应用服务器的数量。举个例子，假设一个注册用户为 500 万的 App，其 DAU 为 50 万，应用系统日常峰值为 600QPS，数据库日常峰值为 1500QPS（一次客户端请求通常涉及多次数据库读写操作）。对于数据库而言，单机承载 1500QPS 是比较轻松的，但对于低配应用服务器而言，单机承载 600QPS 时，负载可能就比较高了。在这种情况下，我们可以增加一台服务器。如图 7-2 所示，增加服务器后，单机的负载就减半了。

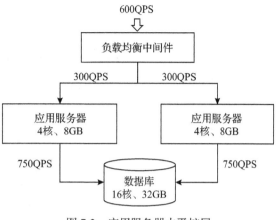

图 7-2　应用服务器水平扩展

需要注意的是，水平扩展本质上是通过部署更多的镜像来实现的，原来通过一个系统实例对外提供服务，通过水平扩展得到更多实例后，多个实例对外提供相同的服务。对于同一个用户而言，每次请求都可能被负载均衡中间件转发到不同的实例上，从而导致上下文无法关联。鉴于此，为了更好地支持水平扩展，业务服务通常设计成无状态服务。

提示： 服务一般分为有状态服务（Stateful Service）和无状态服务（Stateless Service）。它们的区别是，当请求发起后，服务端在处理请求时是否需要关联上下文。

❑ 有状态服务：服务端需要保存请求的信息，并且其他请求还可以使用已保存的信息。
❑ 无状态服务：服务端处理逻辑中所需要的数据全部来自本次请求中携带的信息。虽然服务端也保存了一些信息，但是这些信息要么与请求无关，要么为所有请求所共用。

当业务服务器扩展为集群之后，用户不应感知每台服务器的 IP 和域名，因此，我们必须统一服务入口，这就需要在客户端和业务服务器集群之间增加一个负载均衡层。通过负载均衡层，将来自客户端的请求均匀地转发到业务服务器上，从而通过服务器集群化提供更高的并发能力。目前主流的 RPC 框架大都自带路由模块和 LoadBalancer 模块来解决负载均衡问题，典型如 Dubbo。

2. 数据层水平扩展

通过对服务层进行水平扩展，实现了业务服务器集群化，可以在很长一段时期内满足业务的需要。随着业务形态的丰富和用户规模的增长，数据读写操作愈发频繁。由于读写操作都在单一的数据库服务器上，数据库负载将越来越高，因此我们需要对数据层进行优化。

为了提升性能，同时兼顾实现成本，我们可采用一种简单的解决方案：基于"主从部署"实现"读写分离"。具体而言，就是将写操作请求路由到主库，读操作请求路由到从库。架构如图 7-3 所示。在读写分离架构下，由于写库仍为单机，因此并不能完全解决问题。

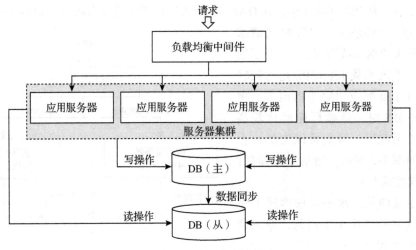

图 7-3　读写分离架构

由于大多数应用场景都是读多写少，因此通过读写分离可以一定程度上缓解数据库的压力。此外，还可以结合垂直分库、垂直分表来优化性能。

无论读写分离，还是垂直分库分表，都无法从根本上解决物理资源瓶颈问题，因此终极策略仍然是水平扩展。与服务层水平扩展类似，我们也可以对数据层进行水平扩展，即分库分表，将一个库拆分为多个库，一个表拆分为多个表，分别部署在多台数据库服务器上，以此来分担数据库的并发压力。如图 7-4 所示，通过水平扩展，将单台数据库服务器扩展为多台数据库服务器，同时保持主从机制。

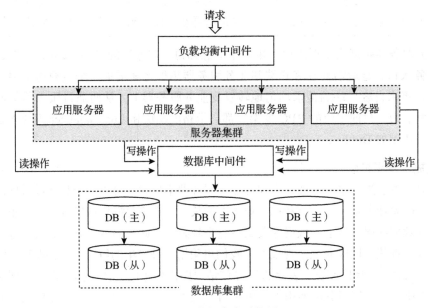

图 7-4　数据库水平扩展

实现数据库水平扩展需要解决诸多技术问题，如路由策略设计、跨库跨表查询、数据迁移等。关于数据库水平扩展，在第 5 章中有详细的介绍。

7.2.3 负载均衡

负载均衡（Load Balance）是指将负载相对均匀地分摊到多个操作单元上执行。负载均衡提供了一种透明、廉价、有效的方法来扩展服务器和网络设备的带宽，加强网络数据处理能力，增加吞吐量，提高网络的可用性和灵活性。简言之，负载均衡就是把负载（客户端请求）均衡地分配到不同的服务实例上，利用服务集群的能力去承载并发请求。负载均衡是服务集群化的实施要素。

负载均衡可以应用在 OSI（Open System Interconnection）参考模型的多层上。其中最常用的是基于传输层的四层负载均衡和基于应用层的七层负载均衡，因此本节将重点介绍这两种负载均衡。

1. 四层负载均衡

四层负载均衡工作在 OSI 模型的传输层（第四层）。传输层只有 TCP/UDP，这两种协议中除了包含源 IP、目标 IP 以外，还包含源端口号及目标端口号。四层负载均衡服务器在接收到客户端请求后，会通过负载均衡算法选择一个最佳的服务器，并对报文中目标 IP 地址进行修改（改为后端服务器 IP），然后直接转发给该服务器。

LVS（Linux Virtual Server）是全球最流行的四层负载均衡开源软件，可以实现 Linux 平台下的负载均衡。其实现方式如图 7-5 所示，客户端从 DNS 服务器获取到的只是服务器集群的虚拟 IP（VIP），客户端根据 VIP 将请求发给负载均衡节点后，再由负载均衡节点转发给后端业务服务器处理，后端业务服务器处理完成后将响应通过负载均衡节点返回给客户端。在四层负载均衡中，TCP 连接是由客户端和后端业务服务器直接建立的，负载均衡节点只起转发作用。

图 7-5 中各缩写的说明如下。
- RS：Real Server，处理实际请求的后端服务器节点。
- DS：Director Server，负载均衡器节点，负责接收客户端请求，并转发给 RS。
- CIP：Client IP，客户端的 IP 地址。
- VIP：Virtual IP，DS 用于和客户端通信的 IP 地址，作为客户端请求的目标 IP 地址。
- DIP：Director IP，DS 用于和内部 RS 通信的 IP 地址。
- RIP：Real IP，后端服务器的 IP 地址。

官方版本的 LVS 具有很多优点。在稳定性方面，LVS 与 RS 之间通过 Heartbeat 方式进行健康检查，当 RS 集群中有机器上下线时，不需要与 DNS 交互，而只需要与 LVS 交互即可；LVS 主备间通过 Keepalived 进行状态检测，当 LVS 因故障无法提供服务时，处于热备的 LVS 会替换它以保障服务可用。在负载均衡策略方面，LVS 中配置了 RS 的真实 IP 地址，可用于健康检查和负载均衡，LVS 可支持丰富的负载均衡策略。此外，在 RS 中还配置了 VIP 地址，用于组建 Virtual Server 环境（LVS + RS 统称为 Virtual Server）。

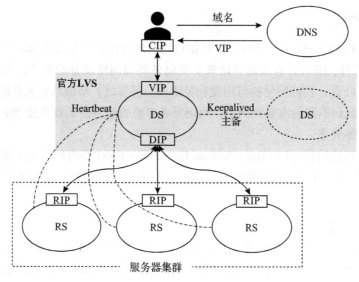

图 7-5　基于官方 LVS 的四层负载均衡

当然，官方版本的 LVS 也存在诸多不足。

- LVS 支持 NAT、DR、TUNNEL 三种转发模式，上述模式在多 VLAN 网络环境下部署时，存在网络拓扑复杂、运维成本高的问题。
- 与商用负载均衡设备（如 F5 等）相比，官方 LVS 缺少 DDoS 攻击防御能力。
- LVS 常用 Keepalived 软件的 VRRP 心跳协议进行主备部署，无法线性扩展。

上述不足制约了 LVS 的应用。为了适应自身业务的规模和特点，很多大型互联网企业在官方版本 LVS 的基础上进行了优化。以阿里开源的 Ali-LVS 为例，LVS 采用集群方式部署，增加了攻击防御模块，新增转发模式 FULLNAT，实现 LVS-RealServer 间跨 VLAN 通信等。Ali-LVS 架构如图 7-6 所示。

在 LVS 集群部署模式下，我们需要感知 LVS 集群中机器的服务状态并自动进行健康检查，同时 LVS 本身也需要负载均衡。这时就需要引入交换机了。交换机通过 ECMP 等价路由，将请求分发给 LVS 集群。1 个 VIP 配置在集群的所有 LVS 上。交换机与 LVS 集群间运行 OSPF 协议，当一台 LVS 宕机后，交换机会自动发现并将这台机器的路由动态地剔除，这样 ECMP 就不会再给这台机器分发流量，也就做到了动态的故障转移。外部流量到了交换机后，下一步具体走哪条路径是由交换机上配置不同的 Hash 策略控制的，一般是源 IP+源端口。

2. 七层负载均衡

七层负载均衡工作在 OSI 模型的应用层（第七层，也是顶层）。应用层协议较多，如常用的 HTTP、DNS、Radius 等，这些协议中会包含很多有意义的内容，七层负载均衡本质上就是通过分析报文内容来进行负载均衡的。比如同一个 Web 服务器的负载均衡，除了根据 IP 加端口进行负载均衡，还可根据应用层的 URL、浏览器类别、语言来决定是否要进行负载均衡。若将 Web 服务器分成中文、英文两组，七层模式可自动辨别用户语言，然后选择对应语言的服务器组进行负载均衡处理。

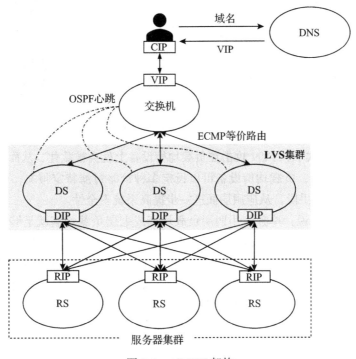

图 7-6 Ali-LVS 架构

相较于四层负载均衡，七层负载均衡的流量路由方式要复杂得多。以常见的 TCP 为例，若要根据应用层内容选择服务器，负载均衡设备须先代理最终的服务器与客户端建立连接（三次握手）才能接收到客户端发送的应用层内容的报文，然后再根据该报文中的特定字段，结合负载均衡设备设置的服务器选择方式，决定最终选择的内部服务器。

如图 7-7 所示，四层负载均衡模式下，负载均衡节点只起流量转发作用，相当于一个转发器；而七层负载均衡模式下，负载均衡节点需与客户端和服务器分别建立 TCP 连接，相当于代理服务器。

从技术原理上看，七层负载均衡的流量路由策略是比较复杂的，相应的，对负载均衡设备的要求也比较高。那么，为什么还需要七层负载均衡呢？主要有以下两个因素。

1）智能。七层模式可以对客户端的请求和服务器的响应进行任意指定的修改（如压缩、加密等），灵活地处理用户需求；可根据流经的数据类型（如图像文件、压缩文件、多媒体文件格式等），把数据流量引向相应的服务器处理，提升系统性能。通过对 HTTP 报头的检查，可以检测出 HTTP 400、500 和 600 系列的错误信息，从而将连接请求重新定向到另一台服务器，避免应用层故障。

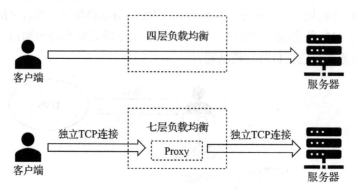

图 7-7 四层、七层负载均衡对比

2）安全。七层模式下，SYN 攻击在负载均衡设备上就会被截住，从而避免影响后端服务器的正常运行。此外，负载均衡设备可以设定多种策略过滤特定报文，如 SQL Injection 等应用层面的特定攻击手段，从应用层面进一步提高系统安全性。

对于一般的应用来说，单独使用四层负载均衡或七层负载均衡就足够了，但对于一些大型网站，通常会采用"DNS+ 四层负载 + 七层负载"的方式进行多层次负载均衡，其网络架构如图 7-8 所示。其中，Tengine 是当前最流行的七层负载均衡开源软件之一。它建立在 Nginx 的基础上，针对大访问量网站的需求，增加了很多高级功能和特性。Tengine 的性能和稳定性已经在淘宝、天猫商城等大型网站中得到了很好的检验。

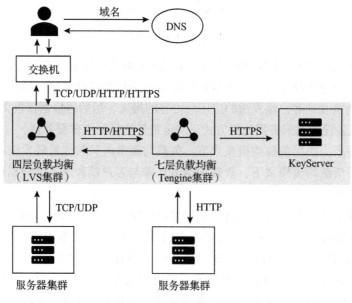

图 7-8 多层次负载均衡

客户端发起请求时，如果使用的是四层协议（TCP/UDP），那么 LVS 集群直接将流量转发给后端服务器。如果使用的是七层协议（HTTP/HTTPS），LVS 集群会先将服务请求转发给 Tengine 集群，Tengine 集群再根据自身的调度算法选择相应的后端服务器来建立连接。若使用了 HTTPS 协议，Tengine 集群还需要与 KeyServer 交互，进行签名验签。

7.3　数据缓存策略

通过数据层水平扩展，理论上可以满足任何数据容量的需求，但在实际应用场景中，水平扩展并不一定是最佳方案。须知数据库本身并不是用来承载高并发请求的，关系型数据库单机并发量级通常仅为几千；同时，数据库服务器对配置的要求通常是比较高的，盲目扩展会增加成本。

在高并发场景中，缓存是最常用的技术之一。缓存是一种用于提高系统响应速度、改善系统运行性能的技术。就服务端而言，其性能瓶颈往往都在数据库，传统关系型存储更是如此。从磁盘中读取数据，I/O 瓶颈非常明显。而缓存通常是基于内存的，比从磁盘读数据快一到两个数量级。一般缓存服务器单机承载的并发量都在每秒几万，甚至每秒数十万。针对读多写少的业务场景，引入缓存来承载大部分的读请求，对于提高系统的并发处理能力效果显著。本节将介绍 3 种常用的缓存机制：本地缓存、分布式缓存、CDN。

7.3.1　本地缓存

本地缓存也称服务器缓存，缓存数据保存在单个应用服务器中，各个应用服务器之间的缓存数据相互独立。相较于分布式缓存，本地缓存基于本地环境的内存实现，不需要远程数据交互，无网络 I/O 开销，无序列化资源开销，因此访问速度非常快。

在实际应用中，根据业务场景的需要，本地缓存有两种实现路线：其一，基于编程语言或开发框架的基础能力自行实现本地缓存，如 Java 的 ConcurrentHashMap、Go 的 sync.Map 等；其二，采用一些成熟的 Cache 架构，如 Guava Cache、Ehcache、Caffeine 等来实现。

1. 特性及适用场景

主流的本地缓存一般为进程内缓存，与应用共享内存资源，无法水平扩展。同时，大多数本地缓存方案没有持久化机制，会因服务器重启而丢失数据。此外，由于缓存数据分别存储于各个服务器节点，因此很难保证数据一致性。鉴于此，本地缓存模式适用于数据量较小、变更频率低、接受弱一致性的数据缓存场景，如业务配置类数据、系统参数类数据等。需要特别注意的是，在分布式环境下，本地缓存不能用于存储用户维度的数据，如昵称、头像等信息。通常，一个完整的本地缓存方案应包括以下技术要点：

❑ 数据存储，并支持读写操作。

❑ 线程安全。

❑ 支持设置缓存的最大限制。

❑ 超过最大限制有对应淘汰策略，如 LRU（Least Recently Used）、LFU（Least Frequently Used）。

❑ 过期删除，如定时删除、惰性删除。

❑ 持久化。

❑ 统计监控。

2. Bean Cache

在 Spring IoC 容器中，使用 singleton 作用域的 Bean 只有一个实例，并且会被 Spring 容器长期保持（在 Spring 上下文的 Map 中）。只要容器正常运行，它的引用将一直存在，JVM 不会回收它的空间。基于 singleton 作用域的 Bean，我们可以设计一种简单易行的 JVM 缓存机制，如下所示。

（1）缓存初始化

如代码清单 7-1 所示，在 Bean 初始化时，通过重写 afterPropertiesSet 方法加载数据到 Bean 属性中，实现缓存初始化，同时设置下次更新缓存的时间。

代码清单 7-1 本地缓存初始化代码

```java
/**
 * @see org.springframework.beans.factory.InitializingBean#afterPropertiesSet()
 */
@Override
public void afterPropertiesSet() throws Exception {
    //1.通过 load 方法加载数据，并注入 Bean 属性中
    //2.在加载完成后，还须设置下次更新的时间 nextUpdateTime
    load();
}
/**
 * 数据加载
 */
private void load() {
    try {
        //1.从 DB 中加载数据
        xconfigList = xConfigDAO.queryAllConfigs();
        //2.设置下次更新的时间
        nextUpdateTime = DateUtil.addMinutes(new Date(), CACHE_MINUTES);
    } catch (Throwable e) {
        //3.异常处理
    } finally {
        //4.释放锁
        LOADING.set(false);
    }
}
```

（2）缓存读取与更新

在读取缓存的时候，须基于更新时间判断是否需要更新缓存。若须更新，就要特别注意线程安全问题（可能同时存在多个线程并发访问该缓存）。如代码清单 7-2 所示，我们采用 AtomicBoolean 类型变量来实现"锁"，作为原子级的 Boolean 实现，它能够保证在高并发情况下只有一个线程能够访问这个属性值。

代码清单 7-2 本地缓存读取与更新代码

```
/** 用原子Boolean作为锁 */
private static AtomicBoolean  LOADING  = new AtomicBoolean(false);
/** 用于缓存数据，本质上就是JVM缓存 */
private static List<XConfigDO> xconfigList = new ArrayList<>();
/**
 * 读取缓存
 * @return 缓存数据列表
 */
public List<XConfigDO> getCfgList() {
    //1.判断是否需要更新，若需要更新，则通过reload更新
    if (nextUpdateTime.before(new Date())) {
        //2.重新加载数据，更新缓存
        reload();
    }
    //3.若无须更新，直接返回当前缓存数据
    return xconfigList;
}
/**
 * 异步更新缓存
 */
public void reload() {
    //1.锁机制，防止缓存穿透
    if (LOADING.compareAndSet(false, true)) {
        try {
            //2.异步线程更新缓存，更新完成后需要释放锁
            threadPoolManager.submit("THREAD_NAME_X", new Runnable() {
                @Override
                public void run() {
                    load();
                }
            });
        } catch (Throwable e) {
            //3.线程启动异常，需要释放锁
            LOADING.set(false);
        }
    }
}
```

（3）缓存一致性保障

上面介绍的缓存更新方式属于被动更新，即需要借助外部请求才能触发缓存更新。同

时，缓存更新的时间间隔是固定的，很可能会出现数据库与缓存数据不一致的问题，因此还需要设计一套方案来保障一致性。

本地缓存模式下，不同节点各自维护自身的本地缓存数据，相互独立。为了保障数据库和各个节点缓存数据的一致性，可使用 MQ（Message Queue，消息队列）的广播模式，如图 7-9 所示，当修改数据库数据时，向 MQ 发送消息，各个节点监听并消费消息，从而主动更新本地缓存，达到最终一致性。

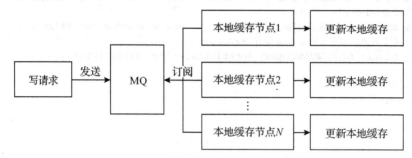

图 7-9　通过消息队列实现一致性

Bean Cache 是一种比较简单的本地缓存方案，只支持读操作，适用于数据变更频率低、一致性要求低、数据规模小、仅需要读操作的缓存场景。在实践中，典型场景是配置型数据缓存，如活动规则配置、奖品配置、人群配置等。

3. Guava Cache

Guava 是 Google 开源的一个 Java 核心增强库，它提供了集合、反射、缓存、科学计算、XML、I/O 等一系列工具类库，应用十分广泛。Cache 是 Guava 的一个模块，使用 Guava Cache 能够方便快捷地构建本地缓存。Guava Cache 存储的是键值对的集合，主要实现的缓存功能如下：

❏ 集成数据源，当缓存中读取不到数据时，可以从数据源中读取数据并回填缓存。

❏ 支持淘汰机制，当缓存的数据超过最大值时，使用 LRU 算法替换。

❏ 缓存操作线程安全，具备并发处理能力。

❏ 提供 3 种缓存回收方式：容量回收、定时回收和引用回收。其中，定时回收包括按写入时间回收（最早写入的最先回收）和按访问时间回收（最早访问的最先回收）。

❏ 可以统计缓存使用过程中的命中率、异常率等数据。

（1）Cache 接口

如代码清单 7-3 所示，Cache 接口中包含了常用的读写操作方法，且这些方法的实现是线程安全的。

代码清单 7-3　Cache 接口代码

```
public interface Cache<K, V> {
    /**
```

```
 * 通过 key 获取缓存中的 value，若不存在，直接返回 null
 */
V getIfPresent(Object key);

/**
 * 通过 key 获取缓存中的 value，若不存在，则通过 valueLoader 来加载该 value
 * 注意，valueLoader 要么返回非 null 值，要么抛出异常，绝对不能返回 null
 */
V get(K key, Callable<? extends V> valueLoader) throws ExecutionException;

/**
 * 添加缓存，若 key 存在，则覆盖旧值
 */
void put(K key, V value);

/**
 * 删除该 key 关联的缓存
 */
void invalidate(Object key);

/**
 * 删除所有缓存
 */
void invalidateAll();

/**
 * 清理缓存
 */
void cleanUp();
}
```

（2）Cache 对象创建

CacheBuilder 是 Guava 提供的一个快速构建缓存对象的工具类，它采用构建者模式（Builder Pattern）提供的设置好各种参数的缓存对象，它的每个方法都返回 CacheBuilder 本身，直到 build 方法被调用。如代码清单 7-4 所示，CacheBuilder 提供了很多参数设置选项，我们可以根据需要设置 Cache 的默认大小、并发数、存活时间、过期策略等。

代码清单 7-4　Cache 对象创建代码

```
Cache<String, String> cache = CacheBuilder.newBuilder()
        // 设置并发级别为 CPU 核心数
        .concurrencyLevel(Runtime.getRuntime().availableProcessors())
        // 设置初始容量
        .initialCapacity(1000)
        // 缓存池大小
        .maximumSize(10000)
        // 设置缓存刷新时间
        .refreshAfterWrite(1, TimeUnit.DAYS)
        // 构建 Cache 实例
```

```
        .build();
    }
```

在构建缓存实例时，初始化容量设置一定要慎重，这是因为 Guava 的缓存使用了分离锁的机制，扩容的代价非常高，合理的初始容量能够减少缓存容器的扩容次数。

（3）构建 LoadingCache

LoadingCache 是 Cache 的子接口。通过指定 key 从 LoadingCache 中读取记录时，如果该记录不存在，LoadingCache 可以自动执行加载数据到缓存的操作。在调用 Cache-Builder 的 build 方法时，必须传递一个 CacheLoader 类型的参数。如代码清单 7-5 所示，CacheLoader 的 load 方法需要我们提供实现。

代码清单 7-5　构建 LoadingCache 代码

```
CacheLoader<String, String> loader = new CacheLoader<String, String> () {
    @Override
    public String load(String key) throws Exception {
        return getEntryFromDB(key);
    }
};
Cache<String, String> cache = CacheBuilder.newBuilder()
        .concurrencyLevel(Runtime.getRuntime().availableProcessors())
        .initialCapacity(1000)
        .maximumSize(10000)
        .refreshAfterWrite(1, TimeUnit.DAYS)
        // 构建 LoadingCache 实例
        .build(loader);
    }
```

与 Bean Cache 类似，Guava Cache 也是面向本地缓存的轻量级 Cache。在分布式环境下，Guava Cache 并没有提供相应的保障一致性的方案，各个节点的缓存是"自治"的。如果需要各个节点的数据保持较强的一致性，可参考 Bean Cache 所采用的消息队列广播通知更新方案。

4. Caffeine

Caffeine 是基于 Java 8 实现的新一代缓存工具，缓存性能接近理论最优。Caffeine 与 Guava Cache 功能类似，通常被看作 Guava Cache 的增强版。两者的主要不同点如下。

（1）基于时间的过期驱逐策略

Caffeine 通过异步任务删除旧值，而 Guava 通过队列同步移除旧值。相较之下，Caffeine 减少了过期处理对 get 操作性能的影响，并且 Caffeine 使用面向 JDK 8 的 ConcurrentHashMap 进行数据存储，由于在 JDK 8 中 ConcurrentHashMap 增加了红黑树，在 Hash 冲突严重时也有良好的可读性。

（2）基于大小的驱逐策略

无论 Caffeine 还是 Guava，单纯通过设置过期时间都无法使缓存值从缓存中驱逐出去，只会在指定时间到达后被新值替代。因此在使用 Caffeine 或 Guava 时，设置 maximumSize 是很有必要的。Caffeine 和 Guava 在执行 get、put 操作时会根据设置的大小执行驱逐策略，但两者的清除算法存在区别。Guava Cache 采用的是 LRU 算法，而 Caffeine 采用的是 W-TinyLFU 算法，这是一种结合 LRU、LFU 优点的缓存淘汰算法，在性能上有明显的优越性。

如果项目之前用的是 Guava Cache，升级到 Caffeine 的成本是比较低的。Caffeine 兼容 Guava API，从 Guava 切换到 Caffeine，仅需要把 CacheBuilder.newBuilder() 改成 Caffeine. newBuilder() 即可。需要注意的是，在使用 Guava 的 get 方法时，若缓存的 load 方法返回 null，那么会抛出异常。切换到 Caffeine 后，get 方法不会抛出异常，但允许返回 null。

5.Ehcache

Ehcache 是一个用 Java 实现的缓存管理类库，具有简单、快速、线程安全等特点。作为开源项目，Ehcache 采用限制比较宽松的 Apache License V2.0 作为授权方式，被广泛地用于 Hibernate、Spring、Cocoon 等开源项目，是 Hibernate 中默认的 CacheProvider。与 Caffeine 和 Guava Cache 相比，Ehcache 的功能更加丰富，扩展性更强。

- 支持多种缓存淘汰算法，包括 LRU、LFU 和 FIFO。
- 支持内存、磁盘两级缓存。此外，Ehcache 为大数据存储做过优化，可以支持 GB 级的吞吐。
- 持久化。Ehcache 是首个引入缓存数据持久化存储的开源 Java 缓存框架，缓存的数据可以在机器重启后从磁盘上重新加载。
- 版本 1.7 后，支持 RMI、JMS、JGroups、Ehcache Server 等多种集群方案，可实现分布式缓存。

（1）创建 CacheManager

CacheManager 可通过指定配置文件、默认配置文件、输入流等多种方式创建。默认情况下，Ehcache 会自动加载 classpath 根目录下名为 ehcache.xml 文件，配置文件示例如代码清单 7-6 所示。

代码清单 7-6　基于配置文件创建 CacheManager

```xml
<?xml version="1.0" encoding="UTF-8"?>
<ehcache xmlns:xsi="http://www.w3.org/2001/XMLSchema-instance"
        xsi:noNamespaceSchemaLocation="http://ehcache.org/ehcache.xsd"
        updateCheck="false" dynamicConfig="false" monitoring="autodetect">
    <!-- 磁盘缓存位置 -->
    <diskStore path="xxx/ehcache"/>
    <!-- 默认缓存 -->
    <defaultCache
            maxEntriesLocalHeap="10000"
            eternal="false"
            timeToIdleSeconds="120"
            timeToLiveSeconds="120"
```

```
                    maxEntriesLocalDisk="10000000"
                    diskExpiryThreadIntervalSeconds="120"
                    memoryStoreEvictionPolicy="LRU">
        <persistence strategy="localTempSwap"/>
    </defaultCache>
    <!-- temp 缓存（自定义）-->
    <cache name="temp"
            maxElementsInMemory="1000"
            eternal="false"
            timeToIdleSeconds="5"
            timeToLiveSeconds="5"
            overflowToDisk="false"
            memoryStoreEvictionPolicy="LRU"/>
</ehcache>
```

基于配置文件，我们可以根据需要灵活地配置缓存。采用默认配置文件创建 Cache-Manager 的代码示例如下：

```
CacheManager cacheManager = CacheManager.create();
```

（2）创建 Cache

基于 CacheManager，可通过缓存名获取 Cache 对象。获取名为 sampleCache 的 Cache 对象的代码如下：

```
Cache cache = cacheManager.getCache("sampleCache");
```

（3）缓存操作

如代码清单 7-7 所示，基于 Cache 对象，可以实现 put、get、remove 等操作。

代码清单 7-7　Ehcache 缓存操作示例

```
// 1. 创建元素
Element element = new Element("key", "value");
// 2. 将元素添加到缓存
cache.put(element);
// 3. 获取缓存
Element value = cache.get("key");
// 4. 删除缓存
cache.remove("key");
```

Ehcache 简单、轻量、易用，性能居于 Guava Cache 和 Caffeine 之间，且具备持久化能力，非常适合作为本地缓存。此外，Ehcache 可支持集群模式，但基于 RMI、JMS、JGroups 等实现缓存共享比较复杂且维护困难，目前无法很好地解决不同服务器间缓存的一致性问题。在一致性要求较高的场景中，应尽量使用 Redis、Memcached 等集中式缓存。

7.3.2　分布式缓存

分布式缓存一般被定义为一个数据集合，它将数据分布（或分区）于任意数目的集群节点上。集群中的一个具体节点只负责缓存一部分数据，集群整体对外提供统一的访问接口。分布式缓存一般基于冗余备份机制实现数据高可用，也被称为内存数据网格（In-Memory Data Grid，IMDG）。作为提升系统性能的重要手段，分布式缓存技术在业界得到了广泛的应用。

相较于本地缓存，分布式缓存主要具备两大优势：其一，可通过集中管理缓存数据的方式，保证数据的一致性；其二，可通过集群部署、主从机制实现高可用。本节将介绍两种主流的分布式缓存开源软件：Redis 和 Memcached。

1. 特性及应用场景
分布式缓存的主要特性如下。
- 高性能：分布式缓存将高速内存作为数据对象的存储介质，数据以 key/value 形式存储，理想情况下可以获得 DRAM 级的读写性能。
- 可扩展：支持弹性扩展且性能可预测，可通过动态增加或减少节点应对变化的数据访问负载，最大限度地提高资源利用率。
- 高可用：包括数据高可用和服务高可用两方面。基于冗余机制实现高可用，无单点失效问题，支持故障的自动发现，透明地实施故障切换，不会因服务器故障而导致缓存服务中断或数据丢失；动态扩展时自动均衡数据分区，同时保障缓存服务持续可用。
- 易用性：提供单一的数据与管理视图；API 简单且与拓扑结构无关；动态扩展或失效恢复时无需人工配置，可自动选取备份节点；多数缓存系统可提供图形化的管理控制台，便于统一维护。

分布式缓存的典型应用场景如下。
- 页面缓存：用来缓存 Web 页面的内容片段，包括 HTML、CSS 和图片等。
- 应用对象缓存：作为 ORM（Object Relational Mapping，对象关系映射）框架的二级缓存对外提供服务，可大幅减轻数据库的负载压力，加速应用访问。
- 状态缓存：缓存包括 Session 会话状态及应用横向扩展时的状态数据等，这类数据一般是难以恢复的，对可用性要求较高，多应用于高可用集群。
- 并行处理：用于缓存需要共享的大量中间计算结果。

2. Redis
Redis 是一个开源的、基于内存存储亦可持久化的键值型存储系统。目前，在所有可实现分布式缓存的开源软件中，Redis 的应用最为广泛，其开源社区也最为活跃，开源客户端支持语言也最为丰富。

（1）Redis 的特点
- Redis 支持数据的持久化（包括 AOF 和 RDB 两种模式），可以将内存中的数据保存到磁盘中，重启的时候可以再次加载恢复，兼顾性能与可靠性。

❏ Redis 不仅支持简单的 key/value 类型的数据，还支持字符串、列表、集合、散列表、有序集合等数据结构的存储。

❏ Redis 支持数据的备份，即 Master-Slave 模式，在 Master 故障时，对应的 Slave 将通过选举升主，保障可用性。

❏ Redis 的主进程是单线程工作的，因此可保证单个操作的原子性，多个操作也可通过事务实现原子性。

❏ Redis 性能优越，读性能可达 110000 次 /s，写性能可达 81000 次 /s。

❏ Redis 支持配置最大内存，当内存不够用时，会通过淘汰策略来回收内存，Redis 提供了丰富的淘汰策略，粒度粗细皆有，适用多种应用场景。

（2）Redis 的使用

Redis 的开源客户端众多，几乎支持所有编程语言，其中常用的 Java 客户端就有 Jedis、Lettuce 以及 Redission。在实际应用中，除了基于 Redis 开源版本自行搭建分布式缓存外，华为云、阿里云、腾讯云等云服务厂商都可提供成熟的基于 Redis 的分布式缓存方案。

3. Memcached

Memcached 始于 2003 年（Redis 始于 2008 年），作为一款早期的开源分布式缓存软件，被广泛应用于提升动态 Web 应用性能，其用户包括 LiveJournal、Wikipedia、Flickr、Bebo、Craigslist、Mixi 等知名企业。其命名构成为 Mem+cached，Mem 代表内存，cache 意为缓存，连在一起即基于内存的缓存。

在过去的一段时期内，Memcached 与 Redis 曾一同构成了开源分布式缓存软件领域的"双璧"，在实际应用中，它们常被放在一起对比。

（1）Memcached 的特点

❏ 基于内存存储，速度快；对内存的要求较高，CPU 要求低；不支持持久化，但可通过第三方软件如 MemcacheDB 来支持它的持久性。

❏ 支持数据逐出机制，Memcached 在容量达到指定值后，将基于 LRU（Least Recently Used，最近最少被使用）算法自动回收缓存。

❏ 支持老化机制，可对存储的数据设置过期时间，但过期的数据采取惰性删除机制，即不主动监控过期，而是在访问时查看 Key 的时间戳，据此判断是否过期，过期则返回空。

❏ 节点间相互独立，无集群模式。Memcached 在实现分布式群集部署时，Memcached 服务器之间不能进行通信，即服务端是"伪分布式"的，分布式需由客户端或者代理来实现。

❏ Memcached 采用 Slab Table 方式分配内存，可有效减少内存碎片，提升回收效率。

❏ 存储数据 Key 限制为 250B，Value 限制为 1MB，适用于小块数据的存储。

（2）Memcached 的使用

Memcached 的开源客户端也很多，支持 Perl、PHP、Python、Ruby、C#、C、C++、Lua 等编程语言。Memcached 有很多优点，但随着 Redis 的崛起，其光环正逐渐褪去。截至目前，Memcached 具备的主要功能及其优势都是 Redis 功能和特性的子集。任何使用 Memcached 的场景都可以使用 Redis 来替代。在实际应用中，Redis 已经成为分布式缓存的首选方案。

7.3.3 CDN

CDN（Content Delivery Network，内容分发网络）是一种网络加速技术。CDN 是建立并覆盖在承载网之上，由分布在不同区域的边缘节点服务器群组成的分布式网络。CDN 系统能够实时地根据网络流量和各节点的连接、负载状况以及到用户的距离和响应时间等综合信息将用户的请求重新导向距离用户最近的服务节点上。其目的是使其用户可就近获取所需内容，避免因网络拥堵、跨运营商、跨地域、跨境等因素带来的网络不稳定、访问延迟高等问题，有效提升下载速度、降低响应时间，提供流畅的用户体验。

CDN 应用广泛，支持多种行业、多种场景的内容加速，如图片下载、视音频点播、直播流媒体、全站加速、安全加速等。

1. 分层架构

CDN 通常采用如图 7-10 所示的两层架构。

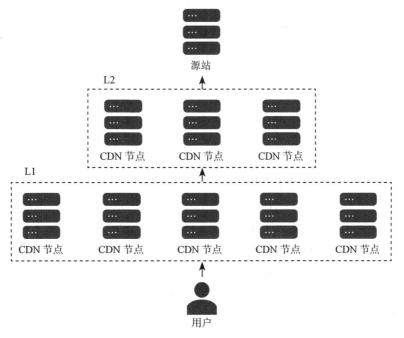

图 7-10　CDN 架构

- □ L1：距离用户越近越好，通常用于缓存那些可缓存的静态数据，称为 Lastmile（最后一公里）。
- □ L2：距离源站越近越好，称为 Firstmile（第一公里），当 L1 无法命中缓存或内容不可缓存时，请求会通过回源到 L2，若 L2 仍然没有命中缓存或内容不可缓存，则会继续回源到源站。同时 L2 还可以用来做流量、请求数的量级收敛，减少回源量（如果可缓存），降低源站压力。L1 和 L2 之间的部分是 CDN 的"内部网络"，称为 Middlemile（中间一公里）。

2. 应用场景

距离不仅会产生时延，而且会增加不确定性。例如，北京和上海之间的直线距离有上千公里，如果大量的上海用户同时访问千里之外的北京服务器的资源，超长距离通信必然会带来高延迟，更多不可控因素则可能影响数据传输的稳定性。而 CDN 则允许将北京的静态文件缓存到上海的服务器，上海用户可自动就近访问服务器获取资源，如此一来，便可降低网络延迟、提高系统的可用性。在互联网领域，CDN 的应用场景还有很多，具体如下。

- □ 网站站点、应用加速。支持网站应用中大量静态资源的加速分发，如各类图片、HTML、CSS、JS 文件等。
- □ 视音频点播、大文件下载分发加速。支持各类视音频文件的下载、分发，支持在线点播加速业务，如 MP4、FLV 视频文件。
- □ 视频直播加速。视频流媒体直播服务，支持媒资存储、切片转码、访问鉴权、内容分发加速一体化解决方案。
- □ 移动应用加速。App 更新文件分发，移动 App 内图片、页面、短视频、UGC 等内容的加速分发。

3. 作用原理

CDN 成本绝大部分源自带宽，此外还有服务器、交换机成本。对于规模较小的互联网企业而言，自行搭建 CDN 网络显然是不合适的，成本和性能都难以比拟专业的 CDN 服务。目前，阿里、腾讯、中国电信、华为凭借其遍布全球的节点、深厚的技术积累都可提供安全、稳定、高性能的 CDN 服务。

对于广域的互联网应用，CDN 几乎是必需的基础设施，它可有效解决带宽集中占用及数据分发的问题。诸如 Web 页面中的图片、音视频、CSS、JS 等静态资源，都可以通过 CDN 服务器就近获取。CDN 技术的核心是"智能 DNS"，智能 DNS 会根据用户的 IP 地址自动确定就近访问 CDN 节点。如图 7-11 所示，上海用户发起请求后，基于智能 DNS，用户可自动就近访问服务器获取资源，若资源不存在则回源。

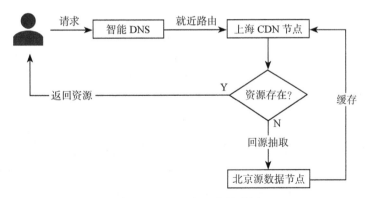

图 7-11 CDN 交互流程示例

7.3.4 多级缓存

无论是本地缓存，还是分布式缓存、CDN，都有自身的优点和局限性。本地缓存基于本地内存，无须远程数据交互、无网络开销，速度极快，但在数据一致性、可用性、扩展性、存储空间等方面存在不足。分布式缓存克服了本地缓存的不足，但速度逊于本地缓存且系统复杂；同时对于音视频分发加速、直播加速等场景难有作为。CDN 专注于音视频、流媒体、静态资源等内容的分发加速，但并不能解决高并发场景下数据库的高负载问题。在实际应用场景中，为了应对高并发，单一的缓存手段往往难以奏效，业界多采用由本地缓存、分布式缓存及 CDN 构成的体系化缓存方案。

1. 二级缓存

图 7-12 所示为最常见的服务端二级缓存架构，它使用本地缓存作为一级缓存，分布式缓存作为二级缓存，数据查询流程如下：

1）从本地缓存中查询，若命中则直接返回数据，若未命中则进行第 2 步。

2）从分布式缓存中查询，若命中则返回数据，并在本地缓存中填充此数据，若未命中则进行第 3 步。

3）从数据库中查询，若查询成功则返回数据，并依次更新分布式缓存、本地缓存。

2. 一致性问题

缓存模式下，几乎不可避免地存在数据一致性问题，若要保证强一致，方案将十分复杂且成本极高。通常使用缓存有一个重要前提，即业务场景可接受数据弱一致或最终一致。缓存的一致性问题在第 9 章有详细介绍，这里仅介绍一种基本方案。

如图 7-13 所示，当数据发生变更时，向 MQ 发送事务消息，其他节点监听并消费消息，进而更新缓存数据，以保证各个节点的数据一致性。当然，该方案并非终极解决方案。

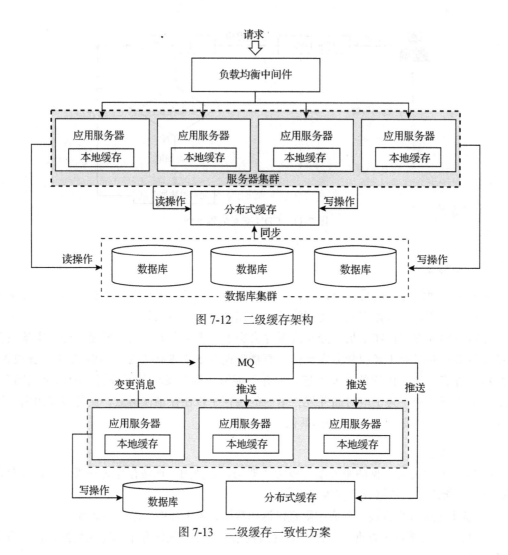

图 7-12 二级缓存架构

图 7-13 二级缓存一致性方案

7.3.5 案例解析

在电商平台,商品信息非常丰富,包括大量静态图、动态图及文本信息。为了应对高并发场景,通常会采用本地缓存、分布式缓存、CDN 共同组成体系化的缓存方案。其中,商品图片一般采用三级缓存方案,商品信息采用二级缓存方案。

1. 商品图片三级缓存

商品图片贯穿整个导购和交易链路,相较于文字,图片表达内容更加直观,对消费者的购物决策的影响更大。淘宝商品图片的访问链路有三级缓存(客户端本地、CDN L1、CDN L2),所有图片都持久化存储到 OSS(Object Storage Service,对象服务存储)中。真正处理图片的是图片空间(img-picasso 系统),它的功能比较复杂,包括从 OSS 中读取文件，对图片尺寸进行缩放、编解码。用户访问图片的过程如图 7-14 所示。

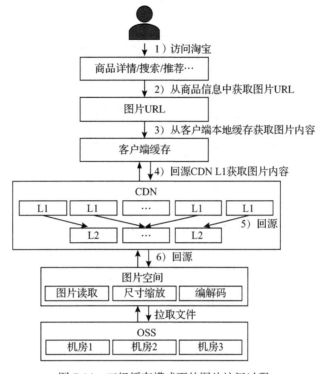

图 7-14　三级缓存模式下的图片访问过程

图 7-14 相关流程的详细描述如下：

1）用户通过手机淘宝搜索商品或查看商品详情。

2）详情 / 搜索 / 推荐通过调用商品中心返回商品的图片 URL。

3）从客户端本地缓存查询该商品图片，如果命中则直接渲染图片，否则执行下一步。

4）从 CDN L1 回源图片，如果命中则返回客户端渲染图片，同时缓存到本地；如果 L1 没有缓存，则执行下一步。

5）从 CDN L2 回源图片，如果命中则返回客户端渲染图片，同时 CDN L1 及客户端缓存图片内容；如果 CDN L2 没有缓存该图片，则执行下一步。

6）从图片空间回源图片，图片空间会从 OSS 中拉取图片源文件，按要求进行尺寸缩放，然后执行编解码，返回客户端可支持的图片内容，之后客户端就可渲染图片，同时 CDN 的 L1、L2 以及客户端都会缓存图片内容。

2. 商品信息二级缓存

商品信息包括图片 URL、商品名、详情描述、价格、店铺、SKU 等。如图 7-15 所示，在服务端，商品信息缓存采用二级缓存方案，即本地缓存加分布式缓存。二级缓存相关数据读写流程已经在上一节介绍过，这里不再赘述。

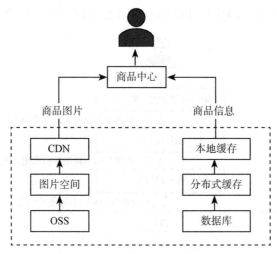

图 7-15 商品图片和商品信息缓存方案

在大促场景下，除了访问量大，还面临商品更新频繁的问题，因此商品图片和商品信息的缓存方案会更为复杂，涉及客户端及浏览器缓存过期机制，CDN 图片预热、分布式缓存和本地缓存预热，多级缓存数据更新等问题。

7.4 流量削峰策略

数据缓存策略可以解决高并发场景下的读操作性能瓶颈问题，但对于高并发场景下的写操作性能瓶颈就无能为力了。为了应对高并发写操作，除了前面介绍的数据资源扩展策略，还可以采用流量削峰策略。

"流量削峰"一词是在移动互联网飞速发展的背景下产生的。移动购物和出行服务是高并发场景的"聚集之地"，比如春节前后，上亿用户在线抢购火车票；双十一期间，数亿网民在线购物；电商平台秒杀活动，数百万用户瞬时涌入。

面对高并发、大流量的业务场景，虽然可以通过扩容来应对，但是整点抢购、限时秒杀类活动所导致的流量峰值并非常态，为了节省机器资源，我们不可能时刻都提供最大化的资源能力来支持短时间的高峰请求。因此，有必要使用一些技术手段来削弱瞬时的请求高峰，让系统吞吐量在高峰请求下保持可控。在实际应用中，常用的削峰策略有两种，即消息队列削峰和客户端削峰。

7.4.1 消息队列削峰

消息队列中间件是分布式系统的重要组件，主要用于削峰填谷、异步解耦、顺序收发、数据同步等场景。目前，较为常用的消息队列开源软件有 Kafka、RocketMQ、ActiveMQ 和 RabbitMQ。

1. 削峰原理

消息队列削峰的基本原理是异步化，即将同步的直接调用转换成异步的间接推送，中间通过消息队列在一端承接瞬时的流量洪峰，在另一端平缓地将消息推送出去。消息队列就像"水库"一样，拦蓄上游的洪水，控制进入下游河道的流量，从而达到消除洪峰危害的目的。

举个例子，如图 7-16 所示，某业务写请求峰值为 1000QPS，假设其中 500QPS 是必须同步写入数据库的，另外 500QPS 写请求则允许异步化写入数据库。这种场景下，我们可以引入分布式消息队列中间件，将允许异步化处理的 500QPS 的请求写入消息队列，然后基于数据库的实际处理能力（如 100QPS）消费消息，执行写数据库等操作，如此一来，就能大幅降低数据库的并发写入压力。

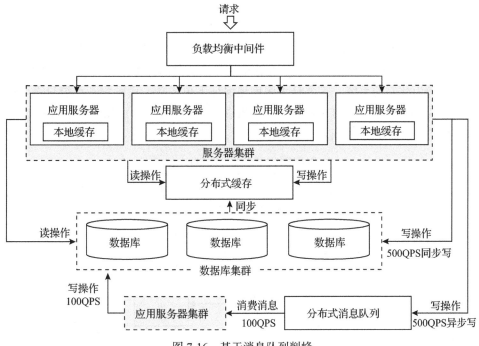

图 7-16　基于消息队列削峰

2. 事务消息

在分布式系统中，网络抖动、延迟、阻塞，系统出错等问题是很常见的，如果一笔业务需要多个应用系统协作完成，通常就会涉及一致性问题。举个例子，如图 7-17 所示，某业务的执行流程涉及系统 A、B，它们之间通过消息队列解耦和削峰。在业务执行过程中，若在系统 A 本地事务已经提交而消息未发送时，出现系统宕机、重启或网络故障等问题，那么系统 B 就无法感知该笔业务，从而导致数据不一致。在使用消息队列的场景中，为了保证一致性，应采用事务消息方案。

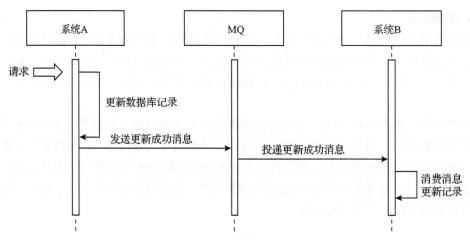

图 7-17 一致性问题示意图

以淘宝购物车下单场景为例,在淘宝购物车下单时,涉及购物车系统和交易系统,这两个系统之间的数据最终一致性可以通过分布式事务消息的异步处理实现。在这种场景下,交易系统是最为核心的系统,需要最大限度地保证下单成功。而购物车系统只需要订阅消息队列(RocketMQ)的交易订单消息,并做相应的业务处理,即可保证数据的最终一致性。事务消息交互流程如图 7-18 所示。

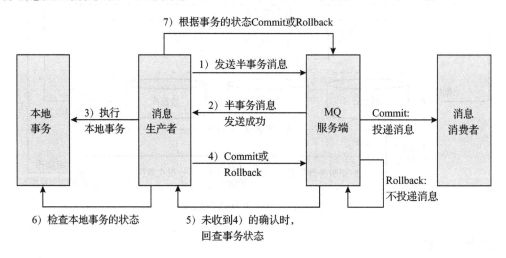

图 7-18 RocketMQ 事务消息交互流程

事务消息发送步骤如下:

1)生产者将半事务消息(Half Message)发送至消息队列 RocketMQ 服务端。

2)消息队列 RocketMQ 服务端将消息持久化成功之后,向生产者返回 Ack 确认消息已发送成功,此时消息为半事务消息。

3）生产者开始执行本地事务逻辑，如记录流水、更新记录状态等。

4）生产者根据本地事务执行结果向服务端提交二次确认结果（Commit 或 Rollback），服务端收到确认结果后处理逻辑为：若二次确认结果为 Commit，服务端将半事务消息标记为可投递，并投递给消费者；若二次确认结果为 Rollback，服务端将回滚事务，不会将半事务消息投递给消费者。

5）在断网或生产者应用重启等特殊情况下，若服务端未收到发送者提交的二次确认结果，或服务端收到的二次确认结果为 Unknown 状态，经过固定时间后，服务端将对消息生产者（即生产者集群中任一生产者）实例发起消息回查。

事务消息回查步骤如下：

1）生产者收到消息回查后，需要检查对应消息的本地事务执行的最终结果，对应图 7-18 的 6）。

2）生产者根据检查得到的本地事务的最终状态再次提交二次确认，服务端仍按照步骤 4 对半事务消息进行处理，对应图 7-18 的 7）。

7.4.2 客户端削峰

消息队列削峰是一种常用的服务端削峰策略，此外，还可以在客户端削峰。客户端削峰的核心思想是尽量避免用户同时请求和重复请求，基于此，一般有两种策略：答题策略和限制请求策略。

1. 答题

如图 7-19 所示，在整点秒杀或抢购时，用户需要先完成答题才能参与。采用这种策略，不仅可以防止部分用户使用秒杀工具作弊，而且可以分散请求（每个用户完成答题的时间通常是不一样的），从而起到对请求流量进行削峰的作用。

不过，答题策略是有损用户体验的，通常是在采用其他策略（如资源扩容、消息队列削峰等）后仍然无法满足高并发容量需求时使用。

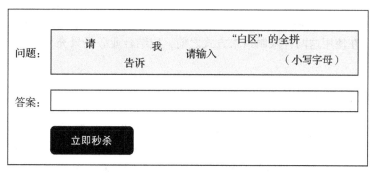

图 7-19 秒杀前置答题示意图

2. 限制请求

限制请求是指在客户端限制用户请求的频次，通常有忽略请求和延迟请求两种方式。通过限制请求可以在用户无感的前提下实现流量削峰。限制请求的算法非常多，本节仅介绍两种最基础的算法。

（1）忽略请求

忽略请求即在一定条件下，客户端忽略用户的请求，不请求服务端。举个例子，如图 7-20 所示，设置两次请求最小有效时间间隔，假设最小时间间隔为 t，那么在一次请求后小于 t 的时间内的请求都将被视为无效请求，客户端会直接将其忽略掉，但在交互层面仍然向用户呈现正常状态。该策略在"红包雨""秒杀"等场景中比较有效。

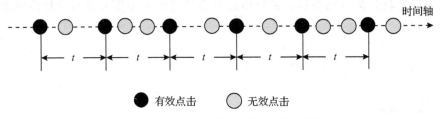

图 7-20　基于时间间隔决策请求的有效性

基于上述策略，对于同一个用户而言，t 秒内只会有 1 次有效请求，那么 1 秒内就只有 $1/t$ 次有效请求，假设户量为 Q，那么最大 QPS 可粗估为 Q/t。

（2）延迟请求

延迟请求即采用算法延迟用户的请求。对单个用户而言，请求被延迟；对全体用户而言，请求被分散。延迟请求一般采用随机算法延迟，假设所有客户端可触发请求动作的时刻 $t0$ 是一样的（如整点秒杀，由服务端下发开始时间），给定一个时间 T，无论用户何时发起请求，客户端都在延迟 t 时间后才向服务端发起请求，其中 t 在区间 $[0, T]$ 之间随机分布。如此一来，从统计学的角度看，服务端感知到的请求将被分散，实现错峰。假设正常情况下最大 QPS 为 Maxo，经过客户端随机延迟请求处理，理论上最大 QPS 将降低为 Maxo/T。

需要注意的是，忽略请求和延迟请求都存在公平性问题，可能引发舆情，因此其适用场景是受限的。在使用这两种限制请求方式之前，应结合业务场景充分评估合法、合规性。

7.5　服务降级策略

受限于客观因素，资源扩展、数据缓存、流量削峰未必全都可行且能奏效。资源扩展成本高，有限的扩展可能不足以满足容量需求；数据缓存无法解决并发写操作性能瓶颈问题；对于时延敏感型业务，消息队列削峰不适用；客户端削峰可能影响用户体验，或存在合规、合法性问题。

针对高并发场景，还有一种降级策略，即将一些不重要、不紧急的服务或任务进行延迟使用或暂停使用，腾出资源来保障核心服务能正常运行。以电商平台为例，在"双11""618"等大促活动期间，通常会关闭商品评价、确认收货等非核心服务，以保障下单支付链路的稳定。

7.5.1　降级范围

与资源扩展、数据缓存、流量削峰这类纯技术策略不同，降级通常还具备较强的业务属性，且影响面广。一个服务是否可以降级，往往受制于多方面因素，首先，核心服务大都不可降级；其次，部分非核心服务当前状况可能不支持降级。因此，在制定服务降级策略时，需会同产品、运营、上下游技术负责人等对业务功能和技术链路进行梳理，明确必须保障的服务和可以降级的服务。

除了服务降级，还应考虑日志降级。规范、详细的日志是监控预警和日常问题排查最重要的依托，但在高并发、大流量场景下，日志量（包括正常日志和报错日志）暴涨，可能会导致磁盘 I/O 急剧升高，消耗大量 CPU 资源，甚至导致整个服务瘫痪。因此，针对日志也应制定相应的降级措施。

关于降级范围，没有统一的标准可遵循，且降级大都是有损用户体验的，只能具体场景具体分析，本节不展开介绍。

7.5.2　降级的分类

根据场景的不同，降级策略可在流量高峰到来之前执行，提前降级；也可在流量高峰持续期间执行，应急降级。

- ❑ 提前降级：对于那些占用资源较多且可降级的服务，应在流量高峰到来之前降级。同时，为了保障用户体验，部分服务在降级之前还应通过消息、提示等方式通知用户。
- ❑ 应急降级：对于那些业务价值较大、需高优先级保障的服务，通常不能提前降级，但在紧急情况下（如系统资源水位超限、数据库超时等）也不得不启动应急降级措施，以保障系统稳定运行。

根据降级策略的执行方式，降级可分为手动降级和自动降级两类。

- ❑ 手动降级：即通过手动配置（通常是一个开关变量，通过修改其值来改变执行逻辑）启动降级链路。
- ❑ 自动降级：一般有两种触发方式，一种是可以预设执行时间（如大促开始前 5 分钟），在预设时间到达时自动触发、生效，另一种是统计频次（如异常频次），当频次触及降级阈值时方才降级，例如客户端调用接口超时一定次数后，自动在请求参数中加上降级参数，调用降级服务。

无论是提前降级还是应急降级，降级方案的设计通常都需要从技术和业务两方面着手，为了实现优雅的降级，需要注意 3 方面的问题：功能分层、开关设计和降级判断。降级设计相关内容在第 6 章中有详细介绍，这里不再赘述。

7.6 限流策略

资源扩展、数据缓存、流量削峰、服务降级等招式都用上后，面对高并发场景是不是就可以高枕无忧了呢？答案是否定的，首先，我们很难准确地预估业务场景的真实并发请求量级，峰值到来时仍可能过载；其次，在互联网领域，突发热点事件、恶意攻击等都有可能造成流量暴涨，进而导致服务器过载、宕机，用户无法正常使用服务。因此，还需制定限流策略来防止预期外的流量冲击系统，保障高并发场景下系统稳定运行。

严格意义上，限流是一种降级策略。在实践中，借助压力测试，我们可以获得系统在指定场景下可承载的最大流量，据此制定限流阈值，对于超出阈值的流量，可以通过拒绝服务、排队等待等方式处理。关于限流策略，在第 6.1 节中已经详细介绍过，这里不再赘述。

7.7 基本原则

上面介绍了资源扩展、数据缓存、流量削峰、服务降级、限流 5 种常用的高并发应对策略。在实际应用中，不同业务场景适用的策略不尽相同，复杂业务场景通常需要多种策略组合使用。具体而言，可参考以下基本原则。

1. 写操作基本原则

❑ 对于不可降级、时延敏感的业务，一般以资源扩展策略为主，辅以流量削峰策略。
❑ 对于不可降级、时延宽松的业务，一般以流量削峰策略为主，辅以资源扩展策略。
❑ 对于非核心且占用资源较多的业务，优先考虑服务降级策略。
❑ 限流策略作为兜底（注意：可能有极少数特殊业务不可限流，如拍卖竞价）。

2. 读操作基本原则

❑ 对于数据量小、变更频率低、接受弱一致性的业务，一般以本地缓存策略为主，辅以分布式缓存策略。
❑ 对于数据量较大、变更频率低、一致性要求较高的业务，一般以分布式缓存策略为主，辅以本地缓存策略。
❑ 对于音视频、流媒体、图片、静态资源等内容的分发加速，一般以 CDN 为主，辅以分布式缓存策略。
❑ 限流策略作为兜底（说明：读操作性能瓶颈相对容易解决，限流通常仅为兜底）。

以电商平台的商品浏览、下单、评价 3 个业务为例，在高并发场景下通常需要多种策略组合应用。如图 7-21 所示，商品浏览主要是读操作且数据量大，可以本地缓存、分布式缓存、CDN 组合应对；下单链路属于核心链路，瓶颈在于写操作，因此以资源扩展策略为主，予以高优先级保障；购物车在下单完成后需要更新，但时延要求相对宽松，一般采用消息队列削峰，异步化处理；商品评价属于非核心业务，可以提前降级，腾出资源以保障高优先级业务。

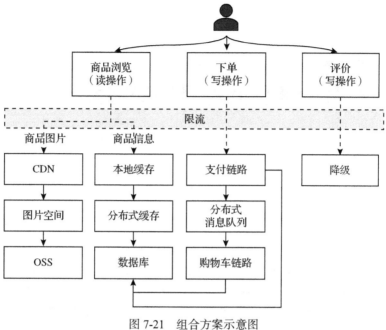

图 7-21 组合方案示意图

缓存的典型问题及解决方案

第 7 章介绍了互联网高并发场景的系列应对方案，数据缓存作为最常用、最有效的方案之一位列其中。缓存是一把双刃剑：一方面，使用缓存可以显著提升数据读取速度，优化系统性能；另一方面，使用缓存会带来诸多问题，如数据一致性、缓存穿透、缓存热点、缓存雪崩等。

本章将从缓存的预热、淘汰、更新、雪崩、穿透、热点六大核心问题展开，分析问题产生的原因，并介绍相应的解决方案。

8.1 缓存预热

在缓存相关的应用场景中，大都存在这样的处理逻辑：先尝试读缓存获取数据，若命中则直接返回；若未命中则回查数据库获取数据，然后再写入缓存。这种依靠用户请求来构建数据缓存的处理逻辑暗藏风险。当系统刚启动或活动刚开始时，如果缓存中没有数据，那么大量请求将直接访问数据库。如果瞬时访问流量巨大，则可能导致数据库因过载而宕机，甚至引发系统雪崩。

鉴于上述风险，对于部分特殊业务，我们需要进行缓存预热。在系统启动时或重大活动开始前，将需要缓存的数据加载到缓存系统中，以减轻数据库的压力。本节将介绍 3 种常用的缓存预热策略，包括应用启动预热、任务调度预热和模拟请求预热。

8.1.1 应用启动预热策略

对于本地缓存，可在应用启动时进行缓存预热。以 Spring Boot 为例，它提供的

ApplicationRunner 接口可以实现在 Spring Boot 项目启动后直接执行一段代码。如代码清单 8-1 所示，我们需要实现该接口的 run 方法，并将缓存预热的具体代码逻辑写入其中。

代码清单 8-1 基于接口 ApplicationRunner 的本地缓存预热示例

```
@Component
public class LocalCacheRunner implements ApplicationRunner{
    @Override
    public void run(ApplicationArgumers args) throws Exception{
        // 本地缓存预热代码
    }
}
```

在 Spring Boot 中，除了 ApplicationRunner 接口，还可以通过实现 InitializingBean 接口的 afterPropertiesSet 方法来实现本地缓存预热，如代码清单 8-2 所示。

代码清单 8-2 基于接口 InitializingBean 的本地缓存预热代码示例

```
public class LocalCacheLoader implements InitializingBean {
@Override
public void afterPropertiesSet() throws Exception {
        // 本地缓存预热代码
    }
}
```

应用启动预热策略是一种非常简单的缓存预热策略，适用于预热规模小且与应用所承载业务强相关的配置型数据。该策略存在一些不足：耦合度高，数据预热逻辑与应用深度耦合，需按业务定制；可靠性差，若数据预热代码执行发生异常，预热失败的同时还可能导致应用启动失败；场景局限，仅适合预热本地缓存；灵活性差，在实际应用中几乎不可能通过大规模应用重启来实现缓存预热。

8.1.2 任务调度预热策略

在互联网领域，有些缓存预热场景涉及的数据规模非常大。以电商平台大促活动为例，为了应对高并发，需要在大促开始前对热点数据进行预热，如活跃用户、热卖商品、顶流卖家等，预热涉及大量业务和应用系统，数据规模可达百亿级。对于这类预热数据规模巨大的场景，通常采用任务调度预热策略。任务调度预热涉及以下内容。

1. 分布式任务调度中间件

所谓任务调度预热，是指基于分布式任务调度中间件（Distributed Task Scheduler，DTS）实现缓存预热。分布式任务调度中间件可支持定时触发、周期触发运行指定任务，基于此可实现灵活、可靠的缓存预热策略。大型互联网企业基本都有自研的分布式任务调度中间件，如阿里的 SchedulerX、蚂蚁的 AntScheduler 以及开源的 XXL-JOB、ElasticJob 等，它们大都支持 Cron 定时、一次性任务、任务编排、分布式执行批量任务等功能，具备高可用、可视化、可运维、低延时等能力。

分布式任务调度中间件的基本架构如图 8-1 所示，包括 3 个组件，即 Scheduler Console、Scheduler Server 和 Scheduler Client，其含义如下：

❑ Scheduler Console：控制台。通常为可视化集中管理平台，用于创建、管理定时任务，在产品内部与 Scheduler Server 交互。

❑ Scheduler Server：服务端。作为任务调度核心，负责客户端任务的调度触发、任务执行状态的监测、集群间任务分配等。

❑ Scheduler Client：客户端。每个接入客户端的应用进程相当于一个 Worker。Worker 负责与 Scheduler Server 建立通信（如订阅消息、注册 RPC 等）。

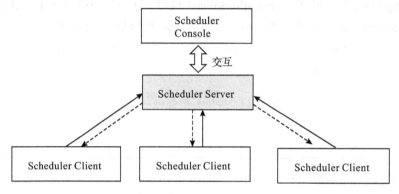

图 8-1　分布式任务调度中间件的基本架构

分布式任务调度中间件通常具备以下特点。

❑ 分布式：基于分布式架构，任务可以在客户端服务器（业务服务器）集群中的任何一台机器执行，若客户端服务器宕机，服务端会自动选择正常运行的客户端执行任务。

❑ 高可用：服务端采用集群模式，具备高可用能力。

❑ 轻量服务：客户端无须关心调度逻辑，只需实现具体的任务执行逻辑即可。

❑ 简单易用：通过控制台配置调度参数，在客户端实现对应的接口即可。

❑ 精细调度：支持国际标准的 Quartz 时间表达式，精确到秒级别。

2. 缓存预热三部曲

分布式任务调度中间件主要负责任务触发和任务分配，具体的任务逻辑需要我们自行实现，主要包括数据分片、数据加载、数据处理 3 个部分，其中数据分片是关键所在。

（1）数据分片

数据分片是将需要处理的数据按照一定规则划分为若干份。举个例子，假设要将 1000 条存储于数据库中的商品数据预热到分布式缓存中，为了快速预热和充分利用业务服务器资源，可将 1000 条商品数据分成 10 份，每份 100 条，那么分片为 1 ～ 100、101 ～

200、…、901 ~ 1000，这一分片规则本质上就是分页查询，即 pageSize=100，pageNum 属于 [1, 10]。为了让任务调度中间件感知这一分片规则，我们需要实现相应的数据分片接口，伪代码如代码清单 8-3 所示。

代码清单 8-3　一次性完成数据分片的伪代码

```
public List<DataChunk> split() {
    List<DataChunk> list = new ArrayList<DataChunk>();
        // 初始化分片序号
        int pageNum = 1;
        // 每个数据分片大小
        int pageSize = 100;
        // 根据条件查询 DB，获取待预热数据总数
        int totalNumber = dataDAO.queryTotalNum(param);
        // 组装数据分片单元
        while((pageNum - 1) * pageSize < totalNumber) {
            DataChunk chunk = new DataChunk();
            chunk.setPageNum(pageNum);
            chunk.setPageSize(pageSize);
            list.add(chunk);
            pageNum++;
        }
    return list;
}
```

（2）数据加载

任务触发（如定时触发、周期触发、手动触发）后，任务调度中间件会首先调用客户端实现的数据分片接口，获取数据分片单元列表。每个数据分片单元都包含业务自定义的属性，如 pageSize 和 pageNum。然后，根据客户端业务服务器的数量、机房属性等将分片单元拆分为若干份，指派（分配）到多台客户端业务服务器中。接续上面的例子，假设业务服务器 A 被指派的数据分片单元为 pageSize=100，pageNum=3，那么就意味着服务器 A 需从数据库中读取第 201 ~ 300 条数据，具体到 SQL 层面，Limit=100，Offset=200。

数据加载完成后，颗粒度仍然比较粗，须进一步拆分。如代码清单 8-4 所示，通过实现任务调度中间件提供的数据加载接口，将从数据库中读取的数据返回，通常只需返回数据的唯一识别 ID 列表（如商品 ID 列表）即可。如此一来，任务调度中间件就可以获取到最细粒度的数据 ID，基于此进行最细粒度的任务调度。

代码清单 8-4　数据加载伪代码示例

```
public List<String> load(DataChunk dataChunk) {
    // 根据分片单元参数查询数据
    Map<String, Object> param = new HashMap<>();
    param.put("limit", dataChunk.getPageSize());
    param.put("offset", (dataChunk.getPageNum() - 1) * dataChunk.getPageSize());
```

```
    List<ItemConfigDO> itemConfigDOs = dataDAO.paginationQuery(param);
    // 组装数据的唯一识别 ID 列表,这里是商品 ID 列表
    List<String> itemIds = new ArrayList<>();
    for (ItemConfigDO config : itemConfigDOs) {
        itemIds.add(config.getItemId());
    }
    return itemIds;
}
```

（3）数据处理

客户端需要实现任务调度中间件提供的任务执行接口,任务调度中间件调用该接口实现数据处理逻辑。如代码清单 8-5 所示,对于商品数据缓存预热来说,就是根据任务调度中间件下发的业务参数(商品 ID)访问数据库,并将读取的商品数据写入分布式缓存中。

代码清单 8-5　数据处理伪代码示例

```
public void execute(String businessKey){
    // 根据 businessKey 执行具体的数据处理逻辑
}
```

3. 周期调度

若数据规模巨大,如 1 亿条,是不可能通过一次性调度完成数据预热的。这种情况下,一般采用周期调度预热,可在任务调度中间件的控制台配置对应的 Quartz 时间表达式,如 "0/2****?" 表示每 2s 调度一次。假设每次预热 1 万条数据,1 万条数据分成 100 份,由 100 台服务器分别执行,那么就需要近 6 个小时才能完成预热。由于数据量巨大,在数据分片环节不能基于待预热的数据总量分片,而是指定每个调度周期预热的数据量,如代码清单 8-3 所示,可直接指定参数 totalNumber 的大小。为了避免在数据加载环节重复读取数据,需要对已处理(预热过)的数据打标,如更新预热时间、预热版本号等。在加载数据时,通过标记(如版本号是否为本次预热规划的版本号)来识别、加载数据。

有些特殊的业务场景,在缓存预热完成后,还需要按照一定的周期进行批量更新或者手动更新。如果数据量大,刷新的周期会比较长,合理规划调度时间和数据标记就尤为重要了。

4. 小结

本节介绍的任务调度预热策略是基于分布式任务调度中间件实现的,在实际应用中,还可以基于消息队列来实现。无论基于何种方式,核心思路相差无几,大都包括数据分片、数据加载、数据处理 3 个环节。任务调度预热策略具备诸多优点:可扩展,适用于大规模数据预热,淘宝双十一大促百亿级别的数据预热就曾采用该策略;灵活,支持定时调度、周期调度、人工调度等多种调度方式;可靠,分布式任务调度中间件本身具备高可用能力,

同时可监测任务执行的状态并自动重试。当然,该策略也有缺点,那就是方案整体较复杂,如果企业内部没有成熟的中间件支撑,完全从零开始开发的成本是非常高的。

8.1.3 模拟请求预热策略

上面介绍的应用启动预热策略和任务调度预热策略都存在一个问题:预热逻辑需定制化开发,对业务应用是有侵入的。为了解决这一问题,一种基于模拟请求的预热策略应运而生。

该策略的核心思路是通过模拟用户请求来实现数据预热。以商品数据预热为例,当用户访问商品详情页时,若缓存未命中,通常会进一步查询数据库,返回数据的同时写入缓存。那么,我们只要模拟用户请求来访问所有热点商品的详情页,就可以间接地实现将热点商品数据写入缓存。就实现而言,模拟请求预热策略一般包括以下环节。

(1)接口准备

接口准备即准备具有数据预热能力的接口,如 RPC 接口、HTTP 接口。该接口的通用内部逻辑为:先查缓存,若未命中则进一步查询数据库并写入缓存。这个接口可以单独开发,也可以复用已有接口,但需要注意的是,作为读操作接口,其内部逻辑应尽量简单,以保证预热效率。

(2)数据准备

数据准备即准备待预热的数据。以商品详情数据预热为例,可将待预热商品的 ID 清洗出来生成 ODPS 表或其他文件格式。基于接口和数据,通过模拟调用即可实现缓存预热。

(3)任务调度

大规模数据的预热自然不可能通过单一线程来实现,通常还是要借助分布式任务调度中间件,由它实现数据分片和分发调度。

相较于任务调度预热策略,模拟请求预热策略对业务应用的侵入非常小,甚至可以做到零侵入。正是因为这一优点,很多大型互联网企业都将其作为中台能力来建设,如阿里的 AliHot。

8.1.4 小结

一个完整的缓存预热方案涉及诸多方面。首先,需通过分析业务场景和用户行为来圈定需要预热的数据范围;然后,应根据待预热数据的特点设计合适的预热策略;最后,根据业务需要为不同的预热策略编排执行时间。关于预热策略和预热时间编排,在前面已经介绍过了,在此补充介绍如何确定预热数据的范围。

以电商平台为例,如图 8-2 所示,用户的行为包括登录、搜索、浏览、下单、支付等,但在双十一大促零点时刻,用户的行为会收敛到浏览购物车和下单。基于这两个行为,可以圈定 TOP 商品和 TOP 买家,基于商品和买家可进一步圈定对应的卖家、店铺、优惠、红包,从而确定需要预热的数据范围。

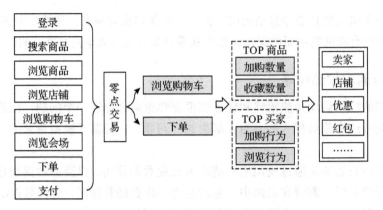

图 8-2 电商平台圈定预热数据范围示例

8.2 缓存淘汰

缓存大都是基于内存实现的，其空间相对有限。为了高效地利用存储空间，当缓存触及设定的空间上限时，通常需要借助淘汰算法将部分数据移除，以腾出空间、保障缓存服务的可用性。本节将介绍 LRU、LFU、ARC 及 FIFO 四种常见的缓存淘汰算法。

8.2.1 LRU

LRU（Least Recently Used，最近最少使用）算法根据数据的历史访问记录优先淘汰最近未被使用的数据，其核心思想为：如果数据最近被访问过，那么将来被访问的概率会更高。LRU 算法一般采用"Hash 表 + 双向链表"来实现，如图 8-3 所示，Hash 表用于保证查询操作的时间复杂度为 $O(1)$，双向链表用于保证节点插入、节点删除的时间复杂度为 $O(1)$。

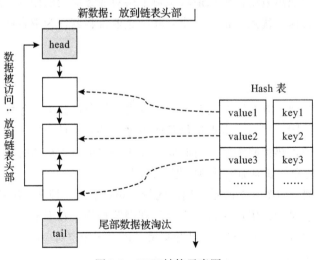

图 8-3 LRU 结构示意图

LRU 算法简单、高效，尤其适合缓存热点数据。但是，一些偶发性、周期性的批量操作会导致 LRU 算法的缓存命中率急剧下降。例如在一些文件系统缓存中，如果有扫描读的场景，则会一次性顺序读取大量的数据块，这些数据块会占用大量空间，甚至填满整个缓存空间，那些最近最少被使用的数据将会被淘汰出去。这种情况下，缓存中的大部分数据实际上并非真正被经常访问的数据，从而导致缓存命中率低下，影响系统性能。从缓存的角度来看，它将被这些无用的数据填满，这种现象被称为缓存污染。

8.2.2 LFU

LFU（Least Frequently Used，最近最不常用）算法根据数据的历史访问频率来淘汰数据，其核心思想为：如果数据最近被使用的频率高，那么将来大概率会再次被使用，而最近使用频率低的数据，将来大概率不会再被使用。相较之下，LRU 倾向于保留最近使用的数据，而 LFU 倾向于保留使用频率较高的数据。如图 8-4 所示，LFU 算法会将访问次数最高的数据放在最前面，容量满后会删除末尾的元素。

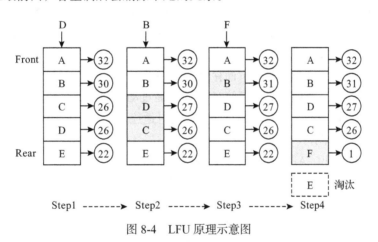

图 8-4 LFU 原理示意图

从实现原理上可以看出，LFU 的复杂度和实现成本都要高于 LRU，LFU 能够避免周期性或偶发性情况对命中率的影响。但是，一旦访问内容发生较大变化，LFU 需要更长的时间来适应，因为历史的频率记录会使那些已经无用的数据继续保持较长的一段时间。

8.2.3 ARC

ARC（Adaptive Replacement Cache，自适应缓存替换）算法兼具 LRU 和 LFU 的优点，既可以根据时间进行优化，缓存那些最近使用的数据；又可以根据频率进行优化，缓存那些最频繁使用的数据；同时还能自动根据负载来灵活调整缓存策略。ARC 算法最早由 IBM 的 Megiddo 和 Modha 提出，后来 Solaris ZFS（Zettabyte File System，也称 Dynamic File System）的开发者们在 ARC 算法的基础上做了一些扩展，以更适用于 ZFS 的应用场景。

　　ARC 算法的基本原理如图 8-5 所示，假设缓存空间可以缓存 c 个页面，我们把最近访问过一次的页面列表记做 L_1，把最近访问超过两次的页面列表记做 L_2，L_1 和 L_2 维持 2 倍的缓存页面大小，即 $2c$。同时，将 L_1 分为 Top 段 T_1 和 Bottom 段 B_1，T_1 保存实际在缓存中存在的页面，B_1 只保留曾经被访问过，但已从 T_1 中淘汰的页面。同样地，把 L_2 分为 Top 段 T_2 和 Bottom 段 B_2，与 T_1 和 B_1 含义相同。

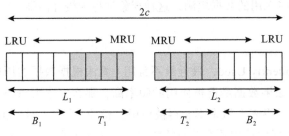

图 8-5　ARC 原理示意图

　　通过上面的定义可以看出，L_1 关注"新近度"（Recency），而 L_2 关注"频率"（Frequency）。理想情况下，这两个列表应保持大致相同的大小，即缓存大小 c，这两个列表一起可记录的页数是缓存空间的 2 倍。

　　ARC 算法会将可变数量的最新页面存储于 L_1 或 L_2 中，其中，p 个最近访问的页面存储在 L_1 中，$c-p$ 个最频繁访问的页面存储在 L_2 中。通过动态调整 p 的值，来决定在任何给定时间于缓存中维护的每个列表有多少页面，从而自适应地响应不断变化的工作负载。具体的算法逻辑如图 8-6 所示。

　　从图 8-6 可以看出，ARC 算法的主要策略在于持续修正 p 的值，修正逻辑如下：如果数据在缓存中未命中，但是访问记录在 B_1 中命中，系统会认为这是一个刚被淘汰的页面，而不是第一次读取或者很久之前读取的页面。说明该页面在之前相对近的一段时间内被访问过一次，但是 T_1 太小了，导致还没来得及被再次访问就被淘汰了，因此需要将 p 增大。同理，如果数据访问记录在 B_2 中命中，说明在之前相对近的一段时间内被多次访问过，但是 T_2 太小了，导致还没来得及被再次访问就被淘汰了，相应地，需要将 p 减小。很明显，B_1 和 B_2 中的访问记录对 ARC 算法实现动态调整极为关键。

　　此外，确定 p 每次调整的值同样重要。从算法实现逻辑可以看出，调整的幅度值与 B_1 和 B_2 的大小及比例有关，当在 B_1 中命中，若 B_1 不小于 B_2，p 只增大 1，反之则增大 $|B_2|/|B_1|$，p 的增量受上限 c 约束。因此，B_1 的尺寸越小，增量越大。类似的，当在 B_2 中命中，如果 B_2 不小于 B_1，则将 p 减小 1；否则，将 p 减去 $|B_1|/|B_2|$。p 的递减下限为 0，B_2 越小，p 递减值越大。

　　通过控制 p 的大小，ARC 可以实现对工作负载的自适应。如果工作负载趋向于访问最近访问过的文件，则将会有更多的命中发生在 B_1 中，从而促使 T_1 的缓存空间增加。反之，若工作负载趋向于访问最近频繁访问的文件，更多的命中将会发生在 B_2 中，这样 T_2 的缓存空间将会增大。

```
INPUT: The request stream x₁, x₂, ..., xₜ, ....
INITIALIZATION: Set p = 0 and set the LRU lists T₁, B₁, T₂, and B₂ to empty.

For every t ≥ 1 and any xₜ, one and only one of the following four cases must occur.
    Case I: xₜ is in T₁ or T₂. A cache hit has occurred in ARC(c) and DBL(2c).
            Move xₜ to MRU position in T₂.

    Case II: xₜ is in B₁. A cache miss (resp. hit) has occurred in ARC(c) (resp. DBL(2c)).

            [ADAPTATION:] Update p = min {p + δ₁, c} where δ₁ = { 1          if |B₁| ≥ |B₂|
                                                                 |B₂|/|B₁|   otherwise.

            REPLACE(xₜ, p). Move xₜ from B₁ to the MRU position in T₂ (also fetch xₜ to the cache).

    Case III: xₜ is in B₂. A cache miss (resp. hit) has occurred in ARC(c) (resp. DBL(2c)).

            [ADAPTATION:] Update p = max {p − δ₂, 0} where δ₂ = { 1          if |B₂| ≥ |B₁|
                                                                 |B₁|/|B₂|   otherwise.

            REPLACE(xₜ, p). Move xₜ from B₂ to the MRU position in T₂ (also fetch xₜ to the cache).

    Case IV: xₜ is not in T₁ ∪ B₁ ∪ T₂ ∪ B₂. A cache miss has occurred in ARC(c) and DBL(2c).

        Case A: L₁ = T₁ ∪ B₁ has exactly c pages.
                If (|T₁| < c)
                    Delete LRU page in B₁. REPLACE(xₜ, p).
                else
                    Here B₁ is empty. Delete LRU page in T₁ (also remove it from the cache).
                endif
        Case B: L₁ = T₁ ∪ B₁ has less than c pages.
                If (|T₁| + |T₂| + |B₁| + |B₂| ≥ c)
                    Delete LRU page in B₂, if (|T₁| + |T₂| + |B₁| + |B₂| = 2c).
                    REPLACE(xₜ, p).
                endif
        Finally, fetch xₜ to the cache and move it to MRU position in T₁.

Subroutine REPLACE(xₜ, p)
    If ( (|T₁| is not empty) and ( (|T₁| exceeds the target p) or (xₜ is in B₂ and |T₁| = p)) )
        Delete the LRU page in T₁ (also remove it from the cache), and move it to MRU position in B₁.
    else
        Delete the LRU page in T₂ (also remove it from the cache), and move it to MRU position in B₂.
    endif
```

图 8-6 ARC算法逻辑

从命中率来看，ARC 显著优于 LRU 和 LFU；从实现成本来看，ARC 并不比 LRU 复杂多少，空间开销仅略高于 LRU。综合来看，ARC 是一种优秀的缓存淘汰算法。

8.2.4 FIFO

FIFO（First In First Out，先进先出）算法，即最先进入的数据，最先被淘汰。其核心思想为：如果一个数据最先进入缓存中，则应最早被淘汰掉。FIFO 的实现相对简单，但命中率很低，实际应用比较少。

8.3 缓存更新

在软件工程实现中，最常用的缓存更新逻辑为：先查询缓存，若未命中则直接访问数据库，并将获取到的最新值写入缓存，从而实现缓存更新。这种更新策略其实就是经典的

Cache Aside 模式的实现，除此之外，还有两种典型的缓存更新模式，本节将逐一介绍。

8.3.1 Cache Aside 模式

Cache Aside 模式是应用最为广泛的缓存更新设计模式，可细分为读场景更新和写场景更新两种。

1. 读场景

如图 8-7 所示，读场景涉及缓存命中（Hit）和缓存未命中（Miss）两种情况，处理方式如下：

❑ 缓存命中：应用程序从缓存取数据，若缓存命中，直接返回。

❑ 缓存未命中：应用程序从缓存取数据，若缓存未命中，则从数据库中读取，成功后将数据放到缓存中，然后返回。

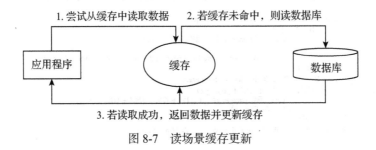

图 8-7 读场景缓存更新

2. 写场景

如图 8-8 所示，写场景下，先更新数据库，再失效缓存。需要特别注意，是失效缓存，而不是更新缓存。缓存失效后，后续的读操作会从数据库中读取数据并写入缓存，从而保证缓存中是最新的数据。

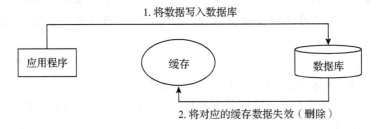

图 8-8 写场景缓存更新

问题 1：是否可以先更新缓存，再更新数据库？

若先更新缓存，再更新数据库，一旦出现更新缓存成功而更新数据库失败的情况，就将导致业务上无法接受的一致性问题。试想一下，作为持久化数据的数据库没有更新，而缓存却更新成功了，这是非常不合理的，毕竟持久化的数据才是最终判定一笔写操作是否成功的标准。

问题 2：是否可以先失效缓存，再更新数据库呢？

如图 8-9 所示，数据库写操作的耗时通常大于读操作耗时，若先失效缓存，再更新数据库，一旦更新数据库期间有读请求并发生缓存未命中，则会导致回写缓存中的数据为脏数据。

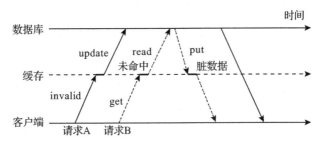

图 8-9　先失效缓存再更新数据库导致脏数据

问题 3：为什么是失效（删除）缓存，而不是更新缓存？

主要是为了防止高并发场景下数据不一致。如图 8-10 所示，A、B 两个线程都执行写操作，A 线程早于 B 线程执行（B 的数据是最新的），但 A 线程晚于 B 线程更新缓存，如此一来，就会导致缓存中的数据是 A 线程更新的结果，而不是 B 线程更新的最新数据。

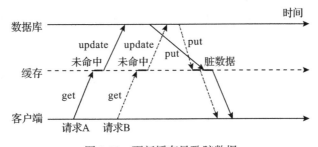

图 8-10　更新缓存导致脏数据

问题 4：先更新数据库，再失效缓存就完全没有问题么？

关于这个问题，我们先来看一个案例，如图 8-11 所示，执行以下流程，可能导致缓存脏数据。

1）A 进程发起写操作，尝试将 V 的新值更新至数据库，但尚未提交更新。

2）B 进程发起读操作，缓存未命中，故查询数据库，获取结果为：$V=0$。

3）B 进程因 GC、网络抖动、反序列化等因素导致执行较慢。

4）A 进程完成了数据库更新，将 $V=0$ 更新为 $V=1$，并且失效 V 对应的缓存。

5）B 进程更新缓存的值为 $V=0$。

6）此时数据库中 $V=1$，缓存中 $V=0$，用户看到的是 $V=0$。

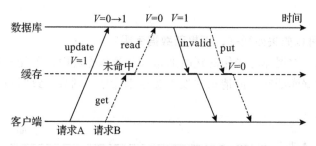

图 8-11　先更新数据库再失效缓存导致脏数据

需要特别说明的是，问题 4 所述案例虽然在理论上可能出现，但在实际中出现的概率是非常低的。它需要满足两个基本条件：其一，读操作缓存未命中，同时伴随一个并发写操作；其二，读操作需要在写操作提交数据库更新前读取数据，且在写操作失效缓存后更新缓存。在实际应用中，数据库写操作耗时一般大于读操作，且写操作通常还涉及事务、锁行、锁表，耗时会进一步增加，因此上述两个条件都满足的概率很低。

关于问题 4，还有一种场景，即更新数据库成功，但失效缓存失败，导致缓存脏数据。对于这种场景，最常用的解决方案是为缓存设置失效时间，缓存到期自动失效，从而触发更新。

事实上，保证缓存与数据库的强一致性是非常困难的，一般须通过 Paxos 或 2PC（Two-Phase Commit）等来保证一致性，但这些协议要么非常耗时，要么实现极为复杂，实用性并不高。在大多数使用缓存的场景中，通常有一个重要的前提，即可接受弱一致性。

8.3.2　Read/Write Through 模式

基于 Cache Aside 模式，在应用程序中需要维护两个数据存储，即缓存和数据库。而 Read/Write Through 模式则是将更新数据库的操作交由缓存代理，从应用的视角看，缓存是主存储，应用层的读写操作均面向缓存，缓存服务代理对数据库的读写。

1. Read Through 模式

在 Cache Aside 模式下，对于读请求，若缓存未命中，则由应用方（客户端）负责将数据写入缓存。而在 Read Through 模式下，若缓存未命中，则是由缓存服务负责加载数据写入缓存，如图 8-12 所示。

在实践中，很多缓存中间件采用了 Read Through 模式。对于应用方而言，需实现回查数据库的接口（由缓存提供），当读缓存未命中时，缓存会自行调用应用方实现的接口来完成数据的加载。

2. Write Through 模式

Write Through 模式与 Read Through 模式类似，但针对的是写请求（写操作）。当数据更新时，如果没有命中缓存，则直接更新数据库，然后返回；如果命中了缓存，则更新缓存，然后再由缓存服务更新数据库（两者的更新是同步的）。

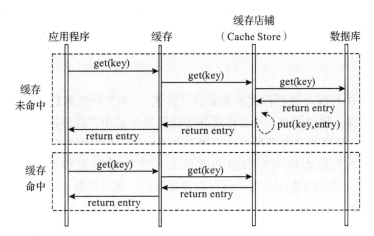

图 8-12　Read Through 模式缓存操作示意图

8.3.3　Write Behind Caching 模式

Write Behind Caching 模式也称 Writeback 模式，与 Read/Write Through 模式类似，两者都是由缓存服务来负责缓存和数据库的读写。但是，两种模式又有显著的区别，Read/Write Through 是同步更新缓存和数据库的，而 Write Behind Caching 则是只更新缓存，缓存会异步地批量更新数据库。Write Behind Caching 模式非常适合那些数据变化频率高、一致性要求低的场景，比如浏览量、点赞量。

1. Writeback 机制

如果读者对 Linux 操作系统内核有所了解的话，那么对于 Write Behind Caching 模式应该不会陌生，它本质上与 Linux 文件系统的 Page Cache 所采用的 Writeback 机制是相同的。

在 Linux 内核中，由于 Page Cache 的存在，当用户写入数据到文件时，如果没有特殊的标志，用户的数据会被缓存在 Page Cache 中，而不会写到块设备（如磁盘）上。这是因为磁盘的 I/O 速度相对内存而言非常缓慢，如果用户每执行一次写操作就产生一次与磁盘交互的 I/O，会大大降低系统的性能。因此 Linux 会将用户数据缓存在 Cache 中，并通过 Writeback 机制，在适当的时机合并用户最近写入的数据，一并写入磁盘，从而减少与磁盘交互的次数，提升性能。

读到此处，想必读者已经意识到基础的重要性了。在计算机领域，很多理论是相通的，如果没有底层的基础，而只专注于最上层的高级语言，难免陷入困境。

2. 没有完美的机制

很明显，在 Write Behind Caching 模式或 Writeback 机制下，不仅无法保证数据强一致，而且可能会丢失数据（UNIX/Linux 非正常关机会导致数据丢失就源于此）。就软件系统设计而言，绝大多数场景下，我们几乎不可能做出一个没有缺陷的设计，就像算法设计中经常使用的时间换空间、空间换时间策略一样，强一致性和高性能、高可用和高性能往往是有冲突的，我们必须作出取舍。其实，软件设计本就是多种因素的权衡。

8.3.4 小结

本节介绍的 3 种缓存更新模式其实非常"古老"，却又历久弥新，它们在 CPU 缓存、磁盘文件系统缓存、磁盘缓存、数据库缓存等计算机体系中广泛应用，堪称最佳实践。随着互联网的发展，这些模式逐渐被引入应用软件架构中，相关的缓存变成了如 Memcache、Redis、Ehcache 之类的本地缓存和分布式缓存，相关的数据持久化设备则变成了如 MySQL、Oracle 之类的数据库。关于缓存和数据库的一致性问题，本节并没有展开，在第 9 章中有详细介绍。

8.4 缓存雪崩

缓存雪崩是指缓存因某些原因（如大量 Key 集中过期、服务器宕机等）而导致大量查询请求到达服务端数据库，造成数据库压力骤增，甚至宕机，进而引起整个系统崩溃的现象。

缓存击穿是指当缓存中某个热点数据过期后，在该热点数据重新载入缓存之前，大量查询请求穿过缓存，直接查询数据库，从而导致数据库过载，大量请求阻塞，甚至宕机的现象。

缓存雪崩与缓存击穿很相似，对应的解决方案也有很多共同点，因此本节将两者合并介绍，以缓存雪崩代指两者。在应用缓存时，防止缓存雪崩十分必要，本节将介绍 4 种常用的防御方案。

8.4.1 缓存常驻策略

缓存常驻策略是针对大量 Key 集中过期或热点 Key 过期而制定的一种应对措施。该策略的核心思想是：为缓存设置较长的有效期，以保证缓存在业务高峰期间一定不会过期，从而避免大量查询请求因不能命中缓存而查询数据库。

为了实现缓存常驻，除了设置较长的有效期外，还需结合缓存预热，在业务高峰到来之前，提前将需要缓存的数据加载到缓存中。

8.4.2 多级缓存策略

多级缓存策略的本质是将多种缓存"叠加"使用，当上一级缓存未命中时，可继续尝试从下一级缓存中获取数据，从而增加缓存命中的概率。如图 8-13 所示，基于服务器内存的本地缓存作为一级缓存，分布式缓存系统作为二级缓存，数据查询的一般流程如下：

1）尝试从本地缓存中查询数据，也称"本地查询"。如果缓存命中，直接返回数据，查询流程结束；如果缓存未命中，则继续查询下一级缓存。

2）尝试从分布式缓存中查询数据，也称"近端查询"。如果缓存命中，返回数据的同时需将该数据写入本地缓存；如果缓存未命中，则进行下一步。

3）尝试从数据库中查询数据，也称"远端查询"。如果查询成功，返回数据的同时需将该数据写入本地缓存和分布式缓存，以便下次查询可以命中缓存。

本地缓存读写数据的过程不涉及远程数据交互，无网络开销，数据转换开销小，因此访问速度非常快。不过，本地缓存的存储空间相对有限，且可用性较弱。相较之下，分布式缓存则具备高可用、高性能、可扩展等特点，可作为第二道防线。两级缓存相结合，可有效地分担查询请求压力，防止雪崩。

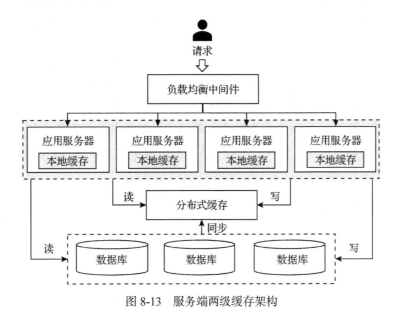

图 8-13 服务端两级缓存架构

8.4.3 过期时间优化策略

为了避免大量 Key 集中过期或者热点 Key 过期，可以在缓存过期时间设置方面进行优化。在实践中，最常用的过期时间优化策略有如下 3 种。

1. 为缓存有效期增加随机值

在缓存预热时，同期预热的缓存数据的有效期通常是相同或相近的，因此可能出现集中过期的问题。为了解决这一问题，在缓存预热时，可在基准有效期的基础上增加随机值，将不同 Key 的有效期分散，从而降低缓存数据同时过期的量和概率。

2. 热点数据永远不过期处理

将热点 Key 的有效期设置为永久有效，这本质上是一种缓存常驻策略。在 Redis 中，可以通过 PERSIST key_name 命令将 key_name 设置为永久有效。

需要注意的是，缓存大都是基于内存的，其容量有限。当缓存占用的内存达到限定值时，会通过 LRU、LFU、FIFO 等缓存淘汰算法将部分 Key 移除，以腾出空间。因此，并不是设置了永久有效期就万事大吉了。以 Redis 为例，从 4.0 版本开始，Redis 可支持 8 种数据淘汰机制，其中 allkeys-lru、allkeys-random、allkeys-lfu 这 3 种淘汰机制下，当内存使用达到限定值时，会从所有数据中选择淘汰数据，当然也包括设置了永久有效期的数据。鉴于此，在实际应用中，一方面应设置合适的淘汰机制；另一方面，即便设置了永久有效期，也应具备一定的更新能力，如定时刷新、手动刷新等。

3. 逻辑过期与异步更新

为每个 Key 维护一个逻辑过期时间，当逻辑过期时间小于当前时间时，则说明当前缓存已经逻辑失效，需要进行更新，否则说明当前缓存未逻辑失效，直接返回对应数据即可。举个例子，在 Redis 中，将 Key 的过期时间设置为 60min，在对应的 Value 中设置逻辑过期时间为 30min。在查询缓存时，若命中缓存，则从 Value 中解析并判断逻辑过期时间是否到达，若已到达 30min 的逻辑过期时间，则在返回数据的同时，通过异步线程、事件、任务等方式异步更新这个 Key 的缓存。在异步更新的这段时间内，由于 Key 仅仅是逻辑过期，旧的缓存数据实际仍然可用。如此一来，不仅可有效地避免 Key 失效，而且能保证一定的更新频率。

8.4.4 加锁重建策略

上面介绍的缓存常驻策略、多级缓存策略和缓存过期时间优化策略，其核心思路是预防大量 Key 集中过期或者热点 Key 过期。如果这些策略防御失败，在高并发场景下，出现大量 Key 集中过期或者热点 Key 过期，我们又该如何应对呢？为了保护数据库，必须控制通过查询数据库重建缓存的请求量，常用的应对策略是加锁和限流，其中限流策略在第 6 章中已经介绍过，本节着重介绍加锁策略。

为了避免大量请求同时访问数据库，可以采用加锁策略。具体而言，若缓存未命中，则对 Key 加锁，只有获得锁的线程才能访问数据库并加载数据重建缓存，最后释放锁。对于其他获取锁失败的线程，可直接返回空结果或休眠一段时间后重试。

对于锁的类型，在单机环境下，可使用编程语言提供的锁能力（如 Java 语言 Concurrent 包下的 Lock）；在分布式环境下，则需使用分布式锁，如 Redis、Etcd 都可以实现高性能分布式锁。

加锁策略的实现比较简单，可有效地减轻数据库的压力，但是它并不能保障系统的吞吐量。在高并发场景下，缓存重建期间 Key 是锁着的，如果并发 1000 个请求，其中 999 个要么休眠等待，要么返回空结果。无论采用哪一种形式，都是有损用户体验的。

8.5 缓存穿透

缓存穿透是指查询一条缓存和数据库中都不存在的数据，从而导致查询这条数据的请求会穿透缓存，直接查询数据库，最后返回空。如果用户发起大量请求去查询这条根本不存在的数据，就会对数据库造成巨大的压力，甚至导致数据库宕机。防止缓存穿透的策略一般有两种：缓存空值和布隆过滤器。

8.5.1 缓存空值策略

当客户端请求一条不存在的数据时，为防止过多无效的数据库访问，可以为相应的Key缓存一个空值，对于之后的请求，则会命中缓存中的空值，直接返回空数据，从而减少对数据库的访问。相关流程如图8-14所示。

使用该策略需要注意两点：首先，缓存空值并不意味着缓存值为Null，一般可采用特殊值作为识别标志，如用 −1 代表不存在；其次，为了避免占用大量存储空间，缓存过期时间不应过长，一般不超过 5min。

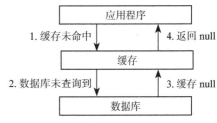

图8-14 缓存空值策略

缓存空值策略有两个缺点：

- 浪费存储空间。由于需要缓存空值，如果穿透的 Key 非常多，则需要缓存大量空值，从而导致内存空间浪费。同时，由于有效缓存空间的减少，缓存命中率会随之降低。
- 防御能力弱。比如攻击者通过分析数据格式，构建不重复的请求，缓存空值策略就会被攻破，失去防御能力。

8.5.2 布隆过滤器策略

如果有大量恶意请求同时访问不存在且不同的数据，缓存空值策略将失去防御能力。这种情况下，我们可以采用布隆过滤器，它能够在不查询数据库的情况下准确地判断数据是否一定不存在，从而过滤恶意请求，降低对底层存储系统的查询压力。

1. 布隆过滤器简介

布隆过滤器（Bloom Filter）是由 Bloom 于 1970 年提出的，它实际上是由一个很长的二进制向量和一系列随机映射函数构成的概率型数据结构（Probabilistic Data Structure），主要用于判断一个元素是否在一个集合中。布隆过滤器具有优秀的空间效率和查询效率，但有一定的误识别率，且很难删除元素。其特点如下：

- 高空间效率的概率型数据结构，可用于检查一个元素是否在一个集合中。
- 若用于检查一个元素是否在一个集合中，检查结果为可能存在，或者一定不存在。

如果要判断一个元素是否存在于一个集合，最朴素的思路是将所有元素保存起来，然后通过比较确定。采用这种思路的典型数据结构如链表和树，它们的时间复杂度分别为

$O(n)$、$O(\log n)$。随着集合中元素的增加，需要的存储空间会越来越大，检索速度也会越来越慢。相较之下，布隆过滤器不仅空间占用更小，而且时间复杂度要低得多，插入和查询元素的时间复杂度均为 $O(k)$，其中 k 为哈希函数的个数，一般很小。

2. 布隆过滤器的原理

在介绍布隆过滤器的原理之前，我们先来了解一下哈希函数（散列函数）。如图 8-15 所示，哈希函数可将任意大小的输入数据转换成特定大小的输出数据，转换后的数据称为哈希值或哈希编码，也叫散列值。

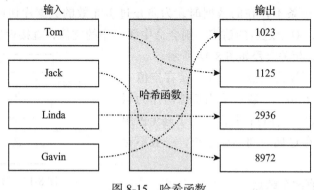

图 8-15　哈希函数

哈希函数具有如下基本特性：

❑ 如果两个哈希值不相同（基于同一哈希函数生成），那么这两个哈希值对应的原始输入数据一定不相同。此特性使得哈希函数具有确定性结果，具有这种性质的哈希函数被称为单向哈希函数。

❑ 哈希函数的输入和输出不是唯一对应关系，如果两个哈希值相同，它们对应的原始输入数据很可能是相同的，但也可能不同，这种情况称为"哈希碰撞"或"哈希冲突"。

基于哈希函数的特性，我们可以通过一个哈希函数将一个元素映射成一个位阵列（Bit Array）中的一个点。这样一来，只需要检查对应的点是否为 1 即可判断集合中是否存在该元素，这就是布隆过滤器的基本思想。但是，哈希函数存在"哈希碰撞"的问题，对于一个具有 m 个点的位阵列，如果要将冲突概率降低到 1%，那么这个位阵列就只能容纳 $m/100$ 个元素，空间利用率非常低。为了提升空间利用率，一个简单高效的方案是使用多个哈希函数，将一个元素映射成多个点，这便是布隆过滤器的核心设计思想。

布隆过滤器是由一个固定大小的二进制向量（或者位图）和一系列映射函数组成的。如图 8-16 所示，在初始状态下，一个长度为 m 的位数组，它的所有位都是 0。

当数据元素被加入到布隆过滤器中时，该元素首先经 k 个哈希函数生成 k 个哈希值，然后将位数组中对应的 k 个点置为 1。如图 8-17 所示，2 个元素通过 3 个哈希函数映射到位数组中。

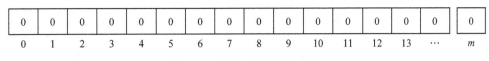

图 8-16 布隆过滤器初始状态

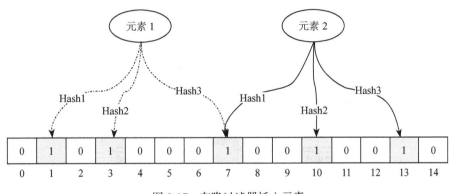

图 8-17 布隆过滤器插入元素

如果我们需要判断某个元素是否在布隆过滤器中，只需对给定元素再次进行相同的哈希计算，得到对应的 k 个哈希值后，检查位数组中对应的点位是否都为 1 即可。

- 若都为 1，说明这个元素大概率在布隆过滤器中。之所以不能完全确定，是因为哈希函数本身存在哈希碰撞，不同的两个元素，其哈希值可能是相同的，一般可通过增加位数组的大小或者调整哈希函数来降低冲突概率。
- 若这些点有任何一个为 0，则说明这个元素一定不在布隆过滤器中。

3. 布隆过滤器防穿透

缓存穿透的原因在于用户发起大量请求查询缓存和数据库中均不存在的数据。鉴于此，若能提前识别用户请求的数据根本不存在，那么就能阻止无效访问（恶意攻击），进而避免缓存穿透。根据布隆过滤器的原理，它非常适合用来过滤恶意请求。

如图 8-18 所示，提前将真实存在的数据的 Key（如商品 ID、图书 ISBN、数据库自增 ID 等具备唯一识别能力的字段）添加到布隆过滤器中。在收到用户的数据查询请求后，根据请求中的 Key 查询布隆过滤器，若 Key 不存在，则说明用户请求的数据一定不存在，直接返回即可；若 Key 存在，则说明用户请求的数据可能存在，继续查询缓存，若缓存未命中，再进一步查询数据库。

由于哈希碰撞，布隆过滤器有一定的误判率，且不可消除。在实际应用中，可以通过增加布隆过滤器的位数组长度和哈希函数的个数来降低误判率，那么，如何确定它们的具体数值呢？假设 k 为哈希函数个数，m 为布隆过滤器长度，n 为插入的元素个数，p 为误判率，它们之间的关系如下：

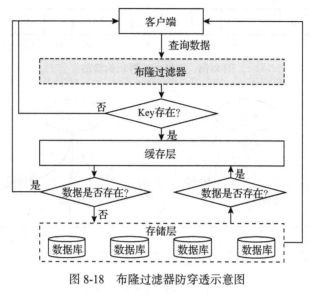

图 8-18 布隆过滤器防穿透示意图

$$m = -\frac{n \ln p}{(\ln 2)^2}$$

$$k = -\frac{m}{n} \ln 2$$

其中，参数 n 和 p 可以根据业务场景的需求来确定，之后就可以计算出合理的 m 和 k。举个例子，如果我们需要对 100 万个元素进行存在性检查，且误判率为 3%，通过上面的公式计算，k 为 5.05，取整为 5，m 约为 890KB；如果元素增加到 10 亿个，误判率仍为 3%，则 m 约为 870MB，可见布隆过滤器的空间利用率是非常高的。

4. 布隆过滤器的实现

目前，主流的布隆过滤器实现方案有如下 3 种。

（1）Guava

Guava 实现的布隆过滤器的使用十分简单，通过静态方法 create(int n, double p) 即可构建布隆过滤器。不过，它仅适用于单机环境，在当前普遍采用分布式、微服务架构的背景下，基于 Guava 的布隆过滤器方案已经很少单独使用。

（2）Redis

Redis 提供了一种特殊的数据结构 Bitmaps，可以实现对位（Bit）的操作。需要注意的是，Bitmaps 并不是实际的数据类型，而是定义在 String 类型上的一组面向位的操作。在 Redis 中，字符串是二进制安全的块，长度限制为 512MB（这一长度为官方推荐的长度，可以通过修改 sds.c 文件解除限制将其扩充至 2GB），因此可设置多达 2^{32} 个不同的位。简言之，可将 Bitmaps 视为一个长度可变的 Bit 数组，具有以下特点：

❑ 每个位只能存储 0 或 1，通过 SETBIT、GETBIT、BITCOUNT、BITOP 等命令可以

实现对位的操作。

❑ 占用的内存非常少。

❑ 存取速度极快，Set、Get 操作的时间复杂度均为 $O(1)$。

基于这些特点，我们可以用 Bitmaps 来判断数据是否存在于某个集合中，也可以用于记录用户的一些行为数据和画像数据，比如是否登录、是否领取优惠券、是否点击广告、是否查看某个页面、是否签到、是否单身、是否养宠物等，本节不展开介绍。

布隆过滤器的本质是哈希映射算法和位数组，而 Redis 提供的 Bitmaps 就是极佳的位数组，基于此，辅以适当的哈希函数，可以很容易实现高性能的布隆过滤器。

（3）RedisBloom

RedisBloom 是一款由 RedisLabs 开源的 Redis 插件，可提供布隆过滤器、布谷鸟过滤器、Count-Min Sketch、TopK 等功能。Redis 在 4.0 版本中增加了 Module 功能，RedisBloom 可以通过 Module 的形式整合到 Redis 中，因此 Redis 4.0 及以上的版本都可以很方便地使用 RedisBloom。

由于 Redis 支持分布式，因此基于 Redis（或 RedisBloom）可以实现分布式布隆过滤器，这是目前最常用的布隆过滤器方案。

5. 小结

布隆过滤器占用空间小，插入、查询效率高，应用场景非常丰富，除了防止缓存穿透，还可以用于邮件过滤、网址过滤、推荐去重等场景。

当然，布隆过滤器缺点也很明显。由于哈希碰撞，布隆过滤器有一定的误判率，且不可消除，无法准确判断一个元素是否一定存在，因此不适合要求 100% 准确率的场景。此外，布隆过滤器不支持删除元素，因为布隆过滤器的每一个 Bit 位并不是独占的，很有可能多个元素共享了某一位（多个元素的哈希值在相同的 Bit 位的值可能都是 1），若直接删除这一位，则可能影响其他的元素。

8.5.3 布谷鸟过滤器策略

针对标准布隆过滤器不支持删除元素的问题，有两种解决思路：其一，在布隆过滤器的基础上增加计数器，在插入元素时将对应的 k（k 为哈希函数个数）个 Counter 的值分别加 1，删除元素时将对应的 k 个 Counter 的值分别减 1，代表有 Counting Bloom Filter、Spectral Bloom Filter、Dynamic Count Filter；其二，处理哈希碰撞，典型代表是布谷鸟过滤器。

布谷鸟过滤器是基于布谷鸟哈希（Cuckoo Hash）实现的，它是由 Bin Fan 等于 2014 年的一篇论文"Cuckoo Filter：Better Than Bloom"中被提出的，相较于布隆过滤器，它具备以下优势：

❑ 支持删除元素。

❑ 查询效率更高，尤其是在高负载因子时。

❑ 比其他支持删除元素的过滤器更容易实现。

❑ 如果期望误判率在 3% 以下，所用空间比布隆过滤器小。

不过，布谷鸟过滤器也存在不足，虽然支持删除元素，但存在误删的概率；同时，插入操作的复杂度比较高，且会随着插入元素的增加而增加。关于布谷鸟过滤器的原理，感兴趣的读者可自行阅读相关论文。

8.6 缓存热点

在缓存的实际应用中，可能出现大量请求集中查询同一个 Key 的情况，对应的 Key 即所谓的热点。热点危害巨大，以热点商品、热点新闻为例，当大量用户集中访问热点数据时，压力将汇聚于单一缓存服务器实例，可能导致热点数据所在的服务器过载，缓存服务不可用。对于缓存热点问题，通常有两种应对策略，即前置缓存策略和热点散列策略。

8.6.1 前置缓存策略

将热点数据缓存在应用服务器的本地内存中，对于数据查询请求，首先查询本地缓存，如果命中则直接返回；如果未命中，再进一步查询分布式缓存。本地缓存读写无须远程数据交互、无序列化资源开销、无网络 I/O 开销，因此查询速度非常快。基于本地缓存，相当于增加了热点 Key 的缓存实例数量，且查询速度更快，可以极大地缓解分布式缓存系统中热点数据所在服务器的压力。

1. 数据预热

缓存热点具有突发性、瞬时性等特点，为了使前置缓存策略生效，必须提前将数据加载到本地缓存中。那么，如何让数据提前加载进缓存呢？有以下两种常用的方法。

❑ 在应用服务器启动时自动加载。以 Spring Boot 为例，可以通过实现 ApplicationRunner 接口的 run 方法来实现数据加载，也可以通过实现 InitializingBean 接口的 after-PropertiesSet 方法实现数据加载。

❑ 消息队列中间件广播消息通知加载。各个应用服务器接收并消费消息，然后从数据库中将相应数据加载至本地缓存。

2. 数据刷新

缓存数据加载完成后，还必须解决缓存刷新的问题。在实际应用中，即便有严格的规则管控，数据也可能发生变化，例如在秒杀活动开始前因出现某些问题修改了商品数据，这时就需要刷新本地缓存。为了保证缓存数据的时效性，通常采用定时刷新、手动更新、自动失效 3 种方法组合的方式来更新缓存。

❑ 定时刷新。在应用服务器中创建一个定时任务，当前置缓存开关开启时，每间隔一定时间（如 5s）定时刷新一次缓存，以尽量保证缓存中数据的新鲜度。注意，为了保证刷新的数据是当前最新的，刷新本地缓存一般是访问数据库，而不是访问分布式缓存。

□ 手动更新。当数据发生变更时（如运营修改数据），应触发所有本地缓存节点更新数据。最常用的技术手段是消息队列，通过事务消息保证所有节点刷新对应本地缓存。

□ 自动失效。为了防止因定时刷新失败而造成长期缓存脏数据，需要为缓存数据设置有效期。当有效期满，缓存数据会自动失效，进而触发被动更新。需要注意的是，缓存有效期应大于定时刷新间隔。

3. 数据查询

在提前加载和刷新机制的保障下，仍然有可能出现本地缓存查询不命中、报错的情况。因此，数据查询的流程为：首先查询本地缓存，若缓存命中则直接返回结果；若未命中或报错，则查询分布式缓存（如 Redis）；若仍未命中，再进一步查询数据库。

以上 3 部分是前置缓存策略的具体内容。本地缓存查询速度非常快，加之应用服务器数量众多，可以有效地解决缓存热点问题，但也存在一些不足：

□ 无法防御未知热点。使用缓存前置策略有一个关键前提，即缓存热点可预知。只有预知热点，才能有针对性地设计缓存加载、刷新等机制。对于那些难以预见的突发热点（如微博明星绯闻事件）是无效的。

□ 数据更新存在延迟。在数据库中的数据更新后，限于定时刷新频率和更新通知机制，本地缓存不能做到同步更新，存在一定延迟，因此需要业务可容忍数据短时不一致。

8.6.2 热点散列策略

热点散列策略也称多副本策略，即将热点数据复制多份，分别缓存在多台缓存服务器上，以此减轻缓存热点导致的单台缓存服务器压力。

1. 散列数量

散列数量即热点数据副本份数。散列数量过少，将无法起到分散压力的作用；散列数量过多，又将增加维护成本。在实践中，散列数量一般与分布式缓存集群的服务器数量相等。

2. 数据预热

确定散列数量后，我们需要将数据预热到不同的缓存服务器中，这就涉及 Key 的构造，而 Key 的构造又与缓存集群的数据分片算法有关。以 Redis Cluster 模式为例，它采用虚拟槽分区，所有的键根据哈希函数映射到 0 ~ 16383 整数槽内，计算公式为：slot = CRC16(key)&16383，每一个节点负责维护一部分槽以及槽所映射的键值数据。如果采用集群代理模式，数据分片算法可由代理实现，通常有一致性哈希、随机分配、求模取余 3 种。无论采用哪种分片算法，都无法保证绝对均匀分片，无须过于纠结。以商品秒杀活动为例，

可将商品数据生成 N 份缓存数据，每份缓存数据的内容完全一致，在缓存的 Key 中加编号进行区分，如下示例：

key: ${itemId}_1，value: ${ 商品数据 }

key: ${itemId}_2，value: ${ 商品数据 }

...

key: ${itemId}_N，value: ${ 商品数据 }

3. 数据刷新

相较于分散在不同应用节点的本地缓存，分布式缓存的可控性要强一些，刷新机制也要简单一些，一般通过定时任务刷新即可。不过，为了防止因定时刷新失败而造成缓存脏数据，同样需要为缓存数据设置有效期，当有效期满，缓存数据会自动失效。关于缓存有效期的设置可参考 8.4 节内容。

4. 数据查询

在查询数据时，可根据 Key 的编号区间，采用随机算法确定一个编号，然后组装 Key 访问分布式缓存。例如查询 itemId 为 20221896234，Key 编号区间为 [1,100]，随机确定编号为 67，则组装 Key 为 20221896234_67。

热点散列策略通用性好，可控性高，且易横向扩展，但是同样只适用于热点可预知的场景，且存在数据一致性问题。此外，散列还有失败的可能，如果某一缓存服务器的数据存储失败，那么路由到这台服务器的全部热点流量都会查询失败，从而导致请求穿透至数据库。

第 9 章 *Chapter 9*

缓存数据与数据库数据一致性问题及解决方案

在高并发场景下，传统关系型数据库通常是主要瓶颈所在。为了提高系统响应速度、改善系统运行性能，我们经常使用缓存。然而，随着缓存的引入，数据不再集中存储于数据库中，同一数据可能同时存在于缓存和数据库中。一旦数据更新，就必然会面临数据库数据和缓存数据的一致性问题。

本章将详细介绍导致缓存数据和数据库数据不一致的原因以及相应的解决方案，包括请求串行化、分布式事务、延时双删、基于 binlog 异步删除、过期机制、失败补偿等。

9.1 CAP 理论简介

针对分布式环境下的系统设计和部署，有 3 个核心需求：一致性（Consistency）、可用性（Availability）和分区容忍性（Partition tolerance）。但三者无法同时在分布式系统中被完美满足，最多只能满足其中两个，这便是 CAP 理论的核心观点。

2000 年，Eric Brewer 教授在 PODC 的研讨会上首次提出了 CAP 猜想，两年后 Lynch 等证明了这一猜想，从此 CAP 理论正式成为分布式计算领域的公认定理，并深深影响了分布式计算的发展。

9.1.1 CAP 定义解读

1. 一致性

一致性指数据在多个副本之间能够保持一致的特性（强一致性）。如果系统对一个写操作返回成功，那么之后的读操作必须都能读到这个写操作产生的新数据；如果返回失败，则所有的读操作都不能读到因这个写操作而产生的新数据。对调用者而言，数据具有强一致性。

2. 可用性

可用性指系统提供的服务必须一直处于可用的状态，每次请求都能获取到正确的响应，但是不保证获取的数据为最新数据。这就要求系统当中不应该有单节点存在，如果服务是单节点部署的，一旦该节点宕机，服务便不可用了。通常可用性都是通过冗余的方式来实现的。

3. 分区容忍性

关于分区容忍性，Brewer 给出的定义是：分布式系统在遇到任何网络分区故障时，仍然能够对外提供满足一致性和可用性的服务，除非整个网络环境都发生了故障。分区容忍比较抽象，在此特别说明一下。

在分布式系统中，节点间通过网络进行通信，因此有些节点之间可能会因为一些故障而不能连通，从而导致整个网络分成几块区域。如果数据散布在这些不连通的区域中，就会形成分区。

当一个数据项只在一个节点中保存时，如果分区出现，那些与该节点不连通的部分将无法访问这个数据，即出现单点故障，这时的分区是无法容忍的。提高分区容忍性的办法是将一个数据项复制到多个节点上，即副本机制，在出现分区后，这一数据项就可能分布到各个分区里，容忍性就提高了。

然而，将数据复制到多个节点会带来一致性问题，即多个节点上的数据可能是不一致的。要保证一致，每次写操作都必须等待全部节点写成功，而等待期间系统是不可用的，从而带来可用性问题。总的来说，数据存在的节点越多（副本越多），分区容忍性越高，但同时需要复制、更新的数据就越多，一致性就越难保证。为了保证一致性，就需要花更长的时间更新所有节点数据；而时间越长，可用性就越低。

9.1.2 三个核心需求不可兼得

根据 CAP 理论，在分布式系统中，C、A、P 三者不可能同时被完美满足。在设计分布式系统时，工程师必须做出取舍。一般认为，三者中只能选择二者。

1. 选择 C 和 A

放弃 P（分区容忍性），以保证 C（强一致性）和 A（可用性）。事实上，分区容忍性并不是能否放弃的问题，而是只能阻止，不允许分区出现。一种最直接的策略是将所有服务都部署在一台服务器上，退化为单机系统，但如此一来也就谈不上分布式了。

在分布式系统中，分区是无法完全避免的，设计师即便舍弃分区容忍性，就一定可以保证一致性和可用性吗？当分区出现的时候，还是需要在 C 和 A 之间做出选择：选择一致性，则须等待分区恢复，在此期间牺牲可用性；选择可用性，则无法保证各个分区数据的一致性。

某种意义上，舍弃分区容忍性是基于一种假设，即分区出现的概率很低，远低于其他系统性错误。基于不存在分区问题的假设，C、A 之间仍然存在矛盾：为了保证服务的可用性，那就必须避免单节点故障问题，即服务须部署在多个节点上，即便其中一个节点因故障而不能提供服务，其他节点也能替代它继续提供服务，从而保证可用性；但是，这些服务是分布在不同节点上的，为了保证一致性，节点之间必须进行同步，任何一个节点的更新都需要向其他节点同步，只有同步完成之后，才能继续提供服务，而同步期间，服务是不可用的。因此，即便没有分区，可用性和一致性也不可能在任何时刻都同时被完美满足。

对于分布式系统，鉴于分区不可避免，通常不会考虑舍弃分区容忍性。同时考虑到分区出现的概率极低，可以采取一些策略来平衡分区对一致性和可用性的影响。

2. 选择 C 和 P

放弃 A（可用性），一旦分区发生，部分节点之间失去联系，为了保证一致性，需要等待受影响的服务所在的节点数据一致（本质上就是等待分区恢复），而等待期间无法对外提供服务。如此，C 和 P 就可以保证了，一些传统关系型数据库分布式事务就属于这种模式。

3. 选择 A 和 P

放弃 C（一致性），保证高可用并允许分区。一旦分区发生，节点之间可能会失去联系，为了高可用，每个节点只能用本地数据提供服务，而这样就会导致全局数据的不一致性。在实际应用中，大多数业务场景是保证 A 和 P 而接受弱一致性的。

4. CAP 最新解读

根据 CAP 理论，在分布式系统中，分区不可避免，因此只能在一致性和可用性之间选择其一。既然如此，Paxos、Raft 等共识算法又是如何做到同时保证可用性和强一致性的呢？这还得从 CAP 理论后期的发展谈起。在 CAP 理论被提出 12 年之后，其作者 Brewer 亲自出面澄清：CAP "三选二"是存在误导的，它会过分简单化各性质之间的相互关系。

首先，由于分区很少发生，那么在系统不存在分区的情况下并不需要牺牲 C 或 A，只有在分区存在或可感知其影响的情况下，才需要去探知分区并显式地处理其影响。其次，C 与 A 之间的取舍可以在同一系统内以非常细的粒度反复发生，而每一次的决策可能因为具体的操作，乃至因为涉及特定的数据或用户而有所不同。最后，CAP 并不是非黑即白、非有即无的，它们都可以在一定程度上进行衡量。可用性是在 0 到 100% 之间连续变化的；一致性可分为很多级别，如强一致性、弱一致性和最终一致性等；就连分区也可以细分为不同的含义，如系统内的不同部分对于是否存在分区可以有不一样的认知。因此，一致性和可用性并不是水火不容、非此即彼的。

9.2 缓存数据与数据库数据不一致的原因

第 8 章介绍了缓存的 4 种更新模式：Cache Aside 模式、Read Through 模式、Write Through 模式和 Write Behind Caching 模式。在这 4 种更新模式下都可能出现数据库数据与缓存数据不一致的问题，原因可归纳为两大类：操作时序导致数据不一致和操作失败导致数据不一致。

9.2.1 操作时序导致数据不一致

在 8.3.1 节中，为了分析 Cache Aside 模式的合理性，笔者对更新数据库和失效（删除）缓存的合理顺序及更新缓存与失效缓存的差异进行了介绍。本节将结合非并发场景和并发场景进一步解读。

1. 非并发场景

所谓非并发场景，是指对同一数据的读写操作不存在并发。换言之，对同一数据的读写操作是串行的。基于这一前提，解决数据库和缓存的一致性问题相当容易，一些在并发场景下不那么合理的方案也可能"焕发生机"，典型代表如"先失效缓存，再更新数据库"。相较于 Cache Aside 模式（先更新数据库，再失效缓存），该方案的确具有一定优势，例如下面的场景。

- 先失效缓存，再更新数据库：若失效缓存成功，而更新数据库失败，则只会引发一次缓存未命中。
- 先更新数据库，再失效缓存：若更新数据库成功，而失效缓存失败，则会导致数据库和缓存不一致。

单从保证数据一致性的角度看，"先失效缓存，再更新数据库"要优于"先更新数据库，再失效缓存"，但前提是非并发场景。在并发场景下，该方案则无法保证一致性。具体分析见 8.3.1 节。

事实上，非并发场景这一要求是非常苛刻的，因为在互联网领域，大多数业务几乎不可避免地存在并发。当然，如果一些特殊的业务可以保证无并发或者通过技术手段避免并发，那么"先失效缓存，再更新数据库"的确不失为良策。

2. 并发场景

一旦涉及并发读写操作，一致性问题就会变得十分复杂。在大多数应用场景中，出于实现成本和数据一致性考虑，Cache Aside 模式几乎都是最佳选择。不过，在该模式下仍有一种发生概率极低的特殊场景会导致数据库与缓存不一致，如图 9-1 所示。

上述场景中，读操作缓存未命中，同时伴随一个并发写操作；读操作在写操作完成数据库更新前读取了旧数据，且在写操作失效缓存后更新了缓存，从而导致数据库中为最新数据，而缓存中仍为旧数据。很明显，数据库与缓存之所以不一致，是因为读写请求在并发情况下的操作时序无法保证。这种因操作时序导致数据不一致的现象，一般称为"逻辑失败"。

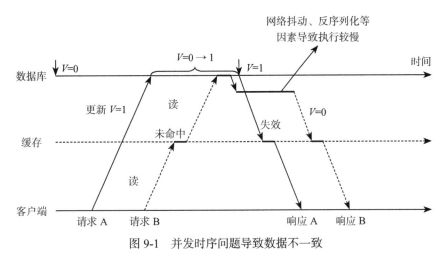

图 9-1　并发时序问题导致数据不一致

3. 串行化

对于上述并发场景下因时序引起的数据不一致问题，核心解决思路之一是将读写操作串行化。即任一时刻，对同一数据只有一个读操作或写操作在执行，只有当上一个操作执行完成后，才能执行下一个操作。如此一来，就能保证读请求获取的是写请求更新的最新数据。

读写操作串行化，最常用的实现方案是分布式锁，即每次读写操作前，需要获取对应数据的锁。只有获取锁成功的请求才能够执行操作，其他请求要么自旋等待，要么报错返回。这种方案确实可以解决时序导致的一致性问题，但是会引发另一个问题——降低性能。操作加锁会极大地降低数据读写性能，对于那些要求高性能的系统来说是不可接受的。

9.2.2　操作失败导致数据不一致

仍以 Cache Aside 模式为例，对于写请求，会先更新数据库，再失效缓存。更新数据库和失效缓存本质上是两个不同的操作。如图 9-2 所示，若更新数据库成功，而失效缓存因服务异常、系统异常、网络异常等原因操作失败，则会导致数据不一致。对于这类因操作失败而导致的数据不一致，最简单的应对方法是为缓存设置较短的有效期，以尽量缩短数据不一致的持续时间，但无法从根本上解决问题。

操作失败导致数据不一致的根本原因在于未能保证更新数据库和失效缓存两个操作的状态一致，因此，最直接的解决思路是采用事务机制和补偿机制。

1. 本地事务

将更新数据库和失效缓存两个操作放到一个数据库本地事务中，如果失效缓存操作发生异常，通过回滚数据库本地事务就可以保证数据一致性。但如果失效缓存的服务耗时较长或因异常出现大量超时，则可能导致大量数据库链接挂起，严重影响系统性能，甚至可能因数据库连接数过多而导致系统崩溃。不过，这些问题通过合理配置服务超时时间和数据库链接数都是可以解决的。

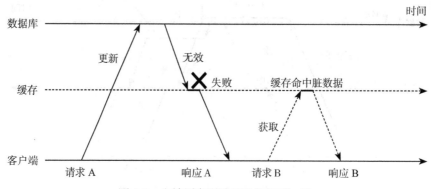

图 9-2 失效缓存失败导致数据不一致

基于本地事务，可以解决操作失败导致的数据不一致问题，但受限于本地事务的实际操作时序，无法完全保证数据一致性。例如这样的场景：由于失效缓存的操作是在本地事务提交之前执行，在高并发情况下，本地事务还未完成提交，读请求可能就已经穿透缓存到达数据库并将读取的旧数据写入缓存中了。

如果要解决上述问题，就必须保证在写操作（更新数据库和失效缓存）本地事务提交之前，其他读操作不可执行。显然，这又回到了时序问题上，一般可通过队列或加锁来解决。以 MySQL 为例，写操作加排他锁（Exclusive Lock），读操作加共享锁（Shared Lock），对同一数据的读写操作，只有在获取锁成功的情况下才能执行。加锁 SQL 示例如下。

❑ 排他锁：select * from T where id=1 for update。
❑ 共享锁：select * from T where id=1 lock in share mode。

本地事务结合加锁机制，本质是操作失败回滚和请求串行化的结合，虽然可以在一定程度上解决数据库和缓存的一致性问题，但是损失了性能，有违我们使用缓存的初衷。

2. 分布式事务

就保障分布式环境下的数据一致性而言，分布式事务更专业。遗憾的是，目前为止大多数分布式事务中间件不支持 NoSQL，同时，很多 NoSQL 本身也不支持事务。即便都支持，在分布式环境下对异构数据库实现事务的成本也是非常高的。

在分布式环境下，更新数据库和失效缓存所访问的数据位于不同的服务器中。基于分布式事务实现一致性需要事务参与者彼此协调，每个节点在一个大事务的执行过程中必须依次确认，这就需要一种协议来确保一个事务中没有任何一个节点写操作失败。

这种协调的成本是极为昂贵的，正常执行的耗时一般数倍于本地事务。由于事务本身的 All Or Nothing 原则（要么全部完成，要么什么都不做），当协调没有完成时，其他操作不能读取事务中写操作的结果。同时，一旦协调过程中发现某个写操作不能完成，那么就需要将其他成功的写操作进行回滚。鉴于分布式事务对数据写性能的严重负面影响，以及高昂的实现成本，在实际应用中几乎不可能采用分布式事务来解决数据库和缓存的一致性问题。

3. 补偿机制

在操作失败后，通过保存足够的信息（如待失效缓存的 Key、异常类型等）可进行补偿操作，实现最终一致性。就"先更新数据库，再失效缓存"这一模式而言，一旦失效缓存的操作失败，数据不一致大概率会随即出现。（如果失效缓存的操作失败，同时缓存过期，读请求因缓存未命中触发被动更新，则可能不会导致数据不一致。）补偿机制的意义在于加速达到最终一致。在实践中，常用的补偿机制有如下 4 种。

1）同步重试。操作失败后，在当前线程中继续重试，直至成功或达到重试次数上限。优点是实现简单，若重试成功，可最快达到最终一致。缺点是可靠性不足，若缓存服务短期持续不可用（如故障转移中），则重试次数超限情况下可能仍不成功，同时请求响应时延会增加甚至超时。

2）将重试任务交给线程池处理。优点是实现简单，响应时延短。缺点是可靠性不足，若发生服务器重启等极端异常，将无法完成补偿。此外，由于是异步处理，数据不一致的持续时间相对较长。

3）将重试数据记录到数据库，由业务系统定时任务进行重试。优点是可靠性高，可支持丰富的重试间隔策略。缺点是实现成本高，对业务系统侵入严重。

4）将重试数据发送给消息队列，由业务系统自行消费并进行重试。该方案在可靠性、系统侵入、响应时延、达到最终一致性的速度等方面可以取得折中，实际应用较多，其架构如图 9-3 所示。

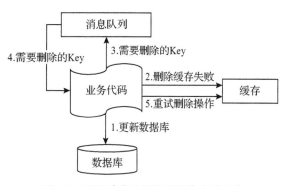

图 9-3 基于消息队列实现操作失败补偿

9.2.3 不可实现的绝对一致性

事实上，若同一数据存储于不同节点（如缓存和数据库），当数据需要更新时，就不可避免地需要多个操作来实现，而这多个操作之中任何一个失败都有可能导致数据不一致。为了解决这一问题，典型方案是通过 2PC（Two-Phase Commit）或 Paxos 等分布式一致性协议来保证不同节点的数据一致性。但是，这些协议要么非常耗时，要么实现极为复杂，实用性并不高。参考 CAP 理论，在分布式环境下，若要保证强一致性，对于数据库和缓存这类异构节点，就必然要牺牲一定的可用性，完美的 C 和 A 是不可兼得的！通常只能退而求其次，保证 A 和 P，接受最终一致性。

注意：最终一致性强调的是系统中所有的数据副本，在经过一段时间的同步后，最终能够达到一致的状态。因此，最终一致性的本质是需要系统保证最终数据能够达到一致，而不需要实时保证系统数据的强一致性。

回到我们使用缓存的出发点。为什么要使用缓存？毫无疑问，最主要的原因是追求数据访问速度。而如果要实现强一致性，按照目前的技术，则必然损失访问速度这一优势。那么又何必使用缓存呢？

基于上述分析，如果一个场景要求保证数据的强一致性，那么它根本就不适合使用缓存。如果选择使用缓存，则必然基于一个重要的前提，即可接受弱一致性或最终一致性。基于这一前提，在实践中，可以通过一些特殊的设计来最大限度地避免数据不一致或减少达到最终一致性的时间，典型方案如延时双删、异步更新、串行化等。

9.3　延时双删

前文穿插介绍了几种实现数据库和缓存一致性的方案，如基于分布式锁的串行化方案、基于数据库本地事务和加锁的串行化方案及分布式事务方案。就保障一致性而言，这些方案都可以实现比较强的一致性，但也都是以牺牲性能为代价的，使得缓存的优势黯然失色，因此缺乏实际意义。

在 Cache Aside 模式下，导致数据库和缓存不一致的原因可归纳为两大类：其一，概率极低的读写时序问题；其二，更新数据库成功，而失效缓存操作失败。在保证性能的前提下，如何实现最终一致性呢？最基础的方案是延时双删。

9.3.1　原理及实施步骤

延时双删策略相对简单，可分为如下 4 个步骤：删除缓存、更新数据库、休眠一段时间和再次删除缓存。

需要注意的是，"删除缓存"与前文中所述的"失效缓存"的含义是相同的，仅仅是中文描述的差异。关于延时双删策略，有几个常见问题，为了便于读者理解，笔者在此一并解读。

（1）延时删除操作有什么作用

延时删除是为了解决概率极低的读写时序问题（参考图 9-1）：读操作缓存未命中，同时伴随一个并发写操作；读操作在写操作完成数据库更新前读取了旧数据，且在写操作删除缓存后更新了缓存，从而导致数据库中的为最新数据，而缓存中的仍为旧数据。针对这一时序问题，将删除缓存的操作延迟即可解决，效果如图 9-4 所示。

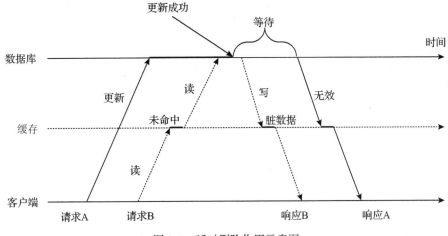

图 9-4 延时删除作用示意图

（2）第一次删除操作有什么作用

分布式、高并发场景下，在同一时刻对同一数据的数据库记录和缓存，可能存在多个并发读写操作。对于这些操作，我们无法从全局层面确定具体的执行时序和执行成败。因此，通过第一次删除操作可以触发一次缓存未命中，触发缓存更新，从而保证在本次更新数据库期间，缓存中的这个数据的值暂时是最新的。换个角度看，延时双删策略本身只是一种保证最终一致性的解决方案，而第一次删除操作通过触发缓存更新可以加速达到最终一致性。

（3）第二次删除操作失败了怎么办

如果失败，则通过重试机制来保证最终一致性。关于重试，若同步进行，则势必增加响应的时延，影响性能，因此一般采用异步重试。典型的异步重试方案有如下 3 种：

❑ 将重试任务交给线程池处理。
❑ 将重试数据记录到数据库，由业务系统定时任务进行重试。
❑ 将重试数据发送给消息队列，由业务系统消费消息并进行重试。

9.3.2 如何确定延时

延时的目的在于清除并发读请求造成的缓存脏数据，因此，确定延时应从以下两个方面着手分析。

（1）更新数据库期间，读请求的耗时

更新数据库期间，并发读请求可能会将读取的脏数据写入缓存。为了确保清除脏数据，需要在读请求更新缓存完成后再执行删除操作。而读请求的耗时则与业务强相关，需要结合具体的业务逻辑来评估，一般可参考读请求的平均耗时。

（2）更新数据库后，数据库主从同步的耗时

若数据库采用主从机制，那么就会涉及主从同步耗时。在 Master 更新完成后，所有 Slave 同步完成前，并发读请求从 Slave 上读取的数据依然为旧数据，若写入缓存，自然也是脏数据。因此，删除操作必须在主从同步完成后。

综合考虑上述两个方面的因素，延时应满足的基本条件为：延时 > 数据库主从同步耗时 + 读请求耗时。

9.3.3 优点与不足

作为一种最终一致性方案，延时双删策略逻辑相对简单，可以较小的代价部分解决数据库与缓存不一致的问题，适用于数据更新频率低的业务。但是，该策略也存在一些明显的不足。

□ 延迟时间是一个预估值，在延迟时间内，不能确保数据库主从同步和缓存更新均完成，因此仍然存在缓存脏数据的可能性，不过概率极低。

□ 延迟等待环节会影响写请求性能，降低系统吞吐量，不适用于响应时延要求高的场景。

针对延时双删策略因延迟等待而影响写请求性能的问题，可通过异步删除缓存来解决，即将延时双删策略中的第二次删除缓存的操作异步化。典型方案有两种：基于 binlog 删除缓存和消费消息删除缓存。

9.4 基于 binlog 异步删除缓存

以 MySQL 为例，其主从同步是基于 binlog 机制实现的。如果我们可以获取 binlog 并解析，那么就可以及时感知数据库的插入、更新、删除等变化。当识别到涉及缓存的数据更新操作时，将对应缓存删除，从而触发缓存更新，保障数据一致性。

9.4.1 MySQL 主从同步原理

MySQL 的主从同步原理如图 9-5 所示，可概括为如下 3 个主要步骤。

1）MySQL Master 启动 binlog 机制，将数据变更写入二进制日志（binary log），其中记录被称为二进制日志事件（binary log event），可以通过 show binlog events 命令查看。

2）MySQL Slave（I/O 线程）将 Master 的 binary log events 复制到它的中继日志（relay log）中。

3）MySQL Slave（SQL 线程）重放 relay log 中的事件，将数据变更反映到它自己的数据中，从而实现主从数据一致。

前文提到的 binlog 是 binary log 的简写，它记录了所有的 DDL（Data Definition Language，数据定义语言）语句和除查询语句外的 DML（Data Manipulation Language，数据操纵语言）

语句。binlog 以事件形式进行记录，包含语句执行所消耗的时间。binlog 只记录完整的事务，可保证事务安全性，主要用于数据备份和数据同步，有 3 种类型：STATEMENT、ROW、MIXED。

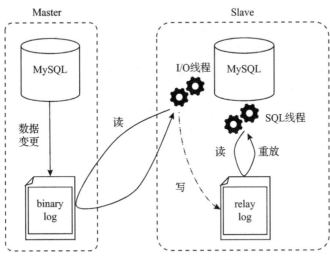

图 9-5　MySQL 主从同步原理

- STATEMENT，是默认的 binlog 格式，精确到语句级别，每一条会修改数据的 SQL 都会被记录到 Master 的 binlog 中。Slave 复制时，SQL 进程会将其解析成与 Master 所执行 SQL 相同的形式来再次执行。可简单理解为通过复制 SQL 来实现同步。相对于 ROW 模式而言，这么做更节省空间，但可能造成数据不一致。如语句 update tx set create_date=now()，由于执行时间不同，结果也不同。
- ROW，精确到行级别，不记录每条 SQL 语句的上下文信息，仅记录每次操作后每一行记录的变化。在复制时，对于 Master 发生修改的行。Slave 会对相应的行进行相同的修改。可简单理解为通过复制修改的结果来实现同步，因此可保证数据的绝对一致性。但相较于 STATEMENT，ROW 模式占用空间要大得多，例如一条批量修改数据的 SQL，其执行结果可能导致 1 万行数据发生变化，STATEMENT 模式下只须记录一条 SQL，而 ROW 模式下则须记录 1 万行结果。
- MIXED，即 STATEMENT 和 ROW 的结合，MySQL 会根据所执行的每一条 SQL 来决定记录日志的格式，也就是在 STATEMENT 和 ROW 之间选择一种，节省空间的同时兼顾一定的一致性。一般的语句修改会使用 STATEMENT 模式，而对于一些特殊的语句，如涉及特殊功能（存储过程、触发器、函数）的语句，则采用 ROW 模式。

MySQL 默认是关闭 binlog 的，因此我们需要先开启 binlog 写入功能。为了保证强一致性，binlog 的记录格式应选择 ROW，my.cnf 中的配置参考如下：

log-bin=mysql-bin

binlog binlog-format=ROW

9.4.2 感知数据库变更

从 MySQL 的主从同步原理可以看出，感知数据库变更的关键在于及时获取增量 binlog，基于 binlog 可以获悉数据变更内容，为下一步操作奠定基础。目前，已有很多开源工具可以实现 MySQL binlog 的监听，如 Canal、Maxwell、mysql_streamer。

下面以 Canal 为例介绍监听 binlog 的一般原理。Canal 是阿里巴巴旗下的一款开源软件，采用 Java 开发，其主要用途是基于 MySQL 数据库增量日志解析，提供增量数据订阅和消费。Canal 部署简单、成本低，适合中小规模 MySQL 数据库同步工作。基于 Canal，可以获取 MySQL binlog，并将数据变动传输给下游。其工作原理如图 9-6 所示。

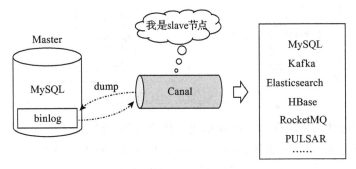

图 9-6　Canal 工作原理

具体而言，包括以下步骤。

1）Canal 模拟 MySQL Slave 的交互协议，伪装成 MySQL Slave 向 MySQL Master 发送 dump 请求。

2）MySQL Master 收到 dump 请求后，将 binlog 推送给 Canal。

3）Canal 解析 binlog 并执行相应的业务操作。

Canal 的下载和部署可参考官网指导，读者可自行搜索。

9.4.3 客户端订阅变更

Canal 获取 binlog 并解析后，会将其存储在 Canal Server 中。我们需要创建 Canal 客户端并与 Canal Server 建立连接，才能实现经 Canal 订阅数据库变更。关于创建客户端的步骤及 API 的使用可自行查阅官网，在此仅提供如代码清单 9-1 所示的简单示例。

代码清单 9-1　Canal 客户端创建及 API 使用代码示例

```
// 1.创建连接器。这里采用 SimpleCanalConnector，针对简单的 IP 直连模式
CanalConnector connector = CanalConnectors.newSingleConnector(new
    InetSocketAddress(AddressUtils.getHostIp(),11111), destination, "", "");
```

```
// 2.建立连接。使用连接器与对应的 Cannal Server 建立连接，以便订阅数据库变更
connector.connect();
// 3.订阅数据。这里指定订阅名为 mysql.test_order 的数据表，如果不传递参数，则默认采用 Canal
   Server 配置文件 instance.properties 中的参数 canal.instance.filter.regex 指定的
   过滤条件
connector.subscribe("mysql.test_order");
// 4.获取数据。尝试获取 batchSize 条记录，有多少取多少，不会阻塞等待
Message message = connector.get(batchSize);
```

在代码清单 9-1 中，Message 模型的主要属性为 "List<Entry> entries"。Entry 模型用于详细描述一条写操作 SQL 所带来的数据变化，其数据结构如代码清单 9-2 所示。通过处理 Entry，我们可以精确地感知数据库中发生变化的数据，然后判断变化的数据是否与缓存相关，进而确定是否执行删除缓存的操作。

代码清单 9-2　Entry 模型数据结构

```
Entry
    Header
        logfileName [binlog 文件名]
        logfileOffset [binlog position]
        executeTime [binlog 里记录变更发生的时间戳，精确到秒]
        schemaName
        tableName
        eventType [insert/update/delete 类型]
    entryType    [事务头 BEGIN，事务尾 END，数据 ROWDATA]
    storeValue    [byte 数据，可展开，对应的类型为 RowChange]
RowChange
isDdl    [是否是 ddl 变更操作，比如 create table/drop table]
sql    [具体的 ddl sql]
rowDatas    [具体 insert/update/delete 的变更数据，可为多条，1 个 binlog event 事件可对应
            多条变更，比如批处理]
beforeColumns [Column 类型的数组，变更前的数据字段]
afterColumns [Column 类型的数组，变更后的数据字段]
Column
index
sqlType    [jdbc type]
name    [column name]
isKey    [是否为主键]
updated    [是否发生过变更]
isNull    [值是否为 null]
value    [具体的内容，注意为 string 文本]
```

9.4.4　消息队列订阅变更

直接通过 Canal 客户端来订阅数据库变更存在不足。目前 Canal Server 上的一个实例只能有一个客户端消费，也就是说，即便部署一个客户端集群，在任何时刻也只能有一个客

户端处于工作中，其他客户端均处于冷备状态。当运行中的客户端挂掉后，其他客户端才有机会替补上来继续工作。

如果涉及的数据规模较大，单凭一个客户端是难以完成变更数据处理的。这种场景下，就需要多个客户端来并行处理数据。如何实现呢？Canal 1.1.1 版本之后默认支持将 Canal Server 接收到的 binlog 数据直接投递到 MQ，目前可支持的 MQ 系统包括 Kafka、RocketMQ、RabbitMQ 等。如图 9-7 所示，通过 MQ 中转，我们就可以实现多个客户端同时消费数据了。

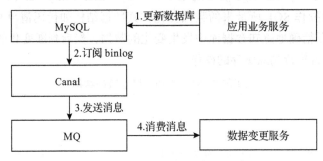

图 9-7　基于 Canal 和 MQ 订阅数据库变更

关于 Canal 与 MQ 的配置，需要注意以下几个方面。

1. Topic

为了便于区分消息，MQ 的 Producer（生产者）向 MQ 集群发送的消息会被归于某一类别，即 Topic。Canal 1.1.3 版本之后支持的配置格式为 schema 或 schema.table，多个配置之间使用逗号或分号分隔，举例如下。

- ❑ test\\.test：指定匹配的单表，该表的 binlog 会发送到以 test_test 命名的 topic 上。
- ❑ .*\\..*：匹配所有表，每个表的 binlog 会分别发送到以各自表名命名的 topic 上。
- ❑ test：指定匹配对应的库，该库所有表的 binlog 都会发送到以库名命名的 topic 上。
- ❑ test\\..*：指定匹配的表达式，匹配表的 binlog 会发送到以各自表名命名的 topic 上。
- ❑ test,test1\\.test1：指定多个表达式，含义为对应表达式语义的组合。

2. Partition

Topic 只是逻辑概念，面向的是 Producer 和 Consumer（消费者），而 Partition 则是物理概念。可以想象，如果 Topic 不进行分区，而将 Topic 内的消息存储于一个 Broker（服务器），那么该 Topic 的所有读写请求都将由这个 Broker 处理，吞吐量很容易陷入瓶颈，这显然不适合高吞吐量应用场景。

假设一个 Topic 被分为 10 个 Partition，那么 MQ 会根据一定的算法将 10 个 Partition 尽可能均匀地分布到不同的 Broker 上。当 Producer 发布消息时，Producer 客户端可以采用 Random、Key-Hash 及轮询等算法选定目标 Partition。Partiton 机制可以极大地提高吞吐量，并且使系统具备良好的水平扩展能力。

就 Canal + MQ 模式而言，Canal Server 就相当于 Producer，因此 Canal Server 将 binlog 发送给 MQ 时，也应基于一定规则确定目标 Partition。Canal 采用的分片算法为 Key-Hash，在 1.1.3 版本之后，配置格式为 schema.table:pk1^pk2，多个配置之间使用逗号分隔，举例如下。

❑ test\\.test:pk1^pk2：指定匹配的单表，对应的 hash 字段为 pk1 + pk2。

❑ .*\\..*:id：正则匹配，指定所有正则匹配的表对应的 hash 字段为 id。

❑ .*\\..*:pk：正则匹配，指定所有正则匹配的表对应的 hash 字段为表主键（自动查找）。

❑ 匹配规则为空，则默认发到 0 这个 Partition 上。

❑ .*\\..*：不指定 pk 信息的正则匹配，所有正则匹配的表对应的 hash 字段为表名，同一张表的所有数据将发到同一个分区（存在热点表分区过大的问题），不同表之间会做散列。

❑ test\\.test:id,.\\..*：针对 test 的表按照 id 散列，其余的表按照表名散列。

在实际应用中，应结合业务场景的需求来设置 Topic 和 Partition 的匹配规则。如果设置了多条匹配规则，那么会按照配置的顺序进行匹配，命中一条规则就返回。

3. 消费消息

在业务侧，通过订阅 MQ 对应 Topic、Partition 的消息即可间接地实现监听数据库变更。为了便于 Consumer 消费消息，Canal 针对 Kafka 和 RocketMQ 提供了对应的数据消费样例工程，其中包含数据编解码的功能。

关于消费顺序的问题，binlog 本身是有序的，Canal 目前选择支持的 Kafka 和 RocketMQ，本质上都是基于本地文件来实现分区级的顺序消息能力。换言之，Canal 在将 binlog 写入 MQ 时，具备一定的顺序保障能力，但还取决于 Topic 和 Partition 的配置。举个例子，如果用户选择基于表名指定 Topic 和 Partition，那么对应表的 binlog 将分布于同一个 Topic 的同一个 Partition 下，可以保障表级别的顺序性。

9.4.5 删除缓存

通过 Canal 客户端或 MQ，我们可以及时感知数据库变更，并从中过滤、识别出涉及缓存的数据更新。对于那些需要执行删除缓存操作的更新，组装 Key 并执行删除操作即可。需要注意的是，如果删除缓存操作因异常而失败，可结合 Canal 的 ACK 机制在重试成功后再确定消费成功。图 9-8 所示为基于 Canal 和 MQ 删除缓存的主要流程。

基于 binlog 异步删除缓存有很多优点：异步化，对写请求的性能无影响；低耦合，基于 binlog 可以实现删除缓存操作与业务代码低耦合，甚至无耦合；可通用，基于 binlog 感知数据库变更，具备一定的通用性。不过，该方案比较复杂，实现成本较高。

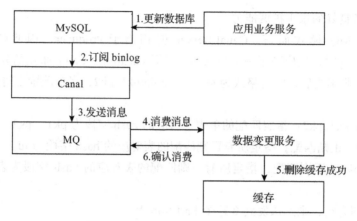

图 9-8 基于 Canal 和 MQ 删除缓存

9.5 自动过期加失败补偿

回顾一下导致数据库与缓存不一致的主要原因：操作时序和操作失败。对于大多数可接受数据最终一致性的业务，其实并不需要"基于 binlog 异步删除缓存"这类复杂的方案。从笔者在互联网企业的工作经历来看，在绝大多数应用场景中，采用 Cache Aside 模式就可以满足需求。针对其不足，一般采用自动过期和失败补偿来弥补。

- □ 操作时序：对于并发情况下操作时序导致的一致性问题，通过为缓存设置较短的有效期可尽量缩短不一致持续的时间。考虑到 Cache Aside 模式因时序问题导致不一致的概率极低，我们可以为缓存设置较短的有效期，进而将不一致的影响降到足够低的水平。
- □ 操作失败：对于删除缓存操作失败导致的一致性问题，可结合消息队列、异步任务等方式进行补偿，确保快速达到最终一致性。

缓存和数据库本身是异构的，若要保证两者的强一致性，一方面实现成本会非常高，甚至不可接受；另一方面，即便实现了，也难免因性能问题而丧失实用价值。在实际应用中，如果业务场景要求保证数据的强一致性，那么根本就不应该使用缓存。反之，若使用缓存，前提之一便是业务可接受最终一致性，在此基础上，我们可以通过一系列的措施来尽量缩短数据不一致所持续的时间，加速达到最终一致性。

就实现数据库和缓存的最终一致性而言，方案有很多，如"原生 Cache Aside 模式""自动过期 + 失败补偿""延时双删""基于 binlog 异步删除"等，这些方案各有利弊，需要我们从数据不一致的发生概率、不一致持续时间的影响、方案实现成本等方面进行充分评估，选择最适合的方案。

分布式系统幂等问题及解决方案

幂等问题由来已久，在相关文章和书籍中谈及幂等问题，作者大都倾向于将其与资金安全联系起来讨论。对于涉及写操作的服务，若幂等设计考虑不周，发生重复请求时很容易出现资损，比如重复下单、重复支付、重复退款等。在并发情况下，存在缺陷的幂等设计往往会进一步放大问题，导致严重后果。本章将从幂等的基本概念出发，就幂等的技术原理、架构设计、工程实践、编码经验等方面展开介绍。

10.1　幂等概述

"幂等"一词，闻者多，知者少。什么是幂等？在计算机领域，幂等的定义是什么？为什么要做幂等控制？并发与幂等到底是什么关系？本节将一一解读。

10.1.1　幂等场景举例

会员体系大都有积分、等级、权益等概念，以支付宝会员体系为例，在目前的积分奖励规则下：使用支付宝在网络购物、交通出行等场景进行支付，若实付 20 元，交易成功后可获得 3 个积分奖励。如图 10-1 所示，在交易成功后，业务系统会先根据交易实付金额和奖励规则计算出应奖励的积分数，然后调用积分系统的积分发放服务奖励积分。

在业务系统调用积分发放服务时，如果超时，业务系统将无法感知请求是否执行成功。为了获得明确结果，最常用的手段是发起重试，而重试就需要解决一个问题——如何防止重试导致积分重复发放？

对于任何一笔成功的交易，假设需奖励 N 个积分，在理想的情况下，无论业务系统重复调用积分发放服务多少次，积分系统都能保证只发放 N 个积分，并且一旦发放成功，对之后的重复请求都返回成功。

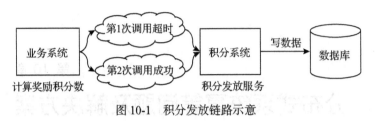

图 10-1 积分发放链路示意

10.1.2 什么是幂等

幂等（Idempotence）是一个数学与计算机学概念，常见于抽象代数中。在计算机领域，幂等操作的特点是其任意多次执行所产生的影响与一次执行的影响相同。幂等函数（方法）是指可以使用相同参数重复执行，并能获得相同结果的函数（方法）。这些函数或方法不会影响系统状态，使用者无须担心重复执行会对系统造成改变。例如 setTrue() 就是一个幂等函数，无论执行多少次，其结果都是一样的。

上述定义是目前大多数文章和书籍对幂等的描述，倘若深究细节，这一定义是难以自洽的。以查询类方法为例，仅涉及读操作，应天然具备幂等性，然而实际情况并非如此。例如订单状态查询方法，由于订单状态可能随时间流转（如待支付、支付中、支付成功、支付失败、订单关闭等），在不同时刻，查询请求获得的订单状态可能是不一样的，难道查询方法不具备幂等性吗？显然不是！

重新审视幂等的定义，所谓的"相同结果""相同影响"，其实过于苛刻了。在互联网领域，幂等的内涵早就突破了教条的定义。根据业务场景的需要，幂等可分为两类，即严格幂等和宽松幂等。

1. 严格幂等

严格幂等即重复执行的结果和影响完全相同。以订单支付为例，若首次支付因余额不足失败，服务响应结果为"余额不足"；用户通过转账补足差额后，对同一笔订单重试支付（请求参数与首次支付完全一致），服务响应结果仍为"余额不足"。看上去似乎不合理，但严格地遵循了幂等的定义。这种情况下，为了保障用户体验，最常用的手段是在重试时更新请求参数（幂等号），从而发起新的请求。

再举一个例子，系统 A 调用系统 B 的服务 S，首次调用时，系统 B 因程序 Bug 导致业务逻辑处理失败；经过紧急修复，在系统 B 重新发布后，系统 A 发起重试（与首次调用参数完全一致），服务 S 仍然返回相同失败。对于重复请求，其结果和影响完全相同，不受客观条件变化的影响，这就是严格幂等。

需要注意的是，结果和影响都是从服务提供方的视角来看待的，即相同请求对服务提供方的影响完全相同，服务提供方返回的结果完全相同。至于服务调用方是否感知（如果超时，调用方将无法感知请求处理的结果），并不在考虑范围内。

2. 宽松幂等

就软件系统而言，幂等的终极目标并非保证相同请求获得相同结果或产生相同影响，而是为了实现两个更为实际的目标：其一，避免非预期重复请求产生副作用，如重复扣款、重复退款；其二，支持服务调用方主动发起重复请求以获得确定性结果，如失败重试、超时重试。

基于上述目标，宽松幂等可理解为：对于涉及写操作的服务，服务提供方对确定性结果进行幂等。若请求处理成功，对之后的所有重复请求均返回这一成功结果；若请求处理失败且不可重试，对之后所有的重复请求均返回这一不可重试失败结果。同时，所有重复请求均不产生副作用。对于可重试失败，其结果具有不确定性，最终可能成功，也可能失败，因此对重复请求的响应可以不一致，但必须保证不产生副作用。

举个例子，系统 A 调用系统 B 的服务 S1，首次调用因系统 B 调用系统 C 的服务 S2 超时而对系统 A 返回可重试失败；系统 B 通过定时任务对该笔业务进行重试处理，最终成功；系统 A 采用相同参数发起第二次调用，服务 S1 返回成功结果。

若采用严格幂等，对于服务调用方而言，理解服务语意的成本很低，但使用较为复杂。例如系统 A 调用系统 B 的服务 S，任何一次请求一旦失败（非超时），重复请求就只能获得相同的失败结果，除非更新请求参数。然而，更新参数也不一定能成功，因为系统 B 的服务 S 可能在一段时间内持续不可用，如何确定更新参数并重试的频率是一个棘手的问题。同时，每更新一次参数，都需要持久化对应的幂等数据，否则无法保证操作的幂等性。很明显，就系统间的交互而言，这样的幂等设计是很不友好的。

若采用宽松幂等，对于服务调用方而言，需要充分理解服务的语意，在此基础上使用较为简单。例如系统 A 调用系统 B 的服务 S，若返回可重试失败，在重试并获得最终确定性结果之前，系统 A 不应草率地放弃重试或者更新请求参数。一方面，放弃重试可能导致部分成功、部分失败，数据不一致；另一方面，系统 B 内部可能具备重试机制，即使系统 A 不发起重试，也可能成功，因此，一旦系统 A 更新参数并重发请求，最终可能出现两笔成功结果。

在互联网领域，业务逻辑大都不是单纯的数学计算，而侧重于数据读写操作，一旦这些操作需要跨进程、跨系统，则必然存在不确定性。面对不确定性，宽松幂等的容忍度更高，实操性更强。

10.1.3　为什么需要幂等

在普遍采用分布式、微服务技术的背景下，从技术层面看，一个产品相关的技术链路上一般不可能只涉及一个应用，而是一系列应用、中间件、数据库等系统协同，与此同时，这些系统大多位于不同的节点。即便是从客户端发起的一次普通请求，在得到最终响应之前也可能要经历多个系统的处理、多次读写操作，这一过程充满了不确定性。

如图 10-2 所示，用户在客户端的操作触发请求，服务端收到请求后需经过系统 A、B 的处理。在这个过程中，客户端与服务端之间、服务端各个系统之间的交互均依靠网络通信，而网络抖动、系统运行异常、客户端重启等诸多不确定因素使得请求的成功率不可能达到 100%，一旦发生失败或未知异常，最常见的处理方式是重试，重试的发起方可以是用户，也可以是系统，无论谁发起，都必然涉及重复请求的问题。

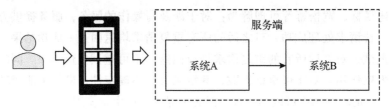

图 10-2　用户、客户端及服务端交互示意

幂等设计正是为处理重复请求而生的，它可以保证重复请求获得预期结果，而不产生副作用。除了上面例子描述的场景，在实际应用中，还有很多可能引起重复请求的因素，如下所示：

- 用户不可靠。用户通过客户端发起请求，由于手抖或有意重复点击，很容易导致极短时间内发起多次重复请求。如果服务端未进行幂等防控，极有可能击穿业务规则，导致资金损失，例如用户下单一笔，因重复请求实际成功了两笔，对用户而言是不符合预期的。
- 网络不可靠。网络抖动、网关内部抖动都可能触发重试机制，如果没有幂等保护，就可能使同一个请求被多次执行，从而导致预期外的结果。
- 服务不可靠。在需要保证数据一致性的场景中，如果调用下游服务超时，在无法确认执行结果的情况下，常用处理方法是重试，如果服务不支持幂等，则可能导致数据不一致。

10.1.4　并发与幂等

在涉及写操作的并发场景下，通常需要考虑幂等问题。例如同一个用户在极短时间内连续多次提交表单，或者开启多个窗口同时提交表单，这是典型的并发场景，同时也是需要幂等处理的场景。服务端需要通过幂等控制，阻止重复请求被无差别执行，从而避免产生不符合预期的结果。

虽然并发场景大都存在幂等问题，但幂等问题却非并发场景所特有。幂等设计是为了识别并处理重复请求，而并发仅仅是重复请求的一种特殊形式。事实上，只要重复请求涉及写操作，不论是否并发，都需要做好幂等处理。例如用户在 PC 端开了两个窗口，间隔

10 分钟分别提交表单，所有参数完全相同，这显然不属于并发，但仍需要进行幂等处理。

不可否认的是，在互联网领域，并发与幂等如影随形，以至于一些工程师将解决并发问题的技术手段（如悲观锁、乐观锁和分布式锁）当成实现幂等的技术手段，这是不严谨的。

10.2 幂等实现四部曲

幂等实现可分为 4 个部分，即重复请求的副作用分析、幂等号设计、幂等数据持久化设计及幂等处理流程设计。其中，重复请求的副作用分析是极为关键的一步，只有充分评估重复请求潜在的副作用，才能有针对性地设计幂等方案。

10.2.1 副作用分析

保证服务幂等性的关键在于合理地处理重复请求，若处理不当，则可能导致业务层面不可接受的结果，即所谓的副作用。那么，到底有哪些潜在的副作用呢？在设计幂等方案时，我们首先要结合具体的场景从多个维度分析副作用，在此基础上，方可有的放矢。常见的分析维度如下。

  ❑ 服务调用维度：下游服务是否支持幂等？重复调用的响应是怎样的？会产生什么副作用？
  ❑ 服务响应维度：对上游重复调用的响应是否会产生副作用？对于不可重试异常、可重试异常、正常执行、重复执行等情况，在响应层面是否需要区分？如何区分？
  ❑ 并发执行维度：是否存在并发情况？并发重复执行会有什么副作用？
  ❑ 交互时序维度：是否存在异步交互？请求乱序会有什么副作用？
  ❑ 客户体验维度：对于达到最终一致性的时间是否有限制？若在约定时间内未能完成，会有什么副作用？
  ❑ 业务核对维度：重复调用是否影响数据记录？若有影响，对数据核对有什么副作用？
  ❑ 数据质量维度：是否存在重复记录？若存在，会有什么副作用？

10.2.2 幂等号设计

幂等设计是为了处理重复请求，那么如何识别一个请求是否与之前的请求重复呢？这就需要业务上下游提前达成协议，约定唯一识别标识，如 Token、业务流水号等，这种随请求发送的具备唯一标识能力的字段，被称为幂等号（Idempotency Key）。幂等号具备以下特点：
  ❑ 唯一性。即具备唯一标识一次请求的能力。通常在业务范围内保证唯一性即可。基于幂等号的唯一性，被调用方可识别出重复请求，并结合相应处理来防止重复请求被错误地处理。
  ❑ 不变性。即在一段时间内不能变化。主要针对两种情况：其一，重复请求，在业务层面约定的时间内，请求的幂等号不变，从而便于被调用方识别并拦截；其二，异常重试，针对同一笔业务重试期间幂等号不能变化，例如调用下游服务因调用超时无法确定结果，为了保证上下游数据一致性，需要进行重试。

☐ 传递性。一次请求可能需要经过多个系统的处理，为了保证全链路幂等，幂等号需要在各个系统间传递并持久化。注意，传递方式不局限于直接传递，例如一次请求涉及 A、B、C 三个系统，A、B 之间的幂等号为 bizNo1，B、C 之间的幂等号为 bizNo2，bizNo1、bizNo2 可关联即可。

在满足上述 3 个特点的基础上，根据幂等号的构成要素，幂等号可分为业务幂等号和非业务幂等号。

1. 非业务幂等号

在服务调用方和被调用方之间通过唯一识别号显式地实现幂等，如 UUID、时间戳。非业务幂等号可由调用方生成，也可由被调用方生成。由于非业务幂等号难以通过业务上下文追溯，因此必须持久化，从而保证请求与幂等号的关系有迹可循。为了便于读者理解，在此以支付宝开放平台为 App 提供的支付、退款接口为例介绍。

（1）App 支付接口 alipay.trade.app.pay

该接口用于外部商户 App 唤起快捷 SDK 创建订单并支付，有如下几个必选参数。

☐ app_id：支付宝分配给开发者的应用 ID。示例：2022072300007148。

☐ out_trade_no：商户侧唯一订单号。由商家自定义，64 个字符以内，仅支持字母、数字、下划线且需保证在商户侧不重复。示例：70501111111S001111119。

☐ total_amount：订单总金额。单位为元，精确到小数点后两位，取值范围 [0.01, 100000000]。示例：9.00。

☐ subject：订单标题。不可使用特殊字符，如 /、=、& 等。示例：华为 Mate50。

其中，out_trade_no 就是幂等号，在商户维度可保证唯一性。换言之，对任意一个确定的商户，其产生的支付订单均可由 out_trade_no 唯一定位。当商户调用支付接口发起支付请求时，支付宝服务端会根据 app_id 和 out_trade_no 来识别请求是否重复。该接口的响应示例如下：

```
{
    "alipay_trade_app_pay_response": {
        "code": "10000",
        "msg": "success",
        "app_id": "2022072300007148",
        "auth_app_id": "2022072300007148",
        "charset": "utf-8",
        "timestamp": "2022-09-11 17:43:36",
        "out_trade_no": "081622560194853",
        "total_amount": "9.00",
        "trade_no": "2022091121001004400236957647",
```

```
        "seller_id": "2088702849871851"
    },
    "sign": "NGfStJf3i3ooWBuCDIQSumOpaGBcQz+aoAqyGh3W6EqA/gmyPYwLJ********",
    "sign_type": "RSA2"
}
```

其中，trade_no 为该笔交易在支付宝系统中的单号，在支付宝的支付业务域内，它是全局唯一的。既然已经有了商户的 out_trade_no，支付宝侧为何还要生成一个 trade_no 呢？这是因为 out_trade_no 实现的是商户与支付宝之间的幂等，它只要在商户维度保证唯一性即可。但是，在支付宝内部还有很多与支付关联的业务，它们不应该感知商户 app_id 这类细节，因此需要 trade_no 来实现与内部业务间的幂等；同时，trade_no 是内部生成的，其构建方式、长度等更加规范、可控。

为了保证幂等，商户侧和支付宝侧都需要将 out_trade_no 持久化，若出现支付超时、支付失败（可重试）等情况，商户可以凭借 out_trade_no 对同一笔订单发起重试，支付宝则可以基于此识别重复请求并处理。

（2）统一收单交易退款接口 alipay.trade.refund

在交易完成后的一段时间内，由于买家或卖家的原因需要退款时，卖家可以通过退款接口将支付款退还给买家，支付宝服务端在收到退款请求并且验证成功之后，按照退款规则将支付款按原路退到买家账号上。该接口有如下几个必选参数。

- app_id：支付宝分配给开发者的应用 ID。示例：2022072300007148。
- out_trade_no：商户订单号。订单支付时传入的商户订单号，商家自定义且保证其在商家系统中唯一。与支付宝交易号 trade_no 不能同时为空。示例：70501111111S001111119。
- trade_no：支付宝交易号。它和商户订单号 out_trade_no 不能同时为空。示例：2022072311001004680073956707。
- refund_amount：退款金额。需要退款的金额，该金额不能大于订单金额，单位为元，支持两位小数。

当商户需要退款时，可从自身持久化的订单流水中提取 out_trade_no 或 trade_no，基于此发起退款请求，由于 out_trade_no 和 trade_no 均可实现唯一定位一笔交易，因此可实现退款操作的幂等性。

2. 业务幂等号

业务幂等号是指由业务元素组合而成的幂等号，如"用户 ID+ 活动 ID+ 商品 ID"。由多个业务元素组合构成的幂等号，不仅可以实现在业务范围内唯一标识请求，而且具有较强的可读性。此外，服务调用方（如移动客户端）可以不感知业务幂等号，被调用方根据请求参数及业务上下文获取所需参数拼接即可。对于失败且需重试的情况，只要服务调用方的请求参数命中被调用方系统中的组合幂等号，便可实现重试。

举个例子，某 App 投放了一个中秋抽奖活动，在活动期间，每个用户有且仅有一次抽奖机会。业务幂等号的构成及示例如下：

❑ 业务幂等号构成：用户 ID + 抽奖活动 ID。

❑ 业务幂等号示例：2099123456789100 + CP127456。

上述幂等号看上去无法实现唯一识别一个请求，是不是有问题呢？结合业务场景来分析：首先，用户 ID、抽奖活动 ID 在所属业务域内都是唯一的编号；其次，业务规则限制了每个用户有且仅有一次抽奖机会，因此在该抽奖活动期间，用户无论发起多少次抽奖请求，本质上都是相同请求。可见，用户 ID 和活动 ID 完全可以作为唯一识别号来保证抽奖操作的幂等性。当然，在记录抽奖流水时，服务端一般会自行生成一个类似 UUID 的业务流水号，但客户端不必感知这个流水号。

用户经客户端发起抽奖请求，其中携带用户 ID、活动 ID 即可（在本例中，活动 ID 可存放于服务端，无需客户端传递）。服务端在收到请求并校验通过后，结合业务上下文获取用户 ID、活动 ID，完成幂等号拼接，然后识别请求是否重复。需要特别说明的是，拼接幂等号并非一定是字符串拼接，也可以是"组合键"形式，如联合索引，SQL 示例如下：

```
SELECT * FROM xx_table WHERE user_id = '2099123456789100' AND camp_id =
    'CP127456' FOR UPDATE
```

基于上述 SQL 锁行查询幂等记录是否存在，针对不同情况，处理方式如下：

❑ 若记录不存在，说明用户尚未参与抽奖，持久化幂等记录并执行抽奖逻辑。

❑ 若记录存在且状态为成功，说明用户已经成功参与抽奖，返回成功信息即可。

❑ 若记录存在且状态为失败，但可重试，服务端基于记录和上下文重试抽奖逻辑。

❑ 若记录存在且状态为失败，但不可重试，服务端根据事先约定的业务规则执行后续逻辑，如返回报错信息、返回未中奖提示、补发兜底奖品等。

相较于非业务幂等号，业务幂等号有一个显著的特点，即服务调用方无须感知和记录幂等号，完全由被调用方基于业务上下文保证操作的幂等性。

10.2.3 幂等数据持久化设计

基于幂等号，我们可以准确地识别请求是否重复，但对于幂等处理而言，这还远远不够。在真实环境中，任何一次请求的响应都存在不确定性，结果可能是执行成功、可重试异常、不可重试异常、超时异常等，为了确保重复请求得到正确的处理，还需要以下辅助信息。

❑ 处理结果标志：如成功、失败、终止等。

❑ 请求关键参数：在涉及资金安全的业务中，重试时通常需要对比关键参数。

❑ 业务上下文：如请求来源、场景、上游业务流水号、下游业务流水号等。

❑ 处理成功需要返回的信息：如业务流水号、结果码等。

□ 处理失败需要返回的信息：如错误码、错误描述、重试标志等。

□ 重试相关信息：如重试次数、重试间隔、最近重试时间、业务时间等。

归纳起来，上述辅助信息来源包括请求、系统处理结果和业务上下文。幂等号加上这些辅助信息，事实上已经涵盖了一笔业务的主要信息。持久化幂等数据，某种意义上就是持久化业务流水。因此，在实际应用中，幂等号一般不单独持久化，而是随业务流水持久化。

业务流水表如表 10-1 所示（以 MySQL 作为持久化设备），其中 out_biz_no 为调用方幂等号，biz_no 为本系统内部幂等号。对于用户维度的数据，可基于 user_id 和 out_biz_no 建立联合索引，在收到上游请求后，从中提取 user_id 和 out_biz_no 并查询数据库即可轻松识别请求是否重复；基于 user_id 和 out_biz_no 建立唯一索引，则可防止并发情况下重复落库；基于状态、错误码可识别上一次的执行结果并决策后续处理方式；服务端系统间的重试一般采用定时任务调度，基于 retry_times、gmt_retry 可以判断是否满足重试条件。

表 10-1　幂等数据持久化字段示例

序号	列名	类型	描述
1	id	bigint(20)	主键
2	gmt_create	datetime	创建时间
3	gmt_modified	datetime	修改时间
4	user_id	varchar(16)	用户 ID，可作为分表字段
5	biz_no	varchar(64)	内部业务流水号
6	out_biz_no	varchar(64)	外部业务流水号
7	biz_dt	datetime	业务时间
8	status	varchar(8)	状态
9	fail_code	varchar(128)	最近一次失败的结果码
10	fail_msg	varchar(512)	最近一次失败的描述
11	retry_times	int(10)	已重试次数
12	gmt_retry	datetime	最近一次重试时间
13	context	varchar(2048)	业务上下文

10.2.4　幂等处理流程设计

虽然并发与幂等并不等同，但在互联网领域，并发与幂等几乎如影随形。因此，在设计幂等处理流程前，应充分评估应用场景是否存在并发情况，若存在，则必须特殊处理。幂等处理的一般流程如图 10-3 所示，其中加锁是为了应对并发，对于不存在并发的场景，相关步骤可以省略。

（1）失败重试时，校验参数的作用是什么

以上面介绍的支付接口 alipay.trade.app.pay 为例，假设支付过程因发生可重试异常而失败，支付宝服务端记录了流水，由商户发起重试。支付宝服务端收到重试请求后，基于幂等号识别重试请求，而后执行支付逻辑。这里存在一个漏洞：攻击者可能篡改订单金额

total_amount，因此，不能仅仅通过幂等号判断重试请求的合法性，还应对比幂等记录中的关键业务参数是否一致。

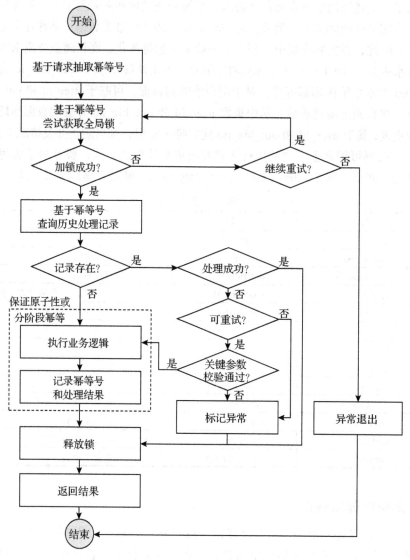

图 10-3　幂等处理的一般流程

（2）标记异常的作用是什么

若异常不可重试或者重试参数有误，标记异常并明确地反馈给调用方，可避免无效重试。此外，服务调用方在识别到不可重试错误码之后，可通过更换幂等号进一步重试，从而保证自身业务成功。不过，一旦更换幂等号，对于被调用方而言就是全新的请求了，业务语义也会随之变化。

10.3 典型幂等策略

解决幂等问题的关键在于设计唯一性约束、执行唯一性检查，确保相同请求按预期执行一次。就具体实现而言，有 3 种典型策略：唯一索引策略、悲观锁策略、分布式锁策略。

10.3.1 唯一索引策略

唯一索引是指不允许表中任何两行具有相同索引值的索引。系统在创建唯一索引时会检查是否有重复的键值，在使用 INSERT 或 UPDATE 语句时也会进行检查。传统关系型数据库大都支持唯一索引，基于唯一索引的"唯一性"约束，可以很容易实现幂等。在并发场景下，可能存在多个线程同时插入幂等记录，此时唯一索引可以确保只有一个线程能插入成功，其他线程抛出异常。基于唯一索引实现幂等，通常有两种方式，即"select+insert+唯一索引冲突""insert+ 唯一索引冲突"。

1.select + insert + 唯一索引冲突

在服务内部，根据请求中的幂等号执行一次查询操作，若已存在幂等记录，则直接返回幂等结果，或根据记录信息进一步处理；若不存在幂等记录，则插入幂等记录并执行后续逻辑。处理流程如图 10-4 所示，相关 Java 伪代码如代码清单 10-1 所示。

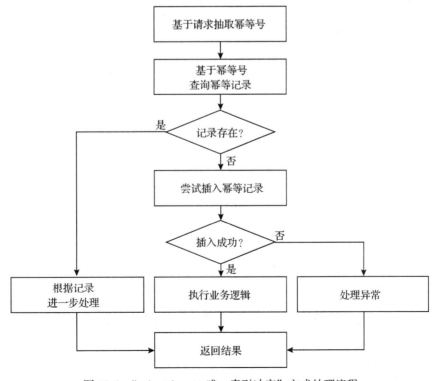

图 10-4 "select+insert+ 唯一索引冲突"方式处理流程

代码清单 10-1 唯一索引幂等策略伪代码示例一

```
// 1. 根据幂等号查询幂等记录
Record record = dao.select(param);
if(record != null){
// 2. 幂等记录存在，直接返回幂等结果或根据记录状态（如失败可重试）进一步处理
}else{
    try {
        // 3. 幂等记录不存在，插入幂等记录
        dao.insert(entity);
        // 4. 插入成功，执行业务逻辑
    } catch (DuplicateKeyException e) {
        // 5. 插入失败，若为重复异常，直接返回幂等结果或进一步处理
        record = dao.select(param);
        // 6. 处理逻辑
    } catch (Throwable tr) {
        // 7. 其他异常处理逻辑
    }
}
```

2. insert + 唯一索引冲突

在服务内部，首先插入幂等记录，若成功则说明是首次执行，可继续执行后续业务逻辑；若发生唯一索引冲突则说明是重复执行，捕获异常并进行幂等处理。处理流程如图 10-5 所示，相关 Java 伪代码如代码清单 10-2 所示。

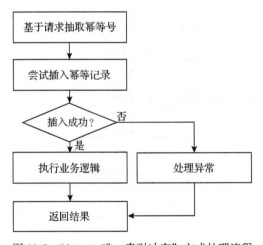

图 10-5 "insert+ 唯一索引冲突"方式处理流程

代码清单 10-2 唯一索引幂等策略伪代码示例二

```
try {
    // 1. 插入幂等记录
    dao.insert(entity);
    // 2. 插入成功，执行业务逻辑
```

```
} catch (DuplicateKeyException e) {
    // 3. 插入失败且为重复异常，直接返回幂等结果或进一步处理
    dao.select(param);
    // 4. 处理逻辑
}catch (Throwable tr){
    // 5. 其他异常处理逻辑
}
```

3. 适用场景及优缺点

上述两种幂等方式各有优缺点，方式一可以节省数据库开销（特别是在使用了事务的场景中），但存在逻辑漏洞；方式二不存在逻辑漏洞，但数据库开销大一些。如果重复请求发生的概率较小，可优先选用方式二，直接插入幂等记录，利用唯一索引冲突来判断请求是否重复。

需要特别注意的是，两种方式都是基于唯一索引的"唯一性"冲突来识别重复请求的，但是，对于识别重复请求后的业务处理逻辑却没有足够的保障能力，例如下面的场景。

- 异常场景 1：插入幂等记录成功，但执行后续业务逻辑失败，如果不回滚，幂等记录已经存在，但业务并没有处理成功，是否支持上游重试？如果支持重试，那么对于重复请求就不能仅仅是拦截、返回，而需要在识别重复请求后进一步执行补偿逻辑，如此一来，如果重试请求也存在重复，补偿逻辑的幂等性就无法保证了；如果不支持重试，则可能导致数据不一致。
- 异常场景 2：插入幂等记录成功，但执行后续业务逻辑失败，如果要求可靠回滚，则需引入事务机制，分两种情况：其一，如果后续业务逻辑不涉及写操作或者只涉及同库写操作，那么采用本地事务即可；其二，如果后续业务逻辑涉及跨库写操作，那么就需要相关接口支持分布式事务或者支持幂等重试。

从两种异常场景可以看出，若单独利用唯一索引的"唯一性"冲突来实现幂等，只能应对非常简单的场景：除插入幂等记录外，不存在写操作；除插入幂等记录外，存在写操作，但可容忍数据不一致。在实际应用中，这样简单的场景非常少，因此，唯一索引策略极少单独使用，大都是联合事务机制和锁机制使用的。

10.3.2　悲观锁策略

悲观锁是指对数据被外界（包括本系统中的其他事务，以及来自外部系统的事务处理）修改持保守态度，在整个数据处理过程中，使数据处于锁定状态，具有强烈的独占和排他特性。悲观锁通常依靠数据库提供的锁机制来实现。基于悲观锁的独占性和排他性，配合事务机制即可实现业务幂等，相关伪代码如代码清单 10-3 所示。

代码清单 10-3　悲观锁幂等策略伪代码

```
// 1. 开始事务
begin;
```

```
// 2. 基于幂等号 biz_no 锁行查询
record = select * from table_name where biz_no='xxx' for update;
// 3. 没有相关幂等记录，说明是首次请求
if (record == null) {
    // 4. 初始化并插入幂等记录
    insert( init(param));
    // 5. 再次基于幂等号 biz_no 锁行查询
    record = select * from table_name where biz_no='xxx' for update;
}
// 6. 锁行查询成功，根据记录状态决策处理方式
if (record.getStatus() != 预期状态 ) {
    // 7. 非预期状态，结束处理
    return ;
}
// 8. 预期状态，执行业务逻辑，如插入、更新流水等
// 9. 更新记录
update table_name set status=' 目标状态 ' where biz_no='xxx';
// 10. 提交事务
commit;
```

上述伪代码中，锁行查询条件是单一幂等号 biz_no，在实际应用中，幂等号可能是由多个业务字段组成的，锁行查询条件也会复杂一些，如 select * from table_name where user_id="xxx" and biz_no='yyy' for update。需要注意的是，在锁行查询时，必须确保对查询条件的索引覆盖，以实现高效"锁行"。此外，幂等记录的唯一性可采用唯一索引机制来保证。

采用悲观锁策略，在任一时刻，最多只能有一个请求获得锁并执行相应的业务逻辑，其他重复请求在事务提交（释放锁）完成之前只能等待，若等待超时则返回异常。显然，悲观锁策略本质上是通过将请求串行化来实现幂等的。如果业务处理逻辑耗时较多，在并发情况下，重复请求（以及其他需要操作被锁行的请求）可能导致大量线程长时间处于无意义的等待状态，浪费资源且影响性能。

当然，悲观锁策略也并非一无是处。首先，它可完全依靠数据库自身的特性来实现，成本较低；其次，结合了事务机制，可保证较强的数据一致性；最后，可以很好地解决请求并发、乱序等问题。

10.3.3　分布式锁策略

与悲观锁策略类似，分布式锁策略也是通过将请求串行化来实现幂等的。相较之下，分布式锁更加轻量，对获取锁失败的请求的处理更加灵活。如图 10-6 所示，在系统收到请求时，先尝试获取分布式锁，若获取成功，则继续执行业务逻辑；若获取失败，可舍弃请求直接返回，也可继续重试。

分布式锁策略实现幂等的关键在于分布式锁。目前，常用的分布式锁方案有两大类：其一，基于 Redis、Etcd 等 K-V 型系统实现；其二，基于传统关系型数据库实现。后者原理同数据库唯一索引、悲观锁，本节不展开介绍。

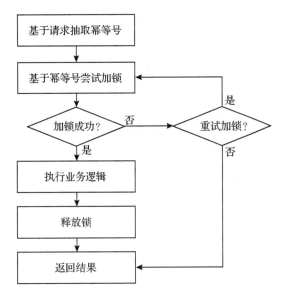

图 10-6 分布式锁幂等策略处理流程

1. Redis 分布式锁的基本原理

Redis 分布式锁的核心命令为 SETNX keyName value，若 keyName 已经存在于 Redis 中，则返回 0；若不存在，则返回 1。如代码清单 10-4 所示，尝试获取锁的操作，本质上是尝试将基于请求构建的幂等号作为 keyName 写入缓存，写入成功即获取锁成功。

代码清单 10-4　Redis 分布式锁实现伪代码

```
// 1. 尝试将 keyName 写入缓存
if (redis.setNx(keyName, 1) == 1) {
    // 2. 写入成功，即获取锁成功，继续执行业务逻辑
    // 3. 执行完成，释放锁（为了防止误释放，可采用 Lua 脚本）
} else {
    // 4. 写入失败，即获取锁失败，要么直接返回，要么等待、重试
}
```

2. 适用场景及优缺点

Redis 性能卓越、使用简单，同时支持集群，具备高可用能力。这些优点使得 Redis 备受推崇，但就保证操作幂等性而言，Redis 分布式锁策略则存在诸多不足。

从整个流程上看，分布式锁的核心作用在于识别重复请求、实现请求串行化处理，但是，对获取锁成功后的业务逻辑执行并没有可靠的保障。业务逻辑中可能涉及多次读写操作，任何一次操作都可能失败，从而衍生出数据一致性问题。显然，单凭分布式锁根本无法解决，因此它并不是一个完整的幂等方案。在实际应用中，需要结合事务机制和重试机制才能形成完整方案。事务机制用于保证业务逻辑的数据一致性；重试机制则是基于持久化的幂等记录进行失败重试，保证最终一致性。

分布式锁实现幂等的另一个不足在于释放锁操作可能失败。一旦释放锁操作失败，就会导致一段时间内锁记录一直在缓存中，其他线程无法获得锁。即便设置了失效时间，在有效期内仍然存在问题。此外，失效时间的长短很难把控：若失效时间设置得太短，可能在业务逻辑执行完成前，锁就自动释放了，从而导致请求重复执行；若失效时间过长，其他尝试获取锁的线程（如重试请求）就需要等待，甚至可能超时。

保证操作幂等性的必要前提是涉及写操作，而这些写操作最终大都会反映到传统关系型数据库中。如果分布式锁采用的是与传统关系型数据库异构的系统（如 Redis、Zookeeper 等）来实现的，那么，在存储幂等记录、执行业务写操作、锁释放等方面会有更多的不确定性因素，补偿方案也会比较复杂，在实际应用中，往往不得不作出取舍，例如忽略释放锁失败可能造成的其他线程短时间内无法获取锁的问题。

10.3.4 其他策略

前面提到，解决幂等问题的关键在于设计唯一性约束、执行唯一性检查。在实现层面，技术路线主要有 3 条：唯一索引、唯一数据、状态机约束。其中，唯一索引是指数据库唯一索引，唯一索引可以基于业务流水建立，也可以单独建表实现；唯一数据是指悲观锁、乐观锁、分布式锁等锁机制；状态机约束，对于存在状态流转的业务，通过状态机的流转约束，可以实现有限状态机的幂等。

上述 3 条技术路线基本可以涵盖大多数文章和书籍中所介绍的幂等策略。在实际应用中，这些策略单独使用往往很难奏效，例如前文介绍的唯一索引策略、分布式锁策略，它们都有明显的局限性，通常都需要辅以事务机制、重试机制等以形成完整的幂等方案。

10.4 幂等号生成

在实际应用中，幂等号可由客户端生成，也可由服务端生成，两种模式下的交互流程、可重试异常处理方式是完全不同的。客户端生成幂等号与服务端生成幂等号最显著的差别在于不变性，服务端可通过高可用数据库持久化幂等数据，确保幂等号在业务预期时间内不变化，从而支持失败重试、超时重试，最大限度地避免数据异常。相较之下，客户端则基本不具备持久化能力，无法保证幂等号的不变性，一旦用户退出页面、关闭会话、重启客户端等，原来的幂等号就会丢失。

10.4.1 客户端与服务端幂等

如图 10-7 所示，用户通过移动客户端发起请求，服务端由系统 A 负责直接与客户端交互。对于来自客户端的请求，系统 A 如何有效识别请求是否重复呢？

由于客户端不具备可靠的数据持久化能力，因此，为了实现客户端与服务端之间操作的幂等性，幂等号通常由服务端生成并存储，该方式被称为 Token 机制，其核心交互流程如图 10-8 所示。

图 10-7 客户端与服务端交互示意

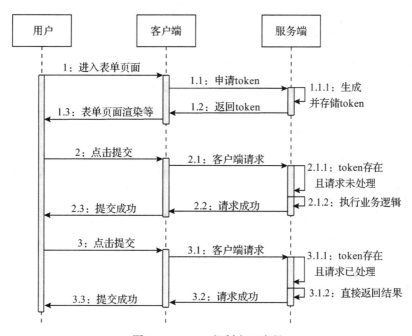

图 10-8 Token 机制交互流程

1）当用户进入表单页面时，客户端会从服务端申请到一个 token 作为幂等号，并将其存放于客户端会话中。服务端则会将 token 存储于分布式缓存或数据库中。

2）在用户首次点击提交时，会将该 token 和表单数据一并提交到服务端，服务端判断该 token 是否存在，若存在且未处理，则执行业务逻辑。

3）在用户重复点击提交时，会将该 token 和表单数据一并提交到服务端，服务端判断该 token 是否存在，若存在且已处理成功，则直接返回成功信息，不必重复处理。

上述流程描述的场景非常简单，不涉及并发和处理异常。由于 token 存储于会话中，如果用户退出当前页面，原来的 token 就会丢失，再次进入该表单页面时，客户端将重新请求服务端获取新的 token。从交互流程可以看出，服务端并非必须永久存储 token，通常只须保证在同一个会话周期内（一般为分钟级）有效即可。鉴于此，服务端多采用分布式缓存来存储 token，但要注意生成 token 的唯一性。以 Redis 为例，主要逻辑如代码清单 10-5 所示。

代码清单 10-5　服务端生成幂等号的主要逻辑

```
// 1. 生成 token
String token = generateToken();
// 2. 尝试将 token 写入缓存
if(redis.setNx(token, 1) == 1){
    // 3. 写入成功, 返回 token
} else {
    // 4. 写入失败, 重走流程 (若生成 token 的算法合理, 一般不可能失败)
}
```

10.4.2　服务端系统间幂等

对于服务端的应用系统而言, 持久化数据是比较容易的。为了实现系统间服务调用的幂等性, 通常由服务调用方生成幂等号并持久化, 服务提供方在收到请求后持久化随请求传递的幂等号。简要交互流程如下:

1) 系统 A 首次请求系统 B 的服务 S, 服务 S 判断幂等号是否存在, 若不存在, 说明是首次调用, 执行业务逻辑, 并返回结果。

2) 系统 A 重复请求系统 B 的服务 S, 服务 S 判断幂等号是否存在, 若存在且处理结果为成功, 读取并返回处理结果。

3) 系统 A 重复请求系统 B 的服务 S, 服务 S 判断幂等号是否存在, 若存在且处理结果为失败可重试, 执行业务补偿逻辑并返回结果。

10.5　幂等注意事项

（1）服务调用方生成幂等号的事务内不能包含远程调用

如代码清单 10-6 所示, 生成并持久化幂等记录的本地事务中包含 RPC 调用。如果调用 RPC 超时, 则无法确定调用结果, 同时本地事务将因超时异常而回滚。由于回滚, 幂等号持久化失败, 当发起重试时, 会生成新的幂等号, 无法实现幂等重试, 若该 RPC 服务涉及写操作且执行成功, 则会导致数据不一致。

代码清单 10-6　幂等记录持久化

```
transactionTemplate.execute(status -> {
    // 1. 构建幂等记录, 包括幂等号
    Record record = buildIdempotentRecord();
    // 2. 写入数据库
    dao.insert(record);
    // 3. 其他处理逻辑
    // 4. 调用 RPC 服务 (涉及写操作)
    sampleService(request);
    // 5. 结束并返回
    return true;
});
```

（2）服务提供方应保证处理结果的一致性

对于来自调用方的请求，服务提供方处理得到最终结果后，无论调用方重复请求多少次，返回结果都应相同。举个反例，如代码清单 10-7 所示，退款服务首次调用正常处理，退款成功，但调用方因超时未能获得明确结果，因此发起重试；第二次调用，退款金额校验失败，报错"可退金额不足"。

代码清单 10-7　退款处理伪代码

```
// 1.基础校验
check(request);
// 2.可退金额校验：本次退款金额 + 已退金额≤实付金额
Assert.isTrue(refundable(request), "cannot refund");
try {
    // 3.业务处理
    process(xxx);
} catch (Exception e) {
    // 4.异常处理
}
```

一个具备幂等性的服务，对于任一请求，一旦处理得到最终结果，之后的重复请求都应获得这一最终结果，否则容易节外生枝。举个反例，首次请求被成功处理，返回结果码 SUCCESS；重复请求则直接返回失败，结果码为 DUPLICATE。服务调用方需要充分理解结果码的含义，并设计对应的处理分支。一种更为友好的处理方式如代码清单 10-8 所示，将幂等校验前置，提前识别重复请求，若已经处理成功，直接返回成功结果，跳过非必要校验。

代码清单 10-8　退款处理伪代码

```
// 1.基础校验
check(request);
// 2.幂等检查
idempotentCheck(request);
// 3.可退金额校验：本次退款金额 + 已退金额≤实付金额
Assert.isTrue(refundable(request), "cannot refund");
try {
    // 4.业务处理
    process(xxx);
} catch (Exception e) {
    // 5.异常处理
}
```

（3）业务幂等号应保证组成字段的不变性

在一些业务场景中，幂等号可能是由服务提供方基于多个业务属性（字段）拼接而成的，一旦这些业务属性发生变化，就可能导致幂等失败，例如下面的场景。

1）幂等号拼接字段包含时间。如"用户 ID + 商品 ID + 日期"，用户 ID 和商品 ID 可以保证不变性，但时间字段则是可变的。假设首次调用发生在 2022-09-11 23:59:59，用于幂等号拼接的时间字段取值为 20220911，若发生超时或失败，当发起重试时已经跨天，时间字段取值变为 20220912。由于幂等号变化，预期的重试变成了新请求。

2）幂等号拼接字段包含硬件设备 ID。如"用户 ID + 商品 ID + 设备 ID"，用户可能具有多台设备，一旦更换设备登录，幂等号就会变化。

（4）服务提供方在收到请求后，应校验关键业务参数

在失败重试时，服务调用方可能篡改幂等号以外的关键参数，并借助服务提供方的幂等记录跳过参数强校验，达到非法目的。因此，本着不信任的原则，对于重复请求，不能仅校验幂等号，还应校验关键业务参数，防止恶意攻击。

秒杀系统关键问题及解决方案

"秒杀"一词起源于综合格斗，后来被引入电商领域，作为商品抢购活动的代称。自 2011 年起，历经十余年的发展，秒杀活动已经成为一种经典的营销手段，它的主要特点有：优惠力度大、参与用户多、瞬时流量大。典型的秒杀活动如天猫超市平价茅台限时抢购、华为旗舰手机新品首发抢购。

业务特点决定了技术难点，就秒杀系统的设计而言，围绕商品库存管理，就需要应对高并发、高可用、一致性等一系列技术挑战。在实际业务场景中，根据用户规模、流量级别、超卖少卖容忍度、一致性要求等要素权衡取舍，设计一个秒杀系统可能很简单，也可能十分复杂。

本章将首先介绍构建秒杀系统的主要技术难点，然后从电商平台的库存运作全景图、库存架构演进、库存单元化等方面展开介绍大型电商平台秒杀系统的实现原理。

11.1 主要技术难点

秒杀是典型的高并发场景，打造一个稳定、可靠的秒杀系统需要解决一系列的技术难点，包括高并发、高可用、一致性、反作弊等，本节将对这些难点进行讲解。

11.1.1 高并发

在秒杀活动开始前，大量用户不断地刷新活动页面，会使读请求量飙升。在秒杀活动开始后，大量用户瞬时涌入抢购有限商品，会形成写请求"洪峰"。若应对不当，服务端系统可能会瞬间崩溃。

在第 7 章中，笔者详细介绍了应对高并发的常用策略，如资源扩展、流量削峰、数据缓存、服务降级、限流等。在秒杀系统中，这些策略基本都有用到，其中数据缓存策略和限流策略应用最多，两者通常结合使用。

1. 数据缓存策略

浏览一下京东、淘宝或拼多多的购物 App，会发现其中的商品信息非常丰富，且形式多样，除了常见的静态图和文本，还有动态图和视频。数据量如此巨大，在高并发场景下，为了保证数据查询性能，通常需由本地缓存、分布式缓存和 CDN 共同组成缓存方案。其中，商品信息一般采用二级缓存，图片信息一般采用三级缓存。

此外，客户端所见的商品库存数据一般也是从缓存中读取的。由于数据库和缓存异构，只能保证数据的最终一致性，可能会出现一种情况，即客户端显示有库存，下单却提示无库存。

2. 限流策略

限流可以保证使用有限的资源提供最大化的服务能力，按照预期流量提供服务，一旦流量超过设定阈值，就会启动限流，对于超过的部分，将以拒绝服务、排队或等待、降级等方式处理。

相较于其他高并发应对策略，限流的成本是很低的，因此在不同规模的秒杀系统中，限流通常都是作为必备利器存在。参加过秒杀活动的读者应该会有这样的经历：活动开始后，点击下单，要么活动页面无响应，要么提示"活动太火爆了""前方拥挤"等文案，其实这都是被限流的结果。

常用的限流手段有 3 种：客户端限流、接入层限流、应用层限流。其中，客户端限流是通过限制客户端发出请求来限制流量，技术成本最低，应用广泛。关于限流手段在第 6 章中有详细的介绍。

3. 读写差异化

秒杀作为一种商业营销手段，在活动开始前，应尽量保证读请求获得预期的响应。试想一下，若活动页面卡顿明显或者根本刷不出来，则用户体验是相当糟糕的。为了满足高并发读请求所需容量，可采用资源扩展策略和数据缓存策略，限流策略作为兜底保护。

秒杀活动的特质决定了它不可能满足大多数用户的期待，毕竟只有少数用户能下单成功，那些没有抢购到商品的用户，失落在所难免。既然如此，在大多数情况下，对于写请求（下单请求）可通过限流前置拦截绝大部分流量，直接返回失败提示信息，从而减轻商品库存处理环节的压力。

注意： 在双十一大促中，一些品牌旗舰店曾举办过一种特殊的秒杀活动，比如针对某爆款商品，前 1000 名下单并完成支付的用户可享受"买一送一"，相当于五折优惠。与普通秒杀活动不同，它以卖货为目的，商品库存十分充足，若简单地进行限流处理，将严重影响

商家的卖货效率。因此，对于这种特殊玩法，必须从提升系统的吞吐量着手，而不能走"限流"捷径。

11.1.2 高可用

高可用（High Availability，HA）是指通过尽量缩短因日常维护和突发故障所导致的服务中断时间，以提高系统和应用的可用性。大型秒杀活动热度高、参与用户多，一旦出现严重的可用性问题，可能导致公司声誉受损、用户流失、经济损失等后果，因此，高可用是秒杀系统的核心评价指标之一。

众所周知，构成计算机网络软件系统的三大要素是网络系统、服务器系统和存储系统。网络系统包括防火墙、路由器、交换机等网络设备；服务器系统主要指为用户提供各种服务的应用集群；存储系统是指用于存储用户相关数据的存储设施。所以，高可用实际包括网络高可用、服务高可用及存储高可用3个方面。

对于服务端而言，保障高可用需要进行体系化的设计，包括应用隔离、减少依赖、无状态服务、冗余备份、系统监控、弹性扩容、多级缓存、限流熔断、服务降级等。其中，冗余备份最为常见，当服务或应用因意外终止时，通过故障转移（Failover）机制快速启用冗余或备用的服务器、系统、硬件或者网络接替它们工作。故障转移大都可自动完成，极少数特殊场景会发出警报或提示，由运维人员手动执行。高可用相关的内容在第13章中有详细的介绍，本节不展开。

11.1.3 一致性

在秒杀系统中，商品库存是关键数据，同时也是热点数据，大多数问题都与查询库存、扣减库存、编辑库存这3个操作密切相关。本节将要介绍的一致性问题，就是其中的典型问题。

秒杀活动的主要参与者有两个：买家和卖家。从技术视角来看，由买家触发的操作包括查询库存、扣减库存、落订单记录、支付等，由卖家触发的操作包括查询库存、编辑库存等。

在编辑库存时，实际库存与卖家所见的库存可能不一致。举个例子，活动开始前，卖家将商品 A 的库存设置为 1000 件，在秒杀活动开始后很快销售了 900 件，由于系统设计采用了热点散列等技术，统计全局剩余库存通常会有时延，实际剩余库存与卖家在 ERP 系统中看到的剩余库存可能是不一致的。实际剩余 100 件，卖家看到的剩余数可能是 120 件，如果卖家在此时补货 1000 件，把库存修改为 1120 件，在提交前的瞬间商品又售出了 10件。这样一来，库存就会被错误地覆写，导致超卖 120 − (100 − 10) = 30 件。

在扣减库存时，为了保证数据一致性，通常会采用数据库锁机制（如悲观锁）。但是，锁机制性能瓶颈明显，因此一些秒杀系统会采用缓存（如 Redis）来实现库存扣减，这种方式存在超卖风险：一方面，数据库和缓存不一致可能导致超卖；另一方面，缓存本身的可见性问题也可能导致超卖。

除了超卖，少卖也与一致性有关。少卖不会直接导致资金损失，但可能引起买家投诉，同时存在合规问题。例如秒杀活动对外宣传的库存为 100 件，但实际只售出了 90 件，若买家获悉这一数据，很可能产生负面影响。在秒杀活动中，导致少卖的因素主要有两类：其一，幂等控制失败，重复扣减库存；其二，买家下单后，放弃付款或者付款超时，导致库存占用却未成功交易。

11.1.4 反作弊

秒杀活动多以低价、限时、限量策略吸引用户，最终目标是促进转化、带动 GMV（Gross Merchandise Volume，商品交易总额）。秒杀活动所提供的商品的价格通常低于市场价，具有一定的获利空间。"黄牛党"受此诱惑，往往会采用技术手段作弊，影响活动的公平性，大规模机器秒杀还会产生类似 DDoS 攻击的效果，甚至可能导致网站瘫痪。鉴于此，在设计秒杀系统时，应制定反作弊措施。

目前，除了"答题""防链接暴露"等基础技术手段外，大型电商平台还会采用更为有效的风控校验手段。风控校验手段包括人机识别、用户画像、关系网络（人际网络、媒介网络）等方面的内容。

1. 用户画像

基于用户身份特质、行为特质、设备环境信息、历史信用、风险关系网络等信息，建立用户风险画像，以识别用户是否属于作弊人群。为了准确地刻画用户生命周期中的各种风险行为，一般采用 LR、RF、C5 等有监督分类算法，以及聚类、图算法等无监督算法进行建模。

2. 关系网络

用户在使用平台产品的过程中会产生大量的行为轨迹，这些行为轨迹通过网络、设备、邮箱、地址链接可形成一个复杂的混合关系网络。按照节点和边的类型可分为人际网络（强调账户—账户关系）和媒介网络（强调账户—介质关系）。

风险账户的背后往往有一整条产业链及风险账号团伙，这些风险账号之间不可避免地会产生各种关联而不自知，因此可以通过已发现的风险账号关联其团伙中的其他账号，进而防控。如图 11-1 所示，账号作为图的节点主体，边代表账号关系类型，关系类型权重代表账号间关联的紧密程度。通过样本拟合可以得到边的权值，从而构成账号间的关联网络，在此基础上就可以借助各类图算法（如图指纹算法、连

图 11-1　账号关系

通图算法）进行基于图的风险关联防控。

除了上述账号之间的关联外，账号与手机号、账号与设备之间的异构网络的关联也能作为风险防控的依据。例如一个"黄牛"团伙，注册多个账号来参与抢购优惠商品，这些账号可能会通过同一台设备发起下单请求。利用媒介网络传播机制，可直接给这台设备打上"黄牛风险"标签并阻止下单，后续源自此设备的下单请求都将被拦截。

11.2　电商平台的库存运作全景图

秒杀作为一种营销手段，是电商平台活动玩法的延展。脱离电商平台意味着失去商家系统、库存系统、物流系统、仓储系统、支付系统等一系列基础设施的支持，再来探讨构建大型秒杀系统，缺乏实践意义。因此，在着手设计秒杀系统前，了解电商平台的运作机制是十分必要的。

在电商平台的交易链路中，库存系统是极为关键的环节，它需要提供稳定可靠的库存查询、库存扣减、库存维护等能力，其中，库存扣减尤为复杂。本节将从库存模型出发，介绍库存扣减模式、库存扣减执行流程、库存查询、核心链路等内容，为读者呈现大型电商平台的库存运作全景图。

11.2.1　库存模型

在淘宝、京东这类大型电商平台，库存是一个非常复杂的概念，涉及在仓库存、计划库存、渠道库存等诸多领域实体。就库存扣减而言，我们主要关注在仓库存模型（下文简称库存模型），如图 11-2 所示。其中，可售库存、预售库存、占用库存的定义如下：

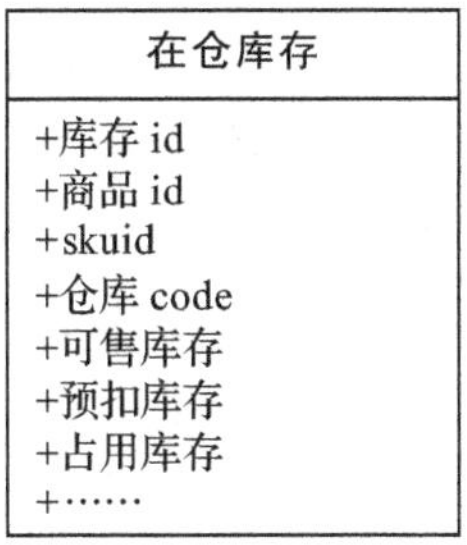

在仓库存
+库存 id
+商品 id
+skuid
+仓库 code
+可售库存
+预扣库存
+占用库存
+……

图 11-2　库存模型

- ❑ 可售库存数（Sellable Quantity，SQ），即用户在客户端所见的商品可销售数量。当 sq 为 0 时，用户不能下单。
- ❑ 预扣库存数（Withholding Quantity，WQ），即被未付款的订单占用的库存数量。由于用户在下单后可能不会付款，通过预扣库存为用户暂时保留资格，在用户完成付款后才会真正扣减库存，若超时未付款，预扣库存 wq 将回补到可售库存 sq 上。
- ❑ 占用库存数（Occupy Quantity，OQ），即用户已完成付款，但尚未发货的订单占据的库存数量。占用库存与仓库有关，且涉及履约环节。

根据上述定义，对于任一商品而言，可售库存数量和预扣库存数量的关系为：可售数量 sq + 预扣数量 wq = 可用库存，即商家侧所见的库存，当 sq + wq = 0 时，商品应自动下架。

从库存模型可以看出，由于一个商品通常具有多个 SKU，因此在商品交易链路中，无法通过商品 id 来精确定位商品的库存。为了高效路由库存查询、更新请求，在库存模型中，我们可以设计一个在库存业务域内具备唯一标识能力的 id，即库存 id（inventory_id）。

11.2.2 扣减模式

库存扣减看似一个很简单的操作，在用户完成付款后，扣减库存不就可以么？然而，实际情况要复杂得多，先付款后减库存，可能导致用户支付成功而商家却没有足够的库存可供发货；先减库存后付款，则可能因用户下单后放弃支付而导致商品少卖。在电商平台，库存扣减模式有如下 3 种。

- □ 拍减模式：在用户下单时，直接扣减可售库存 sq。该模式无超卖问题，但防御能力弱，如果用户大量下单而不付款，就会因库存占用影响正常交易，导致商家少卖。
- □ 预扣模式：在用户下单时，预减库存，若订单在规定时间内未完成支付则释放库存。具体而言，用户下单时预扣库存（sq−、wq+），此时库存处于预扣状态；付款后减预扣库存（wq−），库存处于扣减状态。
- □ 付减模式：在用户完成付款时，直接扣减可售库存 sq。由于无法保证用户付款后一定有库存，该模式存在超卖风险。

对于实物商品，库存扣减主要采用拍减模式和预扣模式，付减模式应用较少。需要说明的是，库存扣减模式并不是固定的，对于同一商品，其模式可以灵活切换，例如，当风控识别到用户有恶意下单行为时（命中黑名单），可以自动切换为付减模式。

11.2.3 扣减执行流程

从数据库层面看，库存扣减主要包括两步：第一步，扣减库存；第二步，插入库存扣减流水单据以记录上下文信息，包括用户 ID、库存 ID、商品 ID、幂等号等。为了保证库存扣减操作的幂等性，通常需要为扣减流水单据构建数据库唯一索引，此外，为了保证数据一致性，两个步骤须放在同一个事务中。如图 11-3 所示，每一件商品的交易过程与库存的交互都至少涉及两次数据库写操作（如拍减模式）：更新库存表 item_inventory 和更新库存流水单据表 inventory_order。

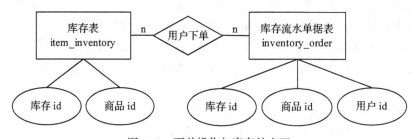

图 11-3　下单操作与库存的交互

以预扣模式为例，在用户下单、付款过程中，库存表和库存流水单据表的变化如下。
- □ 创建订单，预扣库存：insert 流水单据行（状态 1），update 库存行（sq−、wq+）。
- □ 用户付款，扣减预扣：update 流水单据行（状态 2），update 库存行（wq−）。

其中，状态 1 表示当前流水单据对应的库存处于预扣状态，状态 2 则表示当前流水单据对应的库存处于扣减状态。预扣模式下，下单和付款两个环节都需要与库存交互，对数据库的操作比拍减模式和付减模式多。

11.2.4　库存查询

从用户动线来看，购买一件商品通常需要经过浏览详情、加购、结算、提交订单、确认支付等环节，这些环节基本都需要查询对应商品的库存，如果已无库存或者库存不足应提醒用户，并阻断流程。为了保证并发性能，查询库存时不会直接访问数据库，而是查询缓存，如图11-4所示。

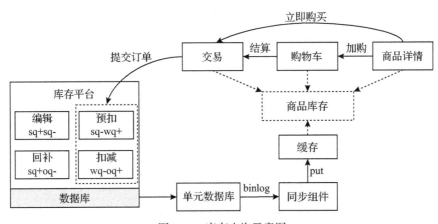

图 11-4　库存查询示意图

11.2.5　核心链路

基于前面的铺垫，我们再来看一下电商平台的库存运作的核心链路，如图11-5所示，从商家建仓到用户下单、仓库发货，整个链路涉及诸多环节。

主要逻辑如下：

1）在商品详情页，用户点击加购可将商品加入购物车；在购物车，用户点击结算会跳转到确认订单页；继续点击提交订单，服务端将通过交易平台发起交易逻辑。

2）交易可分为预扣、拍减、付减3种模式，若采用预扣模式，则调用库存平台执行预扣；若采用拍减模式，则调用库存平台执行扣减；若采用付减模式，则本环节无须扣减库存。

3）交易平台向支付宝发起付款请求，支付宝创建支付订单。

4）如果采用预扣模式且订单超时，支付宝将调用交易平台服务回查库存，并重新执行预扣。

5）在用户付款完成后，交易平台调用库存平台扣减库存。

6）交易平台发消息给仓储中心，仓储中心创建订单，并准备配货发货。

7）仓储中心发货后，调用库存平台扣减占用库存数。

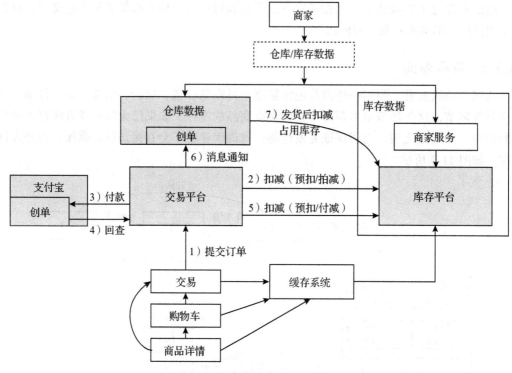

图 11-5 库存运作的核心链路

上面简要介绍了库存的正向流转，在真实的业务场景中，用户在付款后、确认收货前可能会取消订单或退货，因此库存的运作流程中还涉及库存回补操作。以预扣模式为例，库存流转如图 11-6 所示。

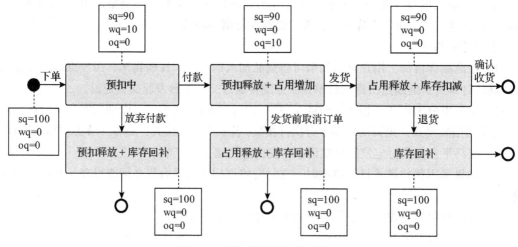

图 11-6 预扣模式下的库存流转

11.3 库存架构演进

自电商行业萌芽，至今已近 30 年。这期间，库存架构随着互联网的快速发展不断演进。早期的电商平台的用户规模和商品规模都非常小，库存架构以单机模式为主。随着互联网的发展，用户规模和商品规模快速增长，库存系统需要承载的读写压力越来越大，为了应对，库存架构先后经历了独立主机、分库分表、冷热分离、单元化等阶段。本节将以库存系统的核心服务——库存扣减为切入点，分别介绍独立主机、分库分表、热点处理相关的内容。

11.3.1 独立主机

用户在电商平台购买商品的完整动线包括浏览商品、查看详情、加购、结算、提交订单、支付、确认收货等环节。对于任一商品，提交订单这一动作在商品库存层面涉及以下两个写操作：

- ❑ 更新库存，每件商品在表 item_inventory 中都有一条对应的库存记录，采用 inventory_id 唯一标识。每卖出一件，都需要更新商品的库存记录，将相应字段减 1。
- ❑ 插入流水，每一次库存更新操作都对应一条流水单据，存储于表 inventory_order 中，包括用户 id、库存 id、商品 id、业务流水号等信息。

基于流水单据建立唯一索引，辅以事务机制和锁机制可保证库存更新操作的幂等性。此外，为了保证数据一致性，上述两个写操作需在同一个事务中实现，要么同时成功，要么同时失败。

如图 11-7 所示，所有商品的库存数据都存放于同一数据库的同一表中，来自应用系统的所有库存扣减请求最终都将路由到同一个数据库实例。该模式虽然性能一般，但在电商平台发展初期已经够用了，以京东为例，公开资料显示，其于 2004 年进军电子商务，至 2009 年 6 月，其日处理订单能力才突破 2 万。这一时期，高并发、大流量场景尚处于酝酿之中。

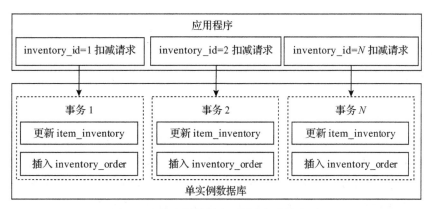

图 11-7 单实例数据库下的商品库存扣减

11.3.2 分库分表

随着商品数量和扣减请求量的增加，单实例数据库很快成了性能瓶颈。为了解决这一瓶颈问题，最有效的方案是水平扩展，即分库分表。如图 11-8 所示，对数据进行水平拆分后，可将不同商品的库存扣减请求路由到不同的数据库，降低单实例数据库负载的同时还可以显著提升并发处理能力。

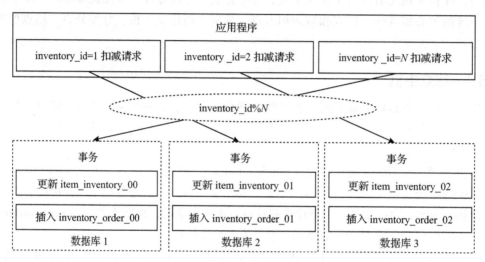

图 11-8　分库分表下的商品库存扣减

从图 11-8 不难看出，库存表和流水单据表都采用商品库存 id 作为分表键（Sharding Key），这样设计不仅便于实现水平扩展，提升处理并发扣减请求的能力，而且可以保证针对同一商品库存的扣减操作和插入流水操作在同一个事务中实现。如果商品和请求分布相对均匀，基于水平扩展，理论上可以实现库存系统吞吐量的线性增长。

11.3.3 热点处理

不同于普通业务场景，在电商领域，秒杀、抢购类活动所引起的高并发读写请求会给库存系统带来巨大的挑战，尤其体现在数据库层面。虽然采用了分库分表，但是对于任一商品，其库存数据也只是对应数据库的一条行记录而已。所有针对该商品的库存更新操作实际上都发生在同一行，因此，在数据库架构上按照商品维度所做的分库分表是无法解决商品热点问题的。

在对一个商品进行库存扣减时，为了保证操作的原子性，通常需要对该商品的库存行记录加锁（排他锁）。因此，对同一商品，高并发库存扣减请求可能会造成严重的行锁等待现象，从而导致数据库大量连接挂起和 RT 飙升，甚至雪崩。以 MySQL 为例，目前单行更新操作的性能约为 500QPS，对于动辄几万 QPS 的秒杀场景而言，这个量级显然是偏低的。为了解决库存扣减热点问题，一般有两条技术路线：内核优化和热点散列。

1. 内核优化

内核优化即优化数据库内核,提升行更新操作的性能。以阿里自研的"水车"模型为例,通过优化 MySQL 内核,热点行更新性能相较于官方版本提升超过 10 倍,该模型已经在阿里的库存中心、资金平台、权益发放平台等核心业务中应用。如图 11-9 所示,"水车"模型的核心设计思想为:在应用层做轻量化改造,对热点行 SQL 打上"热点"标签,当这类 SQL 进入内核后,在内存中维护一个 hash 表,将主键或唯一键相同的请求(如同一商品库存 id)hash 到同一个地方做请求合并,经过一段时间(默认 100µs)后统一提交,从而将串行处理优化为批处理,避免每个热点行更新请求都去扫描和更新 Btree。

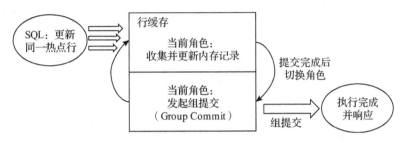

图 11-9 "水车"模型示意图

2. 热点散列

通过优化数据库内核改善行更新性能,可以满足大多数营销活动的需要,如"618 大促",这类营销活动虽然整体流量巨大,但相对分散,针对单一商品的并发库存扣减请求量并不高。在大规模秒杀活动中,针对单一商品的库存扣减请求峰值可以轻松达到几万、甚至几十万 QPS,如天猫超市、网易严选、京东商城等电商平台的"抢茅台"活动。对于这类场景,单凭优化数据库内核很难满足容量需求,同时,针对热点商品的超高并发扣减请求还可能会影响同一数据库实例上的其他商品。

在实际应用中,针对热点商品库存扣减,目前最有效的方案是热点散列,即分布式库存扣减。如图 11-10 所示,将同一商品的库存提前分配至多个"桶"中,根据路由规则(如随机算法、UID 取模等)将库存扣减请求路由至不同的桶,从而将集中于单实例的请求分散,原理类似水平扩展。

关于"分桶"的技术实现,很多书籍和文章都推荐采用缓存,特别是 Redis。具体而言,对任一参加秒杀活动的商品,可将其库存分为 N 份,每份对应一个缓存 Key,缓存 Key 的构成须遵循一定规律,便于路由,示例如下:

key: inventoryId_1,value: 库存数量

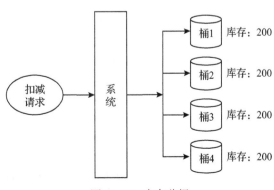

图 11-10 库存分桶

key: inventoryId_2, value: 库存数量

...

key: inventoryId_N, value: 库存数量

在扣减库存时，可根据 Key 的编号区间，采用随机算法、UID 取模等方式确定一个编号，然后组装 Key 访问缓存。举个例子，假设 inventoryId 为 20221821，将其库存分配至 100 个桶，则相应 Key 的编号区间为 [1,100]。服务端收到商品库存扣减请求后，将请求中的参数 UID 取模，假设 UID%100 = 67，则组装 Key 为 20221821_67，基于 20221821_67 扣减对应缓存桶中的库存。

上述方案的核心思想是：在缓存中扣减库存，以提升系统的吞吐量；缓存扣减成功后，异步向数据库写入库存扣减流水并更新库存；此外，还需通过定时任务等机制实现缓存与数据库的库存总量同步。

上述方案看上去不错，但仔细推敲就会发现问题：其一，在缓存中扣减库存如何保证幂等性呢？若幂等防控不足，则可能出现重复扣减，进而导致少卖。其二，缓存写操作和数据库写操作无法通过事务机制来保证强一致性，那么该如何有效地保证库存数据的一致性呢？其三，用户所见的商品库存应为总库存，即便总库存充足，一旦分桶，如何保证用户请求被路由到的分桶有足够的库存呢？

从原理上看，热点散列是解决商品库存热点问题最有效的方案，但在实际应用中，需要考虑的细节非常多。基于缓存的库存扣减方案是比较粗糙的，它只能满足一些特定场景的需要。对于淘宝、京东这类在线商品规模达数十亿的大型电商平台而言，所面临的问题要复杂得多，除了稳定性、可靠性、一致性，还包括库存分配、库存碎片、库存扩缩容、流量倾斜、商品少卖、商品超卖等。

11.4 库存单元化

在电商平台，库存系统是一个特殊的存在，由于库存具有全局性，买家、卖家对商品库存的写操作需做到彼此可见才能有效避免商品超卖，因此，库存系统一般采用中心写、单元读，几乎是唯一一个与单元化格格不入的系统，而且链路是强依赖的，一旦库存系统的服务不可用，商品交易也就无法进行了。

随着业务的发展，"中心写"模式逐渐成为整个库存系统的容量瓶颈所在，尤其是在秒杀、抢购类活动中。为了应对这一问题，库存单元化架构应运而生，它与"热点散列"效果类似，但更为稳定、可靠，堪称大型电商平台库存系统的终极解决方案。

11.4.1 中心化乌云

事实上，单元化架构并非什么黑科技，它在互联网领域早已被广泛应用。不过，库存系统的单元化之路却十分坎坷，犹如一朵乌云，长期飘荡在工程师的头顶。在电商交易场

景中，主要参与者有两个——卖家和买家，他们的差异如下。

- 卖家的主要行为是发布和维护商品，买家的行为则丰富得多，包括浏览、分享、收藏、加购、下单、支付等，买家的规模、交互操作、产生的数据以及系统链路的复杂度都远超过卖家。

- 卖家行为所产生的数据需要对所有买家可见（如编辑商品基础信息、编辑库存），而买家的行为数据则大都只与买家自身相关（如用户订单数据、用户加购数据）。

基于上述分析，我们可以总结出一个关键结论，即买家数据的规模远远超过卖家，而且主要是自写自读，因此，若按照买家维度划分流量，可根据买家 id（用户 id）将不同买家的流量路由到不同的机房、单元，实现去中心化，并且让大部分流量在单元内闭环，即买家的写操作只涉及所属单元内的数据库和缓存，读操作也只涉及所属单元内的数据。为了保障可用性，我们还可以通过数据同步机制使单元间相互备份，如图 11-11 所示。

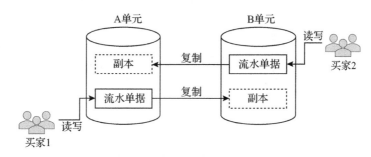

图 11-11　单元间双向复制

然而，在真实的场景中，我们几乎无法做到单元封闭，如图 11-12 所示，根据商品交易的业务特性，可以将相关流量划分为以下两大类。

- 卖家流量：如商品、店铺编辑等，中心写，然后全量复制供单元读，即自己写、别人读。

- 买家流量：如加购数据、订单数据等，单元写，单元读，即自己写、自己读。

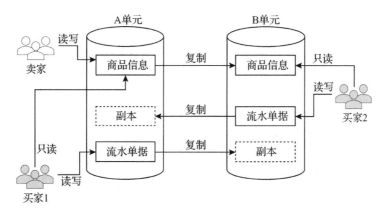

图 11-12　买家和卖家的部分操作示意图

　　再来分析一下买家流量和卖家流量对库存的影响，不难发现，买家和卖家都涉及对库存的写操作，如买家下单会扣减库存，卖家编辑可更新库存。如图 11-13 所示，无论是买家下单还是商家编辑，一个事务内有一半数据属于自己写、自己读（操作流水单据），另一半数据则属于自己写、别人读（库存数据）。如此一来，问题就复杂了，对于"自写自读"的数据，实现单元化是很简单的，但是对于"自写他读"的数据，由于需要全局可见（商品库存需要对所有用户可见），出于数据一致性考虑，中心化是最好的选择，否则很容易出现商品超卖，原理如图 11-14 所示。

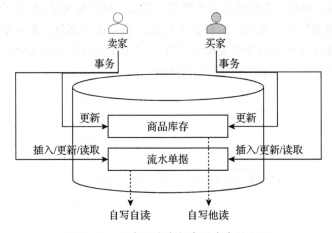

图 11-13　买家和卖家与商品库存的交互

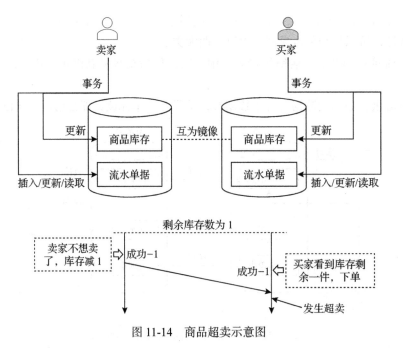

图 11-14　商品超卖示意图

11.4.2 优化困境

中心化存在的问题是显而易见的,只是在过去的一段时期内并不急迫。随着业务的发展,库存中心写模式的容量瓶颈日益明显,大型电商平台不得不重新审视"单元化"的可行性,一个朴素的思路是:将全局库存散列到多个单元,库存扣减操作在单元内实现,即本地化扣减,以便利用单元数据库容量分担中心的压力。思路很清晰,但若细想会发现很多问题:多单元局部库存如何平衡?全局库存如何保证可见性?买家交易单元化无损切流如何实现?是否会有超卖、少卖问题?对账问题怎么解决?

对于上述问题,业界的前辈们做了很多有益的探索,但最终大都选择了维持"中心写"的模式。这是因为单元化带来的收益与其产生的复杂度不匹配,虽然中心写存在容量瓶颈问题,但它足够简单,有时候简单比性能更有吸引力。

单元化可以充分利用分布式系统的特点,实现低成本扩容,但是采用中心化架构的库存系统只能另谋出路。最简单、直接的策略是升级配置,但同时也是成本最高的。以某大型电商平台为例,其商品库存系统有256个库、128个实例,加上容灾部署,月均成本超过300万元。在限时秒杀、直播抢购等活动中,数据库容量通常需要特别保障,由于商品热度具有随机性,因此很难预测热点商品会出现在哪个库中,在无法精准计算每个库各自需要多少容量的情况下,只能按照"就高"的原则去评估,如此便会进一步增加成本。

出于成本考量,在很长的一段时间,对库存系统的优化都是围绕数据库开展的,如库存写事务拆分和精简、总库存变更聚合、数据库热点补丁、行锁优化等。

可能部分读者会有疑惑,当库存扣减服务的容量不足时,限流不就可以?方案可行,但忽视了一个事实,电商平台的核心目标之一是高效卖货,以2020年双十一活动为例,淘宝订单创建峰值达58.3万笔/秒,试想一下,如果限流值为20万笔/秒,那就意味着在活动开始后的一段时间内,大量用户将无法成功下单,有损用户体验。限流可以解决问题,但绝非最佳方案。

11.4.3 单元封闭

围绕数据库的优化陷入瓶颈后,最终还是得回到单元化的道路上来。要实现库存系统单元化,关键在于单元封闭,即保证每一次库存操作都在所属单元内完成。单元化架构下,数据质量保障体系比较特殊,如图11-15所示,日常情况下,UID尾号在00 ~ 10之间的用户路由到A单元,在A单元创建订单并推进;尾号在11 ~ 20之间的用户路由到B单元,在B单元创建订单并推进,A、B互为备份。如果某一天B单元因故障无法提供服务,为了容灾,需要把B单元的流量切到A单元。但切流是有前提的,由于数据库有状态,用户在B单元写入的数据需要全部同步到A单元,否则B单元的用户被重新路由到A单元后,将无法看到自己的数据,或者看到的不是最新的数据。

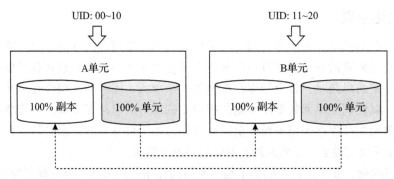

图 11-15　单元间互为备份

　　库存操作相关的核心变更有两个：流水单据和库存数量。库存数量不具有买家性质，流水单据类似交易订单，是具有买家性质的。为了让每一次库存操作都封闭在所属单元内，就需要将库存数量按照单元划分规则拆分，并规定库存写操作只能局限在所属单元内；流水单据也可在单元化无损切流机制的保护下操作同一行。如图 11-16 所示，同一个买家的同一个订单，因单元故障进行切流，库存的扣减和回补行为分别发生在两个单元，但是数量上一加一减，最终是一致的，只要保证库存数据单向流动就不会脏写。

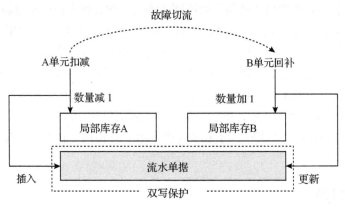

图 11-16　故障切流

　　流水单据是双写的，但是也能做到不产生脏数据。关于技术实现，业界前辈们做了大量实践和总结，已然形成了一套标准的解决方案——禁止写 + 禁止更新。

　　流水单据是记录库存流向的快照，其正确性是其他环节库存数量计算正确性的必要前提。由于单元故障切流，同一笔订单的下单和付款操作可能发生在不同的单元，也就是说，两个单元先后都需要更新同一条流水单据，图 11-17，展示了"禁止写"和"禁止更新"机制保证不脏写的原理。其中，禁止更新阶段主要是为了保证对历史单据的更新操作必须基于最新的镜像数据，但是对插入操作放开，因为插入操作意味着首次下单，这一设计非常巧妙，可以将对用户体验的影响最小化。

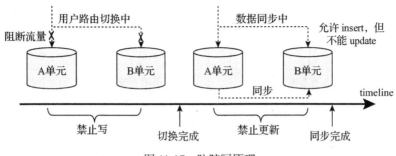

图 11-17　防脏写原理

11.4.4　全局库存与局部库存

要真正实现库存单元化，在单元封闭的基础上，还需要解决两个关键问题：全局库存问题和局部无库存问题。其中，为了解决局部无库存问题，需要引入库存调拨和库存回收机制。

1. 全局库存问题

为了保障用户的体验，无论买家属于哪个单元，对于任一商品，其可购买数量上限应为所有单元可售卖库存之和。为了实现这一目标，就必须具备全局库存管理能力。我们知道，单元化的评价原则是单元封闭，即读写操作均在单元内完成，但库存系统非常特殊，全局库存的定义决定了它无法做到单元内读写，在实际应用中，全局库存一般采用异步汇总的方式实现，本质上是中心写、单元读。

有些读者可能会有疑惑，为什么不借鉴区域库存模式，彻底实现单元化呢？该模式虽好，但有一个重大缺陷：由于各个单元之间是隔离的，对于任一商品，买家可购买数量上限仅为其所属单元的可售卖库存，这对卖家和买家都是不友好的。

2. 局部无库存问题

在大多数场景下，卖家备货是充足的，毕竟抢购只是营销手段，多卖货才是最终目的，所谓"抢"更多是抢前 N 名下单的优惠或赠品。如果能保证商品单元库存充足，买家对单元库存其实是无感知的。然而在限时秒杀、直播抢购类场景中，商品库存通常极为有限，同时各个单元的流量并非绝对均衡，那就可能出现一个问题：全局库存还有剩余，但是部分单元已售光。在那些商品已售光的单元，买家看到商品还有库存，却无法下单，极易引起投诉。

为了解决这一问题，当单元无库存时，可发起库存调拨，从中心到单元做一次即时虚拟出库和入库操作，这个动作相当于单元化扣减退化为中心化扣减。理想情况下，库存调拨应该是单元对等的，但为了简化问题的规模，当单元无库存时，只能去中心调拨库存，而中心无库存时，则需要将所有单元的库存回收。库存单元化的总体架构如图 11-18 所示。

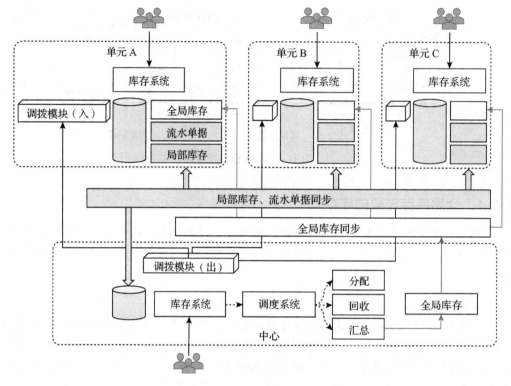

图 11-18 库存单元化的总体架构

（1）库存调拨实现

当单元无库存时，就需要从中心调拨库存。如果这一操作恰好发生在某次交易下单过程中，原本封闭于单元内的库存扣减操作就可能退化为中心库存扣减，这显然是有违单元化设计原则的，那么这种情况下该如何处理呢？如图 11-19 所示，我们可将"中心扣减"视为"调拨＋下单"过程的合并，如此一来，对链路上相关库存行的更新操作就不会增加，从而保证性能。同时，"先出后入"可以保证不会超卖，再结合业务对账能力确保"有出必有入"，可避免少卖。

（2）库存回收实现

为了避免少卖，当中心无库存时，需要回收所有单元的库存。回收操作的开销是比较大的，在秒杀、抢购类活动进行中，触发回收操作可能会导致最坏的情况发生，即所有请求都下沉到回收节点，跨单元请求会增加链路风险。为了减弱对回收节点的冲击，需要设计一个漏斗式请求过滤机制，如图 11-20 所示，从左往右扣减局部库存，从右往左同步全局库存，最左边的前置缓存，是读链路的开始、写链路的终点。整个流量经过多层过滤，依次减少。在秒杀场景下，一个商品从有货到无货的瞬间会经历如下步骤。

❏ 第 1 层：从前置缓存中获取商品库存，如果无库存，下单时直接阻拦，否则进入第 2 层。

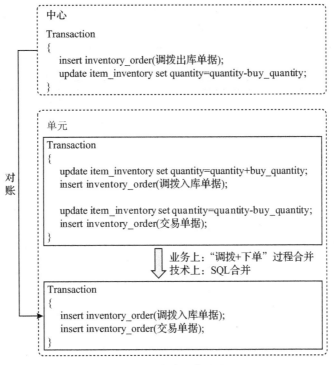

图 11-19　库存调拨优化

❑ 第2层：单品、单库限流，线程并发限流。如果热点拦截则返回提示信息，否则进入到第3层。

❑ 第3层：全局库存行校验。如果库存为0则返回库存不足，否则进入第4层。

❑ 第4层：令牌桶。这一层则是将第3层得到的全局库存放置到缓存中作为初始的令牌数量，所有经过这一层的请求都要获取令牌才能通过，如果令牌耗尽，则说明无库存，否则进入第5层。在秒杀类场景下，全局库存汇总会存在一定时延，缓存中的令牌数量理论上一定大于实际的库存数量，因此不会有少卖的情况。

❑ 第5层：局部库存扣减。若单元库存足够，则扣减成功并返回；若库存不足，则先尝试从中心调拨（可视为单元内扣减）；若中心库存不足，则触发回收单元库存，进入第6层。

❑ 第6层：回收单元库存。触发回收操作，只需要一个请求，其余请求共享回收结果即可，因此需要用到分布式锁，未抢到锁的请求将会轮询锁，等待回收完成。最长等待时间需要设置，如100ms，若在等待时间内抢到锁，则视为回收成功，幂等返回。

❑ 第7层：回收完成后，再次尝试扣减。在并发情况下，可能仍然会有部分扣减请求因库存不足而失败，但到了此层，这样的请求数已经很少了。

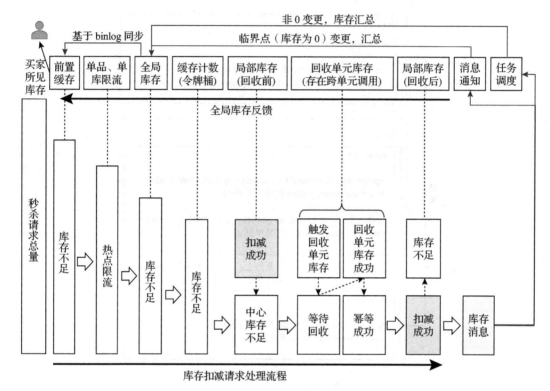

图 11-20　秒杀过程与库存流转

11.4.5　库存回收难点

关于单元库存回收，读者也许会有疑惑：在高并发的情况下，几乎不可能做到读写一致，如何保证库存回收操作一定能成功呢？如代码清单 11-1 所示，如果先查询再更新，由于库存变更非常快，条件 quantity - q ≥ 0 几乎不可能满足，如此就会造成反复回收失败和重试。

代码清单 11-1　采用乐观锁实现单元库存回收的伪代码

```
// 1.查询库存
q = select quantity from item_inventory where inventory_id = yyy;
// 2.开启事务
begin;
// 3.插入流水单据
insert into inventory_order (operate_quantity = q) ;
// 4.更新库存记录
update item_inventory set quantity = quantity - q where inventory_id = yyy and
    quantity - q >= 0;
// 5.提交事务
commit
```

既然"先查询再更新"不行，是否可以采用悲观锁呢？在标准的关系型数据库中，为了确保事务的 ACID，不同事务在并发更新同一行记录时，需要串行化。在乐观并发控制的实现中，并发的多个更新事务只有一个能成功，其他的全部回滚；在悲观并发控制的实现中，每一个更新都要等待前一个持有该行的事务提交或者回滚释放行锁之后才可以进行更新。以常用的开源数据库 MySQL 为例，采用悲观锁机制实现单元库存回收的 SQL 如代码清单 11-2 所示。

代码清单 11-2　采用悲观锁机制实现单元库存回收的伪代码

```
// 1. 开启事务
begin;
// 2. 锁行查询库存
q = select quantity from item_inventory where inventory_id = yyy for update;
// 3. 插入流水单据
insert into inventory_order (operate_quantity = q) ;
// 4. 更新库存记录
update item_inventory set quantity = quantity - q where inventory_id = yyy;
// 5. 提交事务
commit
```

若采用悲观锁实现单元库存回收，在任一时刻，数据库理论上最多只能有一个事务处于更新这一行的过程中，吞吐量极限为：TPS = 1/ 事务平均耗时（s），但随着并发请求量上升，线程上下文切换的开销，锁等待、唤醒的开销都会增加，数据库的整体吞吐量将呈明显下降趋势。

在秒杀、抢购类场景中，单元库存回收操作是一个典型的热点事务，从性能角度考量，悲观锁机制是不可行的。为了高效地实现库存回收，还是得从数据库层面进行优化。

1. 锁优化

悲观锁机制的主要不足在于"锁等待"，即若某行记录被事务锁住，其他锁行查询（select ... for update）事务对同一行加锁时必须等待，直到持有该行的事务释放行锁。鉴于此，一个朴素的优化思路是消灭锁等待，从而避免因锁等待导致的性能损耗。

以 MySQL 为例，AliSQL 和官方 MySQL 8.0 中都提供了 No Wait 功能，SQL 语句形如 select ... for update nowait，该请求会立即执行，若获取不到锁就返回失败，而不会等待锁释放。

2. select from update 语法

在 2015 年的 DTCC（Database Technology Conference China）大会上，阿里的江疑介绍了一个基于 MySQL 的语法：select from update hot row。采用该语法，使用一条 SQL 语句就可以实现执行 update 操作的同时，将相应行记录被更新的字段筛选出来（注意：筛选得到的是 update 操作执行时的结果），这与 Oracle 的 returning into 子句有异曲同工之妙。

在库存回收过程中，先查询再更新需要执行两条 SQL 语句，意味着两次网络交互，而采用 select from update hot row 可以将两条 SQL 语句合并为一条，大幅减少网络交互耗时。如图 11-21 所示，select from update 语法可以非常巧妙地解决边界库存回收问题。

```
q = select quantity from item_inventory;
Transaction
{
    insert inventory_order(operate_quantity = q);
    update item_inventory set quantity = quantity - q where quantity - q >= 0;
}
```

优化

```
Transaction
{
    object = select from update item_inventory set reserve_quantity = quantity, quantity = 0;
    insert inventory_order(operate_quantity = object. reserve_quantity);
}
```

图 11-21　采用 select from update 语法优化库存回收

11.4.6　全局库存可见性

全局库存采用"中心写、单元读"模式，从单元数据库的角度看，在一套数据库上同时存在着 Copy 写（全局库存同步，单向复制）和 Unit 写（单元间主备同步）的流量，如图 11-22 所示。由于数据库之间的同步是按库维度来执行的，因此，只要 Copy 流量存在，Unit 流量就无法单独降级。如此一来，在秒杀活动期间，所有单元都需要承担全量写操作。为了解决这一问题，最直接的方案是拆库，从而将两种流量分开。

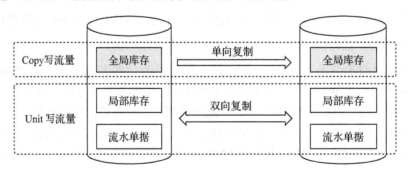

图 11-22　库存相关数据复制示意

从运维难度和链路复杂度方面考虑，分库方案确实不错，但忽视了成本问题。建设稳定、可靠的数据库的成本并不低。同时，一旦分库，两个库的资源便无法共享，而商品热度具有随机性，很难预测热点商品会出现在哪个库中，通常只能按照"就高"原则评估和准备容量，大幅增加成本。

在全局库存模式下，所有通过中心写入的库存数据都需要同步到各个单元的数据库和缓存中，以便单元用户可见。结合业务特性来分析，中心读和单元读存在巨大差异：中心读包含商品发布、供应链稽核、导购、交易等众多依赖，而单元读只涉及导购和交易。中心读对库存数据的准确性极为敏感，而单元读则相对"迟钝"。对于买家而言，核心关注点在于商品是否有货、能否买到，几乎不会关心库存的具体数值。此外，透出库存数量还可能被竞争对手爬取，因此在大多数场景下，买家所见的库存数据都可以进行模糊化处理，展示"有货""库存充足"等文案即可。基于此，商品全局库存同步是可以接受一定时延的，保证最终一致性即可。

再来回顾一下全局库存同步链路：中心数据库 -> 同步 -> 单元数据库 -> 同步 -> 单元缓存。这里面其实有很大的优化空间，例如，当商品可售库存充足时，单元缓存可以跳过更新。此外，对于库存中心的写操作，并不一定非要基于 binlog 来保证同步的高时效性，消息队列也是一种选择，中心生产消息，单元消费消息写缓存。

需要注意的是，当部分变更被跳过后，必然会导致缓存数据脏，虽然在库存充足时单元对这个数据的准确性不敏感，但在临界点是非常敏感的。如果买家看到商品还有库存，但下单时被提示无库存，可能会投诉。因此，不能丢弃临界点的库存变更。还有一种特殊情况，买家看到库存有 N 件，由于更新延迟，实际库存只有 $N-1$ 件，如果买家下单 N 件商品，就会失败。对于这种情况，可通过搭建负反馈链路来解决。

注意： 构建一个大型秒杀系统，需要解决高并发、高可用、一致性、反作弊等系列技术难题。在仔细分析后会发现，这些技术难题大都与商品库存有关，编辑库存、查询库存、扣减库存 3 个操作构成了秒杀过程的核心"故事线"。从技术视角看，没有一个方案可以解决所有问题，但同一个问题通常有多种解法，当技术方案无限贴近业务特征时，收益才能趋于最大化。对于大型电商平台而言，秒杀只是一种玩法，构建秒杀系统时必须兼顾已有业务，因此考量点会更多，解决方案也会相对复杂。

第 12 章

常见性能瓶颈及解决方案

在一个软件系统的发展历程中，初期通常是简单的、易维护的，很少涉及性能问题。但随着时间的推移，需求不断产生，功能逐渐丰富，代码日益膨胀，软件系统从最初的集中、有序的状态，趋向于分散、混乱和无序的状态，可维护性变差，复杂度增加，性能问题也随之显现。

硬件作为软件赖以工作的基础，几乎所有的软件系统性能问题都会体现在相应的硬件资源指标上，如 CPU 使用率、平均负载、内存使用率、磁盘 I/O 使用率等。因此，有效地利用这些指标不仅有助于提前发现系统性能瓶颈，起到预警作用，而且可以为排查、解决问题提供线索。

本章将从 CPU、内存和磁盘 3 个方面切入，在介绍相关基础知识的前提下，详细解读系统性能指标的定义、计算及评估方法，然后介绍常见的系统性能瓶颈及其分析方法和解决方案。

12.1 软件性能概述

稳定、安全、高性能是软件系统的三大核心非功能特性。其中，安全和稳定是必要前提，而高性能则更多是作为"加分项"。本节将介绍软件性能的定义、评价指标以及常见的软件系统性能瓶颈与分析要素。

12.1.1 如何理解软件性能

软件性能是软件的一种非功能特性，它关注的不是软件是否能够完成特定的功能，而是完成该功能的及时性。在互联网领域，软件性能常用于描述软件系统在运行过程中所体现出来的时间和空间效率与用户需求之间的吻合程度。

与那些具有明确评价标准的技术不同，软件性能的评价依据多源自主观感受。举个例子，对用户而言，性能就是响应时间，而不同用户对同一软件的响应时间的主观感受往往是存在差异的，既有客观因素，也有主观因素，甚至是心理因素。此外，由于感受软件性能的主体是人，不同角色（如用户、开发、产品、运营）的关注点也会存在差异，而这些差异可能会导致评价标准难以统一。

从技术的视角看，决定系统性能的因素非常多，如图 12-1 所示，一个完整的软件系统自顶向下，涉及应用程序、数据库、系统库、文件系统、设备驱动、硬件设备等节点，它们都可能影响系统性能。

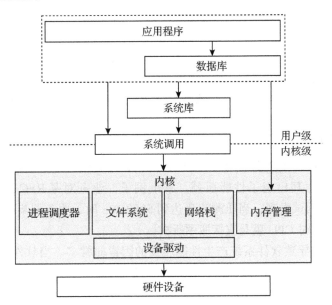

图 12-1 通用系统软件栈

12.1.2 软件性能评价指标

为了量化评估系统性能，需要将主观的判断转化为客观的指标，常用的量化指标有响应时间、吞吐量、并发用户数和资源利用率。

1. 响应时间

响应时间是指系统对请求作出响应的时间，包括服务端响应时间、网络响应时间和客户端响应时间。由于一个系统通常会提供多个功能，不同功能的处理逻辑往往千差万别，因而不同功能的响应时间也不尽相同，甚至同一功能在不同输入数据的情况下的响应时间也不相同。因此，对于一个系统而言，响应时间通常是指该系统所有功能的平均响应时间或者所有功能的最大响应时间。具体到某一功能，响应时间则是指该功能的平均响应时间或者最大响应时间。

2. 吞吐量

吞吐量反映的是软件系统的抗压、负载能力，即系统在单位时间内能处理多少个事务、请求、单位数据等。吞吐量的定义比较灵活，在不同的场景下有不同的诠释，例如数据库的吞吐量指的是单位时间内可以处理的事务数量；而网络的吞吐量指的是单位时间内在网络上传输的数据量。软件系统吞吐量常用的量化指标有 QPS、TPS、并发数等。

3. 并发用户数

并发用户数是指软件系统可以同时承载的正常使用系统功能的用户的数量。与吞吐量相比，并发用户数是一个更直观但也更笼统的性能指标，因为不同的用户在单位时间内发出的请求和请求数量通常是不同的。

4. 资源利用率

资源利用率反映的是在一段时间内资源平均被占用的情况。资源利用率表示一段时间内被占用的资源数与总资源数的比值。常见的资源包括 CPU、内存、磁盘 I/O、网络 I/O。

12.1.3 性能瓶颈与分析要素

性能瓶颈本质上是软件系统的一种缺陷。当软件系统的实际性能指标无法达到既定目标时，一般就认为其出现了性能瓶颈。举个例子，业务对某 RPC 接口的容量需求为 10000QPS，但压力测试发现，当压测流量达到 5000QPS 时，服务器集群的平均 CPU 使用率就超过了 95%，此时 CPU 就是直接瓶颈所在。

在生产环境中，导致软件系统产生性能瓶颈的因素非常多。当软件系统出现性能瓶颈时，资源层面一般会有较为明显的表征，如 CPU 使用率、内存使用率、磁盘 I/O 使用率超过警戒水位。通过资源分析，可以判断特定种类的资源是否为导致性能瓶颈的原因，进而指导优化和升级。

一个软件系统从接收请求到完成响应，整个过程通常涉及一系列的处理，如数学运算、远程服务调用、数据库读写、缓存读写、等待锁、打印日志等。硬件作为软件赖以工作的物质基础，它决定了软件系统性能的上限。在硬件资源中，计算资源、存储资源和 I/O 设备是最重要的硬件资源。因此，在分析系统性能瓶颈时，主要分析要素有：CPU 使用率、内存使用率、磁盘 I/O 使用率、网络 I/O 使用率等。

12.2 CPU

CPU 作为计算机系统的运算和控制核心，是信息处理、程序运行的最终执行单元。如果一个软件系统存在性能瓶颈，CPU 的性能指标通常会有所体现，典型如 CPU 使用率飙高、平均负载飙高等。那么，CPU 使用率和平均负载的定义是怎样的呢？它们之间有什么联系？
如何基于两者来分析系统产生性能瓶颈的原因呢？等等。一系列问题将在本节得到答案。

12.2.1　线程与进程

Linux 系统的整体结构如图 12-2 所示，自上而下依次为用户空间（User Space）、内核
空间（Kernel Space）和硬件设备（Hardware Platform）。内核空间是 Linux 内核的运行空
间，内核本质上是一种软件，它可以控制计算机的硬件资源，并通过对外暴露的系统调用
接口（System Call Interface）为上层应用程序提供运行所需的环境。用户空间可理解为上层
应用程序的运行空间，应用程序的执行必须依托于内核提供的资源，包括 CPU 资源、存储
资源、I/O 资源等。

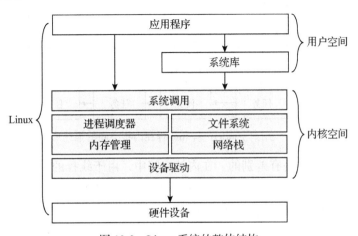

图 12-2　Linux 系统的整体结构

当程序运行在内核空间时就处于内核态，当程序运行在用户空间时就处于用户态。在
两种空间中，线程（Thread）和进程（Process）的定义是有区别的，很容易混淆。

1. 用户空间下的线程与进程

进程是操作系统进行资源分配的基本单位，是操作系统结构的基础。进程本质上一个
"执行中的程序"。程序是指令、数据及其组织形式的描述，是一个没有生命的实体，只有当
处理器赋予程序生命（操作系统执行）时，它才能成为一个活动的实体，我们称其为进程。
线程是进程内的一个相对独立的、可调度的执行单元，是系统独立调度和分配 CPU 时间片
的基本单位。线程是进程中的一个实体，每一个进程至少有一个线程，若进程只有一个线
程，那就是进程本身。线程自身不拥有系统资源，但它可与同属一个进程的其他线程共享
进程所拥有的资源。

2. 内核空间下的线程与进程

与用户空间不同，在 Linux 内核空间中，内核将进程和线程统一管理，将它们视为任

务（Task），并用 task_struct 这个结构体来描述。task_struct 被称为进程描述符或进程控制块（Process Control Block，PCB），在 Linux 内核中，每个任务都会被分配一个该结构，其中包含了任务的所有信息。如图 12-3 所示，没有创建线程的进程，只有单个执行流，它被称为主线程。如果想让进程处理更多的事情，可以创建多个线程分别去处理，但不管怎么样，它们对应到内核里都是 task_struct。

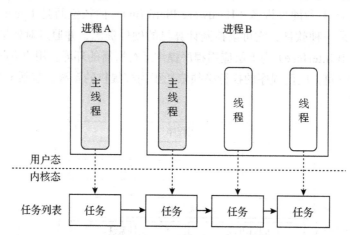

图 12-3　用户空间的进程和线程在内核空间的描述形式

不过，进程和线程还是有差别的。在内核空间中，由于线程的 task_struct 结构体中部分资源共享了所属进程已创建的资源，如内存地址空间、代码段、文件描述符等，线程的 task_struct 相比进程的 task_struct 承载的资源要少，因此线程也被称为轻量级进程（Light Weight Process，LWP）。事实上，轻量级进程就是建立在内核之上并由内核支持的用户线程。在没有特别说明的情况下，通常所说的内核空间进程实际上包括用户空间的进程和线程。

进程描述符定义在 include/linux/sched.h 中，它非常复杂，其内容包括进程标识、亲缘关系、进程状态、进程权限、运行统计、进程调度、信号处理、内存管理、文件与文件系统、内核栈等。为了便于读者理解后面的内容，在此简要介绍一下进程标识、亲缘关系和进程状态。

（1）进程标识

早期的操作系统中并没有线程的概念，进程是拥有资源和独立运行的最小单位，一个进程对应内核中一个 task_struct，对应一个进程 ID。但在引入线程概念之后，一个用户进程下辖 N 个用户态线程。每个线程作为一个独立的调度的实体，在内核态中都有自己的 task_struct，进程与 task_struct 变成了 1：N 的关系。由于 POSIX 标准要求同一进程中的线程调用 getpid 函数时返回相同的进程 ID，于是 Linux 内核就引入了线程组的概念，在 tast_struct 中，相关字段如下：

pid_t pid
pid_t tgid

```
struct  task_struct  *group_leader
```

线程组内每一个线程在内核中都有一个 task_struct 与之对应，其中 pid 含义为进程 ID，tgid 含义为线程组 ID。任何一个进程，如果只有主线程，则 pid 和 tgid 相同，group_leader 指向自己。如果一个进程创建了多个线程，每个线程有自己的 pid，而 tgid 则是进程的主线程的 pid，group_leader 指向进程的主线程。因此根据 pid 和 tgid 是否相等就可以判断该任务是进程还是线程。

（2）亲缘关系

除了 0 号进程以外，其他进程都是有父进程的。全部进程其实就是一棵进程树，相关成员变量如下：

```
struct  task_struct  __rcu  *real_parent
struct  task_struct  __rcu  *parent
struct  list_head  children
struct  list_head  sibling
struct  task_struct  *group_leader
```

其中，parent 指向其父进程，当它终止时，必须向它的父进程发送信号；children 指向其子进程链表的头部，链表中的所有元素都是它的子进程；sibling 用于把当前进程插入兄弟链表中；group_leader 指向其所在进程组的领头进程。一般情况下，real_parent 和 parent 是相同的，但也有例外。举个例子，bash 创建一个进程，那进程的 parent 和 real_parent 就都是 bash。如果在 bash 上使用 GDB 来对一个进程进行调试（debug），这个时候 GDB 是 parent，bash 是这个进程的 real_parent。

（3）进程状态

在 Linux 2.6.25 以后的内核中，主要的进程状态（也称任务状态）有以下 8 种。

1）TASK_RUNNING：可执行态，简称 R 状态。这种状态的进程都位于 CPU 的可执行队列中，正在运行或者正在等待调度。

2）TASK_UNINTERRUPTIBLE：不可中断睡眠态，简称 D 状态。顾名思义，这种状态的进程处于睡眠中，并且不允许被其他进程或中断（异步信号）打断。由于这种状态的进程不会处理信号，因此无法使用 kill -9 杀死（kill 也是一种信号）。这种状态是很有用的，只有当它所等待的事件发生时，进程才能被显式地唤醒。这种状态一般由 I/O 等待（比如磁盘 I/O、网络 I/O、外设 I/O 等）引起，它出现的时间非常短暂，很难用 ps 或者 top 工具观测到。D 状态进程不会占用任何 CPU 资源。

3）TASK_INTERRUPTIBLE：可中断睡眠态，简称 S 状态。不同于 D 状态，这种状态的进程虽然也处于睡眠中，但它允许被中断。这种进程一般是因等待某事件发生或者能够占用某些资源（比如 socket 连接、信号量等）而被挂起的，在接收到信号或被显式的唤醒呼叫唤醒之后，进程将转变为 R 状态。

4）TASK_KILLABLE：可终止睡眠态，简称 K 状态。这是 Linux 内核 2.6.25 引入的

一种新的进程状态，其运行机制类似于不可中断睡眠态，不过，处于该状态的进程可以响应致命信号。它可以替代有效但可能无法终止的不可中断睡眠态，以及易于唤醒但安全性欠佳的可中断睡眠态。

5）TASK_STOPPED：暂停状态，简称 T 状态。进程处于运行暂停的状态，当进程收到 SIGSTOP、SIGTSTP、SIGTTIN、SIGTTOU 等信号时，就会进入暂停状态。暂停状态进程会释放所有占用资源。

6）TASK_TRACED：跟踪状态，简称 t 状态。当一个进程被另一个进程跟踪监控时（如调试器使用 ptrace() 系统调用监控测试程序），任何信号都可以把这个进程置于跟踪状态。

7）EXIT_ZOMBIE：僵尸态，简称 Z 状态。这种状态的进程实际上已经结束，但是父进程还没有回收它的资源（比如进程的描述符、PID 等）。处于该状态下的进程会释放除进程入口之外的所有资源，没有任何可执行代码，也不能被调度，仅仅在进程列表中保留一个位置，记录该进程的退出状态等信息供其他进程收集。

8）EXIT_DEAD：死亡态，简称 X 状态。这是最终状态，进程彻底被系统删除，在正常运行的系统中，这种状态的进程状态通常是捕获不到的。

12.2.2　CPU 使用率

CPU 使用率，又称 CPU 利用率。CPU 使用率是单位时间内 CPU 使用情况的统计，根据 CPU 使用率可以量化评估一时间段内 CPU 被占用的情况。

1. 计算方法

应用程序大都涉及各种运算，而这些运算几乎都需要依靠 CPU 来完成。为了能够并发执行多个任务，操作系统将 CPU 运行时间划分成若干个时间片，再将时间片分配给各个线程（用户空间视角）。以单核 CPU 为例，在任何一个时间片内，都只有一个线程运行，其他线程均处于挂起状态。虽然各个线程实际是交替执行的，但由于时间片非常短（一般为几十毫秒），给人的感觉是多个线程在同时执行。

CPU 的时间分片一般可分为 4 类：用户进程运行时间（User Time）、系统内核运行时间（System Time）、空闲时间（Idle Time）和被抢占时间（Steal Time）。除空闲时间外，其余时间 CPU 都处于工作状态。在没有特殊说明的情况下，CPU 使用率是指一段时间内 User Time、System Time 占比之和，计算公式如下：

$$CPU_{util} = \frac{(User\ Time + System\ Time)}{(User\ Time + System\ Time + Idle\ Time + Steal\ Time)}$$

2. 观测工具

可用于观测 CPU 使用率的工具有 top、htop、ps、nmon、atop、glances、vmstat、sar 等，其中 top 最为常用。为了便于分析和定位问题，大多数性能统计工具会将上面介绍的 4 类时间片进一步细分，以 top 为例，它将 CPU 时间片分为 us(user)、sy(system)、ni(nice)、id(idle)、 wa（iowait）、hi（hardware IRQ）、si（software IRQ）、st（steal）八种，具体含义如表 12-1 所示，除 wa 和 id 外，其余分片 CPU 均处于工作态。

表 12-1 CPU 时间片类型及含义

类型	含义
us	CPU 在用户态运行的时间百分比。如果用户态 CPU 高，通常意味着存在比较繁忙的应用程序。典型的用户态程序包括数据库、Web 服务器等
sy	CPU 在内核态运行的时间百分比（不包括中断），通常内核态 CPU 越低越好，否则表示系统存在某些瓶颈
ni	调整过优先级的进程占用 CPU 的百分比。nice 是一个进程优先级的修正值，如果进程通过它修改了优先级，则会单独统计 CPU 开销
id	CPU 处于空闲态的时间占比。空闲状态下，CPU 会执行一个特定的虚拟进程，名为 System Idle Process
wa	CPU 等待外部 I/O 的时间百分比，通常该指标越低越好，否则表示 I/O 存在瓶颈，可以用 iostat 等命令做进一步分析
hi	CPU 响应硬件中断请求的时间百分比。硬中断是由外设硬件（如键盘控制器、硬件传感器等）发出的，需要有中断控制器参与，特点是快速执行
si	CPU 响应软件中断请求的时间百分比。软中断是由软件程序（如网络收发、定时调度等）发出的中断信号，特点是延迟执行
st	该项指标只对虚拟机有效，表示分配给当前虚拟机的 CPU 时间之中，被同一台物理机上的其他虚拟机占用的时间百分比

注意： 操作系统内核在创建进程（内核空间视角）时，会为其赋予不同的优先级（PRI），优先级决定了进程被 CPU 执行的先后顺序，优先级数值越小，进程的优先级越高。显然，这种预先分配优先级的策略不够灵活，更为理想的方式为：操作系统可以根据系统资源及具体进程对各类资源的消耗情况，主动干预进程的优先级值。鉴于此，在 Linux 系统中设计了一个 nice 值，它表示进程优先级值可被修正的量。nice 值的范围为 [-20,19]（nice 值可以修改，不同系统的 nice 值的范围可能是不一样的），正值表示低优先级，负值表示高优先级，值为 0 则表示不会调整该进程的优先级。每个进程都在其计划执行时被赋予一个 nice 值，加入 nice 值后，进程的优先级变为：PRI(old) + nice。如此一来，操作系统便可借助 nice 值干预进程的优先级值。在 Linux 系统中，若一个进程的 nice 值为 -20，说明其优先级非常高；相反，若进程的 nice 值为 +19，则表示它是一个"高尚的、无私的"任务，允许其他任务比自己享有更多的 CPU 时间片份额，这便是 nice 这一命名的由来。

3. 评估方法

关于 CPU 使用率的合理范围，须结合具体的业务场景来评估。一般情况下，CPU 使用率在 0 ～ 75% 之间波动都是正常的。若 CPU 使用率持续超过 80%，则表明 CPU 可能已成为性能瓶颈，须排查原因。

在互联网领域，大多数服务端应用属于 I/O 密集型，CPU 并非瓶颈所在，因此，若 CPU 使用率突然升高或者超出正常范围，往往意味着应用程序存在缺陷，应仔细排查原因。

需要注意的是，CPU 使用率是动态变化的，短时间内的异动只能作为参考。为了高效地定位 CPU 使用率相关的问题，应将 CPU 使用率监控起来，记录历史数据，以便结合历史变化趋势分析。

12.2.3 平均负载

负载（Load）衡量的是 Task（内核空间进程）对系统的需求（CPU、内存、I/O 等资源）。为了便于量化评估，在实际应用中，负载的含义有所简化。对 UNIX 系统而言，负载 = R 状态的进程数（运行的进程数 + 等待中的进程数）。对 Linux 系统而言，负载 = R 状态的进程数 + D 状态的进程数。举个例子，如果系统处于空闲状态，那么此刻的负载为 0；如果系统有 3 个 R 状态的进程，0 个 D 状态的进程，那么这一瞬间的负载为 3。

1. 计算方法

由于系统的运行状态是不断变化的，负载通常会大幅波动，上一秒负载可能是 10，下一秒可能就是 0 了，因此瞬时负载缺乏参考意义。相较之下，平均负载（Load Average）是一段时间内 CPU 上处于 R 状态和 D 状态的平均进程数，它可以更有效地反映系统的运行状态。

根据平均负载的定义，其计算方法似乎是这样的：相同间隔采样，然后求平均值。该方法简单明了，但需要维护大量历史数据，且无法准确地反映系统当下的运行情况，因此并不科学。在 Linux 内核中，计算平均负载采用的是一次指数平滑（Single Exponential Smoothing）法，其原理可用如下公式来描述。

$$predict_n = predict_{n-1} \times factor + actual \times (1 - factor)$$

其中，factor 为衰减系数，取值范围为 (0,1)，actual 为当前观测值，$predict_n$ 为当前预测值，$predict_{n-1}$ 为上一时刻的预测值。假设衰减系数为 0.3，那么每次计算平均负载时，都会将上一时刻的平均负载乘以衰减系数，即上一时刻的数据占比 30%，当前数据占比 70%。随着时间的推移，多次计算后，距离当前时刻越久的数据对计算结果的影响越小，最终趋于 0。

在 Linux 内核中，平均负载的计算方法如代码清单 12-1 所示。其中，calc_load_tasks 表示 R 状态和 D 状态的进程数之和；calc_load_update 表示下次采样的时间；avenrun 数组中保存的是最近 1min、5min、15min 所计算的平均值，在计算这 3 个值时，使用了 3 个不同的衰减系数 EXP_1、EXP_5、EXP_15。平均负载计算结果将存储于 /proc/loadavg 文件中，通过用户态的工具（如 uptime、top 等）获取的平均负载数据就是从这个文件中读取的。

代码清单 12-1 计算平均负载的部分源代码

```
#define FSHIFT      11                  /* nr of bits of precision */
#define FIXED_1     (1<<FSHIFT)         /* 1.0 as fixed-point */
#define EXP_1       1884                /* 1/exp(5sec/1min) as fixed-point */
#define EXP_5       2014                /* 1/exp(5sec/5min) */
```

```
#define EXP_15          2037              /* 1/exp(5sec/15min) */
#define LOAD_FREQ       (5*HZ)
void calc_global_load(unsigned long ticks)
{
    long active, delta;
    if (time_before(jiffies, calc_load_update + 10))
        return;
    /*
     * Fold the 'old' idle-delta to include all NO_HZ cpus.
     */
    delta = calc_load_fold_idle();
    if (delta)
        atomic_long_add(delta, &calc_load_tasks);
    active = atomic_long_read(&calc_load_tasks);
    active = active > 0 ? active * FIXED_1 : 0;
    avenrun[0] = calc_load(avenrun[0], EXP_1, active);
    avenrun[1] = calc_load(avenrun[1], EXP_5, active);
    avenrun[2] = calc_load(avenrun[2], EXP_15, active);
    calc_load_update += LOAD_FREQ;
    /*
     * In case we idled for multiple LOAD_FREQ intervals, catch up in bulk.
     */
    calc_global_nohz();
}
calc_load(unsigned long load, unsigned long exp, unsigned long active)
{
    load *= exp;
    load += active * (FIXED_1 - exp);
    load += 1UL << (FSHIFT - 1);
    return load >> FSHIFT;
}
```

基于上面的代码，不难看出计算系统平均负载有以下两个主要步骤：

❑ 周期性地更新每个 CPU 上的运行队列里的活跃任务（即 R 状态和 D 状态的 Task），
并将其累加到一个全局变量 calc_load_tasks。

❑ 周期性地计算平均负载。基于 calc_load_tasks，采用一次指数平滑法计算出最近
1min、5min 和 15min 的平均负载，并记录于 /proc/loadavg 文件中。

2. 观测工具

在 Linux 系统中，查看系统平均负载的工具有 uptime、top、w、iostat 等。以 uptime
命令为例，它可以输出系统在过去的 1min、5min 和 15min 内的平均负载，示例如下：

```
21:52  up 12 days 6:37, 2 users, load averages: 4.52 4.04 3.76
```

其中，load averages 即系统平均负载，4.52、4.04、3.76 三个数值分别表示系统在过去
的 1min、5min 和 15min 内的平均负载。

3. 评估方法

从平均负载的计算方法可以看出，平均负载与 CPU 核心数密切相关。在评估系统平均负载时，必须明确 CPU 核心总数。举个例子，对于单核 CPU，若最近 5min 的平均负载为 1，说明这段时间该 CPU 恰好满载运行；若最近 5min 的平均负载为 0.92，说明这段时间 CPU 还有 8% 的空闲时间；若最近 5min 的平均负载为 2.5，则说明这 5min 内超载了 150%，平均有 1.5 个进程在等待 CPU 资源。对于有 N 个核的 CPU，若最近 5min 的平均负载为 N，说明系统这段时间恰好满载；小于 N，说明系统这段时间仍有空闲资源；大于 N 则说明系统过载了。

系统负载过高会导致进程得不到及时的处理，响应变慢，甚至宕机。系统负载过低，则会导致资源浪费。合理地控制负载是保障系统持续稳定运行的重要手段，那么，负载处于什么水位才算合理呢？理想情况下，每个 CPU 都应满负荷工作，并且没有等待进程，即平均负载 = CPU 逻辑核数。不过，在生产环境中应预留裕量，经验阈值为：平均负载 = 0.7 × CPU 逻辑核数。

❑ 当平均负载持续大于 0.7 × CPU 逻辑核数时，就需要警惕了，排查原因，防止系统恶化。

❑ 当平均负载持续大于 1.0 × CPU 逻辑核数时，必须寻找解决办法，降低平均负载。

❑ 当平均负载持续大于 5.0 × CPU 逻辑核数时，表明系统已出现严重问题，响应明显变慢或接近死机。

需要说明的是，0.7 这个数字只是一个经验值。在实际应用中，除了关注平均负载值本身，还应重点关注平均负载的变化趋势。变化趋势包含两层含义：其一，Load1（最近 1min 的平均负载）、Load5（最近 5min 的平均负载）、Load15（最近 15min 的平均负载）之间的变化趋势；其二，Load1、Load5 及 Load15 的历史变化趋势（可将系统的平均负载监控起来，记录历史数据，以便分析变化趋势）。

❑ 若 Load1、Load5、Load15 三个值非常接近，表明短期内系统负载比较平稳。可进一步将其与昨天或上周同时段的历史负载进行比对，观察是否有显著升高，若显著升高，则应排查原因。

❑ 若 Load1 远小于 Load5 或 Load15，表明系统最近 1min 的平均负载在降低，而过去 5min 或 15min 的平均负载较高，即短期内空闲，中长期繁忙，系统拥塞正在好转。

❑ 若 Load1 远大于 Load5 或 Load15，表明系统平均负载正急剧升高，短期内繁忙，中长期空闲，初步判断是一个抖动或拥塞前兆。如果负载持续升高，则可排除抖动，若 Load5 超过 0.7 × CPU 逻辑核数，应着手排查原因，降低系统负载。

12.2.4 CPU 使用率与平均负载的差异

CPU 使用率是单位时间内 CPU 使用情况的统计，根据 CPU 使用率可以量化评估一时间段内 CPU 被占用的情况。而平均负载不仅包括正在使用 CPU 的进程，还包括等待 CPU

或 I/O 的进程，由此可见，两者是有明显差异的。事实上，在 Linux 系统中，进程之所以会处于不可中断睡眠态（D 状态），大都是因为 I/O 等待，如磁盘、网络或者其他外设等待。因此，平均负载在 Linux 系统中体现的是系统的整体负载，即"CPU 负载 + 磁盘负载 + 网络负载 + 其余外设负载"。CPU 使用率与平均负载的差异在 CPU 密集型和 I/O 密集型中可以得到更好的体现。

1. CPU 密集型

CPU 密集型也称计算密集型。该类型以 CPU 计算为主，I/O 操作较少，CPU 计算占用的时间远大于 I/O 操作占用的时间。典型的 CPU 密集型场景如反序列化、加密解密、视频编解码、向量计算、矩阵计算等。

如果一个系统只涉及 CPU 计算，理论最佳线程数计算公式为：线程数 = CPU 核数。若运行的线程数小于 CPU 核数，会导致部分 CPU 空闲，无法充分利用 CPU 算力；若运行的线程数大于 CPU 核数，不仅无法进一步提升 CPU 利用率，而且会因线程切换成本增加而导致性能损耗。

当然，在实际应用中，完全不涉及 I/O 操作的场景是非常少的，因此更为实际的最佳线程数估算公式为：CPU 核数 × [1+(I/O 耗时 /CPU 耗时)]。基于此，对于一个设计合理的 CPU 密集型系统，只要实际运行的线程数与理论最佳线程数接近，CPU 利用率必然高。与此同时，CPU 运行队列中 R 状态和 D 状态的进程（包括用户空间的线程和进程）数也会接近 CPU 核数，平均负载自然也高。但是，如果进一步增加线程数，CPU 利用率可能不会上升（达到 100%），但平均负载则会随线程数增加而上升。

2. I/O 密集型

I/O 密集型也称读写密集型。该类型以 I/O 操作为主，CPU 计算较少，I/O 操作占用的时间远大于 CPU 计算占用的时间，大量进程等待 I/O，而 CPU 则相对空闲。

在互联网领域，大多数围绕数据库进行 CRUD 操作的业务应用属于 I/O 密集型。以淘宝购物为例，数据库读写、远程服务调用是主要耗时所在，也是性能瓶颈所在。相较之下，CPU 计算不仅少，而且简单。在 I/O 密集型系统中，即便平均负载处于高水位，CPU 的使用率也可能很低。

综合 CPU 密集型系统和 I/O 密集型系统的特点可以看出，CPU 利用率与系统平均负载没有必然联系，它们只是系统运行状态的度量指标，其价值主要体现在两个方面：一是综合反映当前系统的健康程度，结合监控告警信息，实现快速响应；二是初步判断问题方向，缩小排查范围，减少故障恢复时间。举个例子，当 CPU iowait 高时，应优先排查磁盘 I/O；而当 CPU steal 高时，则应优先排查宿主机状态。

12.2.5 瓶颈表征及解决方案

当系统出现性能瓶颈时，CPU 使用率和平均负载有两种典型的异常表现：CPU 使用率低而平均负载高，CPU 使用率高且平均负载高。下面将分别展开介绍。

1. CPU 使用率低而平均负载高

1）指标解析：根据 CPU 使用率和平均负载的计算方法，出现这种现象的直接原因在于不可中断睡眠态（D 状态）的进程数较多。

2）排查方法：进程之所以处于不可中断睡眠态，大都是因为等待 I/O（如磁盘 I/O、网络 I/O、外设 I/O 等）资源，因此可结合应用自身的特点展开排查，在此列举两种常见问题。

- ❑ 磁盘读写请求过多导致大量 I/O 等待。CPU 的工作效率远高于磁盘，当运行的进程需要读写磁盘文件时，CPU 会向内核发起读写文件的请求，让内核去执行读写操作。等待期间，CPU 会切换到其他进程或者空闲，原本运行的进程则会转换为不可中断睡眠状态。如果应用进程涉及大量磁盘读写操作，就可能导致不可中断睡眠状态的进程累积，从而导致平均负载升高，由于此时 CPU 并不繁忙，因此 CPU 使用率较低。对于这种场景，可首先采用 "vmstat 1" 观察系统资源的使用情况，特别是 wa（iowait）列的值，该列表示 I/O 等待占用 CPU 时间片的百分比，如果这个值超过 30%，说明 I/O 等待严重，可能存在大量的磁盘读写，也可能是磁盘本身性能较差。可进一步使用 "iostat -x -d" 观察磁盘的使用情况，确定存在瓶颈的磁盘，然后使用 "pidstat -d 1" 观察各个进程的 I/O 情况，确定存在 I/O 瓶颈的进程。
- ❑ SQL 语句未使用索引或者存在死锁。数据库中的数据大都存储在磁盘中，在执行查询操作时，如果数据量特别大，而 SQL 又未使用索引（或者索引不合理），则可能导致全表扫描或者扫描行数巨大，进而引起 I/O 阻塞。此外，因 SQL 语句设计缺陷导致的死锁也会引起 I/O 阻塞。一旦磁盘 I/O 阻塞，不可中断睡眠态的进程数就会增加，表现为负载升高。

2. CPU 使用率高且平均负载高

当 CPU 使用率高且平均负载高时，平均负载高一般为连带反应，应着重分析 CPU 使用率。根据 CPU 资源的占用情况，可细分为如下 3 类场景。

（1）CPU sy 高

1）指标解析：系统内核消耗了大量 CPU 资源，应着重排查内核线程或系统调用的性能问题。

2）排查方法：首先用 vmstat 查看系统的上下文切换次数，然后通过 pidstat 观察进程的自愿上下文切换（cswch）和非自愿上下文切换（nvcswch）情况。自愿上下文切换是因应用内部线程状态发生转换所致，非自愿上下文切换是因线程被分配的时间片用完或执行优先级被调度器调度所致。如果自愿上下文切换次数较多，说明进程多在等待资源，可能存在 I/O、内存等系统资源瓶颈。如果非自愿上下文切换次数较多，则说明 CPU 时间片竞争激烈，进程多是被系统强制调度的，可能是因应用线程数过多而导致的，可使用 top、jstack 等工具统计进程数和进程状态分布加以佐证。

（2）CPU si 高

1）指标解析：软中断消耗了大量 CPU 资源，应着重排查内核中的中断服务。

2）排查方法：首先通过 cat /proc/softirqs 查看软中断的情况，需要注意，/proc/softirqs 中的数值是系统启动以来累计的中断次数，数值本身的参考意义不大，应重点关注中断次数的变化速率（watch -d cat /proc/softirqs），将变化速率快的中断类型列为嫌疑对象进一步分析。下面列举两种典型中断类型的分析方法。

❑ NET_TX 和 NET_RX。NET_TX 是发送网络数据包的软中断，NET_RX 是接收网络数据包的软中断。若这两种类型的软中断变化速率过快，则存在网络 I/O 瓶颈的可能性较大，可通过 "sar -n DEV" 查看网卡的网络数据包收发速率，找出收发速率高的网卡。然后通过 tcpdump 抓包，分析数据包的来源，若为正常流量，应考虑硬件升级，反之，则应增加防御措施。

❑ SCHED。SCHED 为进程调度以及负载均衡引起的中断。若 SCHED 变化速率快，说明系统存在较多进程切换，进一步使用 pidstat 查看非自愿上下文切换的情况。若非自愿上下文切换次数较多，则可能存在 CPU 瓶颈。

（3）CPU us 高

1）指标解析：应用进程消耗了大量的 CPU 资源，应着重排查应用进程的性能问题。

2）排查方法：通常可从代码缺陷、内存问题、CPU 密集型 3 个方向排查。

❑ 代码缺陷。比如代码存在 "死循环"。以 Java 应用为例，可先使用 top 工具找出消耗 CPU 资源占比高的进程；再通过命令 "top -H -p 进程号" 找出消耗 CPU 资源占比高的线程（可能不止一个），并通过命令 "printf "%x" 线程号" 将对应的线程号转换成十六进制格式；然后再用 jstack 工具分析这些线程的行为（jstack 进程号 | grep 十六进制的线程号）。此外，还可借助 JProfiler 的 CPU 视图进行分析。

❑ 内存问题。比如应用存在大量垃圾回收（GC）。以 Java 应用为例，可先使用 jstat 查看应用的 GC 情况，若 GC 频繁，可进一步采用 top、jstack、jmap 等工具进行分析。

❑ CPU 密集型。应用涉及大量 CPU 计算，如序列化/反序列化、加密解密、数学运算等。对于 CPU 密集型应用，CPU 使用率高和平均负载高通常属于正常现象。若 CPU 使用率持续超过 95% 或者满载，可尝试优化算法，如减少循环次数、减少递归等，或者进行扩容。

12.3 内存

内存是计算机的重要部件，是系统临时存储程序指令和数据的主要区域。计算机中所有程序的运行都是在内存中进行的，因此，内存与软件系统的性能和稳定性密切相关。本节将首先介绍内存使用率、内存回收等基础知识，然后介绍内存相关的性能瓶颈表征及解决方案。

12.3.1 内存使用率

在 Linux 系统中，内存使用率是最为重要的内存性能度量指标。本小节将介绍内存使用率的计算方法、观测工具及评估方法。

1. 计算方法

内存使用率，顾名思义，即已使用的内存量与内存总量之比。只要明确两者的数值，计算内存使用率是非常简单的。在 Linux 系统中，内存相关的数据存储在虚拟文件 /proc/meminfo 中，可通过 free、cat 等工具查看，示例如下：

```
$ free -h
        total       used       free     shared   buff/cache   available
Mem:    8.0G        4.4G       1.7G       0B        1.9G        1.7G
Swap:   0B          0B         0B
```

上述输出结果中，Mem 表示物理内存的使用情况统计，Swap 表示交换空间（也称为逻辑内存）的使用情况统计，total、used、free 等为具体指标，其含义如表 12-2 所示。

表 12-2　主要内存参数及含义

参数	含义
total	物理内存总量或交换空间总量，对应 /proc/meminfo 中的 MemTotal 或 SwapTotal
used	已经被使用的物理内存或交换空间
free	未被使用的物理内存或交换空间，对应 /proc/meminfo 中的 MemFree 或 SwapFree
shared	被共享的物理内存，对应 /proc/meminfo 中的 Shmem
buff	全称 buffer，用于块设备数据缓冲的内存，对应 /proc/meminfo 中的 Buffers
cache	用于文件内容缓存的内存，对应 /proc/meminfo 中的 Cached 和 SSReclaimable
available	可以被应用程序使用的物理内存，包括剩余物理内存和可回收缓存

基于上面的参数，再结合内存使用率的定义，很容易得出内存使用率的计算公式为：used/total × 100%。不过，这并不正确。实际上，对于操作系统和应用程序而言，内存使用率的定义是完全不同的。

❑ 从操作系统的视角来看，buffer 和 cache 所占用的内存是已使用的内存，因此内存使用率的计算公式为：(total−free)/total × 100%。

❑ 从应用程序的视角来看，buffer 和 cache 只是被赋予特殊功能的保留空间，可认为是未被使用的，因此内存使用率的计算公式为：(total−free−buffer−cache)/total × 100%。

在实际应用中，应用程序视角的内存使用率更能反映系统的运行状况，因此，通常以其作为内存性能观测指标。在没有特别说明的情况下，内存使用率默认为：(total−free−buffer−cache)/total × 100%。

2. 观测工具

常用的内存工具有 free、top、ps、vmstat、pidstat、cachestat、cachetop、memleak、sar 等，

它们各有所长，通常须配合使用。

- □ free：可以查看系统的整体内存和 Swap 的使用情况，是最常用的内存工具。
- □ top 或 ps：可以查看进程的内存使用情况。
- □ vmstat：可以查看内存的动态变化情况。与 free 相比，vmstat 除了可以查看内存动态变化，还可以区分缓存、缓冲区、Swap 换入和换出的内存大小。
- □ cachestat：可以查看整个系统的缓存命中情况。
- □ cachetop：可以查看每个进程的缓存命中情况。
- □ memleak：可以跟踪系统或指定进程的内存分配和释放请求，然后定期输出未释放内存和相应调用栈的汇总情况，常用于内存泄漏问题分析。
- □ sar：可以查看内存和 Swap 的使用情况，以及内存的统计信息。

3. 评估方法

对于服务器而言，若物理内存使用率持续超过 75%，表明已处于高负载运行状态；若物理内存使用率长期超过 80%，由于裕量不足，已属于不稳定状态；若长时间超过 90%，则比较危险，可能导致系统响应变慢，甚至宕机。为了避免资源浪费，同时保留一定裕量以应对突发情况，物理内存使用率保持在 60% ~ 80% 之间是比较合适的。如果服务器的物理内存使用率长期超过 80%，排除程序设计缺陷等软件本身的问题，应考虑升级服务器内存。

除了物理内存使用率，若 Swap 空间开启，则 Swap 空间的使用率也可以作为评估系统性能瓶颈的参考指标。一般情况下，Swap 空间的使用率应低于 70%，超过这一经验阈值意味着系统可能存在大量的换入和换出，会降低系统的性能。

12.3.2 特殊内存

在 Linux 系统中，有几个比较特殊的内存概念：Swap、Buffer 和 Cache。为了便于读者理解 Linux 系统的内存运作机制，本节将对这 3 个内存概念进行简要介绍。

1. Swap

物理内存的读写速率比磁盘的读写速率要快得多，但物理内存空间通常较为有限。在Swap 开启的前提下，为了保证物理内存得到充分利用，Linux 内核会基于 LRU 算法，将物理内存中的部分不经常使用的页交换到 Swap 空间（换出），当它们被使用时，再从 Swap 空间交换回物理内存（换入）。如此一来，可使物理内存得到释放，以便用作其他目的。

Swap 空间是由 Linux 内核利用磁盘空间虚拟出的一块逻辑内存。作为物理内存的扩展，Linux 内核会在物理内存不足时，使用 Swap 空间的虚拟内存。由于 Swap 空间的本质是磁盘空间，换出和换入过程均须读写磁盘，因此性能并不高。在实际应用中，包括ElasticSearch、Hadoop 在内的绝大部分 Java 应用都建议关掉 Swap。一方面，随着技术的进步，物理内存成本一直在降低，可以通过升级内存来避免使用 Swap；另一方面，JVM 在GC 的时候会遍历所有用到的堆内存，如果这部分内存被交换出去了，遍历的时候会有磁盘

I/O 产生，影响性能。

2. Buffer 和 Cache

Buffer 是指块设备的读写缓冲区（Buffer Cache）。在向磁盘写入数据或从磁盘直接读取数据时，Buffer 可作为临时存储。Linux 系统设计 Buffer 的主要目的是进行流量整理，比如将"数量多、规模小的 I/O"整理成平稳的"数量少、规模较大的 I/O"，以减少操作次数，提升性能。

Cache 是指页缓存（Page Cache）。Cache 面向文件系统，主要作用是减少对磁盘的 I/O 操作。具体而言，通过物理内存缓存磁盘中的数据，从而将对磁盘的访问转换为对物理内存的访问，提升性能。

Cache 对普通文件的缓存可以简单理解为这样一个过程：当内核需要读一个文件时，它会先检查这个文件的数据是否已经存在于 Cache 中。若在，即缓存命中，直接从内存中读取；若不在，即缓存未命中，则需要通过 I/O 操作从磁盘读取数据，然后内核会将读取的数据放入 Cache 中。使用 cachestat 可以查看整个系统的缓存读写命中情况，使用 cachetop 可以观察每个进程的缓存读写命中情况。

关于 Cache 和 Buffer 的差异，若用一句话解释，即 Cache 用于缓存文件的页数据，Buffer 用于缓存块设备（如磁盘）的块数据。在 Linux 2.4 版本之前，Cache 与 Buffer 是完全独立的。由于块设备主要是磁盘，而磁盘上的数据又大多是通过文件系统来组织的，这种分离设计会导致很多数据被缓存两次，浪费内存空间。鉴于此，Linux 2.4 版本对 Cache 和 Buffer 的实现进行了融合，融合后的 Buffer 不再以独立的形式存在，Buffer 的内容直接存在于 Cache 中。事实上，可将 Cache 和 Buffer 视为一个事物的两种表现形式，Buffer 只是一种比较特殊的 Cache。

12.3.3 内存回收

Linux 系统的内存管理以页为单位，标准的页大小为 4KB，页是物理内存或虚拟内存中一组连续的线性地址。当一个进程请求一定数量的页面时，如果有可用的页面，内核会直接为这个进程分配页面，否则，内核会通过页面回收（Page Reclaim）机制回收特定的内存页，这个过程即内存回收。

内存回收由内核线程 kswapd 负责。操作系统每隔一定时间就会唤醒 kswapd，它基于 LRU 原则在活动页中寻找可回收的页面。若内存充足，kswapd 线程会进入睡眠状态。内存回收主要针对用户空间，常用的回收方式有 3 种：直接回收、周期回收和 OOM 回收。

1. 直接回收

在内核调用页分配函数分配物理内存页面时，由于系统内存短缺，无法满足分配请求，内核就会直接触发页面回收机制，尝试通过回收内存来解决问题，即所谓的直接回收（Direct Page Reclaim）。在用户空间中，物理内存可分为文件页（File-backed Page）和匿名页（Anonymous Page）两种类型，相应的回收过程差异明显。

1）文件页回收。文件页包括 Page Cache，Slab 中的 Dcache、Icache，用户进程的可执行程序的代码段，文件映射页面等。文件页能够以存储于磁盘中的文件作为备份，因此，其占用的物理内存可以直接释放，需要时再从磁盘中读回内存。需要注意的是，若文件页为脏页（文件页中保存的数据与相应磁盘文件中的数据不一致），则需要在回写磁盘后才能释放。

2）匿名页回收。匿名页主要为进程运行所需的内存（如堆、栈、数据段使用的内存页），它们没有对应的磁盘文件可回写备份，因此需要先通过 Swap 机制，将它们写入磁盘后再释放内存。

由于回收脏文件页和匿名页涉及磁盘 I/O 操作，不仅慢，而且会带来较大的 I/O 压力。因此，系统会优先尝试回收干净的文件页。如果没有干净的文件页或者干净的文件页较少，无法满足需要，才会回收脏文件页和匿名页。如果回收后仍然无法满足内存需求，内核还有最后一招——OOM Killer（Out Of Memory Killer），直接杀掉进程以回收内存。当然，这是下下策。

2. 周期回收

Linux 内核定义了 3 条内存水位标记，即 HIGH、LOW、MIN。剩余内存在 HIGH 水位以上表示剩余内存较多，符合预期；HIGH ～ LOW 之间表示剩余内存中等，有一定压力；LOW ～ MIN 之间表示剩余内存较少，使用压力较大；MIN 是最低水位线，当剩余内存下降至 MIN 时，说明内存紧缺。

内存回收是基于剩余内存的水位标记进行决策的。当剩余内存从 HIGH 下降至 LOW 时，kswapd 线程将会被唤醒，进而对内存进行异步回收。如果 kswapd 线程因休眠等因素导致剩余内存触及 MIN，内核将会唤醒 kswapd 直接回收内存。kswapd 线程主要通过调用 balance_pgdat() 来完成回收动作，整个回收过程将持续到剩余内存量恢复至 HIGH 才会进入休眠。

3. OOM 回收

当剩余物理内存不足时，内核会通过各种手段来收集物理内存，如内存规整、回收缓存、Swap 等。在这些手段用尽后，如果仍然无法获得足够的物理内存，内核为保证系统能够继续运行，会根据进程评分选择杀掉一些评分高的进程以释放内存。这种机制被称为 OOM Killer，它是 Linux 内核的一种内存管理机制，也是一种系统保护机制。在实际应用，触发 OOM 回收机制多因应用进程内存泄漏所致。

12.3.4　瓶颈表征及解决方案

内存使用率持续处于高水位意味着剩余内存不足，会影响系统的稳定性和性能。在实际应用中，如果单机内存使用率大于 95% 或者集群的平均内存使用率大于 80%，通常就意味着内存已成为系统的性能瓶颈。

1. 导致内存使用率高的常见原因

Linux 内核和大多数高级编程语言都有良好的内存管理机制，通常不会出现内存使用率过高的情况。就笔者过往的经验来看，在生产环境中，内存使用率过高大多是因为应用程序缺陷（如内存泄漏）。除此之外，内存分配、使用不当也可能导致内存使用率过高，如使用本地缓存存储大文件，JVM 堆空间设置过大（超过系统内存的 75%），在内存中处理大文件（如 Excel）。在排除代码缺陷和内存滥用的前提下，若内存使用率高但相对稳定，则可能是内存本身存在瓶颈，可考虑升级硬件。

2. 排查方法

1）首先使用 free 查看内存的全局使用情况，然后使用 vmstat 查看具体的内存使用情况及内存增长趋势。分析缓存/缓冲区的内存使用情况，如果缓存/缓冲区的大小在一段时间内变化不大，则可忽略；如果缓存/缓冲区的大小持续增加，则可进一步使用 pcstat、cachetop、slabtop 等工具，分析缓存/缓冲区的具体占用。

2）排除缓存/缓冲区对系统内存的影响后，使用 top 查看内存占用情况，主要关注 VIRT（虚拟内存）和 RES（常驻内存）占用，找出占用内存最多的进程 ID（PID）。之后，通过进程内存空间工具（如 pmap），分析进程地址空间中内存的使用情况，对于 Java 应用，可通过 jmap 统计 JVM 内存分布情况。

3）排除缓存/缓冲区对系统内存的影响后，如果内存占用不断增加，极有可能存在内存泄漏。可使用内存分配分析工具 memleak 检查是否存在内存泄漏。如果存在内存泄漏问题，memleak 会输出内存泄漏的进程及调用堆栈。对于 Java 进程，可使用 jmap 查看内存情况并获取 dump 文件，然后使用 MAT 进行对象分析，进而判断是否存在内存泄漏。

12.4 磁盘

磁盘是计算机最慢的子系统之一，天然具备成为性能瓶颈的"潜力"。在计算机领域，磁盘技术的发展明显落后于 CPU 和内存技术的发展。Linux 内核的各种缓存机制，Redis、Memcache 等基于内存的非关系型数据库，其背后的技术考量本质上都是直接或者间接地回避磁盘 I/O 操作，以改善系统性能。

在服务端开发和运维过程中，开发者对磁盘的感知远不如对 CPU、负载和内存那么强烈。一方面，磁盘相关的问题大都伴随着 CPU、负载及内存指标异常；另一方面，系统屏蔽了磁盘操作的细节，对开发者而言，几乎是无感的。本节将通过介绍 Linux I/O 栈、缺页错误（Page Fault）、页缓存、I/O 模式等内容，为读者呈现系统与磁盘的交互过程，进而引出导致磁盘成为系统性能瓶颈的常见原因及相应的解决方案。

12.4.1　Linux I/O 栈

Linux 系统的 I/O 栈自上而下可大致分为 3 个层次，分别是文件系统层、通用块层和 SCSI 层。这 3 个 I/O 层的关系如图 12-4 所示。

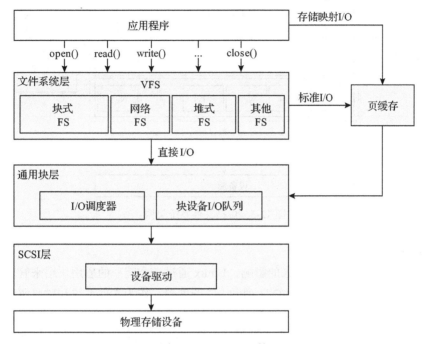

图 12-4　Linux I/O 栈

1. 文件系统层

文件系统层是应用程序和磁盘之间的桥梁，向上为应用程序提供标准的文件访问接口，向下通过通用块层来存储和管理磁盘数据。Linux 支持多种文件系统，如 Ext2、Ext4、ZFS、XFS、NFS 等。虽然这些文件系统差异显著，但用户并不感知。为了支持不同的文件系统，Linux 内核在用户进程和文件系统之间引入了一个抽象层，即虚拟文件系统（Virtual File System，VFS），整体架构如图 12-5 所示。

VFS 提供了一组标准的文件访问接口，对应用程序而言，只需要与 VFS 提供的统一接口交互，而无须关注文件系统的具体实现。对具体的文件系统而言，遵循 VFS 的标准即可无缝支持各种应用程序。VFS 内部通过目录项、索引节点、逻辑块以及超级块等数据结构来管理文件。

存储系统的 I/O 操作通常是整个软件系统中最慢的一环，因此，文件系统层采用了多种缓存机制来优化 I/O 效率。例如，为了优化文件访问的性能，使用了页缓存（Page Cache）、索引节点缓存、目录项缓存等多种缓存机制，以减少对下层块设备的直接调用；为了优化块设备的访问效率，使用了缓冲区（Buffer Cache）来缓存块设备的数据。

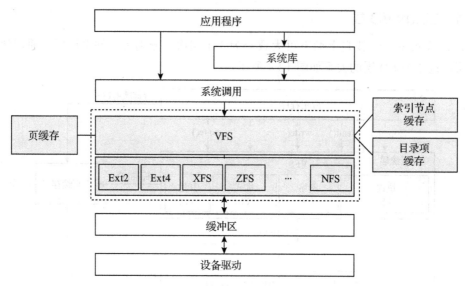

图 12-5 虚拟文件系统架构

2. 通用块层

为了减轻因块设备差异所带来的影响，Linux 通过一个统一的通用块层来管理各种不同的块设备。通用块层包括块设备 I/O 队列和 I/O 调度器。作为文件系统和磁盘驱动之间的块设备抽象层，它的主要作用如下。

❑ 与 VFS 的功能类似，向上为文件系统和应用程序提供访问块设备的标准接口，向下将各种异构的磁盘设备抽象成统一的块设备，并提供统一框架来管理这些设备的驱动程序。

❑ 通用块层可对文件系统和应用程序发来的 I/O 请求排队，并通过重新排序、请求合并等方式，提高磁盘读写的效率。其中，对 I/O 请求排序的过程也就是我们熟悉的 I/O 调度，常见的 I/O 调度算法有 4 种，即 NONE、NOOP、CFQ 和 DeadLine。

3. SCSI 层

块设备层将请求发往 SCSI 层。与 Linux 内核中的其他主流子系统不同，SCSI 子系统是一种分层架构，分为高、中、低三层。

❑ SCSI 高层：由一组驱动器组成，如 SCSI 磁盘驱动、SCSI 磁带驱动。高层负责认领低层驱动发现的 SCSI 设备，为这些设备分配名称，并将对设备的 I/O 操作转换为 SCSI 命令交由低层驱动处理。

❑ SCSI 中层：是 SCSI 高层和低层的公共服务层，负责通用功能，如错误处理、超时重试等。

❑ SCSI 低层：负责识别物理设备，并将其抽象提供给高层，同时接收高层派发的 SCSI 命令，交给物理设备处理。

12.4.2 磁盘交互

当 CPU 需要访问位于磁盘上的文件时，并不能直接从磁盘读取，而需要首先将目标文件的内容复制到内存中。由于硬件的限制，从磁盘到内存传输数据的速率是很慢的，因此，出于提升性能考虑，应尽量避免频繁读写磁盘。那么，Linux 内核是如何保证与磁盘交互的效率的呢？本节将从缺页错误和页缓存切入，解读内核与磁盘交互的细节。

1. 缺页错误

Linux 内核为每个进程都提供了一个独立且连续的虚拟地址空间，以便进程访问内存（虚拟内存）。由于内核在分配物理内存时采用了 Lazy 机制，因此，并非所有的虚拟内存都有与之对应的物理内存，而是当虚拟内存被实际使用时才会分配物理内存。

Linux 内核通过内存映射来管理分配后的物理内存。所谓内存映射，其实就是将虚拟内存地址（Virtual Address，VA）映射到物理内存地址（Physical Address，PA）。为了实现内存映射，内核为每个进程都维护了一张页表（Page Table），用于记录虚拟地址与物理地址的映射关系。页表存储在内存管理单元（Memory Manage Unit，MMU）中。当进程访问的虚拟地址在页表中查不到时，系统会产生一个缺页错误，并进入内核空间分配物理内存、更新进程页表，最后再返回用户空间，恢复进程的运行。缺页错误可进一步细分为 3 种，即主缺页错误（Major Page Fault）、次缺页错误（Minor Page Fault）和无效缺页错误（Invalid Page Fault）。

- ❑ 主缺页错误：也称硬缺页错误（Hard Page Fault），是指访问的虚拟内存地址在物理内存中没有对应的页帧，需要从磁盘等慢速设备载入，之后再由 MMU 建立物理内存和虚拟内存地址空间的映射。从 Swap 区换入物理内存就是典型的主缺页错误。
- ❑ 次缺页错误：也称软缺页错误（Soft Page Fault），是指访问的内存不在虚拟地址空间，但在物理内存（如页缓存）中，只需要 MMU 建立物理内存和虚拟内存地址空间的映射关系即可，而无须从磁盘读取。这种缺页错误一般出现在多进程共享内存区域。
- ❑ 无效缺页错误：比如用户进程访问的内存地址越界（非法内存）或者对空指针解引用，内核就会报段错误（Segment Fault）并终止进程。

当发生缺页错误时，进程会从用户态切换到内核态，进入操作系统的缺页错误处理流程，涉及磁盘 I/O、更新页表、创建新的页表项等操作，耗时较多。同时，页表更新后，转换后备缓冲区（Translation Lookaside Buffer，TLB）中的数据可能会失效，为了保证缓存数据的正确性，通常需要对 TLB 进行刷新（flush）操作，这一操作也会降低性能。因此，缺页错误可作为反映系统性能的关键指标。在分析系统性能问题时，可以借助 ps 工具观测嫌疑进程的虚拟内存和物理内存的使用情况，以及缺页中断的次数。

2. 页缓存

页缓存由 Linux 内核管理。在读写文件时，它用于缓存文件的逻辑内容，以减少对磁盘的 I/O 操作，加快对磁盘上映像和数据的访问。页缓存由内存中的物理页组成，其内容对应磁盘上的块。页缓存的大小是动态变化的，可以扩大，也可以在内存不足时缩小。在 Linux 系统中，可以在 /proc/meminfo 或 /proc/vmstat 中查看页缓存。页缓存与标准 I/O（Buffered I/O）模式和存储映射 I/O（Memory-Mapped I/O）模式密切相关，如图 12-6 所示。

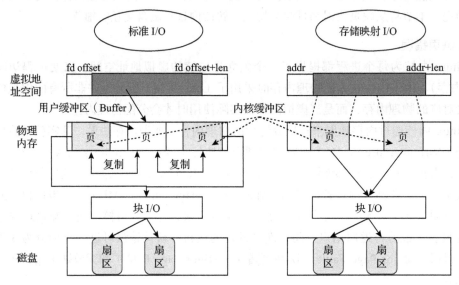

图 12-6　标准 I/O、存储映射 I/O 与页缓存的交互示意图

（1）标准 I/O

标准 I/O 是最为常用的 I/O 模式。在该模式下，读写文件都需要经过内核维护的页缓存。对于写操作，先写用户缓冲区，然后再将用户缓冲区的数据复制到内核缓冲区。对于读操作，则先从内核缓冲区复制到用户缓冲区，再从用户缓冲区中读数据。

当内核发起一个读请求时，会先检查请求的数据页是否已被缓存到了页缓存中，如果命中，则直接从页缓存中读取。如果未命中，则需要从磁盘读取，由于磁盘的速率通常比较慢，因此线程会被阻塞，发生上下文切换。读取完成后，内核将数据缓存到页缓存中，以便后续使用。

对于写操作，当用户缓冲区的数据复制到内核缓冲区时，如果内核缓冲区中还没有这个页，就会触发缺页错误进而分配一个页。复制结束后，该页会成为脏页。由于标准 I/O 默认使用的是回写（Write Back）机制，即对文件的写操作只需写到页缓存就返回，之后页缓存到磁盘的更新操作是异步进行的。

脏页在特定时刻会被一个叫做 pdflush（Page Dirty Flush）的内核线程写入磁盘，写入时机和条件如下：

❏ 当剩余内存低于一个特定的阈值时，内核必须将脏页写回磁盘，以便释放内存。
❏ 当脏页在内存中驻留的时间超过一个特定的阈值时，内核必须将超时的脏页写回磁盘。

❑ 用户进程发起 sync、fsync、fdatasync 系统调用时，内核会执行相应的写回操作。

从读写操作过程可以看出，如果页缓存未命中，则至少涉及两次复制操作。以读操作为例，需要先从磁盘到页缓存，再从页缓存到用户态缓冲区。试想一下，如果有一种方式能够减少复制次数，理论上就可以提升读写效率，这便是下面将要介绍的存储映射 I/O 模式。

（2）存储映射 I/O 模式

存储映射 I/O 简称 MMap，MMap 可将文件或设备映射到内存中，使应用程序可以像读写内存一样读写文件。使用 MMap 之后，如果访问的数据刚好在页缓存中，读写文件与读写内存几无差别（无须经过系统调用）。如果访问的数据不在页缓存中，则会产生一个主缺页错误，此时会产生文件 I/O，线程会被阻塞，发生上下文切换。

使用 MMap 访问文件的好处很明显，读写文件不需要使用 read/write 系统调用，可以减少用户空间和内核空间的内存复制。当然，MMap 也存在一些缺点，比如映射大量文件或大文件可能使页表的开销变大。

（3）Direct I/O 模式

在标准 I/O 和 MMap 模式下，访问文件需要经过内核的页缓存。这种方式对于数据库这类自缓存（Self-Caching）应用并不友好，一方面，用户层的缓冲区与内核的页缓存重复，会导致内存浪费；另一方面，数据的传输路径（磁盘→页缓存→用户缓冲区）需要两次内存复制，效率偏低。为此，Linux 提供了一种可以绕过页缓存读写文件的方式，即 Direct I/O 模式。

所谓 Direct I/O，是指在应用层缓冲区和磁盘之间直接建立通道，读写操作不经过页缓存。如此一来，对于读写操作，不仅能减少上下文切换次数，而且能减少数据复制次数，从而提高效率。不过，由于读写操作都是直接对磁盘中的文件进行操作，通常需要在应用层做好缓存，且谨慎地进行读写操作，否则可能会导致性能急剧下降，Oracle、MySQL 等数据库采用的就是 Direct I/O 加应用层缓存的模式。

需要说明的是，除了文件数据本身，文件的一些重要元数据（如文件的大小）也会影响数据的完整性，而 Direct I/O 只是对文件数据本身有效，文件的元数据读写还是会经过内核缓存，因此，使用 Direct I/O 读写文件，依然需要使用 fsync 来刷新文件的元数据。此外，使用 Direct I/O 有一个很大的限制：缓冲区的内存地址、每次读写数据的大小、文件的偏移量（Offset）三者都要与底层设备的逻辑块大小对齐。

（4）异步 I/O

无论是使用 read/write 系统调用读写文件（包括标准 I/O 和 Direct I/O），还是使用 MMap 映射文件，都属于同步文件 I/O。同步 I/O 接口的优点是简单易用、逻辑清晰。但缺点也很明显，同步的 I/O 接口在没有命中页缓存的情况下会导致线程阻塞。为了解决这一问题，Linux 内核提供了一套支持文件异步 I/O 的接口（Linux AIO），但并不完善。为了彻底解决 Linux AIO 在设计上的不足，从 Linux 5.1 开始引入了全新的异步 I/O 接口 io_uring，限于篇幅，此处不展开介绍。

12.4.3 主要性能指标

常用的磁盘性能指标有 5 个，即磁盘 I/O 使用率、饱和度、吞吐量、I/O 响应时间和 IOPS，具体含义如下。

❑ I/O 使用率：是指磁盘处理 I/O 的时间百分比。

❑ 饱和度：指磁盘处理 I/O 的繁忙程度。当饱和度为 100% 时，磁盘无法处理新的 I/O 请求。

❑ 吞吐量：是指每秒 I/O 的数据量，单位为 KB。

❑ I/O 响应时间：是指 I/O 请求从发出到收到响应的时间间隔，包含队列中的等待时间和实际处理时间。

❑ IOPS（Input/Output Per Second）：每秒的 I/O 请求数。

考查这些指标时，应结合具体场景分析，综合评估各个指标，如读写比例、I/O 类型（随机或连续）以及 I/O 大小。举个例子，在数据库这类以随机读写为主的场景中，一般用 IOPS 来评估磁盘的整体性能；而在多媒体等以顺序读写为主的场景中，吞吐量更能反映磁盘的整体性能。

1. 观测工具

在 Linux 系统中，磁盘相关的观测工具有 iostat、pidstat、iotop、strace、sar、du、df、vmstat 等。其中最常用的是 iostat 和 pidstat，前者适用于观测整个系统的 I/O，后者可观测具体进程的 I/O。以 iostat 为例，示例如下：

```
$ iostat -dx
Linux 4.9.151-015.xxx.x86_64 (xxx)  2022 年 10 月 13 日  _x86_64_  (86 CPU)
Device:  rrqm/s   wrqm/s    r/s    w/s     rkB/s   wkB/s avgrq-sz  avgqu-sz
await r_await w_await  svctm  %util
vda      0.00    76.73    0.20  113.08    3.76   6512.52   115.05     0.16
1.66    0.52    1.66   0.11   1.28
vdb      0.01  6226.31  106.61 3315.65  2602.78  67217.40   40.80     1.46
0.53    0.44    0.53   0.09  29.10
```

通过 iostat，可以获取系统中所有磁盘的 I/O 情况，相关参数及含义如下。

❑ %util：表示磁盘 I/O 使用率，即采样周期内 I/O 操作的时间占比。

❑ rkB/s、wkB/s：分别表示每秒从磁盘读取和写入的数据量，即吞吐量。

❑ r_await 和 w_await：分别表示读、写请求处理完成的响应时间。

❑ svctm：表示处理 I/O 所需要的平均时间，目前该指标已被废弃，无实际意义。

❑ r/s、w/s：为 IOPS 指标，分别表示每秒发送给磁盘的读请求数和写请求数。

❑ avgqu-sz：表示等待队列的长度，即超过处理能力的请求数或待处理的 I/O 请求数，当请求持续超出磁盘处理能力时，该值将增加。avgqu-sz > 2 意味着磁盘存在 I/O 性能问题。

❑ avgrq-sz：表示平均 I/O 数据尺寸，可以反映每次请求的大小，其数值等于吞吐量除以 I/O 数，若 avgrq-sz < 32KB，说明随机读写为主；若 avgrq-sz > 32KB，说明顺序读写为主。对于旋转磁盘，随机和连续 I/O 的性能差异很大，而对于 SSD，随机和连续 I/O 的差异较小。

2. 评估方法

相较于内存和 CPU，磁盘 I/O 的速率是非常慢的。为了避免陷入性能瓶颈，最有效的措施是尽量减少 I/O 操作。根据经验，当磁盘 I/O 使用率持续超过 80% 时，通常意味着磁盘可能是系统性能瓶颈所在。需要注意的是，磁盘使用率是一个采样值，并不十分准确，因此，还应结合 avgqu-sz、r_await 和 w_await 等指标来综合分析。

当磁盘 I/O 使用率超过预警阈值时，即表明可能存在性能瓶颈，若放任其恶化，最终可能造成磁盘打满，队列积压，读写耗时陡增。严重时可导致大量进程长时间挂起，服务器严重卡顿，甚至宕机。

12.4.4　瓶颈表征及解决方案

从 I/O 栈和磁盘交互过程不难看出，Linux 为了降低磁盘 I/O 对系统性能的影响，采用了页缓存、缓冲区、I/O 合并、异步刷盘等机制。若物理内存充足，理论上可保证绝大多数读写操作在内存中进行，不会因磁盘 I/O 速率的限制而导致线程阻塞，影响性能。但出于成本、资源合理利用等因素考虑，物理内存的存储空间通常相对有限，因此磁盘性能指标异常往往都与内存相关。

1. 导致磁盘 I/O 异常的常见原因

磁盘 I/O 使用率高是磁盘存在性能问题的主要表征。在生产环境中，可导致磁盘 I/O 使用率飙高的因素主要有 3 类：内存不足、大文件读写、随机读写。典型场景如下。

1）大文件刷盘，磁盘 I/O 打满。由于页缓存机制，普通写操作并不会同步写回磁盘，而是在内存不足、脏页驻留时间超过阈值等情况下才会刷回磁盘。若脏页存活时间、回写周期设置过长，可能会导致大量文件集中回写，磁盘 I/O 使用率短期飙高。

2）剩余内存不足，频繁读写磁盘。当剩余内存低于设定阈值时，系统将进行内存回收。由于回收脏文件页和匿名页涉及磁盘 I/O 操作，若回收量大，会产生大量 I/O；若剩余内存持续不足，则会加剧磁盘读写压力，I/O 使用率飙高，甚至打满。

3）大文件读写，导致磁盘 I/O 飙高。在传输大文件时，由于系统内存不足，此前驻留在内存中的大部分数据将被删除（drop），以回收内存。同时，由于应用还提供其他服务，内存回收后，服务线程（用户空间视角）的大部分读写请求无法命中缓存（页缓存），因此需要访问磁盘。如此一来，大文件传输引起的磁盘读写与其他服务因缓存未命中引起的磁盘读写汇集，可导致磁盘 I/O 利用率飙高。

4）打印日志量大，导致磁盘 I/O 飙高。大量打印日志或者同步打印日志也可能导致磁盘 I/O 使用率高。因此，在设计和开发应用程序时，应尽量避免打印非必要日志，同时规划好日志级别。

2. 排查方法

磁盘 I/O 使用率是最常用的磁盘性能监控指标，在发现磁盘 I/O 使用率异常升高后，可采用 top、iostat、pidstat 等工具观察各个指标，综合分析其关联性，一般排查思路如下：

1）使用 top 工具观察系统整体情况，重点关注 sys、wa 高以及 CPU 使用率高的进程。

2）使用 "iostat -x -d" 观察磁盘的使用、排队及读写情况，确定存在瓶颈的磁盘。

3）使用 "pidstat -d 1" 观察各个进程的 I/O 情况，确定存在 I/O 瓶颈的进程。

4）使用 "strace -p 进程号" 跟踪嫌疑进程的调用栈，分析进程的具体行为。

5）使用 "lsof -p 进程号" 观察嫌疑进程对文件的读写情况，确定导致 I/O 瓶颈的文件。

需要注意的是，wa 升高并不代表磁盘 I/O 一定存在瓶颈，该指标表示 CPU 等待 I/O 的时间百分比。如果应用进程在一段时间内的主要活动就是 I/O，那么 wa 高也是正常的。如果磁盘 I/O 使用率高，而 rkB/s 和 wkB/s 很小，通常意味着存在较多的随机读写，可以通过 strace 或 blktrace 观察 I/O 是否连续。随机读写可关注 IOPS 指标，顺序读写可关注吞吐量指标。如果 avgqu-sz 比较大，说明有很多 I/O 请求在队列中等待，若磁盘的队列长度持续超过 2，一般认为该磁盘存在 I/O 性能问题。

高可用问题及解决方案

在互联网领域，高可用、高并发、高性能俗称"三高"。对于软件系统，我们经常用可用性来评价其无中断地提供服务的能力，可用性低，意味着它所提供的服务随时可能中断。在某些情况下，服务中断不仅会带来经济损失，而且可能导致人员伤亡。一个软件系统若可用性不足，即使其他指标再优秀，也是缺乏实际意义的。作为软件系统的"立身之本"，高可用位列"三高"之首，是系统设计时必须考量的准则之一。

本章将首先介绍高可用相关的基础概念和设计原则，然后根据系统架构分层，自顶向下依次介绍接入层、业务层和数据层的高可用设计。

13.1 高可用概述

本节将围绕 3 个问题展开：什么是高可用？为什么需要高可用？高可用与稳定性是什么关系？带领读者理清高可用相关的基础概念。

13.1.1 什么是高可用

软件可用性（Software Availability）是指软件系统在给定的时间间隔内处在可工作状态的时间比例。如果一个系统在规定的时间内能够无中断地提供服务，则可认为该系统在该时间段内的可用性为 100%；如果一个系统每运行 100 个时间单位平均有 1 个时间单位无法提供服务，则可认为该系统的可用性为 99%。

高可用（High Availability，HA）用于描述软件系统的可用性程度。关于如何量化地评价"高"，业界通行的参考标准如表 13-1 所示。业务场景不同，对可用性的要求也不同，例如查公积金、查社保、预约挂号等生活服务，一般做到 99% 的可用性即可，而支付、转账等金融服务通常要求做到 99.99% 以上。

表 13-1　可用性评估参考标准

可用性级别	系统可用性	宕机时间 / 年	宕机时间 / 月	宕机时间 / 周	宕机时间 / 日
不可用	90%	36.5 天	73 小时	16.8 小时	144 分钟
基本可用	99%	87.6 小时	7.3 小时	1.68 小时	14.4 分钟
较高可用	99.9%	8.76 小时	43.8 分钟	10.1 分钟	1.44 分钟
高可用	99.99%	52.56 分钟	4.38 分钟	1.01 分钟	8.64 秒
极高可用	99.999%	5.26 分钟	26.28 秒	6.05 秒	0.86 秒

从客户端发起请求到收到响应，整个过程经历的环节非常多。从分层架构的视角来看，可以将这些环节划分为 5 个层次：接入层、业务层、中间件层、数据层和基础设施层，如图 13-1 所示。相应地，高可用可分为接入层高可用、业务层高可用、中间件层高可用、数据层高可用和基础设施层高可用。可见，高可用建设是一个系统工程，只有所有层次均具备高可用性，才能真正实现高可用。同时，由于每一层都有自身的特点，因此每一层的高可用设计也有明显差异。对于服务端开发而言，应重点关注接入层、业务层和数据层的高可用设计。

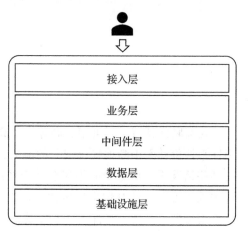

图 13-1　分层架构

13.1.2　为什么需要高可用

在互联网领域，风险如影随形，人、硬件、软件、天气等都是风险所在。在风险环伺之下，没有什么系统是绝对可靠的。按照风险产生的原因，可大致将风险分为如下几类。

- ❑ 自然风险。即自然因素所造成的风险，如设备老化、地质灾害、天气异常等。例如某个城市发生自然灾害，造成公司部署在该城市的服务器机房不可用。
- ❑ 社会风险。即个人或团体在社会上的行为导致的风险，如突发事件、网络攻击等。例如 2013 年 7 月，微信因上海某施工队挖断通信光缆而导致服务中断 7 小时；2019 年 6 月，某娱乐明星发文分手，瞬间亿级流量让微博一度崩溃。
- ❑ 内部风险。即企业内部人员在设计、开发、变更、发布、运维等环节中引入的缺陷或错误的操作所造成的风险。在互联网领域，这类风险最为常见，如应用发布、调整表结构、活动信息投放、修改元数据配置、变更中间件等。2019 年，日本运营商软银因证书到期导致 3000 万用户长达 4 小时通信中断。

风险是高可用最大的"敌人"，一旦潜在风险演化为既定现实，系统的可用性很可能会遭到破坏，进而导致严重后果。对于企业而言，后果包括直接经济损失、企业声誉受损、大量用户流失等，因此，是否能够保障高可用往往事关成败。对于用户而言，高可用与生产、生活息息相关，特别是公共行业（如金融、通信等）服务的可用性。

正因为高可用如此重要，在互联网领域，高可用是系统设计时必须考虑的要素，位列"三高"（高可用、高并发、高性能）之首。同时，相关机构对于涉及公共行业的互联网服务的可用性也十分关注，除了从政策法规层面要求企业针对典型场景定期进行容灾演练外，还出具了一系列的指导文件，部分如下所示。

- 《云计算技术金融应用规范 容灾》（JR/T 0168—2018）
- 《信息安全技术 灾难恢复服务能力评估准则》（GB/T 37046—2018）
- 《信息安全技术 灾难恢复中心建设与运维管理规范》（GB/T 30285—2013）
- 《公共安全 业务连续性管理体系 要求》（GB/T 30146—2013）
- 《保险业信息系统灾难恢复管理指引》（保监发〔2008〕20号）
- 《信息系统灾难恢复规范》（GB/T 20988—2007）
- 《重要信息系统灾难恢复规划指南》（国务院信息化工作办公室，2005）

13.1.3 稳定性与高可用

稳定性是指系统要素在外界影响下表现出的某种稳定状态。在实践中，很多工程师容易将稳定性与可靠性、可用性混为一谈，这其实是不严谨的，虽然它们关系密切、相互影响，通常没有清晰的界线，但侧重点是存在差异的。

- 软件可靠性。侧重描述软件系统在一定时间内、在一定条件下无故障地提供指定服务或功能的能力或可能性。
- 软件可用性。侧重描述软件系统在给定的时间间隔内，处于可工作状态的时间比例。
- 软件稳定性。侧重描述软件系统在有干扰或破坏事件影响下持续、正确地提供服务或功能的能力，或者在干扰或破坏事件之后恢复到正常状态的能力。软件稳定性涉及功能稳定性、性能稳定性、兼容稳定性等。

关于三者的区别，在此用一个例子来解释：假设一个系统日常对用户请求的响应时间为 50～100ms，而元旦期间因用户请求量大幅增加，响应时间延长为 1000～1500ms，导致客户端页面卡顿明显。从可用性和可靠性的角度看，服务可用、系统无故障、处理结果正确，是符合预期的，但是从稳定性的角度看，系统的性能是不稳定的。

基于上述例子可以看出，稳定性比可用性的要求更加严格，一个稳定的系统一定是高可用的，而一个高可用的系统却未必稳定。作为非功能性设计的一种，稳定性设计的首要目标便是使系统尽可能连续长时间地处于可用态，很多保障稳定性的设计本身也是保障高可用的设计，由于本章内容主要从可用性视角看论述，对于那些与稳定性重合的内容，不作特别说明。

13.2 高可用设计原则

风险是高可用最大的"敌人",且客观存在,因此保障系统高可用的关键在于识别风险、控制风险,以尽量将风险的危害降到最低。在实际应用中,为了保障系统高可用,设计系统时需要遵循一些基本原则,以减少潜在风险的数量、减小故障的影响范围和缩短故障的影响时间。

13.2.1 减少潜在风险的数量

在识别风险的基础上,可通过回避风险、减少风险数量来提升系统的可用性。在前面提到的 3 类风险中,自然风险和社会风险大都是不受控制的,只能尽量回避。相较之下,减少内部风险的可操作性要强得多,比如采取措施减少系统在设计、开发、变更、运维等环节的风险。在实践中,常用的减少潜在风险数量的方法可归纳为如下 4 条原则。

(1)回避原则

对于不受控的风险,我们应尽量回避,从而避免因特定风险导致系统可用性被破坏。例如,服务器机房、数据中心不应建在地震、台风、战争等自然风险和社会风险高发地区。

(2)变更原则

软件系统的风险大都是由变更引入的,如修改代码导致接口不兼容、内存泄漏等。减少风险的有效手段之一便是减少变更,常用手段有:固定发布窗口,定期统一变更;规范变更流程,变更须经开发环境自测、测试环境测试、预发环境验收、灰度环境众测等一系列环节方可上线。

(3)依赖原则

没有事物是 100% 可靠的,当事物之间的关系紧密到一定程度,就会互为对方的风险,相互影响。就软件系统而言,一个系统越复杂,依赖项越多,其风险往往就越多,其可用性自然也就越差。因此,减少依赖可以有效地减少风险,避免系统间的相互影响。对于无法避免的依赖,则应尽量做到弱依赖。

(4)摸底原则

有些风险隐藏得比较深,平常很难发现或验证,需借助全链路压测、容灾演练、仿真演练来摸底,以确保系统容量、限流机制、容灾策略等的有效性,从而提前发现并排除风险。举个例子,服务的容量通常会随迭代变化,之前可以承载 1 万 QPS,某个迭代增加大量复杂逻辑后实际容量可能就只有 8000QPS 了。一旦访问量波动,对应服务就可能因容量不足而不可用,因此需要定期压测才能确保性能数据的准确性,并根据实际情况随时调整容量,消除风险。

13.2.2 减小故障的影响范围

在风险环伺之下,难免有一些风险会穿透层层防御成为影响系统可用性的现实故障。

为了最大限度地保障可用性，我们可以通过一些技术手段来减小故障的影响范围，如分散、隔离和分级。

（1）分散原则

俗话说"不能把鸡蛋放在同一个篮子里"，否则风险过于集中，一旦出现不可用故障，将导致满盘皆输的局面。分布式部署、负载均衡、分库分表等技术手段都有助于分散风险。另外，一些大型互联网企业还会采用异地容灾策略来分散风险，如蚂蚁金服集团自主研发的"三地五中心"（在三座城市部署五个机房）解决方案，一旦其中一个或两个机房发生故障，底层技术系统可将故障城市的流量全部切换到运行正常的机房，并且能做到数据保持一致且零丢失。

（2）隔离原则

隔离原则的要义为：通过隔离机制将故障的影响控制在一个特定的范围。在实际应用中，隔离可分为环境、机房、百分比、人群、模块、接口等粒度。隔离粒度越粗，风险影响范围越大，粒度越细，影响范围越可控。举个例子，一个迭代在正式上线前通常需要在开发、测试、预发、灰度等环境中测试验证，即便出现问题，也可以将影响控制在环境粒度。迭代上线后，还可以通过白名单、百分比等策略逐步放量，如果出现问题，也只会影响策略命中的人群，其他人是不受影响的。

（3）分级原则

分级原则即对系统所提供的服务划分等级，在故障发生后，使用有限的资源优先保障高等级服务的可用性。分级原则最典型的应用是服务降级，例如当系统的负载超出了预设的上限或即将到来的流量预计将会超过预设的阈值时，为了保障核心服务正常运行，可将一些不重要、不紧急的服务关闭。

13.2.3 缩短故障的影响时间

一旦故障发生，除了减小故障的影响范围，缩短故障的影响时间也是提高系统可用性的有力措施。故障的影响时间缩短了，系统不可用的时间也就缩短了，整体的可用性自然也就提高了。关于缩短故障的影响时间，常用的技术手段有 5 种：监控、冗余、自愈、预案和兜底。

（1）监控原则

完整、准确的监控是保障系统高可用的重要措施。借助监控，我们可以快速感知系统的运行状态、洞察系统存在的问题，进而快速修复以防止问题恶化，缩短故障的影响时间。例如通过监控服务器的 CPU 使用率、内存使用率、平均负载、磁盘 I/O 使用率等指标就可以及时发现代码死循环、内存泄漏等异常。

（2）冗余原则

如果系统链路中某个环节为单点，一旦它因故障而不可用，势必导致整个链路中断。因此，消除单点是保障高可用的必由之路。为了避免因单点故障导致整个系统不可用，最常见、最有效的措施是"冗余"。

（3）自愈原则

系统在发生故障后，应在无人为干预的情况下自行恢复，继续提供服务。常见的自愈手段有服务节点故障转移、服务器自动重启、机房自动容灾等。此外，重试机制也是一种自愈手段，比如在调用下游服务发生异常时，可以根据异常的类型酌情进行重试，尝试自愈。

（4）预案原则

预案一般可分为提前预案和应急预案，这里主要指应急预案，即在故障发生后用于应急的预案。在识别风险的基础上，可针对风险点提前制定好应对策略，如回滚、重启、降级等，在故障发生后直接执行预案应急，缩短故障影响时间。

（5）兜底原则

极端情况下，部分链路在发生故障后可能无法在短时间内恢复，在此期间为了最大限度地保障可用性，可以启动兜底策略（Plan B）。以电商平台的商品 Feed 为例，当算法推荐排序服务不可用时，可采用默认排序兜底，虽然体验有所降低，但服务仍然可用。

13.3　接入层高可用

从分层架构的视角来看，通常将直接面向用户连接和业务服务器之间的部分称为接入层。接入层主要负责域名解析、安全验证、限流和负载均衡，其中，负载均衡是业务层实现高可用和高并发的基础。作为分层架构的顶层，接入层的可用性直接关系到整个系统的可用性，其重要程度不言而喻。虽然服务端开发很少会直接接触接入层的细节，但了解接入层的基本运作原理和高可用技术对于构建"高可用全局视角"是十分必要的。本节将在介绍负载均衡的基础上，介绍两种典型的接入层高可用技术。

13.3.1　负载均衡

负载均衡是指采用负载均衡算法将负载（如客户端请求）路由到不同的服务实例（如业务层服务器）上，利用服务器集群的能力去承载并发请求。负载均衡提供了一种透明、廉价、有效的方法来扩展业务层的吞吐量，同时提高可用性。

负载均衡可以应用在 OSI 参考模型的多个层上，目前最常用的是基于传输层的四层负载均衡和基于应用层的七层负载均衡。在大多数场景下，单独使用其一就足够了，只有当网站规模特别大时，才会采用"DNS+ 四层负载 + 七层负载"的方式进行多层次负载均衡，其架构如图 13-2 所示。其中，四层负载均衡采用的是开源软件 LVS（Linux Virtual Server），七层负载均衡采用的是开源软件 Tengine。

当接收到客户端请求时，如果使用的是四层协议（TCP/UDP），那么 LVS 集群会直接将请求转发给业务服务器。如果使用的是七层协议（HTTP/HTTPS），则会先将请求转发给 Tengine 集群，Tengine 集群会根据相应的调度算法决策并与目标业务服务器建立连接。如果使用了 HTTPS 协议，则还需要与 KeyServer 交互。关于负载均衡，在第 7 章中有详细的介绍。

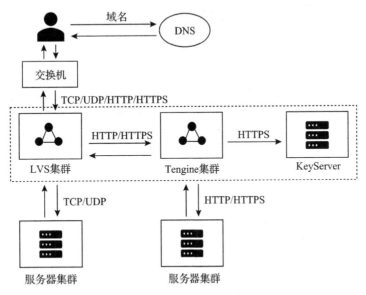

图 13-2　大型网站负载均衡架构

13.3.2　Keepalived

Keepalived 是一个轻量级的高可用解决方案，它基于虚拟路由冗余协议（Virtual Router Redundancy Protocol，VRRP）来实现服务或网络的高可用。Keepalived 最初是为 LVS 设计的，专门用来监控集群系统中各个服务节点的状态。如果某个服务节点出现故障，Keepalived 在探测到后会自动将该节点从集群系统中剔除，在故障节点恢复正常后，Keepalived 还可以自动将该节点重新加入集群。

健康检查（Health Check）和故障转移（Failover）是 Keepalived 的两大核心功能。健康检查是指采用 TCP 三次握手、ICMP 请求、HTTP 请求等方式探测业务服务器集群中服务节点的状态，并自动剔除故障节点，从而确保业务服务器集群中服务节点是健康的（可用的）。而故障转移则主要应用于采用了主备模式的负载均衡器，利用 VRRP 维持主备负载均衡器的心跳，当主负载均衡器发生故障时，由备负载均衡器承载对应的业务，从而保障可用性。

在接入层，Keepalived 是保障 LVS 高可用的利器。如图 13-3 所示，LVS 采用主备部署模式，利用 Keepalived 的 VRRP 心跳协议实现高可用。主备模式能够满足大多数场景的需要，但是无法线性扩展这一缺点制约了它的应用。在大规模生产环境中，LVS、Tengine 一般都采用集群部署模式。集群模式不仅可以提高可用性，而且具备良好的伸缩性，相较之下，主备模式只能解决可用性问题。不过，在集群模式下，就不能再通过 Keepalived 来实现高可用了。

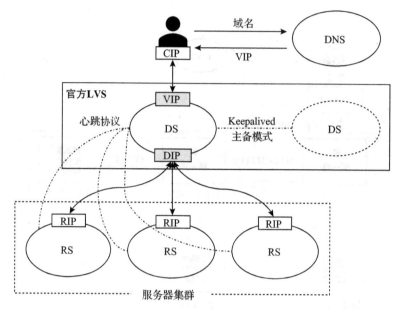

图 13-3 LVS 主备部署模式

13.3.3 ECMP

ECMP（Equal Cost Multi Path），即等价多路径路由。在网络环境中，条条大路通罗马，起点和目的地址之间往往存在多条开销相等的路径。如果使用传统的路由技术，发往该目的地址的数据包就只能利用其中的一条链路（其他链路处于备份状态或无效状态），并且在动态路由环境下相互切换需要一定时间。而当设备支持等价路由时，发往该目的地址的流量就可以由不同的路径来分担，实现网络链路的负载均衡，并在链路出现故障时快速实现故障转移。

如果 LVS 采用集群部署模式，为了监控 LVS 集群中各个节点的运行状态，同时实现 LVS 集群的负载均衡，我们还需要引入交换机。如图 13-4 所示，上联交换机通过 ECMP 等价路由将请求分发给 LVS 集群，实现负载均衡。同时，上联交换机与 LVS 集群间运行 OSPF 协议，当某台 LVS 宕机后，交换机会自动发现并将这台机器的路由动态剔除，这样 ECMP 就不会再给这台机器分发流量，从而保障高可用。

在外部流量到达交换机后，下一步具体走哪条路径是由交换机上配置的路径选择策略决定的。ECMP 支持多种路径选择策略，如 IP 哈希、IP 取模、平衡轮询、带权轮询等。在负载均衡方面，ECMP 有着广泛的应用，但也存在不足，由于 ECMP 不区分流量类型，不感知全网拓扑和链路本身的负载，因此在流量类型差异显著、网络不对称等情况下，负载均衡效果并不理想。

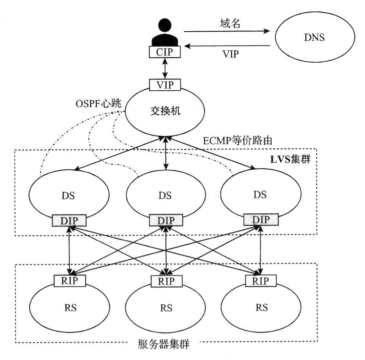

图 13-4　LVS 集群部署模式

13.4　业务层高可用

　　业务层是服务端开发的核心阵地，保障业务层高可用是服务端开发最基础的要求。在业务层，保障系统高可用的手段非常丰富，比如服务无状态化、集群部署、弱依赖、重试、幂等、限流、降级、监控预警等。其中，服务无状态化是关键，只有做到服务无状态化，才能充分利用接入层所提供的负载均衡能力实现业务层高可用和高并发。

13.4.1　无状态服务

　　服务可分为有状态服务（Stateful Service）和无状态服务（Stateless Service）两类，它们本质上属于两种不同的服务架构，主要区别在于对服务状态的处理。服务状态是指服务请求所需的数据，它可以是一个变量、一个数据结构或一组数据。无状态服务不会记录服务状态，不同请求之间没有任何关系；有状态服务则反之。

　　大多数无须注册、登录就可以使用的服务就属于无状态服务，例如借助在线计算服务（网络计算器）对两个数字求和，请求会将需求和的数字传递给服务端，服务端根据请求即可实现求和，不需要其他数据。再来看一个有状态服务的例子：在 Web 应用中，经常会使用 Session 来维系登录用户的上下文信息，对于已登录的用户，在 Session 有效期内不需要重新登录。为了实现这一点，多个请求都需要借助存储于服务端的 Session 来做判断。

对于服务端而言，判断一个服务是否有状态，常用的依据为：两个源自相同发起者（用户）的请求在服务端是否具备上下文关系，若具备则属于有状态服务。

1. 无状态服务的主要优点

如果一个服务属于有状态服务，且相关状态数据存储在服务器本地，就会导致一个严重问题：同一个用户的请求只能由特定的服务器处理，否则无法实现上下文关联。这样一来，不仅难以实现服务水平扩展，而且还会降低可用性（一旦特定的服务器因故障而不可用，相关用户的请求将无法按照预期被处理）。

相较之下，无状态服务的优点非常明显。由于处理客户端请求所需的信息与服务器实例本身无关，因此来自客户端的任一请求都可以被转发到任意一台服务器上处理。通过负载均衡等手段很容易实现水平扩展，不仅可以应对高并发、大流量场景，而且可以避免因部分服务器不可用而导致服务整体不可用的情况。

2. 业务层无状态化

在互联网领域，大多数应用都是以用户数据为中心的，需要注册、登录乃至实名认证，如淘宝、京东、抖音、微信、支付宝等。这些应用所提供的服务或多或少依赖用户的数据，比如淘宝、京东的商品推荐服务，其基础便是用户的浏览、点击、收藏、加购、下单等行为数据，以及性别、年龄、常住城市等信息。因此，从严格意义上讲，这些服务大都属于有状态服务。

既然有状态服务难以水平扩展且存在可用性风险，那么该如何应对互联网领域的高并发、高可用场景呢？这就需要从架构层面来设计了。如图 13-5 所示，我们可以将整个服务端架构分成无状态和有状态两个部分。业务逻辑部分作为无状态的部分，支持平滑的水平扩展，在进行流量分发时，可以根据负载均衡策略将流量分发到非特定的服务器实例。数据部分作为有状态的部分，根据数据类型分别存储到外部中间件和数据库中，如分布式缓存、分布式消息队列、关系型数据库等。

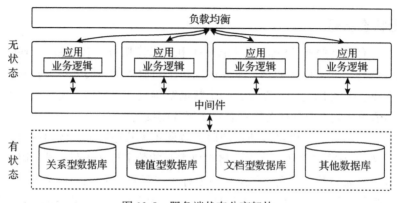

图 13-5　服务端状态分离架构

基于状态分离的服务端架构,可以很好地保障服务的高可用。一方面,在业务层,由于服务实例之间完全对等,当任意一台或多台服务器宕机时,可以将请求转发给集群中其他任意一台可用的机器处理;另一方面,在中间件层和数据层,基于中间件和数据库本身的冗余备份、故障转移机制也可以保障高可用。

13.4.2 集群部署

单点问题是业务层系统高可用最大的"敌人",而集群部署则是应对单点问题的最佳实践之一。在集群部署模式下,当部分节点发生故障时,其他节点可以继续提供服务,从而保障可用性。

以"同城双活"模式为例,如图 13-6 所示,应用跨机房冗余部署,同时对外提供服务,请求通过负载均衡设备分发到两个机房的服务节点。在业务层的服务节点内,服务均是无状态的,有状态的数据由外部(这里的外部通常指同一个机房的其他服务集群)中间件层和数据层负责存储。通过对网络、供电等设施进行物理隔离,当某个机房因故障而不可用时,可由另一个机房中正常的节点继续提供服务,避免因单个机房故障导致服务中断,从而保障高可用。

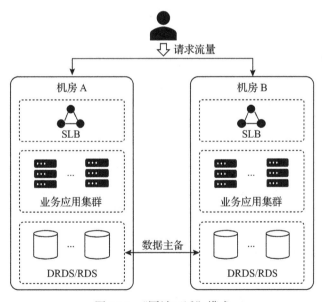

图 13-6 "同城双活"模式

上面介绍的冗余设计还只是机房粒度的,更高级别的冗余设计可以是跨城市、跨国家,甚至跨大洲的。地理上的冗余设计几乎是应对自然灾害、战乱等重大风险的唯一手段。不过,这种冗余设计的成本往往非常昂贵。就"同城双活"模式来看,为了确保机房级别的容灾能力,双机房通常需要对等部署,即每个机房都需要具备单独承载所有请求的能力。

如此一来，平常情况下两个机房都是低负载运行的，存在一定程度的资源浪费。因此，从成本角度考虑，冗余度并非越高越好。

13.4.3 依赖处理

通过微服务化，虽然降低了应用维度的复杂度，但同时也增加了应用之间的依赖度。一个微服务不可用，往往可能导致所有依赖这个服务的其他服务均无法正常工作。一个故障经过层层传递，可能会波及调用链上与此相关的所有服务，造成雪崩效应。因此，在微服务架构下，处理好服务间的依赖关系对于保障业务层高可用至关重要。常用的技术手段有少依赖、弱依赖和异步化。

1. 少依赖

少依赖包括减少应用之间的依赖、减少业务链路的依赖、减少服务内部的依赖等。减少依赖并非一蹴而就，在软件系统的整个生命周期中需要持续地投入：设计系统时避免引入不必要的外部依赖；维护系统时及时清理无效的外部依赖。前者相对容易做到，后者则要困难得多。在互联网领域，业务迭代频繁，一些引入的依赖在相关业务逻辑废弃后往往得不到及时的清理，久而久之，往往会形成错综复杂的依赖关系。因此，持续清理无效依赖，保持业务链路依赖最小化是减少依赖最有效的手段。

2. 弱依赖

假设服务 A 依赖服务 B，当服务 B 因故障而不可用时，服务 A 仍然可用；只是在服务 A 返回的结果中，与服务 B 相关的信息是缺失的（不返回）或者是经过特殊处理的（如默认值），那么，服务 A 对服务 B 的依赖关系即称为弱依赖。

在实际应用中，评估服务之间是否可构成弱依赖关系，必须结合具体的业务场景，其中有一个关键的指标：当服务提供方发生故障时，服务调用方返回的结果对用户体验的影响程度。如果只是轻微影响用户体验或者无影响，则说明具备构成弱依赖的条件。举个例子，在淘宝客户端浏览商品列表时，由于商品销量查询服务故障，返回的商品列表信息中商品销量默认为 0，因此客户端渲染页面时隐藏了商品销量数据。对于用户而言，商品销量数据并不是必需的，虽对体验有轻微影响，但不会破坏用户动线。如果严重影响用户体验或者会中断主流程，则说明是强依赖关系。比如微信钱包充值服务，一旦微信服务端调用银联 API 失败，整个流程只能失败。

在判定服务依赖关系强弱的基础上，对于弱依赖的服务，可以通过捕获异常、约定默认值、服务降级等方式来避免相互影响，提高可用性。

3. 异步化

异步化不仅可以用于"流量削峰"，而且可以用来解除应用间的耦合，减弱依赖。在业务层，异步化一般需要借助异步线程或消息队列中间件来实现。

先来看一个例子，很多电商平台在用户完成支付后都会奖励积分。支付链路作为核心链路，它对积分发放服务是弱依赖的。即便积分发放服务短期不可用，支付也应该正常进行。然而，与普通弱依赖服务不同的是，我们不能将积分发放服务的失败忽略掉，因为积分是用户的"资产"（积分可用于兑换商品、优惠券、抵现额度等），不能因服务失败而导致用户蒙受损失。那么，应该如何处理呢？

对于这种链路上弱依赖而业务上强依赖的服务，可以通过异步化来实现弱依赖，同时采用可靠的处理机制来保障服务最终执行成功。接续上面的例子，如果采用消息队列来实现异步化，可在用户完成支付后发送一条奖励积分的消息，负责发放积分的应用通过消费消息来发放积分。由于消息队列本身具备持久化机制，高可靠且高可用，即便负责发放积分的应用发生故障，也可以通过重试机制保障最终成功。

13.4.4　重试机制

系统运行过程中难免出现异常。当调用下游服务发生异常时，根据异常的类型酌情进行重试是保障可用性的有效措施。重试机制看似简单，实则大有学问，下面将从重试基础、重试策略、安全重试 3 个方面展开介绍。

1. 重试基础

幂等和识别可重试异常是重试的基础，前者将在下一节介绍，这里重点介绍后者。在调用下游服务时，可能发生的异常有两大类型：一是调用方自身可直接识别的异常，如超时异常、限流异常；二是服务提供方返回的异常，如商品库存不足、商品已下架等。

服务提供方一般可通过抛出异常或者返回错误码的方式告知调用方发生异常。这两种方式代表了两种典型的 API 设计模式（Exception 模式和 Error Code 模式），两者各有所长，可根据业务特点选择。需要注意的是，无论选择哪种模式，关键在于当异常发生时，需要让调用方根据 API 返回的结果直观、准确地判断是否可重试。关于 API 设计及异常处理的规范，在第 14 章有详细介绍。

2. 重试策略

常用的重试策略有两类，即同步重试和异步重试。其中，同步重试的定义为：当调用下游服务发生可重试失败时，直接在当前线程中发起重试，直到重试成功或者达到重试次数上限为止；异步重试的定义为：当调用下游服务发生可重试失败时，不直接重试，而是将重试信息记录到数据库、消息队列等可持久化数据的设施中，在当前线程中返回中间态结果（如红包发放中、话费充值中），而后通过定时任务、异步线程等方式基于重试信息进行重试。使用异步重试策略时，需要特别注意重试时间间隔，常用的重试间隔策略有固定间隔、递增间隔、随机间隔、指数间隔和随机指数间隔，具体介绍见第 6 章。

3. 安全重试

不恰当的重试往往适得其反，一方面可能会导致"重试风暴"，引发雪崩效应，不但不能达到保障可用性的目的，还会在故障发生时对系统的稳定性造成二次伤害；另一方面，过度重试会导致资源浪费。因此，我们应结合业务场景谨慎地制定重试策略，特别是重试间隔和重试次数。

对于因网络抖动、单节点宕机这类偶发的、小范围的故障而导致的失败，一般采用固定间隔或递增间隔重试即可。但是，对于大范围的、持续时间较长的故障，随机间隔（包括随机指数间隔）重试则更为有效，它可将某一时刻集中产生的大量重试请求分散，防止对下游造成冲击，特别是当下游系统处于重启或故障恢复中时，密集的重试可能会引发次生故障。

除了少数需要保证数据最终一致性的场景，重试不应无休止地进行下去，当重试次数或者重试的时间跨度超过设定上限时，应停止重试，明确告知用户操作失败。那么，如何设置最大重试次数和重试超时时间呢？通常，重试超时时间需要根据业务特点来确定，比如银行转账业务一般是 24 小时，而订单支付一般是 5 分钟。最大重试次数与重试间隔策略有关，同时受重试超时时间约束。

13.4.5　幂等设计

关于幂等设计，在本书第 10 章已经有过详细的介绍。幂等设计主要有两个用途：一是避免因非预期重复请求而产生副作用，如重复扣款、重复退款；二是支持服务调用方主动发起重复请求以获得确定性结果，如失败重试、超时重试。在本节中，幂等设计的作用属于后者。

在普遍采用分布式、微服务技术的背景下，用户通过客户端执行一个简单操作的背后通常需要一系列应用、中间件、数据库等系统协同。在这个过程中，客户端与服务端之间、服务端各个系统之间的交互均依靠网络通信。而网络抖动、系统运行异常、客户端重启等诸多不确定因素使得服务的成功率不可能达到 100%。一旦发生失败或未知异常，最常见的处理方式就是重试。重试的发起方可以是用户，也可以是系统，无论由谁发起，都必然涉及重复请求的问题。幂等设计正是为处理重复请求而生的，它可以保证重复请求获得预期结果，而不产生副作用。

13.4.6　服务降级

服务降级即降低服务级别。在一些特殊情况下，为了保障核心链路相关服务的可用性，通常需要降低服务的级别，典型场景如因资源不足而降级和因链路异常而降级。

- ❑ 因资源不足而降级。在实践中，通过扩容来应对流量"洪峰"的代价是非常高的，而限流又会影响用户体验，因此，为了保障核心服务的可用性，通常会将部分非核心服务暂停使用或延迟使用。举个例子，在 618 大促活动中，电商平台为了保障加购、下单链路的可用性，将物流查询、退货等服务暂时降级，隐藏相关入口。
- ❑ 因链路异常而降级。一个核心服务的调用链路上可能会依赖多个其他服务，一旦依赖的服务因异常而不可用，就可能导致核心服务不可用，而核心服务不可用往往会导致重大损失。为了避免核心服务完全不可用，可在服务端设计一些主动防御策略，当依赖的服务不可用时，为用户提供"减配版"服务，以尽量减小影响，比如返回兜底结果、丢弃非必要数据等。

降级方案必须根据业务的特点和潜在的异常场景来设计。常用的降级方案有 3 种：延迟服务、关闭服务（拒绝服务）和有损服务，相关内容在第 6 章中有详细的介绍，这里不再赘述。

13.4.7　服务限流

在互联网领域，突发热点事件、恶意攻击都有可能造成短时流量暴涨。若防御不足，则可能导致服务器过载、宕机，甚至引发雪崩效应。鉴于此，针对预期外的流量必须制定保护措施，以保障系统高可用，而限流就是最常用的措施。

限流可以保证使用有限的资源提供最大化的服务能力，按照预期流量提供服务，一旦流量超过设定阈值，就会启动限流。对于超出的部分，将以拒绝服务、排队或等待、降级等方式处理。值得一提的是，制定限流阈值的前提是对系统容量的准确评估，因此要尽可能模拟真实情况对系统进行压力测试。

此外，在使用限流手段前，应会同业务、产品、法务、客满等人员充分评估限流的潜在影响，特别是涉及合规问题的场景（出于公平公正考虑，有些场景是不允许限流的）。在实践中，常用的限流手段有 3 种：客户端限流、接入层限流和业务层限流，相关内容在本书第 6 章中有详细介绍，这里不再赘述。

13.4.8　监控预警

完整、准确的监控是保障系统可用性的重要措施。借助监控，我们可以及时感知系统的运行状态、洞察系统存在的问题，进而快速修复，减小故障的影响面，甚至避免故障发生。

1. 监控类型

监控一般可分为系统监控、应用监控和业务监控 3 类。

（1）系统监控

系统监控即通过采集系统的运行数据来监控系统的运行状况。常用的监控指标如下。

❑ 单机粒度和机房粒度的 CPU 使用率、平均负载、内存使用率、磁盘 I/O 使用率。

❑ Traffic（网卡流量）、TCP（请求量）。

（2）应用监控

应用监控即应用维度的监控，包括当前应用监控和上下游应用监控。常用的监控指标如下。

❑ 接口：调用总量、成功量、平均耗时、成功率等。

❑ 异常：应用异常数、历史异常等。

❑ JVM：内存、GC、线程等。

（3）业务监控

业务监控是针对具体的业务进行监控，简言之就是对业务相关的接口进行监控，主要监控指标为 QPS、RT 和成功率。业务监控通常需要依托日志，关于日志规范，将在第 14 章中详细介绍，这里不展开。

需要说明的是，针对上述 3 种类型的监控，除了实时监控数据，还应保存历史监控数据（如近 3 个月的数据），以便结合历史变化趋势分析问题。

2. 预警方案

通过系统监控、应用监控和业务监控，可以获取到大量能够反映系统运行状况的数据，但这也仅仅是冷冰冰的数据而已。在此基础上，我们还需要设计对应的预警方案，才能让数据真正服务于高可用建设。

（1）根据趋势预警

一个运行正常的系统的相关指标（如接口请求量、接口成功率、订单退款量等）大都会呈现出一定的变化趋势，时间序列曲线较为平滑，而不会在短时间内大幅波动（秒杀、抢购等特殊业务除外）。基于此，我们可以对核心业务进行趋势监控，针对关键指标设置 1min、5min 等时间窗口的波动阈值限制（如 5min 请求量环比下降 10%），若超过则预警。

（2）根据错误预警

对于一些不应该出现的错误，可在程序中进行校验，在识别到异常后打印预警日志或发出预警消息。之后，通过过滤日志、监听消息、数据统计等方式进行监控报警，比如关键配置不存在、退款金额大于订单金额、空指针异常等。

监控预警通常涉及大量数据的存储和分析。出于成本因素考虑，可根据统计周期的不同选择合适的采样率，比如 7 天内的数据可按照秒级进行聚合存储；1 个月内的数据可按照分钟级进行聚合存储；1 个季度的数据可按照小时级进行聚合存储；1 年以上的数据可按照天级进行聚合存储。

13.5　数据层高可用

对于业务层的无状态服务，可通过水平扩展、负载均衡、弱依赖等手段实现高可用。相较之下，对于有状态的数据层，实现高可用则要复杂得多。以前面介绍的"同城双活"冗余部署模式为例，当 A 机房因网络中断而不可用时，请求将全部被路由到 B 机房，为了保证服务整体可用（业务层可用和数据层可用），B 机房的数据层必须具备全量的数据，否则，那些从 A 机房切流到 B 机房的用户将因无数据（如账号、密码、订单等）而无法正常地使用服务。为了使 A、B 机房都具备全量的数据，最常用的技术手段是副本机制。而为了保障数据一致性和高可用，还需辅以数据复制策略和故障转移策略。

13.5.1 副本机制

副本机制也称备份机制，本质上是一种数据冗余设计。其典型实现是在多个节点上复制相同的数据，每个节点即副本（Replica）。副本机制是保障数据高可用的核心技术手段，在关系型数据库、文件系统、NoSQL 等存储系统中有着广泛的应用。

1. 主要用途

虽为一种冗余设计，但副本机制的用途却并不局限于容错、容灾，其主要用途如下。

□ 减少访问时延。基于副本机制，将数据副本分布到多个位置，使用户可以就近访问数据，从而减少网络传输耗时。典型应用如 CDN 和 Cache。

□ 提升数据读服务的吞吐量。典型应用如 MySQL 读写分离，一主多备，主写备读。

□ 提高系统的可用性。当部分副本因磁盘损坏、物理机故障等因素而不可用时，正常的副本可继续对外提供服务。典型应用如 MySQL、Kafka、Redis。

数据层的副本机制和业务层的集群部署模式都是通过"冗余备份"来实现高可用的。不过，由于业务层应用所提供的服务是无状态的（或者经过状态隔离处理的），因此应用本身没有"历史包袱"，不同节点部署的相同应用（版本相同）是相互独立的，任何一个节点发生故障，其他节点都可以替代之。在数据层，由于数据大都会随时间变化，为了确保数据一致性，真正实现高可用，通常需要副本之间相互协作。

2. 副本角色

数据可能变化，变化是导致不一致产生的根源。对于数据存储系统，变化源自客户端的数据写请求，"拥抱"变化，通过恰当的机制处理好数据写请求是保障副本间数据一致性的关键。具体而言，一般可将副本分为两种角色：主副本（也称 Master 或 Leader）和从副本（也称 Slave 或 Follower）。

□ 主副本。在所有副本中，只有一个副本作为主副本，其余皆为从副本。当客户端向系统发起数据写请求时，只能与主副本交互（包括由从副本转发给主副本的情况），由主副本处理写请求。

□ 从副本。被动地复制主副本的数据（通常为日志流的形式），不能响应客户端的数据写请求。一旦主副本发生故障，通过选举（故障转移），某个从副本会升级为主副本继续提供服务。对于来自客户端的数据读请求，一般情况下，主副本和从副本均可响应。不过，从副本与主副本之间的数据同步通常存在延迟，无法保证强一致性。

13.5.2 数据复制模式

数据复制模式有很多，这里以最流行的开源数据库 MySQL 为例介绍 4 种典型的复制模式：同步复制、异步复制、半同步复制和组复制。

（1）同步复制

在数据写请求被 Master 节点处理的同时，还需确保相应的写操作在 Slave 节点上执行成功，之后才返回客户端，从而保证 Slave 节点和 Master 节点的数据完全一致。如果 Master 节点因故障而不可用，我们可以确信这些数据能够在 Slave 节点上找到。同步复制虽然可以保证较强的数据一致性，但存在重大缺陷：如果 Slave 节点没有响应（如网络故障、节点本身宕机等原因），Master 节点就无法继续处理数据写请求，必须等待 Slave 节点恢复。

（2）异步复制

在数据写请求被 Master 节点处理结束后直接返回客户端，不需要 Slave 节点确认，Slave 节点异步从 Master 节点获取更新的数据。相较于同步复制，该方式的主要缺点为：如果 Master 节点发生故障且不可恢复，那些尚未复制到 Slave 节点的数据更新都会丢失。不过，该方式也有优点，Master 节点处理写操作时不受 Slave 节点响应慢或者不可用的影响。

（3）半同步复制

半同步复制是一种中间策略。数据写请求被 Master 节点处理的同时，只需保证相应的写操作在某个 Slave 节点上执行成功（Relay Log 持久化，无须回放）即可返回客户端。如此一来，就可以在数据一致性和可用性方面取得折中效果。

MySQL 的半同步复制模式有一些特殊的容错逻辑：如果因 Slave 节点宕机或者网络延时导致同步无法及时完成，Master 节点会等待一段时间（可配置），如果在这段时间内无法成功同步到 Slave 节点上，则自动调整复制模式为异步复制模式，正常返回客户端。这一自动降级策略虽然一定程度上保障了可用性，但同时也引入了数据一致性风险。

（4）组复制

同步复制、异步复制及半同步复制本质上都是"主从架构"下的传统复制模式，虽然简单易用，但都无法很好地解决可用性和一致性问题。为此，MySQL 官方在 5.7.17 版本中推出了一种全新的复制模式——组复制（MySQL Group Replication，MGR）。组复制模式基于分布式一致性算法（Paxos 算法的变体）可实现分布式环境下数据的最终一致性，同时提供高可用、高扩展的 MySQL 集群服务。相较于传统的主从复制模式，组复制模式更符合数据库的未来发展方向。

数据复制模式会影响系统的可用性和一致性。谈及可用性和一致性，就不得不提大名鼎鼎的 CAP 理论。本书第 9 章对 CAP 理论已经有过介绍，这里再强调一下，在分布式系统中，可用性、一致性、分区容忍性并不是割裂的，它们密切相关、相互制约。对于系统设计者而言，很多时候必须在它们之间进行权衡。

13.5.3 利用 Raft 算法实现数据复制

副本机制是数据层高可用的基础，而如何将副本组织起来形成一个相互协同的系统才是实现高可用的关键。分布式一致性算法正是用于解决分布式环境下多副本协同问题的。本节将以著名的 Raft 算法为例介绍分布式环境下的数据复制原理。

1. Raft 基础

Paxos 算法是计算机领域最著名的一致性算法，由 Leslie Lamport 于 1990 年提出。Paxos 算法虽然很有效，但复杂的原理使其实现异常困难。截至目前，实现 Paxos 算法的开源软件并不多，比较出名的有 Chubby、LibPaxos 以及蚂蚁金服集团自研的分布式数据库 OceanBase。

Paxos 算法的应用因实现困难受到了极大的制约，而在分布式系统领域又亟需一种高效且易于实现的分布式一致性算法，在此背景下，Raft 算法应运而生。2014 年，斯坦福大学的 Diego Ongaro 和 John Ousterhout 在论文 "In Search of an Understandable Consensus Algorithm" 中首次提出 Raft 算法。相较于 Paxos 算法，Raft 算法更容易理解和实现。据不完全统计，目前 GitHub 上超过 1000 颗星的 Raft 算法实现已超过 15 种，典型如 ETCD 提供的 Raft 库和蚂蚁开源的 sofa-jraft。

（1）节点状态

如图 13-7 所示，任意时刻，在 Raft 集群中节点最多有 3 种状态：Leader、Follower、Candidate。在正常情况下，只有 Leader 和 Follower 两种状态。

❑ Leader。一个集群里只能存在一个 Leader 节点，它负责处理来自客户端的请求，并通过 HeartBeat 与 Follower 节点保持联系。

❑ Follower。响应 Leader 节点的日志同步请求，响应 Candidate 节点的邀票请求，以及将客户端请求到 Follower 节点的事务转发（重定向）给 Leader 节点。

❑ Candidate。在集群刚启动或者 Leader 节点宕机时，节点可从 Follower 状态转为 Candidate 状态并发起选举，若选举胜出（获得超过半数节点的投票），将晋升为 Leader 节点。

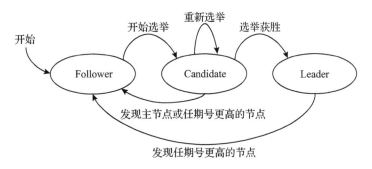

图 13-7 Raft 集群节点状态流转图

在图 13-7 中，节点切换状态的路径有 6 种，为了便于读者理解，这里简单介绍一下。

❑ 开始：起始状态，节点刚启动的时候会自动进入 Follower 状态。

❑ 开始选举：节点启动之后，将开启一个选举超时定时器。如果在超时到来之前，节点未收到 Leader 节点或 Candidate 节点的信息，它将切换到 Candidate 状态并发起选举。

❑ 重新选举：如果在下一次选举超时到来之前，仍然未选出 Leader，那么就会保持
   Candidate 状态并重新开始一次新的选举。

❑ 选举获胜：若某 Candidate 状态的节点成功获得超过半数（多数派原则）节点的选
   票，那么它将切换状态成为新的 Leader。

❑ 发现主节点或任期号更高的节点：Candidate 状态的节点如果收到来自 Leader 节点的
   消息（或者具有更高任期号的节点的消息），它将切换回 Follower 状态。

❑ 发现任期号更高的节点：在 Leader 状态下，如果收到来自具有更高任期号的节点的
   消息，说明有更新的 Leader 节点存在，节点将切换到 Follower 状态。这种情况大多
   数是由网络分区故障导致的。

（2）任期

如图 13-8 所示，Raft 算法将时间分为不同长度的任期（Term），任期的序号是连续的。
每个任期都开始于一次选举，每次选举都有一个或多个 Candidate 参与竞选 Leader。如果某
个 Candidate 赢得选举，那么它将在当前任期的剩余时间里担任 Leader。

在某些情况下，一次选举中可能会有多个 Candidate 获得最高票数，即选举失败。一旦
出现这种情况，当前任期就会因无 Leader 而结束，接下来将会递增任期序号，开始一轮新
的选举。

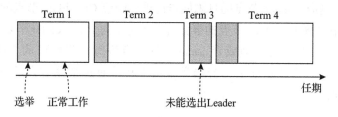

图 13-8　Raft 任期示意图

不同的节点对任期变动的感知可能会存在时差。在某些情况下，由于分布式系统本身
的特点，部分节点可能察觉不到某次选举或整个任期。在 Raft 中，Term 序号扮演着"逻辑
时钟"的角色，它可以让节点发现一些过期的信息，比如已失效的 Leader。

每个节点都会保存一个当前任期序号。当节点间进行通信时，都会带上本节点的当前
任期序号，如果节点发现自身的任期序号小于其他节点，它会将其更新成那个较大的值，
以避免"落后"。如果 Leader 节点或 Candidate 节点发现自身的任期序号小于其他节点（发
现更高的任期序号），就会立即切换为 Follower 状态。如果节点收到一个携带已过期任期序
号的请求，它会拒绝这个请求。

（3）通信

在 Raft 集群中，节点之间通过 RPC 互相通信，根据作用可将其划分为两类：其一，
RequestVote RPC，由 Candidate 节点发起，用于选举；其二，AppendEntries RPC，由
Leader 节点发起，用于向其他节点复制日志数据及同步心跳提醒。

2. 复制状态机

复制状态机（Replicated State Machine）是指多个节点具有完全相同的状态，运行完全相同的确定性状态机。这些节点组成一个整体对外提供服务，其中部分节点失效不影响整体的可用性。在分布式系统中，复制状态机是实现容错的常用方法，被广泛应用于数据复制和高可用场景。ZooKeeper、ETCD、MySQL Group Replication、TiDB 等均采用复制状态机来实现高可用。

Raft 的复制状态机架构如图 13-9 所示，Raft 通过复制日志来实现复制状态机。每个节点上的日志保存着一系列的命令（类似 MySQL 的 binlog），节点上的状态机会顺序执行这些命令。每个日志中的命令序列都是相同的，因此每个状态机都执行相同顺序的命令，并得到相同的状态和输出。

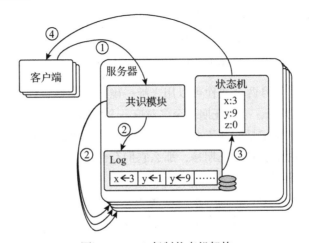

图 13-9　Raft 复制状态机架构

在复制状态机中，共识算法的存在是为了保证日志的一致性。当节点上的共识模块（Consensus Module）收到客户端的命令（请求）后，会将命令添加到本地的日志中，并与其他节点上的共识模块通信，以保证每个日志中的命令序列都是相同的。在日志被正确地复制后，每个节点上的状态机就会执行日志中的命令，并将结果返回给客户端。

3. 日志结构

Leader 节点在收到来自客户端的请求后，会首先在本节点的日志中添加一条新的日志条目（Entry）。在本地添加完成之后，Leader 节点会向集群中的其他节点发送 AppendEntries RPC 请求同步这个日志条目。日志条目结构如图 13-10 所示，每个日志条目都包含如下 3 个基本成员。

❑ 日志索引号（Index）：严格递增，用于区分同一个任期下的日志条目。

❑ 日志任期号（Term）：用于记录日志生成时的任期。

❑ 操作命令（Command）：即客户端请求对应的数据更新操作。

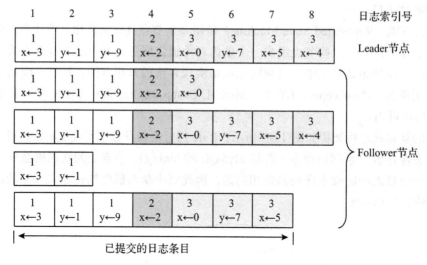

图 13-10　Raft 日志条目结构

其中，索引号和任期号两个属性可以用来唯一确定一条日志条目，从而实现日志匹配（Log Match）。理论依据为：一个任期号至多对应一个 Leader 节点，且 Leader 在任期内的一个索引处只能创建一条记录。基于此，可以得出一个结论：如果不同节点的日志中，两条日志条目具有相同的索引号和任期号，那么它们存储的命令也一定是相同的。本质上就是同一数据被复制到了不同节点。

上述特性可以用于一致性检查。当 Leader 节点向其他节点发送 AppendEntries RPC 请求同步新日志条目时，请求中除了新日志条目相关信息，还包括 Leader 节点上已提交的（Committed）日志条目的最大索引号和任期序号（即最近一条已提交的日志条目对应的索引号和任期序号）。如果 Follower 节点在其日志中没有找到具有相同索引号和任期序号的日志条目，说明它的日志复制有所延迟，与 Leader 节点已经不一致了，为了保证数据一致性，它会拒绝本次同步请求。

4. 日志复制流程

从 Leader 节点收到客户端请求，到 Follower 节点完成数据复制，整个流程可大致分为 5 个步骤。

（1）客户端请求提交到 Leader 节点

如图 13-11 所示，Leader 节点收到客户端的请求，比如存储数据 5。Leader 节点在收到请求后，会将它作为日志条目写入本地日志中。需要注意的是，此时该日志条目的状态为未提交（Uncommitted），是不可读的。

（2）Leader 节点将 Entry 发送到 Follower 节点

如图 13-12 所示，Leader 节点将向集群中其他节点发送 AppendEntries RPC 请求同步日志条目。

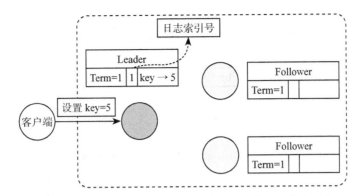

图 13-11　Leader 节点接收客户端请求并将其写入本地日志

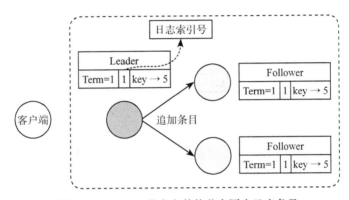

图 13-12　Leader 节点向其他节点同步日志条目

（3）Leader 节点等待 Follower 节点回应

Follower 节点接收到 Leader 节点发来的复制请求后，可能的回应有如下两种：

❑ 将其写入本地日志中，置为未提交状态，返回成功。

❑ 因一致性检查失败，拒绝写入，返回失败。

需要注意的是，在 Leader 节点中，此时该日志条目的状态仍为未提交。在 Follower 节点将日志条目写入本地日志后，它们会向 Leader 节点回应成功，如图 13-13 所示，当 Leader 节点收到超过半数 Follower 节点的回应后，才会将第一阶段写入的日志条目标记为提交状态（Committed），并把这个日志条目应用到它的状态机中执行。

（4）Leader 节点回应客户端

如图 13-14 所示，当日志条目中的命令被状态机执行后，Leader 节点会将执行结果返回给客户端。

（5）Leader 节点通知 Follower 节点日志条目已提交

如图 13-15 所示，Leader 节点回应客户端后，将随着下一次 AppendEntries RPC 请求通知 Follower 节点日志条目的提交信息。Follower 节点收到通知后也会将该日志条目标记为提交状态，并交由本地的状态机执行。至此，Raft 集群中超过半数的节点将达到一致状态。

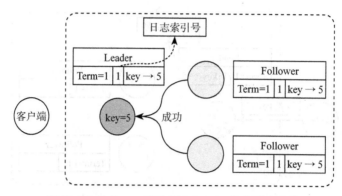

图 13-13 Follower 节点回应 Leader 节点同步成功

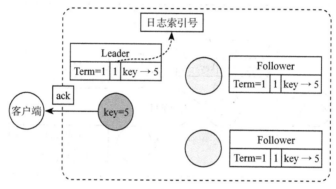

图 13-14 Leader 回应客户端

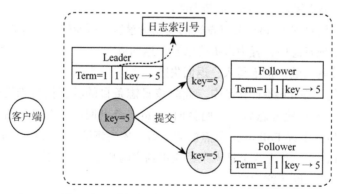

图 13-15 通知 Follower 节点提交日志条目

5. 如何解决 Leader 节点与 Follower 节点不一致的问题

在正常情况下，Leader 节点和 Follower 节点的日志是保持一致的，AppendEntries RPC 请求也不会因一致性检查不通过而失败。但是，在节点宕机、网络中断等一系列故障因素的影响下，Leader 节点和 Follower 节点的日志可能会不一致。如图 13-16 所示，Follower

节点可能会丢失一些 Leader 节点有的日志条目，它也可能拥有一些 Leader 节点没有的日志条目，或者两者兼具。此外，丢失或者多出的日志条目可能会涉及多个任期。

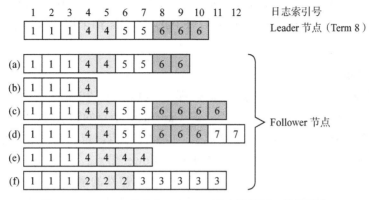

图13-16 Leader 节点与 Follower 节点数据不一致的形态

要使 Follower 节点与 Leader 节点的日志恢复一致，Leader 节点必须找到两者最后达成一致的地方（通过回溯找到两者最近的一致点），然后让 Follower 节点删除那个点之后的所有日志条目，并将 Leader 节点中该一致点之后的日志条目追加到 Follower 节点的日志中。

在具体实施层面，Leader 节点需要为每一个 Follower 节点维护一个 NextIndex，表示下一个需要发送给 Follower 节点的日志条目的索引地址。在 Leader 节点刚获得权力时，它会将所有的 NextIndex 值初始化为自己的最后一条日志的 Index 加 1。如果一个 Follower 节点的日志与 Leader 节点的不一致，AppendEntries RPC 请求将因一致性检查不通过而失败。在收到 Follower 节点的拒绝响应后，Leader 节点会减小该 Follower 节点对应的 NextIndex 值并进行重试。最终，NextIndex 会达到某一索引位置，使得 Leader 节点和 Follower 节点的日志达成一致。此时，AppendEntries RPC 请求将会成功，Follower 节点会删除冲突的部分，并将 Leader 节点发来的日志条目追加到自己的日志中。如此一来，Follower 节点和 Leader 节点的日志便回归一致了。

上述逻辑还可以优化：当 Follower 节点发现日志不一致时，可以返回任期序号和任期内的第一个索引号，Leader 节点基于此可以跳过一些不必要的尝试，加速达到目标 NextIndex。不过，Raft 算法的作者认为这种优化并无必要，因为失败通常不会高频出现，冲突记录很少累积。

13.5.4 利用 Raft 算法实现故障转移

在计算机术语中，故障转移（Failover）是指当活动的服务或应用意外终止时，快速启用冗余或备用的服务器、系统、硬件或者网络接替它们工作。为了缩短故障的影响时间，故障转移通常是自动完成的。

在主从模式下，故障转移通常需要借助第三方工具来实现。其基本原理为：第三方工具作为独立进程对主节点进行监控，当发现主节点失效时，通过修改配置等方式实现主从切换。典型应用如 MySQL 的高可用解决方案 MHA（Master High Availability）、Redis 的 Sentinel 模式以及 LVS 采用的 Keepalived。相较之下，Raft 算法不仅可以保证主从副本间的数据一致性，还可以实现故障自动转移。ETCD、Redis 都采用了 Raft 算法来实现故障转移。

1. 故障转移基础

Raft 集群刚启动时，所有节点的状态都是 Follower，初始任期序号为 0。当一个 Follower 状态的节点收到来自 Leader 节点或 Candidate 节点的请求时，它会保持 Follower 状态。因此，在一个正常工作的 Raft 集群中，Leader 节点需定期地发送心跳提醒（一般为带有空数据的 AppendEntries RPC 请求）给所有 Follower 节点，以维持它的统治。

由于一个集群中只有 Leader 节点可以处理来自客户端的请求，一旦 Leader 节点因故障而不可用，整个集群将无法工作。为了保障高可用，集群中的其他节点将会通过选举策略（Leader Election）选出新的 Leader 接替原 Leader 继续提供服务。这一过程看似"选举"，实则为故障转移。

2. 故障转移的实现

对于 Raft 集群而言，故障转移的过程可大致分为如下 3 个环节。

（1）Follower 节点转为 Candidate 节点并发起投票

若无 Leader（如集群初始化、Leader 节点宕机等情况），Follower 节点便无法与 Leader 节点保持心跳。如果 Follower 节点在一个选举超时周期内未收到心跳和投票请求，它就会假定当前 Leader 节点已失效，然后发起新的选举。

在发起选举时，Follower 节点会将当前任期序号加 1，然后转变为 Candidate 状态。它首先投票给自己，然后并行地向其他节点发送 RequestVote RPC 请求。之后，它将保持在该任期内的 Candidate 状态下，直到以下 3 种情况出现：

- 该节点赢得选举，即收到超过半数的节点的投票。
- 其他节点成为 Leader。即在等待投票期间，收到来自其他节点的 AppendEntries RPC 请求，且请求中携带的节点日志信息表明，它比本节点的日志更新，那么说明集群中已经存在 Leader 了。
- 在该节点的选举超时到来时，没有任何一个节点成为 Leader，即本轮选举失败。那么，该节点将继续递增任期序号并发起一次新的选举。

为了避免因投票分裂（Split Votes）导致选举失败，Raft 算法将选举超时时间进行了随机化。具体而言，每个 Candidate 节点开始竞选时，会从某个区间（比如 100～500 ms）内随机选择选举超时时间。如此一来，可以保证大多数情况下都会有一个节点率先超时并进入下一次选举，由于"先发优势"，它大概率会赢得选举，成为新的 Leader，从而降低选举失败的概率。

（2）投票决策

在 Raft 算法中，并非所有节点都能成为 Leader。一个节点要成为 Leader，需要得到集群中半数以上节点的投票（一轮选举中每个节点都只有一次投票机会）。一个节点决定是否接受投票请求的一个充分条件是：发起选举的节点的日志必须比本节点的日志更新。之所以要求这个条件，是因为要保证最终当选 Leader 的节点具有当前最新的数据。为了方便检查日志，RequestVote RPC 请求中需要带上参加选举的节点的日志信息，如果收到投票请求的节点发现选举节点的日志并不比自己的更新，它将拒绝给这个节点投票。

那么，具体如何判断日志的新旧呢？很简单，通过对比日志的最后一条日志条目的任期序号和索引号的大小即可。基于此，一个节点在收到投票请求后会根据以下情况决定是否接受投票请求。

- 若请求节点的任期序号大于自己的任期序号，且自己尚未投票给其他节点，则接受投票请求，将票投给它。
- 若请求节点的任期序号小于自己的任期序号，则拒绝投票请求。
- 若请求节点的任期序号等于自己的任期序号，则继续对比索引号。如果请求节点的索引号不小于自己的索引号，且自己尚未投票给其他节点，则接受投票请求，将票投给它；反之，拒绝投票请求。

（3）Candidate 节点转为 Leader 节点

一轮选举过后，正常情况下，会有一个 Candidate 节点收到超过半数节点的投票，它将胜出并升级为 Leader。然后定时发送心跳给其他的节点，其他节点会转为 Follower 状态并与 Leader 节点保持同步。到此，本轮选举结束，同时故障转移完成。

3. 安全性

在所有设置了 Leader 角色的一致性算法中，Leader 节点都必须存储所有已经提交的日志条目。为了实现这一点，Raft 算法使用了一种简单而有效的方法：限制日志条目单向传递，即只能从 Leader 节点传给 Follower 节点，并且 Leader 节点不能覆盖自己本地日志中已经存在的条目。

此外，在选举决策时还会通过校验日志信息来避免非法的（不具备所有已经提交的日志条目）Candidate 节点赢得选举。Candidate 节点为了赢得选举必须联系集群中的大部分节点，这意味着每一条已经提交的日志条目肯定存在于其中至少一个节点上。如果 Candidate 节点的日志与大多数节点一样新，那么它一定持有了所有已经提交的日志条目（多数派的思想）。

13.5.5 数据分片

"不能把鸡蛋放在同一个篮子里。"这句话在保障数据高可用方面同样适用。数据分片是一种"分篮放蛋"的设计，可细分为水平分片和垂直分片两种，本节特指水平分片。数据分片设计诞生之初是用来解决性能问题的，但高性能与高可用往往存在着千丝万缕的联系。试想一下，如果数据层容量不足，在高并发场景下是很可能出现可用性问题的。

与业务层水平扩展类似，我们也可以对数据层进行水平扩展，即分库分表。将一个库拆分为多个库，一个表拆分为多个表，分别部署在多台数据库服务器上。如此一来，不仅可以解决单库性能瓶颈，而且可以提高系统的可用性。关于分库分表，在第 5 章中有详细的介绍，这里不再赘述。

13.5.6 缓存高可用

除数据库外，缓存是最常用的数据存储设施。在实践中，缓存可谓双刃剑，一方面，使用缓存可以大幅减少读写数据的耗时，优化系统性能；另一方面，使用缓存需要应对数据一致性、缓存穿透、缓存热点、缓存雪崩等问题。缓存雪崩、穿透、热点往往会损害系统的可用性，因此，保障缓存高可用也是数据层高可用建设需要重点关注的内容，在第 8 章中有详细的介绍，这里不再赘述。

第 14 章 *Chapter 14*

服务端开发实用规范

无规矩不成方圆。如果没有规范约束，任由工程师各行其是，往往会导致非常糟糕的局面。制定开发规范的目标不是消灭代码的创造性、优雅性，而是限制过度个性化，推行相对标准化。前车之鉴，后事之师，在工程实践中积累的大量历史教训是很好的借鉴之源，将其归纳总结为规范以避免重蹈覆辙是非常必要的。良好的规范有利于提高代码的可读性、可维护性、可复用性，切实提高软件产品的质量。

作为本书的最后一章，将介绍一些从实践中总结而来的、不局限于具体编程语言的开发规范和编程理念，涉及 API 设计、日志打印、异常处理、代码编写、代码注释等方面。

14.1 实用 API 设计规范

如果说好的 UI 设计可以让用户更容易地使用一款产品，那么好的 API 设计则可以让其他开发者更高效地使用一个系统的能力。设计良好的 API 不仅可以减轻使用者的负担，而且可以极大地减少后续维护和扩展的工作量。那么，怎样才能设计出良好的 API 呢？这便是本节将要介绍的内容。

14.1.1 明确边界

在写文章的时候，通常需要先确定一个主题，然后再围绕主题展开。有了主题的指引，行文思路会更加清晰：哪些内容与主题相关？哪些内容可以升华主题？既定内容是否跑题？与之类似，在设计 API 的时候，首先要明确边界（Boundary），聚焦 API 需要提供的本质能力，避免陷入特定场景。图 14-1 所示为简化的系统边界示意图。

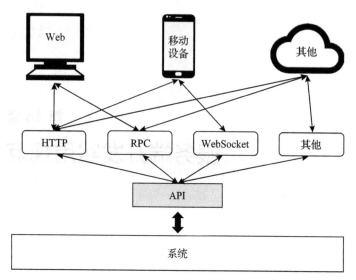

图 14-1　系统边界示意图

关于边界，在设计 API 时需要注意以下事项：

❑ 聚焦于软件系统需要提供的服务或者能力。API 是系统和外部交互的接口，至于外部如何使用、通过什么途径使用并非重点。

❑ 不局限于具体的通信协议。通信协议只是一种信息交换的渠道，随着技术的发展，这些协议很可能会变化，而 API 的外观则相对稳定得多。

❑ 避免过多关注 UI 交互的细节。交互属于客户端的范畴，随着终端设备的多样化，客户端的交互也会趋于多样化。

　　举个例子，在超市收银台结账时，收银员会通过扫描枪逐一扫描商品上的条形码，扫码成功后，收银机屏幕上会显示对应商品的名称、原始价格、售卖价格、数量、单位等信息，以便核对。从业务层面看，扫码操作本质上是一个结账（Checkout）操作，并不复杂。基于 REST 架构，将商品视为一个"资源"，相应的 API 设计如代码清单 14-1 所示。

代码清单 14-1　超市收银台商品扫码接口示例

```
@Path("/items")
public class ItemResource {
    @RequestMapping("/checkout")
    public ItemCheckoutResult checkoutItem(@RequestParam(value="Barcode") String
        barcode) {
        // 具体实现代码...
    }
}
```

　　上面的设计可以满足当下的业务需求，但存在不足：API 与具体的通信协议层代码捆绑。随着业务的发展，系统不断升级，有可能需要支持多种通信协议，如 RPC、WebSocket

等。一旦这种情况出现，上面的设计就可能导致 API 的实现逻辑被复制粘贴得到处都是，接口的边界趋于模糊。鉴于此，在设计 API 时应明确边界，保证 API 具有良好的独立性。如代码清单 14-2 所示，接口与协议分离。

代码清单 14-2 超市收银台商品扫码接口示例（优化后）

```
public interface SupermarketService{
    ItemCheckoutResult checkoutItem(String barcode);
}
@Path("/items")
public class ItemResource {
    @RequestMapping("/checkout")
    public ItemCheckoutResult checkoutItem(@RequestParam(value="Barcode") String
        barcode) {
        return supermarketService.checkoutItem(barcode);
    }
}
```

14.1.2 "命令，不要去询问"原则

"命令，不要去询问"（Tell, Don't Ask）原则的核心思想为：在面向对象编程时，应该根据对象的行为来封装具体的业务逻辑，调用方应该直接命令（Tell）对象需要做什么，而不是通过询问（Ask）对象的每一个状态，然后再告诉对象需要做什么。命令模式和询问模式一定程度上反映了面向对象编程与面向过程编程的区别，如图 14-2 所示。

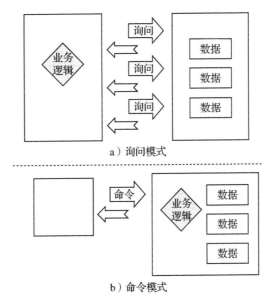

a）询问模式

b）命令模式

图 14-2 询问模式与命令模式

遵循"命令，不要去询问"原则设计 API 可以更好地体现软件的系统能力，而避免沦

为围绕数据库进行简单的增、删、改、查操作。为了让读者更好地理解，在此以银行取款为例，分别采用询问模式和命令模式来设计。

1. 按照询问模式设计 API

1）创建一个账户对象 AskPatternAccountDTO，如代码清单 14-3 所示。

代码清单 14-3　账户对象

```
public class AskPatternAccountDTO {
    private int id;
    private long balance;
    private long credit;
    private long debt;
    public int getId() {return id;}
    public long getBalance() {return balance;}
    public void setBalance(long balance) {this.balance = balance;}
    public long getCredit() {return credit;}
    public void setCredit(long credit) {this.credit = credit;}
    public long getDebt() {return debt;}
    public void setDebt(long debt) {this.debt = debt;}
}
```

2）创建两个 API，如代码清单 14-4 所示，分别用于读取和更新账户对象 AskPatternAccountDTO。

代码清单 14-4　账户读取和更新操作接口

```
public interface BankService {
    AskPatternAccountDTO getAccountById(int id);
    void updateAccount(AskPatternAccountDTO account);
}
```

3）调用 API 实现取款逻辑，如代码清单 14-5 所示。

代码清单 14-5　取款逻辑伪代码

```
// 用户账户 ID 和取款数
int id = 62228020908;
long withdrawalAmount = 800;
AskPatternAccountDTO account = bankService.getAccountById(id);
if (account.getBalance() >= withdrawalAmount ) {
    account.setBalance(account.getBalance() - withdrawalAmount );
    bankService.updateAccount(account);
    return;
}
long totalAmount = account.getBalance() + account.getCredit();
if (totalAmount >= withdrawalAmount ) {
    long restAmount = withdrawalAmount - account.getBalance();
    account.setBalance(0);
    account.setDebt(account.getDebt() + restAmount);
    bankService.updateAccount(account);
```

```
        return;
    }
    throw new InsufficientAvailableBalanceException("您的账户可用余额不足");
```

2. 按照命令模式设计 API

按照命令模式，我们只需要设计一个 API 即可，如代码清单 14-6 所示。在这个 API 内部实现所有的取款逻辑（与询问模式下调用 API 实现取款的逻辑相同）。同时，账户对象也可以简化，用以承载取钱操作的返回信息。

代码清单 14-6　采用命令模式设计的取款接口

```
public interface BankService {
    TellPatternAccountDTO withdraw(int id, long amount);
}
// 简化后的账户对象
public class TellPatternAccountDTO {
    private int id;
    private long balance;
    private long credit;
    private long debt;

    public int getId() {return id;}
    public long getBalance() {return balance;}
    public long getCredit() {return credit;}
    public long getDebt() {return debt;}
}
```

按照命令模式设计的取款 API，调用方只需要告诉 API 所需取款数额即可，由 API 的具体实现来完成所有的计算和判断。如此一来，可大幅降低调用方的开发成本。接口调用示例如下：

```
TellPatternAccountDTO account = bankService.withdraw(62228020908, 800)
```

14.1.3　单一职责原则

在设计 API 时，应力求一个 API 只做一件事情。单一职责（Do One Thing）不仅可以让 API 的外观更稳定、没有歧义、简单易用，而且可以提高 API 的可复用性。对于一个 API 而言，如果符合以下条件，可以考虑对其进行拆分。

- 一个 API 可以完成多个功能。例如，一个 API 既可用于修改商品的价格、标题和描述，又可用于修改商品的库存。这些功能通常不需要在一次调用里完成（比如修改标题和修改库存），合并在一起不仅会增加接口的复杂度，而且不便于管控权限。
- 一个 API 用于处理不同类型的对象。例如，一个 API 用于编辑不同类型的商品，由于不同类型的商品对应的模型通常是不同的（比如服装类商品和卡券类商品就相差巨大），API 的输入、输出参数将会非常复杂，使用和维护成本都比较高。

举个例子，通过用户 ID 和密码登录账号是一个很常见的功能，方法 login 的实现示例如代码清单 14-7 所示。

代码清单 14-7 登录接口示例

```
// 接口
public interface UserService {
    String login((String userId, String password);
}
// 实现
public class UserServiceImpl implements UserService {
    @Override
    public String login(String userId, String password) {
        User user = userRepository.findByUserId(userId);
        if (null == user) {
            ...
        }
        if (!user.verifyPassword(password)) {
            ...
        }
        Session session = sessionFactory.generate(user);
        return session.getKey();
    }
}
```

上述 API 看上去没有明显问题，而且满足"命令，不要去询问"原则，但是该方法内部其实做了两件事情。

❑ 检验用户名和密码的正确性，并且返回相应结果。

❑ 如果用户名和密码验证成功，则创建一个用户 Session。

按照单一职责原则来设计，应该将这两件事情拆分为两个 API，如代码清单 14-8 所示。

代码清单 14-8 遵循单一职责原则的登录接口示例

```
// 接口
public interface UserService {
    boolean verifyUserCredential(String userId, String password);
    String createUserSession(String userId);
}
// 实现
public class UserServiceImpl implements UserService {
        @Override
        public boolean verifyUserCredential(String userId, String password) {
            User user = userRepository.findByUserId(userId);
            if (null == user) {
                return false;
            }
            if (!user.verifyPassword(password)) {
                return false;
            }
```

```
            return true;
        }
        @Override
        public String createUserSession(String userId) {
            User user = userRepository.findByUserId(userId);
            if (null == user) {
                // 抛出用户不存在异常
            }
            Session session = sessionFactory.generate(user);
            return session.getKey();
        }
    }
// 使用
if (userService.verifyUserCredential("2088124567", "VGFT2088HKlp")) {
        String sessionKey = userService.createUserSession("2088124567");
    }
```

上述设计的好处是 verifyUserCredential 和 createUserSession 可以被分别独立使用，在某些场景下也许我们只需要为用户创建一个新的 session 而不一定需要再次输入用户名和密码，反之亦然。

14.1.4　不要基于实现设计 API

在设计 API 的时候，要避免陷入实现细节。API 与实现无关，同一个 API 可以有多种实现，因此 API 不应该泄露实现细节，以免误导用户。以常见的 Hash 方法为例，其实现方式有很多（如直接定址法、除留余数法、平方取中法、折叠法等），在代码清单 14-9 中，反例对外透露了 Hash 方法的实现细节，几乎没有扩展空间，正例则相对抽象，具备良好的可扩展性。

代码清单 14-9　Hash 接口设计示例

```
// 反例：暴露了实现细节
public interface HashService {
    int hashBasedOnDirectAddr(Object key);
}
// 正例：足够抽象，便于扩展
public interface HashService {
    int hash(Object key);
}
```

14.1.5　异常模式或错误码模式

系统运行过程中难免出现异常，就 API 设计而言，是抛出异常还是返回错误码呢？关于这个问题，业内争议不断，在笔者看来，两种方式并没有绝对的高下之分。不论是抛出异常还是返回错误码，核心在于当 API 发生错误时，API 的调用方是否可以清晰地理解错误信息，并据此做出正确的处理。

　　在复杂的系统中，API 调用通常涉及多层级调用关系：一个系统的调用者还可能被其他系统调用。在错误发生后，需要逐层抛出错误，如果采用异常模式，由于调用层次多，通常很难分类，因此终端的调用者很可能无法有效地处理这个错误。如果采用错误码模式，识别和处理错误都要容易一些，当然，前提是错误码统一且规范，以下是几种常见的形式：

- ❑ {"message": "xxx", "code": "200", "success": true}
- ❑ {"message": "xxx", "code": "XXX_EXCEPTION_ERROR", "success": false}
- ❑ {"code": 500, "error": "msg xxx"}

1. 异常模式

以创建 session 为例，在相应的 API 设计中使用未检查异常（Unchecked Exception），基于 Java 语言的示例如代码清单 14-10 所示。

代码清单 14-10　使用异常模式的 API 示例

```
// 1.接口
public interface UserService {
    String createUserSession(String userId) ;
}
// 2.实现
public class UserServiceImpl implements UserService {
    @Override
    public String createUserSession(String userId) {
        User user = userRepository.findByUserId(userId);
        if (null == user) {
            throw new BizException(40018, "no user found with given user id");
        }
        Session session = sessionFactory.generate(user);
        return session.getKey();
    }
}
// 3.异常 BizException 定义
public class BizException extends RuntimeException {
    private int errorCode;
    public BizException(int errorCode, String msg) {
        super(msg);
        this.errorCode = errorCode;
    }
    public int getErrorCode() {return errorCode;}
}
// 4.使用
String sessionKey = userService.createUserSession("real userId");
```

2. 错误码模式

仍以创建 session 为例，在设计 API 时使用错误码模式，基于 Java 语言的示例如代码清单 14-11 所示。

代码清单 14-11　使用错误码模式的 API 示例

```java
// 1.接口
public interface UserService {
    SessionResult createUserSession(String userId) ;
}
// 2.实现
public class UserServiceImpl implements UserService {
    @Override
    public SessionResult createUserSession(String userId) {
        SessionResult result = new SessionResult();
        User user = userRepository.findByUserId(userId);
        if (null == user) {
            result.setSuccess(false);
            result.setErrorCode("NO_USER_FOUND");
            result.setErrorDesc("no user found with given user id");
            return result;
        }
        Session session = sessionFactory.generate(user);
        result.setSessionKey(session.getKey());
        return result;
    }
}
// 3.SessionResult 的定义
public class SessionResult extends CommonResult {
    private String sessionKey;
    public String getSessionKey() {
        return sessionKey;
    }
    public void setSessionKey(String sessionKey) {
        this.sessionKey = sessionKey;
    }
}
// 4.CommonResult 的定义
public class CommonResult implements Serializable{
    // 序列化相关省略
    private boolean  success = true;
    private String  errorCode;
    private String  errorDesc;
    // getter、setter 省略
```

14.1.6　避免使用带有标识的参数

在设计 API 时，为了兼容不同的逻辑分支，有时会通过增加一个参数来实现不同分支的切换。读取学生信息的 API 设计如代码清单 14-12 所示。

代码清单 14-12　带标识的学生信息读取 API

```java
public interface StudentService {
    PaginatedResult<List<StudentDTO>> listStudents(boolean isGraduated);
}
```

上述设计实际上是将两个功能（查询在校生信息和查询毕业生信息）融合在一起了，主要存在两个问题：一方面，对 API 的使用者并不十分友好，在使用 API 时，需要准确理解参数 isGraduated 的作用；另一方面，会增加运维和管控成本，试想一下，如果有一天需要管控权限，该接口不再支持查询毕业生信息，那么在 isGraduated=true 时就会报错，存在兼容性问题。事实上，我们完全可以将上面的 API 设计得更加清晰明了，如代码清单 14-13 所示。

代码清单 14-13　不带标识的学生信息读取 API

```
public interface StudentService {
    PaginatedResult<List<StudentDTO>> listInSchoolStudents();
    PaginatedResult<List<StudentDTO>> listGraduatedStudents();
}
```

14.1.7　API 如其名

人们常用"人如其名"来形容一个人的性格和主要特点与其名字的内涵一致。对于 API 而言，一个合适的名字同样重要。若能做到"API 如其名"，无疑会降低 API 使用者的理解和应用成本。关于 API 命名，通常需要注意以下几个方面：

- API 的名字应能自解释。API 的名字可以清晰、准确地描述 API 的能力。
- 保持一致性。例如，callback 在同一个系统的所有 API 中表示的含义应相同。
- 保持对称性。如 set/get、read/write。
- 拼写准确。API 一经发布便无法更改，只能增加新的 API，直到旧 API 无人使用后才能废弃，因此发布时应注意检查拼写，避免因拼写错误引起歧义。

以学生选课 API 设计为例，addStudentToCourse 显然不如 enrollCourse 优雅。

14.1.8　建立文档

好马配好鞍，好的 API 也需要好的文档来加持，否则有可能功亏一篑。在编写文档时，我们要站在使用者的角度去思考他们想要知道什么，而不是以开发者的视角自说自话。API 文档如同一份"合约"，其作用不只是让 API 的使用者更容易理解和使用，更重要的是作为约束，让 API 的提供方遵循这份"合约"，保证 API 的实现符合"合约"要求。通常，API 文档应包含以下内容。

- Maven 依赖。
- 类、方法、参数、异常、错误码详细说明。
- 不同场景下的使用范例。
- 历史版本。
- 常见问题解答（Frequently Asked Question，FAQ）。
- 注意事项。

关于文档，也有一些反对的声音。由于文档需要人工维护，随着时间的推移，文档与实际运行的代码之间可能会产生不可弥合的鸿沟，从而导致文档失去应有的作用。在"敏捷开发"风行期间，一些工程师甚至提出"去文档化"。在笔者看来，虽然文档看上去可能不那么"敏捷"，有一定维护成本，但对于一个系统而言，在其发展、传承的过程中，文档仍是非常重要的信息介质。

14.1.9　统一风格

同一个系统提供的 API 须遵循统一的规范，保持一致的风格，这样不仅有助于降低使用者的学习成本，而且可以为后续迭代开发提供可遵循的范式。

一个由多名工程师共同开发的系统，如果不统一风格，都按照自己的习惯设计、开发，最终的结果无论是对使用者还是对维护者来说都将是一场噩梦。举个例子，多年以前，在笔者参与开发的一个系统中，由于事先没有约定 API 返回结果中错误码字段的命名，有的 API 用 errorCode，有的用 resultCode，有的用 code，有的甚至没有错误码字段。系统交付后，受到批评一片。

关于如何设计一个好的 API，业界大牛们提出了很多优秀的设计理念，但是在实践中将这些优秀的理念"落地"却是相对困难的。比如前面介绍的单一职责和"命令，不要去询问"原则，两者本身就存在矛盾，对于经验不够丰富的工程师，如何在二者之间取得平衡是一个难题。

事实上，单一职责和"命令，不要去询问"原则的侧重点是不一样的。"命令，不要去询问"原则的关注点在于服务层的接口设计应该做到业务逻辑完整，如前文中银行取钱（withdraw 方法）的例子，而单一职责原则的侧重点则在于保持代码的可维护性、可重用性以及可测试性，在 withdraw 方法的内部实现中，再按照单一职责原则将代码划分为独立的方法（getAccountById 和 updateAccount）来组织。

14.2　实用日志规范

日志虽然不会影响应用程序的运行结果，但在监控系统运行状况、回溯系统故障、数据核对等方面有着极为重要的作用。本节将介绍打印日志需要遵循的一些规范，包括基本规范、级别规范、格式规范等。

14.2.1　基本规范

打印日志并非易事，不仅需要从技术层面考量安全、性能、成本等问题，而且需要兼顾业务诉求，法律法规等方面，基本原则如下。

- ❑ 隔离性。打印日志不能影响系统正常运行。
- ❑ 安全性。打印日志不能产生安全问题。

- 敏感性。日志中不能包含敏感信息，如用户身份证号、手机号、真实姓名等。
- 合规性。遵循法律法规，例如根据《中华人民共和国网络安全法》的规定，网络运营者应当采取监测、记录网络运行状态、网络安全事件的技术措施，并按照规定留存相关的网络日志应不少于 6 个月。
- 覆盖度。日志应保证一定的覆盖度。业务链路的重要环节、系统异常或错误、用户关键操作等场景必须打印日志，不仅有助于排查问题，而且可以有效地支撑用户咨询。

14.2.2　级别规范

打印日志是需要区分级别的，不同级别的日志适用于不同的场景。不同的日志框架对日志级别的定义略有差异，总体来看，常用的日志级别可归纳为 4 类，按优先级从高到低依次为 ERROR、WARN、INFO 和 DEBUG，相关说明如下。

- ERROR：系统发生了错误事件，影响系统的正常运行。需要将错误或异常细节（包括类型、内容、位置、场景以及是否可恢复等）记录在 ERROR 日志中，方便定位问题。
- WARN：系统触发了异常流程，存在风险，但系统可恢复到正常态，业务可以正常执行。如可选参数不合法，弱依赖服务调用失败，可用配置数量低于预期等。
- INFO：用于记录系统正常工作期间的关键运行指标，如系统初始化配置、业务状态变化信息、业务流程中重要节点的处理结果等，方便日常运维及排查问题时回溯上下文。
- DEBUG：用于调试，可将各类详细信息记录到 DEBUG 日志中，如参数信息、调试细节信息、返回值信息等。

在生产环境中，一般只打印 INFO 级别以上的日志，DEBUG 级别的日志通常只在测试环境中打印。打印错误日志时，一般需要区分是业务异常（如用户名不能为空）还是系统异常（如调用积分发放服务失败），业务异常使用 WARN 级别记录，系统异常使用 ERROR 级别记录。

14.2.3　格式规范

根据用途的不同，一般可将日志分为监控日志、异常日志和业务日志。为了便于分析日志和节省存储空间，打印日志应遵循一定的格式规范。

1. 监控日志

监控日志主要用于监控业务运行状况。由于量级大，应尽量浓缩、简化需要打印的字段，避免打印过于详细的信息（如异常堆栈）。结合监控的主要指标，通用格式如下：

时间戳 | 日志等级 | 业务 key | RT | 是否成功 | 参数值 | 返回值

其中，业务 key 代表业务的唯一标识，用于识别和分组统计。业务 key 一般由应用名、接口名组成，如 benefitService.queryBenefitFlow。

2. 异常日志

异常日志也称错误日志，一般量不大。作为监控日志的补充，用于打印详细的异常信息，有助于排查问题，通用格式如下：

时间戳 | 业务 key | traceId | 错误类型 | 参数值 | 错误信息

通常基于输入参数值和错误信息即可快速识别问题，如果无法确定问题根因，还可以通过 traceId 来还原整个链路，进一步定位。

3. 业务日志

业务日志即服务于业务诉求的日志，如业务监控、数据分析、资金核对等。这类日志通常会被采集到专门的系统进行处理，其格式需根据应用场景来约定，通用格式如下：

时间戳 | 业务 key | 业务字段 1 | 业务字段 2 | ... | 业务字段 n | 扩展字段 1,... 扩展字段 n | 附加信息

其中，扩展字段用于记录辅助信息。以订单服务为例，订单 ID 属于业务字段，贯穿整个业务链路，但发票 ID 则只有部分订单包含，为了保证日志格式统一，可将发票 ID 放入扩展字段中。

14.2.4 其他规范

1. 避免打印非必要日志

有些工程师习惯在每一层方法的入口和出口打印日志，美其名曰便于调试，如 log.info("Method A starts execution.")、log.info("Method A execution ends.")。打印这类日志其实是没有必要的，在生产环境中，应避免打印这类日志。

2. 日志内容应尽量简洁

一些复杂业务的链路可能特别长，为了便于分析问题，通常会在关键节点打印日志。需要注意的是，日志要尽量简洁，避免打印无效信息。反例如：log.info("MemberService.queryMemberGrade，Note that the information printed here is extremely important. userId={}, grade={}", userId, grade)。

3. 防止重复打印日志

如代码清单 14-14 所示，通过打印日志记录方法入参。虽然两处日志分属于不同的方法，但是它们实际上是相邻的，且关键内容相同，相当于重复打印。

代码清单 14-14 重复打印日志示例

```
public void methodA(String param) {
    log.info("methodA,entry,param={}", param);
```

```
        methodB(param);
        ...
    }
    private void methodB(String param){
        log.info("methodB,entry,param={}", param);
        ...
    }
```

4. 避免打印复杂对象

复杂的对象通常具有大量的属性，或者属性虽少，但属性包含大量复杂对象（如商品信息列表）。在打印日志时，应选择打印必要字段，而不是直接打印对象的全部内容，示例如下。

```
反例: log.info("xxx, data = {}", data.toString());
正例: log.info("xxx, itemId = {}", data.geItemId());
```

5. 以占位符形式打印

尽量避免使用字符串拼接的方式打印日志，不仅可读性、可维护性差，而且性能损耗较高。推荐使用占位符，例如：logger.info("xxx, userId = {}, itemId = {}", request.getUserId(), itemId)。

14.3　实用异常处理规范

谈及异常，人们很容易将它与错误和 Bug 联系在一起，这是一种误解。事实上，异常是程序针对例外情况所设计的一种保护性措施，抛出异常是程序逻辑的一部分。以 Java 语言的 IndexOutOfBoundsException 为例，程序之所以会抛出这个异常，是因为校验发现访问地址越界，如果不抛出异常而任由程序继续执行下去，可能会导致灾难性后果。

就笔者的经验来看，那些与异常一起出现的错误或 Bug 几乎都可以归结为忽略了程序可能返回的异常，或者对返回的异常做了不合适的处理。在生产环境中，异常往往会不期而遇，如果没有完善的异常处理机制，可能会导致严重后果。本节将介绍异常的处理机制和常用处理规范。

14.3.1　异常处理机制

不同的编程语言，其异常处理机制通常也有差异。例如 Go 语言就舍弃了 Java、Python、C++ 等语言常用的异常（Exception），而选择错误（Error）这一概念来表达异常，同时，错误的处理方式也与异常的 try-catch 机制相差甚远。总体来看，目前主流编程语言的异常处理机制大致包括 3 个方面，即抛出异常、捕获异常和声明异常。

1. 抛出异常

对于那些明确的异常情况，如参数错误、文件不存在、数组访问越界等，可以在程序中主动抛出异常，由调用方进行处理。以 Java 为例，可通过 throw 关键字抛出异常，如 throw new FileNotFoundException()。

2. 捕获异常

对于服务（方法、接口）的调用方而言，在一些场景下，需要捕获异常并根据异常的类型妥当处理。在 Java、Python、C#、C++ 等语言中，捕获异常涉及 3 个关键字：try、catch 和 finally（C++ 中没有 finally）。以 Java 语言为例，捕获异常的一般形式如代码清单 14-15 所示。

代码清单 14-15　Java 语言捕获异常的一般形式

```
try {
    可能发生异常的代码块
} catch ( 某种类型的异常 e) {
    对于这种异常的处理代码块
} finally {
    处理未尽事宜的代码块，如资源回收
}
```

3. 声明异常

声明异常（也称受检查异常）是一种特殊的异常处理机制。如果一个服务存在抛出某种异常的可能性（比如文件读取服务就可能因文件不存在而抛出异常），可以在服务签名中显式地声明。该服务的调用方必须对声明的异常进行必要处理，否则无法通过编译，相当于强制服务调用方处理异常，以避免因忽略异常而导致预期外的结果。

截至目前，声明异常仍是 Java 语言独一无二的特性，对于一个需要抛出异常的 Java 方法，可通过关键字 throws 来定义抛出的异常类型，方法签名如下：

```
public void foo() throws FileNotFoundException { ... }
```

在严格遵循规范的前提下，上述方法签名表明：该方法会抛出 FileNotFoundException 类型的异常；同时，除 FileNotFoundException 外不会抛出其他的异常。那么，如何保证不会抛出声明异常之外的任何异常呢？通常有如下两种处理方式。

❑ 通过合理的设计和编码避免出现其他异常。

❑ 如果其他异常不可完全避免，可通过 try-catch 捕获并处理其他异常。

作为一种异常处理机制，声明异常的出发点是好的，但却充满争议。一方面，声明异常强制调用方对异常进行处理，使得异常泛滥，代码中遍布 try-catch 模块；另一方面，大多数异常无法修复，调用方通常会直接捕获并忽略异常信息，并不能使异常信息有效传递。

14.3.2　常用处理规范

1）细化异常的类型。为了便于识别和处理问题，异常应具备区分度（如系统异常、业务异常、DAO 异常、Service 异常等），而不能过度泛化。以 Java 语言为例，应对异常加以区分。

2）多个异常的处理。如果需要同时处理多个异常，那么处理异常应遵循一定顺序：子类异常的处理块必须在父类异常处理块之前；异常越特殊，处理优先级越高，越普遍，优先级越低。

3）避免过大的 try 块。在一些编程语言中，try 块用于指定需要捕获异常的代码范围，应避免将不会产生异常的代码和过多可能产生异常的代码放到同一个 try 块里面。try 块过大不仅会增加分析问题的难度，而且不利于精细化处理异常。

4）延迟捕获异常。不要随意捕获和转译异常。如果当前方法内无法对异常做有效处理，应将异常抛出，由调用者处理。如果调用者也无法处理，理论上应继续上抛，这样异常最终会在一个适当的位置被捕获。相较于异常出现的位置，虽然捕获和处理有所延迟，但有效地避免了不恰当的处理。

5）异常处理框架。对于那些直接承接客户端请求的应用系统，应具备统一的异常处理框架（或者说模板），从而确保处理异常的风格得到规范和统一，优雅地将异常信息反馈给用户。

6）不要忽略异常。对于已捕获的异常，要么处理，要么转译，切不可将其直接忽略，以免问题被隐藏。如果场景特殊，确实无须进行处理，可打印日志记录异常的基本信息。

7）避免异常转化过程丢失信息。有时候，我们需要将捕获的异常转换成新异常抛出，对于新抛出的异常，最好具有特定的分类并与旧异常关联，以避免丢失原始信息。举个反例，捕获 IOException 而对外抛出 Exception。

8）不要使用异常做流程控制。相较于普通流程控制语法（如 if-else），异常处理（如 try-catch）消耗的资源通常要多一些。异常处理机制针对的是非正常情况，不应该与普通业务代码混用。

14.4 实用代码编写规范

什么是好代码？如果你读过《设计模式之美》一书，你可能会认为玩转各种设计模式，符合设计模式的六大基本原则的代码就是好代码；如果你推崇《代码整洁之道》一书，你心目中的好代码可能必须满足一个条件——整洁；如果你经常研读 Spring 源码，你可能会觉得好代码应该有精妙的设计、高度的抽象以及灵活的配置。如同阅读一本书，有一千个读者就有一千个哈姆雷特，仁者见仁，智者见智。本节将从简单、重复、失败 3 个角度展开，介绍几种实用的代码编写规范，希望它们能够帮助读者写出更好的代码。

14.4.1 大道至简

软件大师 Martin Fowler 在《重构：改善既有代码的设计》一书中写到："写出让计算

机理解的代码非常容易，优秀的程序员应写出让人能够理解的代码。"简言之，好的代码应具备良好的可读性、可理解性，正如老子在《道德经》中所言：大道至简。

1. 避免过度设计

在计算机领域有一句名言："计算机科学中的所有问题都可以通过增加一个中间层来解决。"为了提升系统的可扩展性，软件工程师通常也倾向于引入中间层，但实际上很多主观臆想的"潜在扩展"根本不存在。在编写代码时，应尽量避免因人为因素（炫技）引入不必要的复杂度。例如，不要因设计模式存在而生硬地套用设计模式，不要为了抽象而增加不必要的抽象层次。须知，没有最好的设计，只有最合适的设计，少即是多，凡事过犹不及。

2. 慎用高级特性

据不完全统计，目前全球范围内的编程语言超过 5000 种，但常用的编程语言仅约 50 种。编程语言大都喜欢"标新立异"，提供五花八门的"特性"，然而很多所谓特性的实用性往往并不好，经不起时间的考验。盲目追求新技术、引入新特性可能导致代码可读性变差，维护成本增加，甚至引发故障。

对于编程语言提供的特性，我们应按需取用。事实上，大多数场景下只需要很少的语言特性即可写出优秀的代码，大可不必"充分利用"编程语言的所有特性。

3. 拒绝花哨设计

在编写代码时，应尽量选择更直接、更清晰的写法，即使它可能看起来有些冗长、笨拙。举个例子，基于逻辑运算符，可以写出如下"巧妙"的结构。

```
if (action1() || action2() && action3()) { ... }
```

这段代码虽然短小精悍，但十分晦涩，需要仔细思考才能理解它的逻辑。如果这样的代码遍布整个软件系统，积累起来的认知负荷足以让后来者崩溃。

14.4.2 重复有度

重复代码历来是业界大牛和一线软件工程师口诛笔伐的对象，几乎到了人人喊打的局面。Andy Hunt 和 Dave Thomas 在《程序员修炼之道》一书中针对重复代码提出了著名的 DRY（Don't Repeat Yourself）原则，Robert C. Martin 在《代码整洁之道》一书中也表达了类似的观点。众人之所以反对重复代码，是因为重复代码存在诸多缺点，如维护成本高、可靠性差、不整洁等。但是，这些论据在任何条件下都成立吗？未必，有些时候，重复代码比不重复更合理。

1. 重复有其必然性

笔者曾经非常厌恶复制粘贴代码，也曾采用各种方法试图消除重复的代码、消除复制粘贴代码的现象。但是随着阅历的增长，逐渐意识到重复代码是一种必然，有其合理性，原因如下。

❑ 复用的背后是依赖。增加代码复用度的同时会增加代码的依赖度。试想一下，如果一段代码被很多其他代码依赖，那么修改这段代码的风险是非常高的，往往"牵一发而动全身"，稍有不慎，就可能引发大面积故障。但重复代码则可以很好地规避上述风险，将所需代码复制粘贴到自己的模块中，不仅自己修改方便，而且不受其他人修改代码的影响。

❑ 抽象和封装并非易事。对于大多数软件工程师而言，做好抽象和封装并非易事。特别是在面对一些新的业务领域时，一步到位近乎奢望。在快速迭代中，往往来不及打磨代码便匆忙上线，需要足够的时间才能在不断地修补、重构后慢慢趋于稳定。因此，对于那些尚不成熟（变化频繁）的业务，重复代码可以保证更高的灵活性，更易维护。

❑ 维护困难。为了避免重复造轮子，复用已有能力是一种"正确的"选择，但是，对已有能力的维护往往是困难的。举个例子，A 团队建设了一个订阅 / 提醒框架 S，B 团队恰好有类似的需求，便选择直接复用。在减少开发量的同时，也埋下了隐患：不久之后，A 团队因业务调整、人员流动等因素停止了对框架 S 的维护。B 团队将不得不面临艰难选择，要么重新自建并迁移历史数据，要么接手维护工作。无论哪一种，其成本都远高于在最初"重复建设"。

正如罗素在《西方哲学史》中所言：参差多态，乃是幸福的本源，但乌托邦却只有整齐划一。我们大可不必将重复代码视为异类，合理地重复不仅是一种权衡，而且有它的合理性。

2. 避免过度抽象

不要总是试图从重复的代码中抽象出共同点，过度抽象反而会带来更高的维护、扩展成本。须知，重复的代价远低于糟糕的抽象。在编写代码时，适当的重复是必要的，比如两个关联性较弱的模块，通过重复代码可以降低耦合度，增强内聚性，避免因修改造成互相影响。

如代码清单 14-16 所示，queryPerson 和 queryEmployee 这两个方法看起来已经很简洁了，但它们在结构上却是存在重复的，其基本流程都包括两个环节：第一，调用业务函数；第二，如果调用出错，则发通知。基于此，可以将重复的部分抽取出来作为 executeTask 方法。

经此重构，代码的重复度的确有所降低，但并不十分合理。如果业务逻辑变化，queryPerson 方法在调用出错后不需要发通知，而是打印日志即可，executeTask 方法便无法应对了。相较之下，重构前的代码对变化的适应能力要强得多，简单修改即可，且变化带来的影响将被约束在更小的范围内。

代码清单 14-16　过度抽象代码示例

```
// 优化前
public void queryPerson() {
    try {
```

```
            service.queryPerson();
        } catch (Throwable t) {
            notification.send(new SendFailure(t)));
            throw t;
        }
    }
    public void queryEmployee() {
        try {
            service.queryEmployee();
        } catch (Throwable t) {
            notification.send(new SendFailure(t)));
            throw t;
        }
    }
    // 优化后
    private void executeTask(final Runnable runnable) {
        try {
            runnable.run();
        } catch (Throwable t) {
            notification.send(new SendFailure(t)));
            throw t;
        }
    }
    public void queryPerson() {
        executeTask(service::queryPerson);
    }
    public void queryEmployee() {
        executeTask(service::queryEmployee);
    }
```

14.4.3　快速失败原则

史上首位图灵奖得主 Alan J. Perlis 曾说："有两种方法可以写出没有错误的代码，但第三种才有效。"在他看来，写出完全没有错误的代码是不可能的。虽然只是一家之言，但他的确道出了一个普遍存在的事实，即绝大多数代码或多或少存在错误。既然错误难以避免，那么该如何有效地应对错误呢？本节将介绍一条反直觉的软件设计原则——快速失败（Fail Fast）。

快速失败原则是一条反直觉的原则，给人的第一印象是它会让系统变得更加脆弱。这其实是一种误解，快速失败的关注点不是失败，而是通过快速失败让问题得以尽早暴露，而防止问题被各种容错逻辑或兜底逻辑隐藏，导致更大的损失。如图 14-3 所示，它是一个"问题出现 → 快速失败 → 诊断和修复 → 更加稳定可靠"的过程。

关于快速失败原则，还有一种误解，即完全不处理错误，任由其发生。快速失败是区分场景的，它强调的是，在面对业务本身的复杂度（与解决方案无关）时，不要试图通过一个简单粗暴的方案去应付。要么设计一套合理的机制来解决，要么就快速失败，将控制权交给上层系统决策。

图 14-3　快速失败作用原理

基于快速失败原则，在编写代码时，我们需要注意两个方面：避免过度容错，避免无效冗余。

1. 避免过度容错

在实际编码中，最常见的过度容错是对 null 的容忍。如代码清单 14-17 所示，方法 getBizIdList 的内部实现依赖外部服务 xFacade，为了防止 NPE 问题，对返回的结果进行了一系列的 null 校验，但却不抛出异常。出于不信任原则，上层调用者也会进行同样的处理，如此一来，程序中将到处充斥着这种判断 null 的代码。

代码清单 14-17　过度容错示例

```
public List<String> getBizIdList(String bizType, String bizSubtype){
    ...
    Request request = toRequest(bizType, bizSubtype);
    Result result = xFacade.yMethod(request);
    if(result != null) {
        ...
        List<String> targetIdList = new ArrayList();
        List<BizInfo> bizInfoList = result.getBizInfoList();
        if(null != bizInfoList && !bizInfoList.isEmpty()) {
            bizInfoList.forEach(bizInfo -> {
                if(bizInfo != null && StringUtil.isNotBlank(bizInfo.getBizId())) {
                    targetIdList.add(bizInfo.getBizId());
                }
            });
            return targetIdList;
        }
        ...
    }
    ...
}
```

试想一下，对于一个服务而言，直接返回 null 合理吗？列表中填充 null 合理吗？显然不合理。既然不合理，为什么要容忍呢？容忍错误看起来很友好，但实际效果却是让问题更晚暴露、更难暴露，同时使问题排查变得更加困难，代码更加混乱。一旦容错机制被滥用，其带来的复杂度将逐级传递，最终成为开发者的噩梦。因此，在编写代码时，应避免过度容错，将错误尽早抛出，以便优化。

2. 避免无效冗余

通过兜底逻辑来保证系统的"高可用性"是一种常见的软件冗余设计。然而，由于正常情况下一般不会触发兜底逻辑，因此兜底逻辑往往是未经考验的（或者说是未经充分考验的），这种冗余设计其实并不一定可靠，甚至潜藏着巨大的风险。

笔者曾遇到过一个案例，一个商品列表咨询 RPC 接口的内部实现依赖算法推荐服务排序，若算法推荐服务失败，会通过业务规则排序来兜底而不是直接返回失败。不幸的是，兜底逻辑本身存在缺陷，对应的 SQL 中有一条包含 join 操作的"烂 SQL"。在平常，算法推荐服务失败量极少，兜底逻辑尚可应对；而当算法推荐服务剧烈抖动时，由于兜底链路的存在，大量请求访问数据库，最终导致数据库宕机，多个业务受到影响。

不同于硬件冗余，软件冗余设计有其特殊性，冗余链路和正常链路执行的逻辑往往是不同的，这种逻辑差异会带来执行结果上的差异，因此冗余逻辑在平常几乎不可能被大规模使用，其有效性（包括功能和性能）难以验证。对于无法确定有效性和影响范围的冗余设计，有不如无，快速失败的副作用可能更小。

14.5 实用注释规范

关于代码是否需要注释，一直充满争议。支持者认为注释可以使代码更易阅读，减少维护成本，尤其是在接手"祖传代码"时，注释可谓救命稻草。反对者则认为优秀的代码根本不需要注释，注释只不过是"烂代码"的补丁，在频繁的迭代中，注释还会带来额外的维护成本。软件大师 Robert C. Martin 在《代码整洁之道》一书中就曾旗帜鲜明地反对注释，他认为注释是一种失败，只有当我们无法通过代码清晰、准确地表达意图时，才会使用注释，任何一次注释的使用，都意味着我们表达能力上的失败。

在笔者看来，写出"像诗一样优雅"、无须注释的代码是非常困难的。正如 Raft 和 Tcl 之父 John Ousterhout 教授在 *A Philosophy of Software Design* 一书中提到的观念，"好的代码自注释"是一个美丽的谎言，我们可以通过选择更好的变量名、更准确的类和方法、更合理的继承与派生、更整洁的排版来减少注释，但尽管如此，仍然有很多的信息无法直接通过代码来表达，比如一些"反直觉"的特殊业务逻辑和技术设计的权衡。

注释最重要的目的是帮助读者了解与作者一样多的信息。因此，在编写注释时，我们需要站在读者的角度，去思考他们的关注点和想要获取的信息。同时，注释并非越多越好，应避免为那些从代码本身就能快速推断出的事实写注释，须知冗杂的注释并不能美化代码。

在此列举几种需要注释的典型场景。

14.5.1 复杂的逻辑

如果业务逻辑非常复杂，单凭代码本身可能很难清晰、准确地"自解释"，配上必要的注释，有助于读者理解相应的业务场景和实现逻辑。如代码清单 14-18 所示，Spring 中获取 Bean 的代码片段，在注释的帮助下，我们很容易理解开发者的意图。

代码清单 14-18　Spring 中获取 Bean 的代码片段

```
// 在原型模式下，如果存在循环依赖则抛出异常
if (isPrototypeCurrentlyInCreation(beanName)) {
    throw new BeanCurrentlyInCreationException(beanName);
}
// 检查容器中是否已经存在这个 Bean 的定义
BeanFactory parentBeanFactory = getParentBeanFactory();
if (parentBeanFactory != null && !containsBeanDefinition(beanName)) {
    // 如果没有找到，则检查父容器
    String nameToLookup = originalBeanName(name);
    if (parentBeanFactory instanceof AbstractBeanFactory) {
        return ((AbstractBeanFactory) parentBeanFactory).doGetBean(
            nameToLookup, requiredType, args, typeCheckOnly);
    }
    else if (args != null) {
        // 如果参数 args 不为 null，则返回父容器的查询结果
        return (T) parentBeanFactory.getBean(nameToLookup, args);
    }
    else {
        // 如果参数 args 为 null，则返回 get Bean 方法的执行结果
        return parentBeanFactory.getBean(nameToLookup, requiredType);
    }
}
```

14.5.2 晦涩的算法

为了提升性能，开发者有时候会对数学运算进行一些特殊处理，而这些特殊处理的可读性往往极差。如代码清单 14-19 所示，JDK 中的数据类型 Long 有一个方法 reverse。很明显，该方法的实现非常晦涩，在没有注释的情况下，很难理解其原理。

代码清单 14-19　JDK 中类 java.lang.Long 的方法 reverse

```
/* 对于输入的 long 型参数，将其二进制补码的位的顺序反转，然后返回 */
public static long reverse(long i) {
    i = (i & 0x5555555555555555L) << 1 | (i >>> 1) & 0x5555555555555555L;
    i = (i & 0x3333333333333333L) << 2 | (i >>> 2) & 0x3333333333333333L;
    i = (i & 0x0f0f0f0f0f0f0f0fL) << 4 | (i >>> 4) & 0x0f0f0f0f0f0f0f0fL;
    i = (i & 0x00ff00ff00ff00ffL) << 8 | (i >>> 8) & 0x00ff00ff00ff00ffL;
    i = (i << 48) | ((i & 0xffff0000L) << 16) |
```

```
        ((i >>> 16) & 0xffff0000L) | (i >>> 48);
    return i;
}
```

14.5.3　特殊的常量

没有注释的常量有时候与魔鬼数字相差无几。常量含义不明，代码的原始意图就可能模糊化，可维护性下降。不仅难以修改，而且容易引入错误。如代码清单 14-20 所示，JDK 中的类 HashMap 有一个特殊常量 TREEIFY_THRESHOLD，其字面意思为"树化阈值"，很难直接理解其内涵，但若结合注释，便清晰多了。

代码清单 14-20　JDK 中类 java.util.HashMap 相关代码片段

```
/* 一个链表中，当元素的数量大于或等于 TREEIFY_THRESHOLD 时，链表将转化为红黑树 */
static final int TREEIFY_THRESHOLD = 8;
// 略
for (int binCount = 0; ; ++binCount) {
    if ((e = p.next) == null) {
        p.next = newNode(hash, key, value, null);
        if (binCount >= TREEIFY_THRESHOLD - 1) // -1 for 1st
            treeifyBin(tab, hash);
        break;
    }
    if (e.hash == hash &&
            ((k = e.key) == key || (key != null && key.equals(k))))
        break;
    p = e;
}
// 略
```

14.5.4　非常规写法

RocketMQ 中的一段源代码如代码清单 14-21 所示，其中 Thread.sleep(0) 这一写法看上去非常诡异，初见之下，很像是个 Bug。幸运地是，它有注释——阻止 GC。虽然注释非常简洁，但至少说明了这一特殊写法的深意。事实证明，它的确非同一般。

在 JVM 中，应用程序只有在到达 Safepoint（安全点）后才能暂停，而这恰好是 GC 的前提。根据"削峰"的思想，可以将次数少而执行时间长的 GC 操作转化为执行时间短而相对频繁的 GC 操作，从而降低 GC 对性能的影响。考虑到 GC 的前提是程序进入安全点暂停，那么，如何才能控制程序进入安全点的节奏呢？方案之一是执行 native 方法，而 sleep() 方法恰好就是一个 native 方法。因此，严格意义上，Thread.sleep(0) 这一写法并不是在阻止 GC，而是阻止长时间 GC，或者说阻止"负面影响大"的 GC。

代码清单 14-21　RocketMQ 中的代码片段

```
for (int i = 0, j = 0; i < this.fileSize; i += MappedFile.OS_PAGE_SIZE, j++) {
```

```
        byteBuffer.put(i, (byte) 0);
        // 若磁盘刷新类型为同步刷新，则强制刷新
        if (type == FlushDiskType.SYNC_FLUSH) {
            if ((i / OS_PAGE_SIZE) - (flush / OS_PAGE_SIZE) >= pages) {
                flush = i;
                mappedByteBuffer.force();
            }
        }
    }
    // 阻止 GC
    if (j % 1000 == 0) {
        log.info("j={}, costTime={}", j, System.currentTimeMillis() - time);
        time = System.currentTimeMillis();
        try {
            Thread.sleep(0);
        } catch (InterruptedException e) {
            log.error("Interrupted", e);
        }
    }
}
```

14.5.5　对外 API

对外 API 需要有详细的注释，以便使用者充分理解 API 语意，快速上手。如代码清单 14-22 所示，Java 开发常用的工具类 StringUtils 中的 isBlank 方法的注释就非常详细，不仅包括方法的逻辑、入参的含义，甚至还包括具体示例。

代码清单 14-22　JDK 中类 StringUtils 相关代码片段

```
/**
 * 检查字符串是否为 ""、null 或空白
 * 举例如下：
 * StringUtils.isBlank(null)      = true
 * StringUtils.isBlank("")        = true
 * StringUtils.isBlank(" ")       = true
 * StringUtils.isBlank("bob")     = false
 * StringUtils.isBlank("  bob  ") = false
 *
 * 输入参数 cs 为待检查字符串
 * 只有当输入参数为 ""、null 或空白时，返回结果为 true
 */
public static boolean isBlank(final CharSequence cs) {
    final int strLen = length(cs);
    if (strLen == 0) {
        return true;
    }
    for (int i = 0; i < strLen; i++) {
        if (!Character.isWhitespace(cs.charAt(i))) {
            return false;
        }
    }
}
```

```
    }
    return true;
}
```

14.5.6　法律文件

如果代码涉及版权、著作权等法律相关声明，通常需要在源文件顶部放置相应的法律文件注释。出于简洁的目的，不应将所有法律条款写到注释中，而应引用一份标准的外部文档，如图14-4所示，通过跳转链接关联详细的法律信息。

```
/*
 * Licensed to the Apache Software Foundation (ASF) under one or more
 * contributor license agreements.  See the NOTICE file distributed with
 * this work for additional information regarding copyright ownership.
 * The ASF licenses this file to You under the Apache License, Version 2.0
 * (the "License"); you may not use this file except in compliance with
 * the License.  You may obtain a copy of the License at
 *
 *     http://www.apache.org/licenses/LICENSE-2.0
 *
 * Unless required by applicable law or agreed to in writing, software
 * distributed under the License is distributed on an "AS IS" BASIS,
 * WITHOUT WARRANTIES OR CONDITIONS OF ANY KIND, either express or implied.
 * See the License for the specific language governing permissions and
 * limitations under the License.
 */
```

图 14-4　Apache 软件基金会的法律文件注释

推荐阅读

Java核心技术 卷I：基础知识（原书第10版）

书号：978-7-111-54742-6 作者：（美）凯 S. 霍斯特曼（Cay S. Horstmann） 定价：119.00元

Java领域最有影响力和价值的著作之一，与《Java编程思想》齐名，10余年全球畅销不衰，广受好评

根据Java SE 8全面更新，系统全面讲解Java语言的核心概念、语法、重要特性和开发方法，包含大量案例，实践性强

本书为专业程序员解决实际问题而写，可以帮助你深入了解Java语言和库。在卷I中，Horstmann主要强调基本语言概念和现代用户界面编程基础，深入介绍了从Java面向对象编程到泛型、集合、lambda表达式、Swing UI设计以及并发和函数式编程的最新方法等内容。